Joseph Dienger

Handbuch der ebenen und sphärischen Trigonometrie

mit zahlreichen Anwendungen derselben

Joseph Dienger

Handbuch der ebenen und sphärischen Trigonometrie
mit zahlreichen Anwendungen derselben

ISBN/EAN: 9783743686533

Hergestellt in Europa, USA, Kanada, Australien, Japan

Cover: Foto ©ninafisch / pixelio.de

Weitere Bücher finden Sie auf **www.hansebooks.com**

Handbuch

der

ebenen und sphärischen

Trigonometrie,

mit

zahlreichen Anwendungen derselben auf reine und praktische Geometrie, physische Astronomie, geographische Ortsbestimmung und höhere Geodäsie, so wie Untersuchungen über den Einfluss der Beobachtungsfehler und die Mittel, denselben zu vermindern.

Von

Dr. J. Dienger,

Professor der Mathematik an der polytechnischen Schule zu Karlsruhe.

Mit 86 in den Text eingedruckten Figuren.

Dritte verbesserte Auflage.

STUTTGART.

Verlag der J. B. Metzler'schen Buchhandlung.

1867.

Vorwort zur ersten Auflage.

Hiemit übergebe ich dem mathematischen Publikum das bereits im Vorwort zu meiner „ebenen Polygonometrie" angeführte Handbuch der ebenen und sphärischen Trigonometrie, das mit jener einen vollständigen Kursus dieser Zweige der mathematischen Wissenschaften abzuschliessen bestimmt ist. Allerdings sind beide Schriften auch dazu bestimmt, meinen Vorträgen an der hiesigen polytechnischen Schule zu Grunde gelegt zu werden; sie haben aber überdies den Zweck, dem weitere Belehrung und Uebung suchenden Anfänger und auch schon Vorgeschrittenen Stoff dazu darzubieten. Ich habe aus diesem Grunde, besonders in dem vorliegenden Buche, den Gegenstand möglichst erschöpfend behandelt, eine Menge Anwendungen gemacht und fast überall ausgerechnete Zahlenbeispiele beigefügt, so wie andere solcher Beispiele zur Uebung vorgelegt. Ich glaube daher, dass ein angehender Mathematiker, der das vorliegende Handbuch gehörig durcharbeitet, sowohl in der trigonometrischen Rechnungsweise, als auch im Ansetzen und Auflösen von Aufgaben grosse Fertigkeit erlangen wird. Ueber den Inhalt wird die ausführliche Inhaltsübersicht Auskunft ertheilen, wozu ich nur noch bemerke, dass die mit einem Sternchen bezeichneten §§. bei einem erstmaligen Durchgehen, ohne wesentliche Beeinträchtigung des Studiums, auch übergangen werden können, so wie unter den Aufgaben eine beliebige Auswahl getroffen werden kann.

Es war früher und ist jetzt noch häufig Sitte, die trigonometrischen Funktionen, nicht wie es hier geschehen als abstrakte Zahlen aufzufassen, sondern man stellte sie als Linien dar und nannte sie desshalb auch trigonometrische Linien. Ich habe dies in §. 6 angedeutet. Würde man dort den Halbmesser r willkürlich lassen, so wäre — nach der alten Erklärung — BE der „Sinus von BCA für den Halbmesser r" gewesen. Eine derartige Erklärung aber verwickelt ganz unnöthig in Weitläufigkeiten, die in der einfachsten Weise von der Welt vermieden werden, wenn man die im Buche gebrauchte und angewandte Erklärung, die auch in den meisten neuern Schriften vorkömmt, annimmt. Freilich wird, selbst in den neuesten Werken, eine Vermischung beider Erklärungsweisen angewandt, die nur zur Verwirrung führen kann; ich habe die einmal gewählte Erklärung entschieden beibehalten, und der Leser wird wohl nie in Versuchung kommen, sich etwas Anderes unter *sin* A, u. s. w. denken zu müssen, als anfänglich gesagt wurde. — Dass ich mich aber ganz entschieden für diese Art der Definition der trigonometrischen Funktionen ausgesprochen, hat einen doppelten Grund. Zunächst nämlich wird durch die Betrachtung derselben als Linien die Homogeneität der algebraischen Ausdrücke gestört, oder tritt wenigstens nicht klar genug hervor. Wenn (Fig. 1) $BC = AC \sin A$, so kann, da BC, AC Linien sind, $\sin A$ nur eine abstrakte Zahl seyn, da sonst nicht beide Seiten von gleicher Dimension wären. Freilich wird man in diesem Falle entgegnen, dass $\sin A$ eigentlich durch 1 dividirt sey, so dass man habe $1 \cdot BC = AC \cdot \sin A$. Aber wozu dieser Umweg? — Zweitens verlangt die Analysis ganz entschieden, dass die trigonometrischen Funktionen abstrakte Zahlen seyen. Wenn man aber nun von vorn herein angefangen hat, sie als Linien zu betrachten, so kömmt dadurch Verwirrung in die Begriffe, während nach unserer Erklärung es ganz klar ist, dass jede zwischen -1 und $+1$ liegende Zahl durch $\sin A$ dargestellt werden kann u. s. w. (§. 17). Ohnehin würde es in den Anwendungen, z. B. auf Mechanik, ganz sonderbar klingen, wenn man trigonometrische „Linien" einführt. Wenn es dort etwa heisst, der Reibungskoeffizient ist gleich der Tangente des Reibungswinkels, so hätte die alte Betrachtungsweise ganz umständliche Erklärungen und Verdeutlichungen nöthig, um in ihrem Sinne dies klar zu machen, während nach unserer Weise die Sache höchst einfach ist. — Wenn man meint, die trigonometrischen Funktionen mit der Kreislehre in Verbindung bringen zu müssen, so ist dies sicherlich eine Täuschung, und wenn auch die Analysis dies scheinbar thut, so rührt es nur daher, dass sie die Winkel durch die Längen von Kreisbögen misst, die man mit einem Halbmesser $= 1$ zwischen ihren Seiten beschreibt.

Die Untersuchung über die **Vorzeichen** der trigonometrischen Funktionen für die verschiedenen Winkel, wie sie in §. 10 gegeben wurde, ist natürlich von grösster Wichtigkeit für die ganze Theorie, da erst diese Untersuchung das Wesen der hier zu behandelnden Funktionen näher erforscht. So wie sie im Buche geführt ist, erschien sie mir als die sich am unmittelbarsten darbietende, und sie ist wohl auch überzeugend genug, besonders wenn man beachtet, dass in allem Folgenden die hier gefundenen Resultate als nothwendig erscheinen. Man hat allerdings auch andere Wege eingeschlagen, um dasselbe Ziel zu erreichen, von denen ich nur zwei berühren will. Der eine stützt sich auf die Grundanschauungen der analytischen Geometrie, und ich habe ihn in der Anmerkung zu §. 5 meiner „ebenen Polygonometrie" angedeutet. Er ist unzweifelhaft sehr anschaulich und wird die hier eintretenden Verhältnisse sehr klar machen, nur schien er mir nicht hieher zu gehören, ohne dass ich desshalb meine, er dürfe nicht betreten werden. Der zweite ist der, dass man die Formeln der ebenen Trigonometrie (§. 27) entwickelt, und zeigt, dass wenn sie alle Fälle umfassen sollen, der Cosinus eines zwischen $90°$ und $180°$ liegenden Winkels nothwendig negativ seyn müsse. Dieser zweite Weg ist aber schon desshalb nicht anzurathen, weil er nicht über $180°$ hinausführt.

Ein wissenschaftlich-analytischer Weg ergäbe sich, wenn man die Gleichung

$$sin(a+b) = sin\, a\, cos\, b + cos\, a\, sin\, b, \quad (1)$$

die für $a+b < 90°$ in §. 9 bewiesen ist, geradezu als allgemein giltig voraussetzen würde, und annähme, dass

$$sin\, 0° = 0, \quad sin(90°-a) = cos\, a \quad (2)$$

ist, von welchen Gleichungen die letztere zur Erklärung der Grösse $cos\, a$ dienen kann, und die man ebenfalls als für alle a giltig voraussetzen wird.

Zunächst folgt nun aus (2) für $a = 90°$:

$$cos\, 90° = sin\, 0° = 0; \quad (3)$$

ferner aus (1) für $a = 0°$ nach (2):

$$sin\, b = sin\, 0°\, cos\, b + cos\, 0°\, sin\, b = cos\, 0°\, sin\, b,$$

woraus, da nicht $sin\, b = 0$, folgt:

$$cos\, 0° = 1, \quad sin\, 90° = cos\, 0° = 1. \quad (4)$$

Für $a = 90°$ folgt nun aus (1):

$$\sin(90° + b) = \sin 90° \cos b + \cos 90° \sin b = \cos b \quad (5)$$

und wenn man hier $-b$ für b setzt:

$$\cos(-b) = \sin(90° - b) = \cos b. \quad (6)$$

Setzt man in (1) $b = -a$, so ist unter Beachtung von (6) und (2):

$$0 = \sin a \cos a + \cos a \sin(-a), \quad \sin(-a) = -\sin a. \quad (7)$$

Setzt man ferner in (1) $90° - a$ für a, $-b$ für b, und beachtet (2), (6), so hat man:

$$\sin(90° - a - b) = \sin(90° - a)\cos(-b) + \cos(90° - a)\sin(-b),$$
$$\cos(a + b) = \cos a \cos b - \sin a \sin b. \quad (8)$$

Setzt man hier $b = -a$ und beachtet (4), (6), (7), so ist

$$1 = \cos^2 a + \sin^2 a. \quad (9)$$

Für $a = 90°$ folgt aus (1) und (8), mit Beachtung von (3), (4):

$$\sin(90° + b) = \cos b, \quad \cos(90° + b) = -\sin b, \quad (10)$$

woraus für $b = 90°$:

$$\sin 180° = 0, \quad \cos 180° = -1. \quad (11)$$

Setzt man in (1) und (8) weiter $a = 180°$:

$$\sin(180° + b) = -\sin b, \quad \cos(180° + b) = -\cos b,$$

woraus $\quad \sin 270° = -1, \quad \cos 270° = 0.$

Dann aus (1) und (8):

$$\sin(270° + b) = -\cos b, \quad \cos(270° + b) = \sin b,$$
$$\sin 360° = 0, \quad \cos 360° = 1.$$

Setzt man in (1) und (8) $-b$ für b, so folgt nach (6) und (7):

$$\sin(a - b) = \sin a \cos b - \cos a \sin b, \quad (12)$$
$$\cos(a - b) = \cos a \cos b + \sin a \sin b,$$

woraus

$$\cos(90° - b) = \sin b,$$
$$\sin(180° - b) = \sin b, \quad \cos(180° - b) = -\cos b,$$
$$\sin(270° - b) = -\cos b, \quad \cos(270° - b) = -\sin b,$$
$$\sin(360° - b) = -\sin b, \quad \cos(360° - b) = \cos b.$$

Allgemein dann aus (1), (8):

$$\sin(360° + b) = \sin b, \quad \cos(360° + b) = \cos b.$$

Dass damit die ganze Theorie der trigonometrischen Funktionen gegeben ist, versteht sich von selbst. Doch ist dieser Gang für den Anfänger nicht geeignet.

Wenn ich überhaupt nur vier trigonometrische Funktionen aufgenommen habe, so rührt dies daher, dass dieselben genügen und die Tafeln deren auch nicht mehr enthalten.

Der in §. 19, S. 45 angeführte Satz aus der Theorie der Logarithmen findet seine strenge Begründung wohl erst in der Differentialrechnung. Man weist dort nach, dass immer

$$log(1+x) = log\, e[x - \frac{x^2}{2(1+\alpha x)^2}],$$

wo $e = 2{\cdot}7182818$, und α zwischen 0 und 1 ist. Is nun x klein genug, dass man $\frac{x^2}{2(1+\alpha x)^2}$, was jedenfalls kleiner als $\frac{1}{2}x^2$ ist, vernachlässigen kann, so ist (nahezu):

$$log(1+x) = x\, log\, e,$$

also wenn man $x = \frac{m}{r}$, und $r + m = p$, also $1 + \frac{m}{r} = \frac{p}{r}$ setzt:

$$log(1 + \frac{m}{r}) = \frac{m}{r} log\, e,$$

$$log\, p - log\, r = \frac{p-r}{r} log\, e;$$

eben so

$$log\, q - log\, r = \frac{q-r}{r} log\, e,$$

wenn man voraussetzt, dass man $\frac{1}{2}\left(\frac{p-r}{r}\right)^2$, $\frac{1}{2}\left(\frac{q-r}{r}\right)^2$ vernachlässigen könne. Daraus folgt:

$$\frac{log\, p - log\, r}{log\, q - log\, r} = \frac{p-r}{q-r}.$$

Die sonst wohl gebräuchliche Ableitung der unendlichen Reihen für *sin* A und *cos* A habe ich nicht gegeben, da sie ganz offenbar in die Analysis gehört. An deren Stelle ist §. 20 getreten.

Die in §. 27 gegebenen Gleichungen sind als **Hauptgleichungen** bezeichnet, womit jedoch nicht gesagt seyn soll, dass man geradezu von ihnen ausgehen müsse. In dem Zusatz zu §. 28 wird ohnehin gezeigt, dass man auch von andern Grundgleichungen ausgehen könne. Dieselben müssen aber immer der Anzahl nach drei seyn.

Es mag bei dieser Gelegenheit gestattet seyn, auf §. 8 meiner „ebenen Polygonometrie" zurückzukommen. Ich habe dort zuerst die Gleichungen (1) gefunden als Ausdruck dafür, dass der $(n+1)^{te}$ Punkt mit dem ersten zusammenfällt. Diese genügen vollständig. Denn sie sind ein allgemeines Schema für ein ganzes System von Gleichungen, das in §. 30 näher betrachtet ist. Dort aber wird gezeigt, dass diese sämmtlichen Gleichungen aus den Gleichungen (I) und (II″) des §. 8 folgen, so dass diese drei **Gleichungen die einzigen nothwendigen Grundgleichungen der ebenen Polygonometrie sind.**

Die im vierten Abschnitt aufgelösten trigonometrischen Gleichungen, namentlich wie sie §. 40 aufstellt, werden sehr zweckmässig auch als Beispiele für die Auflösung transzendenter Gleichungen überhaupt verwendet werden können, und ich habe sie wesentlich von diesem Standpunkte aus behandelt.

Die Aufgaben des fünften Abschnitts bedürfen wohl einer weitern Erläuterung nicht; sie haben vorzugsweise den Zweck, in der Anwendung der Grundformeln Uebung zu erreichen, während die des sechsten Abschnitts auch von praktischem Werthe seyn sollen. Ich habe dort wohl die meisten Aufgaben gelöst, die in der Praxis von Wichtigkeit sind, und die Auflösung so gegeben, dass sie leicht angewendet werden können. In dieser Zusammenstellung glaube ich werden solche Aufgaben nicht häufig gelöst seyn.

Die Formel für die **Depression des Meereshorizonts**, wie sie in §. 47, S. 160 angegeben worden, wird meist falsch abgeleitet und gefunden; die im Buche angegebene Ableitung dürfte wohl keinem Einwand ausgesetzt seyn. Eine Anwendung derselben habe ich nicht gemacht, um nicht zu vielerlei Fremdes beibringen zu müssen; man benützt sie bekanntlich bei Höhenbeobachtungen der Gestirne auf dem Meere mittelst des Spiegelsextanten.

Der siebente Abschnitt — über den Einfluss fehlerhafter Daten auf die durch Rechnung hieraus erhaltenen Grössen — erscheint (meines Wissens) hier zum ersten Male in einem Lehrbuche. Ich glaubte bei seiner Wichtigkeit nicht davon Umgang nehmen zu dürfen, da erst vermöge der hier geführten Untersuchungen der Praktiker einen Maasstab erhält, nach dem er die Zuverlässigkeit seiner Resultate beurtheilen kann. Sind die Grundgedanken dabei auch bekannt gewesen, so habe ich doch fast die ganze Ausführung zum ersten Male zu bearbeiten gehabt, und ich glaube, die in §. 52 behandelten Fälle dürften zugleich als Uebung in der trigonometrischen Rechnung zu empfehlen seyn. Es wird Denjenigen, die mit den Elementen der Differentialrechnung vertraut sind, nicht entgehen, dass die in der Note auf S. 184 angegebene Regel ganz unmittelbar die für die Differenzirung eines Produkts ist, wie denn überhaupt die Bildung der Grundformeln nach den Regeln der Differentialrechnung geschehen kann. Ich habe dies begreiflich nicht gethan, und glaube, dass das, was gesagt ist, auch so, wie es gesagt ist, verständlich seyn wird.

Was endlich den achten Abschnitt — über Interpolation — anbelangt, so mag er als ein Anhang angesehen werden, der eben so gut hätte wegbleiben dürfen. Doch dürfte er manchem Leser erwünscht seyn, und ich habe ihn desshalb eingeschaltet.

In der sphärischen Trigonometrie habe ich vorzugsweise die analytische Ableitung vorwalten lassen, da ich sie für die einzig wissenschaftliche erachte, indem nur sie ganz klar hervortreten lässt, wie aus den drei Grundformeln alles Uebrige folgt — und folgen muss. Doch habe ich zuweilen auch der geometrischen Ableitung gedacht, ohne mich aber in das Labyrinth von Figuren einzulassen, das gar zu viele Lehrbücher der sphärischen Trigonometrie enthalten. Dass ich das rechtwinklige Dreieck immer als mit unter den allgemeinen Sätzen begriffen angesehen habe, verlangt schon der Standpunkt, auf dem der Leser jetzt steht; zum Ueberfluss habe ich jedoch in §. 11 die dasselbe betreffenden Formeln zusammengestellt. Die so genannten zweideutigen Fälle (§§. 16, 17) glaube ich erschöpfend behandelt zu haben, was — gelegentlich gesagt — in der Regel nicht geschehen ist.

Dass ich bei dem so wichtigen Legendre'schen Satze (§. 23) in den Entwicklungen weiter gegangen bin, als dies gewöhnlich geschieht, geschah wegen des Resultats, das in der Formel (21) auf S. 265 ausgesprochen ist, das ohne diese Entwicklung natürlich nicht erhalten worden wäre. Demselben ist das auf S. 272 in Formel (23), für die Berechnung eines sphärischen Trapezes gefundene an die Seite zu stellen.

Als Aufgaben habe ich, ausser einigen rein geometrischen, vorzugsweise solche aus der Astronomie und der Geodäsie gewählt. Wenn in §. 27 die Konstruktion einer Horizontalsonnenuhr mit grosser Ausführlichkeit behandelt wurde, so rührt dies daher, dass bei Gelegenheit dieser Aufgabe eine Menge für das Folgende wichtiger Begriffe erläutert werden konnte, abgesehen davon, dass die Aufgabe als solche nicht ohne Interesse ist. Dasselbe gilt wohl auch von den Aufgaben des §. 28.

In §. 29 wurden die wichtigsten Methoden angegeben, nach denen auf astronomischem Wege die geographische Breite eines Ortes auf der Erdoberfläche bestimmt werden kann. Es bieten die hier behandelten Aufgaben zugleich reichlichen Stoff zur Uebung im Auflösen trigonometrischer Gleichungen, mit welchen Uebungen zugleich der Vortheil verbunden ist, dass der Leser sieht, wo die zu lösenden Aufgaben ihre Anwendung finden.

Als Anwendung auf die höhere Geodäsie habe ich die Berechnung der Polar- und rechtwinkligen Koordination der Eckpunkte eines Dreiecksnetzes gewählt, die erstere im Wesentlichen nach Bessel, die letztere nach Schleiermacher, jedoch mit Weglassung gewisser durch keine Theorie zu rechtfertigender Künsteleien.

Der siebente Abschnitt endlich ist der dem siebenten der ersten Abtheilung entsprechende, und musste natürlich seinen Platz hier erhalten, wenn sein Vorgänger bereits vorhanden war. Die Anwendungen dürften nicht ohne Interesse seyn. Ich erinnere in dieser Beziehung nur an die Worte von Gauss (monatl. Korresp. 18. Theil, S. 286): „Bei allen Methoden, die man dem praktischen Astronomen zu seinem Gebrauche vorschlägt, ist es eine unerlässliche Pflicht, dass man den Einfluss der unvermeidlichen Beobachtungsfehler auf die Resultate würdige, damit man sich überzeugen kann, ob sie überhaupt, und unter welchen Umständen sie mit Sicherheit anwendbar sind. Der Vernachlässigung dieser Pflicht hat man die vielen unreifen Einfälle zuzuschreiben, über deren Unwerth die praktischen Astronomen klagen."

In Bezug auf die Literatur des hier behandelten Zweiges der Mathematik bin ich mit Zitaten sehr sparsam gewesen, da ich dieselben als nicht wesentlich zum Buche gehörig angesehen habe. Ohnehin mag es eine schwierige Sache seyn, für jeden Satz den Mann zu finden, der ihn zuerst aufgestellt hat, und ich habe mich damit nicht befassen können, ohne dass ich in Abrede stellen will, dass das Mithereinziehen des Historischen von grossem Interesse ist. Aber um in dieser Beziehung nicht Falsches zu sagen, habe ich vorgezogen, meist ganz zu schweigen.

Vorwort zur zweiten Auflage.

Gegenüber der an Ostern 1855 ausgegebenen ersten Auflage ist diese zweite nicht wesentlich geändert. Ich habe darin allerding einzelne Verbesserungen vorgenommen, hin und wieder auch Einiges zugesetzt oder weggelassen, ohne aber die Eintheilung und Anordnung anzutasten, da dieselbe mir zweckmässig erscheint.

Man hat die in §. 12 angewandte Beweisform zu lang gefunden. Darauf muss ich bemerken, dass das Buch nicht für Mathematiker, sondern für Anfänger in der Trigonometrie geschrieben ist, wenn gleich dessen weitere Anlage auch Demjenigen genügen mag, der mehr als Anfänger ist. Wer aber Trigonometrie zum ersten Male studirt, hat Algebra und Geometrie bereits getrieben — weiter Nichts; für Solche ist ein Alles umfassender einziger Beweis nicht verständlich, da derartige Beweise viel zu rasche Schlüsse verlangen, als dass ein Anfänger ihre ganze Tragweite beurtheilen kann. Die von mir gewählte Beweisart liegt in der Art, wie wir stufenweise zur Erkenntniss der Allgemeingiltigkeit von (mathematischen) Sätzen gelangen, und ist so durchsichtig klar, dass ich sie für die hier allein zulässige ansehe. — Die grosse Länge thut hier der Sache keinen Abtrag. Einerseits sieht ein Fall dem andern gleich, und dann geschieht dies Alles nur einmal; von da an sind die Resultate allgemein giltig.

Dass ich die Eintheilung des Winkels in Grade, Minuten, Sekunden beibehalten, bedarf wohl keiner Rechtfertigung. Sind ja die Winkelmessinstrumente auch so getheilt! — Die analytische Bestimmungsweise wird zur rechten Zeit schon gehörig erklärt werden können, und ich halte es für verkehrt, wegen der analytischen Zwecke das Maass der Winkel durch Kreisbögen vom Halbmesser 1 in die Trigonometrie einzuführen.

Natürlich hätte man in den siebenten Abschnitten beider Abtheilungen die Regeln der Differentialrechnung kurzweg anwenden können. (Man vergleiche darüber meine „Differential- und Integralrechnung", 2. Auflage, §. 70.)

Vorwort zur dritten Auflage.

Die zweite Auflage dieses Buches, welche 1861 ausgegeben wurde, ist nicht wesentlich geändert worden. An einzelnen Stellen habe ich weggenommen oder hinzugethan, wie es mir für die Brauchbarkeit des Werkes zweckmässig schien, ohne dass dadurch der Grundplan beeinträchtigt worden wäre. Nur die erste Abtheilung hat in so ferne eine wesentliche Abänderung erlitten, als in §§. 34—37 die Grundformeln der ebenen Polygonometrie in einer, wie ich glaube, sehr einfachen Weise abgeleitet wurden. Namentlich hat sich die Formel des §. 37 in überraschend leichter Weise ergeben. Die Anwendung und weitere Ausführung dieser Formeln wurde hier nicht gegeben; sie gehört der „ebenen Polygonometrie" an.

Wir haben nun noch zu §. 5 der zweiten Abtheilung einige Bemerkungen hinzuzufügen hinsichtlich der allgemeinen Giltigkeit der Formeln in §. 6—9. Da in diesen §§. sehr häufig die Quadratwurzel ausgezogen wurde, diese aber im allgemeinen Falle nicht kurzweg als positiv angesehen werden darf, so müsste jeweils eine Untersuchung der Doppelzeichen statt finden.

Man findet nun aber, dass wenn man in den drei ersten Fällen des §. 5, IV—VI in so weit anders verfährt, als man im Falle V statt des Winkels A den Winkel $360° - A$ in das sphärische Dreieck rechnet, und im Falle VI statt A, B, C: $360° - A$, $360° - B$, $360° - C$, unbedingt gelten:

die Formeln (1) des §. 4;
„ „ (3) „ §. 6;
„ „ (4), (5), (6) (7) des §. 7;

dagegen in den Formeln (2) des §. 6, (8) des §. 8, (9) und (10) des §. 9 die zweiten Seiten mit Doppelzeichen zu versehen sind.

Es ist also jedenfalls besser, die Einschränkung beizubehalten, nach der Seiten und Winkel eines sphärischen Dreiecks $180°$ nicht übersteigen.

Inhalts-Verzeichniss.

Erste Abtheilung.
Ebene Trigonometrie.

Erster Abschnitt.
Grundsätze der Goniometrie.

		Seite
§. 1.	Aufgabe der Trigonometrie	3
§. 2.	Erklärung der trigonometrischen Funktionen	4
§. 3.	Unabhängigkeit von der Seitenlänge	6
§. 4.	Grundgleichungen des Zusammenhangs derselben	7
§. 5.	Berechnung der trigonometrischen Funktionen aus einander	8
§. 6.	Zu- und Abnahme mit der Aenderung des Winkels	10
§. 7.	Trigonometrische Funktionen der Winkel, die zusammen $90°$ betragen	12
§. 8.	Die trigonometrischen Funktionen von $0°$, $30°$, $45°$, $60°$, $90°$	13
§. 9.	Die Formeln für den Sinus, Cosinus, Tangente, Cotangente von $a+b$	14
	Die trigonometrischen Funktionen von $18°$, $72°$	16
§. 10.	Die trigonometrischen Funktionen für beliebige positive Winkel	17
§. 11.	Verhalten dieser Funktionen, wenn der Winkel sich um $180°$ ändert	24
§. 12.	Beweis, dass die Formeln des §. 9 für alle positiven Winkel gelten	25
§. 13.	Berichtigung und Verallgemeinerung der Formeln des §. 5	29
§. 14.	Die trigonometrischen Funktionen von $a-b$	31
	Berechnung der trigonometrischen Funktionen von 3 zu 3 Graden	32
§. 15.	Negative Winkel. Verallgemeinerungen	33
§. 16.	Die Formeln für die doppelten und halben Winkel, so wie für Summen und Differenzen der Sinus oder Cosinus	34
	Formelsammlung	36
§. 17.	Uebersicht der Eigenschaften der trigonometrischen Funktionen	38

Zweiter Abschnitt.
Berechnung der trigonometrischen Funktionen. Tafeln derselben und Benützung dieser Tafeln.

§. 18.	Möglichkeit der Berechnung	40
§. 19.	Interpolation	45

	Seite
*§. 20. Berechnung mittelst Reihen	47
Untersuchung, in wie ferne $\cos A = 1$, $\sin A = arc\, A$, $\cos A = 1 - \tfrac{1}{2} arc^2 A$, $\sin A = arc\, A - \tfrac{1}{6} arc^3 A$ gesetzt werden darf	52
§. 21. Die trigonometrischen Funktionen zu finden bei gegebenem Winkel	53
§. 22. Den Winkel zu finden bei gegebener trigonometrischer Funktion	56
§. 23. Beispiele wirklicher Berechnungen	59
Allgemeine Bemerkungen über das Aufsuchen eines Winkels mittelst einer einzigen trigonometrischen Funktion	62
*§. 24. Bestimmung des Logarithmus einer trigonometrischen Funktion aus dem bekannten Logarithmus einer andern	63

Dritter Abschnitt.
Berechnung der Dreiecke, oder spezielle Trigonometrie.

§. 25. Das rechtwinklige Dreieck	64
§. 26. Die regelmässigen Vielecke (in Verbindung mit dem Kreise)	67
Das gleichschenklige Dreieck	69
*Länge eines über zwei Rollen gehenden Riemens	70
§. 27. Die drei Hauptsätze der Trigonometrie	71
§. 28. Umformungen der Hauptsätze	76
*Andere Ausgangspunkte	77
§. 29. Berechnung eines Dreiecks aus einer Seite und zwei Winkeln	79
§. 30. Eben so aus zwei Seiten und dem eingeschlossenen Winkel	80
§. 31. Eben so aus den drei Seiten	82
§. 32. Aus zwei Seiten und einem Winkel, der einer der gegebenen Seiten entgegen steht, das Dreieck zu berechnen. (Zweideutiger Fall)	84
§. 33. Fläche eines Dreiecks aus den bestimmenden Stücken	85
Fläche eines Vierecks aus seinen Diagonalen	86
Fläche des Vierecks im Kreis	87
Kreise in und um ein Dreieck oder Viereck	88
Paralleltrapez aus seinen Seiten berechnet	89

Anhang.
Aufstellung der polygonometrischen Grundgleichungen.

§. 34. Senkrechte Projektion	90
§. 35. Linienzug. Richtungswinkel (Azimuthe)	92
§. 36. Die Grundgleichungen der ebenen Polygonometrie	96
Allgemeinste Form derselben	99
§. 37. Fläche des Vielecks aus seinen Seiten und Winkeln	100

Vierter Abschnitt.
Umformungen. Auflösung trigonometrischer Gleichungen.

§. 38. Einführung von Hilfswinkeln, an Beispielen erläutert	104

*§. 39. Auflösung der Gleichungen:
- $a \sin x + b \cos x = c$ 107
- $\cos nx + \cos (n-2) x = \cos x$ 108
- $x \sin (\alpha - z) = a$, $x \sin (\beta - z) = b$ 109

*§. 40. Auflösung der Gleichungen:
- $arc\, x = 2 \sin x$ 110
- $arc\, x = \tfrac{1}{2} \sin 2x + \tfrac{1}{2}\pi$ 114
- $arc\, x \sin \tfrac{1}{2} x = 1$ 115

Fünfter Abschnitt.
Bestimmung eines Dreiecks aus Verbindungen einzelner Stücke.

*§. 41. Ein Dreieck zu bestimmen, wenn gegeben sind:
  1) eine Seite, ein ihr anliegender Winkel und der Unterschied der zwei andern Seiten 116
  2) der Umfang und die drei Winkel 118
  3) die Summe zweier Seiten und die drei Winkel 119
  4) Die Differenz zweier Seiten und die drei Winkel 119
  5) eine Seite, die Differenz der anliegenden Winkel und die Differenz der andern Seiten 120
  6) eine Seite, die Summe der zwei andern nebst dem von letztern gebildeten Winkel 120
  7) der Flächeninhalt, eine Seite und der Umfang 120
  8) die Fläche, der Umfang und ein Winkel 121
  9) die drei Höhenlinien des Dreiecks 122
  10) der Umfang, eine Höhenlinie nebst dem Winkel, von dem diese ausgeht. 122
  11) die drei Winkel und eine Höhenlinie 123

Sechster Abschnitt.
Auflösung einer Reihe praktischer Aufgaben.

§. 42. 1) Die Länge einer unzugänglichen Geraden zu bestimmen . . . 124
  2) Einen Punkt zu bestimmen aus zwei bekannten Seiten und zwei Richtungswinkeln 126
  3) Anwendung dieser Aufgabe zur Bestimmung der Entfernung eines Planeten von der Erde 127
  4) Die Länge einer Geraden zu bestimmen, wenn man Verlängerungen von ihr misst, so wie die Gesichtswinkel, unter denen sie und diese Verlängerungen von einem Punkte aus gesehen werden . 128
  5) Das Problem der drei Punkte = Pothenotsche Aufgabe 130
  6) Zentriren der Winkel. Fall eines kreisrunden Thurms . . . 132
  7) Fehler wegen des unrichtigen Zielpunkts 136
  8) und 9) Verbindung von Eisenbahngeleisen durch eine S-Kurve . 137

		Seite
	10) Fall eines Thurms, der von der Sonne beschienen ist	139
§. 43.	1) und 2) Bestimmung der Höhe eines auf einem Abhange stehenden vertikalen Gegenstands	140
	3) Bestimmung einer solchen Höhe mittelst Messung einer Standlinie, so wie von Horizontal- und Höhen-Winkeln	141
	4) Dessgleichen mittelst einer Standlinie und drei Höhenwinkeln .	143
	5) Mittelst einer horizontalen Standlinie, Höhen- und Horizontal-Winkeln die Erhebung zweier Punkte über ersterer, so wie ihren horizontalen Abstand zu bestimmen	144
§. 44.	1) Von einem Dreieck durch eine Theilungslinie, die mit einer Seite einen gegebenen Winkel macht, ein bestimmtes Stück abzuschneiden	145
	2) Dieselbe Aufgabe für ein Viereck	147
	*3) Eine Aufgabe über die Schattenlänge	148
	4) Wie weit kann man einen Gegenstand, der über die Erdfläche hinausragt, noch sehen?	149
§. 45.	Meeresfläche. Strahlenbrechung	149
§. 46.	Formel für die Erhöhung eines Punkts über einen andern mit Berücksichtigung der Erdkrümmung und der Strahlenbrechung. Eine Vereinfachung derselben gibt sofort die so genannte Korrektion wegen der Erdkrümmung. Beispiele dazu	153
§. 47.	1) Man kennt die Erhöhung eines Gegenstands über der sich um seinen Fuss ausbreitenden Ebene und soll bestimmen, wie weit er gesehen werden kann	157
	*2) Zwischen zwei Höhen liegt in bekannter Entfernung eine dritte, und man soll bestimmen, ob man die zwei ersten von einander aus noch sehen kann	158
	3) Bestimmung der Depression des Meereshorizonts	159
*§. 48.	Die Dreiecksnetze	160

Siebenter Abschnitt.
Ueber den Einfluss fehlerhafter Daten auf die durch Rechnung hieraus erhaltenen Grössen.

*§. 49.	Genauer Ausdruck der hier zu stellenden Aufgabe. Beobachtungsfehler. Aufstellung der Grundgleichungen für ein ebenes Dreieck in dieser Beziehung	162
*§. 50.	Anwendung der erhaltenen Formeln auf die einzelnen Fälle der §§. 29—32. Bestimmung der zweckmässigsten Gestalt des Dreiecks für jeden Fall	166
*§. 51.	Beispiele	174
*§. 52.	Untersuchung des Einflusses der Beobachtungsfehler für die Aufgaben Nro. 2 in §. 42, Nro. 5 in §. 42, Nro. 1 in §. 43, Nro. 3 in §. 43, so wie in dem Beispiele des §. 46. Daraus hervorgehend die zweckmässigste Anordnung der Messungen	178

Achter Abschnitt.
Vom Interpoliren. Benützung zehnstelliger Logarithmentafeln.

§. 53. Begriff des Interpolirens. Differenzen. Ableitung der Interpolationsformel 190
§. 54. Anwendung dieser Formel bei Benützung zehnstelliger Logarithmentafeln mit Zahlenbeispielen 197

Zweite Abtheilung.
Sphärische Trigonometrie.

Erster Abschnitt.
Aufstellung der Grundgleichungen der sphärischen Trigonometrie.

§. 1. Das sphärische Dreieck und die dreiseitige körperliche Ecke . . . 203
§. 2. Sätze aus der Stereometrie 204
§. 3. Hilfssatz 209
§. 4. Die drei Grundgleichungen der sphärischen Trigonometrie . . . 210
  *Zusammenhang derselben mit der ebenen Trigonometrie . . . 212
*§. 5. Verallgemeinerung dieser Grundgleichungen 213
§. 6. Umformungen. Die Sinusregel 216
§. 7. Weitere Gleichungen zwischen den Seiten und Winkeln 219
§. 8. Umformung der Gleichung $\cos A = -\cos B \cos C + \sin B \sin C \cos a$ 222
§. 9. Die Gaussischen Gleichungen 224
§. 10. Ableitung einiger geometrischen Sätze aus den erhaltenen Gleichungen 227
§. 11. Das rechtwinklige und das rechtseitige Dreieck 228

Zweiter Abschnitt.
Auflösung der sphärischen Dreiecke.

§. 12. Drei Seiten gegeben 230
§. 13. Drei Winkel gegeben 233
§. 14. Zwei Zeiten und der von ihnen gebildete Winkel gegeben . . . 234
§. 15. Eine Seite und die anliegenden Winkel gegeben 237
§. 16. Zwei Seiten und ein entgegen stehender Winkel gegeben . . . 238
§. 17. Zwei Winkel und eine entgegen stehende Seite gegeben . . . 241
§. 18. Rechtwinkliges Dreieck 243

§. 19. Allgemeine Beziehungen im sphärischen Dreiecke 244
Konstruktion der dreiseitigen körperlichen Ecke 246

Dritter Abschnitt.
Berechnung der Fläche des sphärischen Dreiecks.

§. 20. Flächengleichheit symmetrischer Dreiecke 248
Fläche des sphärischen Zwei- und Dreiecks 250
Der Eulersche Satz von den Polyedern 251
§. 21. Berechnung des sphärischen Exzesses 252
§. 22. Aus der Fläche und zwei Winkeln das Dreieck zu bestimmen . . . 256
Aus der Fläche und zwei Seiten das Dreieck zu bestimmen 257
Ein sphärisches Dreieck zu halbiren 257

Vierter Abschnitt.
Vergleichung der sphärischen Dreiecke, deren Seiten klein sind im Verhältniss zum Halbmesser der Kugel, mit ebenen Dreiecken.

§. 23. Der Legendresche Satz in allgemeinerer Fassung 258
§. 24. Benützung des Legendreschen Satzes 265
§. 25. Berechnung der Fläche eines rechtwinkligen sphärischen Trapezes im Allgemeinen, und unter den Voraussetzungen des §. 23 270

Fünfter Abschnitt.
Geometrische, praktische und astronomische Aufgaben.

§. 26. Von einem Eckpunkte aus einen Bogen senkrecht auf die entgegen stehende Seite zu ziehen 273
Aus drei Kanten eines Parallelepipeds und den Winkeln derselben, den Körper zu berechnen 275
Den um ein sphärisches Dreieck beschriebenen Kreis zu bestimmen . 276
§. 27. Reduktion eines Winkels auf den Horizont 277
Die gegenseitige Entfernung von vier Punkten im Raume durch Messung von Winkeln und einer Seite zu bestimmen 278
Konstruktion einer Horizontalsonnenuhr. Astronomische Erklärungen: scheinbarer und wahrer Horizont, Parallaxe, Bestimmung der Mittagslinie 279
§. 28. Bestimmung der Tageslänge 383
Die Orte der Erde zu bestimmen, deren längster Tag 24 oder mehr Stunden dauert 289
Die Dauer dieses langen Tages zu bestimmen 290
Berücksichtigung des Sonnenhalbmessers 290

Inhalts-Verzeichniss. XIX

Seite

    Dauer der Dämmerung. Immer während Dämmerung 291
    Sternzeit. Bestimmung der Deklination aus den astronomischen
        Tafeln 292
§. 29. Astronomische Bestimmung der geographischen Breite im Allgemeinen 294
    und aus:
        1) zwei Höhen desselben bekannten Sterns und der Zwischenzeit
           der Beobachtungen 295
        2) der gemessenen gleichen Höhe zweier bekannter Sterne und
           dem Unterschiede ihrer Azimuthe 298
        3) drei gemessenen Höhen desselben unbekannten Fixsterns und
           den Zwischenzeiten 300
        4) drei gemessenen Höhen desselben unbekannten Sterns und den
           Unterschieden der Azimuthe 305
        5) derselben (unbekannten) Höhe dreier bekannter Sterne und den
           Zwischenzeiten 309
        6) derselben (unbekannten) Höhe dreier bekannter Sterne und den
           Unterschieden der Azimuthe 311
        7) den gemessenen Höhen zweier bekannter Sterne und der Zwi-
           schenzeit 312
        8) zwei gemessenen Höhen desselben bekannten Sterns und dem
           Unterschiede der Azimuthe 317
        9) den gemessenen Höhen zweier bekannter Sterne und dem
           Unterschiede der Azimuthe 318
        10) den Stundenwinkeln der Durchgänge eines bekannten Sterns
           durch denselben Höhenkreis 319
    Bestimmung der geographischen Länge 319

Sechster Abschnitt.
Anwendung der sphärischen Trigonometrie auf Geodäsie.

§. 30. Berechnung eines Dreiecksnetzes 321
    Beispiel 325
§. 31. Berechnung der Polarkoordinaten der Eckpunkte 329
    Beispiel 331
§. 32. Berechnung der rechtwinkligen Koordinaten der Eckpunkte . . . 333
    Beispiel 339

Siebenter Abschnitt.
Ueber den Einfluss fehlerhafter Daten auf die durch Rechnung daraus erhaltenen Grössen.

§. 33. Aufstellung der Grundformeln 342
§. 34. Anwendung auf die einzelnen Fälle des sphärischen Dreiecks . . . 344

§. 35. Anwendung auf einige astronomische Aufgaben, mit daraus hervor-
gehender vortheilhaftester Anordnung der Beobachtungen 350
§. 36. Untersuchung der Fälle des §. 29 von diesem Gesichtspunkte aus . . 354

Die mit * bezeichneten §§. können, ohne dem Verständniss Eintrag zu thun, auch zunächst übergangen werden. Eben so kann unter den Aufgaben (erste Abth. sechster Abschnitt, zweite Abth. fünfter Abschnitt) eine beliebige Auswahl getroffen werden.

Benennung der angewandten griechischen Buchstaben.

α = alpha. η = eta. ϱ = rho.
β = beta. Θ = theta. σ = sigma.
γ = gamma. λ = lambda. τ = tau.
δ, Δ = delta. μ = mi. φ = phi.
ε = epsilon. ξ = xi. ψ = psi.
ζ = zeta. π = pi. ω = omĕga.

Erste Abtheilung.

Ebene Trigonometrie.

Erster Abschnitt.

Grundsätze der Goniometrie.

§. 1.

Die Geometrie lehrt, dass ein ebenes Dreieck völlig bestimmt ist, d. h. unzweideutig gezeichnet werden kann, wenn von demselben gegeben sind: eine Seite und zwei Winkel, zwei Seiten und der von diesen gebildete Winkel, oder endlich die drei Seiten; sie lehrt ferner, dass wenn zwei Seiten und ein Winkel gegeben sind, der einer dieser Seiten entgegen steht, das Dreieck wohl in manchen Fällen unzweifelhaft gezeichnet werden könne, dass man aber auch zuweilen mit denselben gegebenen Stücken zwei von einander verschiedene Dreiecke erhalten könne. In all den betrachteten Fällen nun muss es, eben weil das Dreieck verzeichnet werden kann, eine Methode geben, vermöge welcher man im Stande ist, aus den ihrem Maasse nach gegebenen nothwendigen Stücken des Dreiecks die übrigen, gleichfalls ihrem Maasse nach, zu berechnen, ohne dabei irgend welche Figur zu zeichnen, oder nur vor sich zu haben. Die dazu dienlichen Lehren tragen den Namen der ebenen Trigonometrie. Man übersieht leicht, dass es dabei überhaupt auf das Verhalten der Winkel eines Dreiecks gegen die Seiten desselben ankommen wird, so dass dieses Verhalten den ersten Gegenstand der Untersuchung abzugeben hat. Nun lehrt schon die Geometrie, dass Dreiecke, deren Seiten einander proportional sind, dieselben Winkel haben; es liegt somit in der Natur der Sache, dass das Verhalten der Winkel gegen die Seiten nicht bedingt seyn kann durch die absolute Länge der Seiten, sondern blos abhängen kann von dem Verhältnisse der Seiten gegen einander, welches sich in ähnlichen Dreiecken nicht ändert.

Irgend ein bestimmter Winkel, den wir zunächst kleiner als einen rechten annehmen, kann in einem beliebigen Dreiecke liegen; das für unsere Betrachtung bequemste ist aber das rechtwinklige: wir werden dasselbe desshalb auch als Ausgangspunkt unserer Untersuchungen wählen. Da im schiefwinkligen Dreiecke schon Winkel vorkommen können, die grösser als ein rechter sind, so werden wir unsere Untersuchungen alsdann auch über solche Winkel ausdehnen müssen, und es liegt in der Natur der Sache, dass wir sofort beliebig grosse Winkel zu betrachten haben. Dadurch wird die ganze Untersuchung losgeschält von der speziellern Trigonometrie, und trägt, als besonderer Zweig der Wissenschaft, den Namen **Goniometrie**, mit der wir uns nun zunächst beschäftigen wollen, indem wir sofort zum eigentlichen Gegenstande unserer Behandlung übergehen, welch letztere die Sache wohl besser aufklären wird, als eine allgemeine Betrachtung.

§. 2.
Erklärung der trigonometrischen Funktionen.

I. Sey A ein spitzer Winkel, dessen Seiten AC und AB sind.

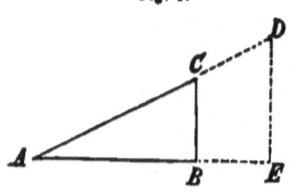

Fig. 1.

Man fälle von dem (beliebig gewählten) Punkte C der einen Seite AC auf die andere AB die Senkrechte CB, so liegt A in dem rechtwinkligen Dreiecke ABC, dessen Hypothenuse AC und dessen Katheten AB und BC sind. Man heisst nun

den Quotienten der dem Winkel A entgegenstehenden Kathete BC durch die Hypothenuse AC den **Sinus** des Winkels A und setzt desshalb:

$$\sin A = \frac{BC}{AC}; \qquad (1)$$

den Quotienten der dem Winkel A anliegenden Kathete AB durch die Hypothenuse AC den **Cosinus** des Winkels A und schreibt

$$\cos A = \frac{AB}{AC}. \qquad (2)$$

Die Grössen $\sin A$ und $\cos A$ sind somit ihren Werthen nach immer kleiner als 1, da die Kathete immer kleiner als die Hypothenuse ist.

Ferner pflegt man die Quotienten
$$\frac{\sin A}{\cos A} \text{ und } \frac{\cos A}{\sin A}$$
gewöhnlich durch $tg\,A$ und $cotg\,A$ zu bezeichnen, und heisst sie Tangente von A und Cotangente von A. Man hat also zur Erklärung dieser Grössen:

$$tg\,A = \frac{\sin A}{\cos A}, \quad cotg\,A = \frac{\cos A}{\sin A}. \qquad (3)$$

Aus den Gleichungen (1) und (2) folgt aber unmittelbar:

$$tg\,A = \frac{BC}{AB}, \quad cotg\,A = \frac{AB}{BC}, \qquad (4)$$

d. h. es ist $tg\,A$ auch gleich der entgegenstehenden Kathete BC, dividirt durch die anliegende AB; $cotg\,A$ gleich der anliegenden Kathete AB, dividirt durch die entgegenstehende BC.

Man wird gut thun, sich diese Fundamentalerklärungen genau einzuprägen, da natürlich das Verständniss alles Uebrigen darauf ruht.

Andere Form der Erklärung.

II. Man wird beachten, dass CB die Länge der von C auf AB gefällten Senkrechten, AB die Entfernung des Fusspunktes der Senkrechten vom Scheitel des Winkels ist. Es können daher die vorigen Erklärungen auch dahin geändert werden, dass man unter $\sin A$ die Länge der Senkrechten, dividirt durch die Entfernung des Punktes C vom Scheitel; unter $\cos A$ den Abstand des Fusspunkts der Senkrechten von dem Scheitel, dividirt durch dieselbe Entfernung versteht. Dabei versteht es sich wohl von selbst, dass wenn von der Division zweier Seiten (eines Dreiecks) die Rede ist, dabei die Division der die Längen dieser Seiten ausdrückenden Zahlen verstanden wird, welches auch immer die Einheit sei, in der diese Längen ausgedrückt werden. Dass aber beide Seiten in derselben Maasseinheit müssen ausgedrückt sein, braucht wohl nicht besonders hervorgehoben zu werden.

Wir bemerken hier noch, dass zuweilen die Brüche

$$\frac{1}{\cos A},\ \frac{1}{\sin A}$$

als **Secante** und **Cosecante** von A, so wie

$$1-\cos A,\ 1-\sin A$$

als **Sinus versus** und **Cosinus versus** von A aufgeführt werden.

§. 3.
Unabhängigkeit von der Seitenlänge.

Aus den eben gegebenen Erklärungen geht unmittelbar hervor, dass der Werth von *sin* A, sowie der von *cos* A als blosse Zahl erscheint, indem er nur das Verhältniss von je zwei Seiten des rechtwinkligen Dreiecks ausdrückt, welche Zahl auch immer < 1 ist. Von der Länge eines Sinus u. s. f. zu reden, hat also keinen Sinn. Dass dasselbe für *tg* A und *cotg* A gilt, ist durch unsere Erklärung deutlich.

Eben desshalb hängt aber der Werth von *sin* A u. s. f. nicht von der Länge der Seiten des rechtwinkligen Dreiecks ab. Verlängert man etwa die Seiten AC und AB, welche den Winkel A bilden und ist DE senkrecht auf AE gezogen, also parallel mit BC, so ist bekanntlich:

$$\frac{BC}{AC}=\frac{DE}{AD},\ \frac{AB}{AC}=\frac{AE}{AD},$$

so dass man statt der Formeln (1) und (2), welche zur Erklärung der Bedeutung von *sin* A und *cos* A dienen, auch setzen kann:

$$\sin A=\frac{DE}{AD},\ \cos A=\frac{AE}{AD}.$$

Damit ist aber ausgesprochen, dass man statt des Dreiecks ABC das Dreieck AED zur Erklärung von *sin* A und *cos* A wählen kann, ohne dadurch eine Verschiedenheit in diese Erklärung zu bringen.

Ganz eben so kann man irgend zwei rechtwinklige Dreiecke, welche denselben Winkel A enthalten, zur Erklärung von *sin* A, *cos* A in der angegebenen Weise benützen, indem diese Dreiecke ähnlich sind, und also für die betreffenden Quotienten dieselben Werthe liefern.

Die vier Grössen *sin* A, *cos* A, *tg* A, *cotg* A werden wir zuweilen trigonometrische Funktionen* oder auch trigonometrische Brüche nennen, wenn gleich „goniometrisch" das richtigere Beiwort wäre.

§. 4.
Grundgleichungen.

Aus den Erklärungen des §. 2, nämlich aus den Gleichungen (1) und (2), erhält man, wenn man die Quadrate von $\sin A$ und $\cos A$ mit $\sin^2 A$, $\cos^2 A$ bezeichnet: **

$$\sin^2 A = \frac{BC^2}{AC^2}, \quad \cos^2 A = \frac{AB^2}{AC^2},$$

Fig. 2.

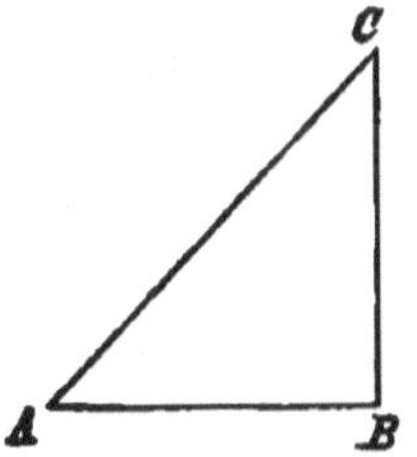

woraus folgt:

$$\sin^2 A + \cos^2 A = \frac{BC^2 + AB^2}{AC^2}.$$

Da aber nach dem pythagoräischen Satze:
$$BC^2 + AB^2 = AC^2,$$
so ist dieser Quotient $= 1$, also hat man für einen Winkel A immer:

$$\sin^2 A + \cos^2 A = 1. \qquad (5)$$

Wir setzen dabei natürlich $A < 90°$ voraus. Hieraus ergibt sich wieder, dass weder $\sin A$, noch $\cos A$ je grösser als 1 seyn kann.

Multiplizirt man die Gleichungen (3) mit einander, so erhält man:

$$tg A \cdot cotg A = \frac{\sin A \cdot \cos A}{\cos A \cdot \sin A},$$

d. h. $\qquad tg A \, cotg A = 1, \qquad (6)$

als Beziehung zwischen tg und $cotg$ eines (spitzen) Winkels. Die beiden Gleichungen (5) und (6) nebst (3) geben die Beziehungen der vier Grössen $\sin A$, $\cos A$, $tg A$, $cotg A$ gegen einander an. Da übrigens (6) ganz unmittelbar aus (3) folgt, so bestehen im Grunde nur die drei Gleichungen (3) und (5), so dass also, wenn eine der

---

* Unter Funktion versteht man in der Mathematik überhaupt eine Grösse, deren Werth vom Werthe einer andern abhängt und sich also mit letzterem ändern wird. Da nun die Grössen $\sin A$, $\cos A$, $tg A$, $cotg A$ so beschaffen sind, dass ihre Werthe vom Werthe des Winkels A abhängen, so sind sie Funktionen dieses Winkels.

** Diese Bezeichnungsweise wird mehrfach als nicht geeignet verworfen. Vollständig richtig wäre die Form: $(\sin A)^2$, $(\cos A)^2$, nur ist sie unbequem. Häufig begegnet man der Form: $\sin A^2$, $\cos A^2$, die übrigens auch zu Missverständnissen führen kann. Wir behalten immerhin die im Texte gewählte bei.

vier trigonometrischen Funktionen bekannt ist, die drei anderen daraus gefunden werden können, welche Aufgabe wir nun zunächst lösen wollen.

§. 5.
Berechnung der trigonometrischen Funktionen aus einander.

1) Sey $sin\,A$ bekannt.

Aus (5) folgt:
$$cos^2 A = 1 - sin^2 A, \quad cos\,A = \sqrt{1 - sin^2 A}.$$

Aus (3) ergibt sich:
$$tg^2 A = \frac{sin^2 A}{cos^2 A} = \frac{sin^2 A}{1 - sin^2 A}, \quad tg\,A = \frac{sin\,A}{\sqrt{1 - sin^2 A}};$$
$$cotg^2 A = \frac{cos^2 A}{sin^2 A} = \frac{1 - sin^2 A}{sin^2 A}, \quad cotg\,A = \frac{\sqrt{1 - sin^2 A}}{sin\,A}.$$

2) Sey $cos\,A$ bekannt.

Aus (5): $sin^2 A = 1 - cos^2 A; \quad sin\,A = \sqrt{1 - cos^2 A}.$

Aus (3):
$$tg^2 A = \frac{sin^2 A}{cos^2 A} = \frac{1 - cos^2 A}{cos^2 A}, \quad tg\,A = \frac{\sqrt{1 - cos^2 A}}{cos\,A};$$
$$cotg^2 A = \frac{cos^2 A}{sin^2 A} = \frac{cos^2 A}{1 - cos^2 A}, \quad cotg\,A = \frac{cos\,A}{\sqrt{1 - cos^2 A}}.$$

3) Sey $tg\,A$ bekannt.

Aus (6) folgt: $\quad cotg\,A = \frac{1}{tg\,A}.$

Aus (3) ergibt sich:
$$tg^2 A = \frac{sin^2 A}{cos^2 A} = \frac{sin^2 A}{1 - sin^2 A},$$

also $(1 - sin^2 A)\,tg^2 A = sin^2 A, \quad tg^2 A - sin^2 A \cdot tg^2 A = sin^2 A,$
$tg^2 A = sin^2 A + sin^2 A\,tg^2 A = sin^2 A\,(1 + tg^2 A),$
$$\frac{tg^2 A}{1 + tg^2 A} = sin^2 A, \quad sin\,A = \frac{tg\,A}{\sqrt{1 + tg^2 A}}.$$

Eben so:
$$tg^2 A = \frac{sin^2 A}{cos^2 A} = \frac{1 - cos^2 A}{cos^2 A},$$
$cos^2 A \cdot tg^2 A = 1 - cos^2 A, \quad cos^2 A \cdot tg^2 A + cos^2 A = 1,$

$$cos^2 A\,(tg^2 A + 1) = 1,\ cos^2 A = \frac{1}{tg^2 A + 1},$$
$$cos A = \frac{1}{\sqrt{1 + tg^2 A}}.$$

4) Sey $cotg\,A$ bekannt.

Aus (6): $\qquad tg\,A = \dfrac{1}{cotg\,A}.$

Dann aus (3):
$$cotg^2 A = \frac{cos^2 A}{sin^2 A} = \frac{1 - sin^2 A}{sin^2 A},\ sin^2 A \cdot cotg^2 A = 1 - sin^2 A,$$
$$sin^2 A\,(1 + cotg^2 A) = 1,$$

woraus $\qquad sin A = \dfrac{1}{\sqrt{1 + cotg^2 A}}.$

$$cotg^2 A = \frac{cos^2 A}{sin^2 A} = \frac{cos^2 A}{1 - cos^2 A},\ cotg^2 A - cos^2 A \cdot cotg^2 A = cos^2 A,$$
$$cotg^2 A = cos^2 A\,(1 + cotg^2 A),$$
$$cos A = \frac{cotg A}{\sqrt{1 + cotg^2 A}}.$$

Man bemerke etwa noch, dass immer:
$$cos A\,tg\,A = sin A,\ sin A\,cotg\,A = cos A.$$

Der Uebersichtlichkeit wegen wollen wir die erhaltenen Resultate in eine Tabelle ordnen.

$sin A =$	$cos A =$	$tg A =$	$cotg A =$
$\sqrt{1 - cos^2 A},$	$\sqrt{1 - sin^2 A},$	$\dfrac{sin A}{\sqrt{1 - sin^2 A}},$	$\dfrac{\sqrt{1 - sin^2 A}}{sin A},$
$\dfrac{tg A}{\sqrt{1 + tg^2 A}},$	$\dfrac{1}{\sqrt{1 + tg^2 A}},$	$\dfrac{\sqrt{1 - cos^2 A}}{cos A},$	$\dfrac{cos A}{\sqrt{1 - cos^2 A}},$
$\dfrac{1}{\sqrt{1 + cotg^2 A}}.$	$\dfrac{cotg A}{\sqrt{1 + cotg^2 A}}.$	$\dfrac{1}{cotg A}.$	$\dfrac{1}{tg A}.$

Man wird hiebei beachten, dass wir bei Ausziehung der Quadratwurzeln immer nur die positiven Werthe gewählt haben, da wir bis jezt keinen Grund haben, eine der trigonometrischen Funktionen als negativ anzusehen. (Die Verallgemeinerung dieser Tabelle findet sich in §. 13).

§. 6.
Zu- und Abnahme mit der Aenderung des Winkels.

Immer unter der Voraussetzung, der zu betrachtende Winkel sey kleiner als ein rechter, wollen wir uns nun die Frage stellen, in welcher Weise der Sinus eines Winkels sich ändert, wenn der Winkel sich ändert.

Fig. 3.

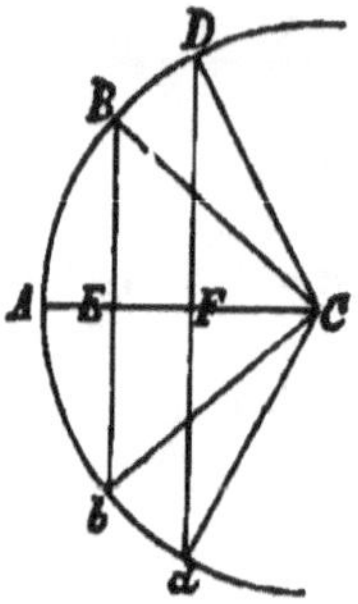

Seyen BCA, DCA zwei verschiedene Winkel, und zwar

$$DCA > BCA.$$

Man ziehe BE, DF senkrecht auf AC, indem man zuerst um C mit AC einen Kreis beschriebe; verlängere BE, DF, bis sie den Kreis in b und d wieder treffen, ziehe Cb und Cd, so ist bekanntlich:
BE = Eb, DF = Fd, DCA = ACd, BCA = ACb.
Nun ist (§. 2):

$$sin\, BCA = \frac{BE}{BC}, \quad sin\, DCA = \frac{DF}{CD};$$

ferner Dd = 2 DF, Bb = 2 BE; DF = ½Dd, BE = ½Bb,

also $$sin\, BCA = \tfrac{1}{2}\frac{Bb}{BC}, \quad sin\, DCA = \tfrac{1}{2}\frac{Dd}{CD}.$$

Da aber DCd = 2 DCA, BCb = 2 BCA, so ist auch DCd > BCb, also nach einem bekannten Satze:

$$Dd > Bb.$$

Da endlich BC = CD, so folgt hieraus, dass

$$\frac{Dd}{CD} > \frac{Bb}{BC}, \quad \tfrac{1}{2}\frac{Dd}{CD} > \tfrac{1}{2}\frac{Bb}{BC},$$

d. h. $$sin\, DCA > sin\, BCA.$$

Man schliesst hieraus, dass zu einem grössern Winkel auch ein grösserer Sinus gehöre, oder dass der Sinus eines Winkels wachse, wenn der Winkel wächst, mithin auch abnehme, wenn der Winkel abnimmt.

Sind also die zwei Winkel A und B, beide unter 90°, so beschaffen, dass
$$B > A,$$
so ist auch
$$sin\, B > sin\, A.$$

Da nun $\cos B = \sqrt{1 - \sin^2 B}$, $\cos A = \sqrt{1 - \sin^2 A}$,
und $\sin^2 B > \sin^2 A$, also $1 - \sin^2 B < 1 - \sin^2 A$,*
so ist $\cos B < \cos A$,
d. h. der Cosinus eines Winkels nimmt ab, wenn der Winkel wächst, und nimmt mithin zu, wenn der Winkel abnimmt.

Endlich ist
$$tg B = \frac{\sin B}{\cos B}, \quad tg A = \frac{\sin A}{\cos A},$$
und da $\sin B > \sin A$, $\cos B < \cos A$,
so ist $tg B > tg A$, **
d. h. die Tangente eines Winkels wächst, wenn der Winkel wächst.

Da $cotg B = \frac{1}{tg B}$, $cotg A = \frac{1}{tg A}$ (§. 4), und $tg B > tg A$, so ist nothwendig $cotg B < cotg A$,
so dass die Cotangente abnimmt, wenn der Winkel wächst. Alle diese Sätze lassen sich leicht geometrisch nachweisen, wie der erste, was jedoch der eigenen Uebung überlassen bleiben mag.

Wir wollen, unter Bezug auf Fig. 3, hier bemerken, dass wenn der Kreishalbmesser $AC = 1$ wäre, man setzen würde:
$$\sin BCA = BE, \quad \cos BCA = CE.$$

Daraus folgt jedoch nicht, dass *sin* und *cos* als die Längen der Linien BE, CE anzusehen sind, vielmehr sind die Werthe der

---

* Da $\sin^2 B > \sin^2 A$, so wird, wenn man von 1 zuerst $\sin^2 B$, und dann auch $\sin^2 A$ abzieht, das erstemal mehr abgezogen als das zweite, so dass weniger übrig bleiben muss, mithin $1 - \sin^2 B < 1 - \sin^2 A$ ist.

** Vergleicht man die Brüche $\frac{\sin B}{\cos B}$ und $\frac{\sin A}{\cos A}$, so ist der Zähler des ersten grösser als der des zweiten, während der Nenner des ersten kleiner als der des zweiten ist. Wären die Nenner gleich, so müsste der erste Bruch schon grösser als der zweite seyn, da mit wachsendem Zähler ein Bruch wächst; d. h. man hat
$$\frac{\sin B}{\cos A} > \frac{\sin A}{\cos A}.$$
Schreibt man aber hier noch im ersten Bruche $\cos B$ für $\cos A$, so hat man den Nenner desselben noch vermindert, wodurch der Bruch abermals in seinem Werthe erhöht wurde, so dass in höherm Grade
$$\frac{\sin B}{\cos B} > \frac{\sin A}{\cos A} \text{ ist.}$$

beiden trigonometrischen Funktionen nur gleich den Zahlen, welche die Längen von BE, CE ausdrücken, vorausgesetzt es sei der Kreishalbmesser $= 1$.

Es beruht hierauf eine zweite Erklärungsweise von *sin* A, *cos* A, indem diese Grössen, wie so eben, aus einem Kreise vom Halbmesser 1 bestimmt werden. Man kann alsdann ganz wohl BE, CE kurzweg als gleich dem *sinus* oder *cosinus* von BCA ansehen. Diese Erklärungsweise mag in einzelnen Fällen bequem seyn; wir haben jedoch uns hier auf das Dreieck einschränken wollen.

§. 7.
Trigonometrische Funktionen der Ergänzungswinkel.

Die beiden Winkel A und C in dem rechtwinkligen Dreieck ABC betragen zusammen $90°$; man hat also

$$C = 90° - A.$$

Fig. 4.

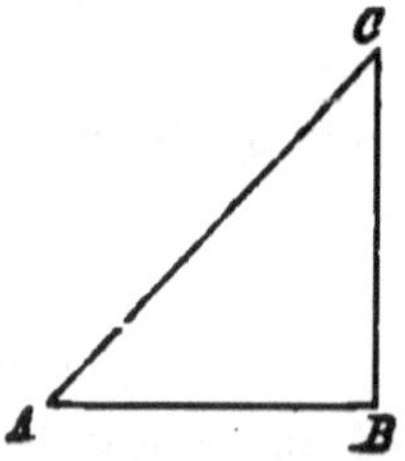

Nun ist (§. 2):

$$sin A = \frac{BC}{AC}, \quad cos A = \frac{AB}{AC};$$

$$sin C = \frac{AB}{AC}, \quad cos C = \frac{BC}{AC}.$$

Daraus folgt unmittelbar, dass

$$sin C = cos A, \quad cos C = sin A, \text{ d. h.}$$
$$sin(90° - A) = cos A, \quad cos(90° - A) = sin A. \quad (7)$$

Die Division beider Gleichungen gibt sodann:

$$tg(90° - A) = cotg A, \quad cotg(90° - A) = tg A. \quad (7')$$

Man hat also auch:

$$sin^2 A + sin^2(90° - A) = 1, \quad cos^2 A + cos^2(90° - A) = 1,$$
$$tg A \cdot tg(90° - A) = 1, \quad cotg A \cdot cotg(90° - A) = 1,$$

wie sich aus (5) und (6) findet.

Es ergibt sich hieraus, dass wenn man die trigonometrischen Funktionen der Winkel unter $45°$ kennt, man sofort die der Winkel über $45°$ erhalten wird.

Sind z. B. $sin 36°$, $cos 36°$, $tg 36°$, $cotg 36°$ bekannt, so ist, da $36° + 54° = 90°$:

$$sin 54° = cos 36°, \quad cos 54° = sin 36°, \quad tg 54° = cotg 36°,$$
$$cotg 54° = tg 36°.$$

Allgemeiner ist:
$$sin(45°+A) = cos(45°-A), \quad cos(45°+A) = sin(45°-A),$$
$$tg(45°+A) = cotg(45°-A), \quad cotg(45°+A) = tg(45°-A), \quad (8)$$
wenn A unter 45° ist, da ja 45°+A und 45°−A zusammen 90° betragen.

Für einige besondere Winkel ist es leicht, die zugehörigen trigonometrischen Funktionen zu erhalten, wie wir diess nun zeigen wollen.

§. 8.
Die Funktionen für 0°, 90°, 30°, 60°, 45°.

I. Bereits in §. 6 haben wir gezeigt, dass der $sin\,A$ abnehme, wenn A abnimmt. Denken wir uns nun, der Winkel A werde immer kleiner (in der dortigen Fig. 3 nehme BCA immer mehr ab) und nähere sich der Grösse 0 unbegränzt (BC nähere sich der AC), so wird offenbar der $sin\,A$ sich ebenfalls der 0 nähern (BE wird immer kleiner) und zuletzt verschwinden, so dass man haben wird:
$$sin\,0° = 0.$$

Vermöge §. 5 folgt hieraus:
$$cos\,0° = \sqrt{1-0^2} = \sqrt{1} = 1, \quad tg\,0° = \tfrac{0}{1} = 0, \quad cotg\,0° = \tfrac{1}{0} = \infty. *$$

Da 0°+90° = 90°, so folgt hieraus nach (7) in §. 7 sogleich:
$$sin\,90° = cos\,0° = 1, \quad cos\,90° = sin\,0° = 0, \quad tg\,90° = cotg\,0° = \infty,$$
$$cotg\,90° = tg\,0° = 0,$$
was man Alles leicht auch aus der Figur entnehmen kann.

II. Stelle ABC ein gleichseitiges Dreieck vor, in dem also jeder Winkel gleich 60°; sey darin CD senkrecht auf AB, so ist BCD = 30°, und also

$$sin\,BCD = sin\,30° = \frac{BD}{BC}.$$

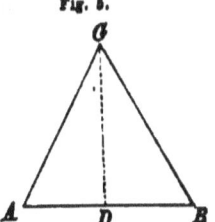

Fig. 5.

---

* Das Zeichen ∞ (unendlich) bedeutet keine Zahl mehr, sondern zeigt nur an, dass $cotg\,0°$ grösser sey als jede angebbare, auch noch so grosse Zahl. Wählt man nämlich den Bruch $\frac{1}{a}$ und lässt a immer kleiner werden, so wird sein Werth immer grösser, und wollte man a = 0 setzen, so würde man eben dadurch anzeigen, dass man über alle Grössenschranken hinausgegangen sey.

Nun ist $BD = \tfrac{1}{2} AB = \tfrac{1}{2} BC$, also
$$\frac{BD}{BC} = \frac{\tfrac{1}{2}BC}{BC} = \tfrac{1}{2},\ sin\,30^\circ = \tfrac{1}{2}.$$

Hieraus folgt nach §. 5:
$$cos\,30^\circ = \sqrt{1-\tfrac{1}{4}} = \sqrt{\tfrac{3}{4}} = \tfrac{1}{2}\sqrt{3},\ tg\,30^\circ = \frac{\tfrac{1}{2}}{\tfrac{1}{2}\sqrt{3}} = \frac{1}{\sqrt{3}} = \sqrt{\tfrac{1}{3}},$$
$$cotg\,30^\circ = \sqrt{3}.$$

Sodann nach §. 7:
$$sin\,60^\circ = \tfrac{1}{2}\sqrt{3},\ cos\,60^\circ = \tfrac{1}{2},\ tg\,60^\circ = \sqrt{3},\ cotg\,60^\circ = \sqrt{\tfrac{1}{3}}.$$

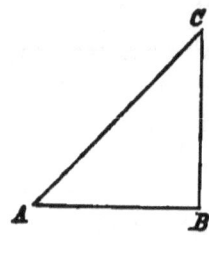

Fig. 6.

III. Ist ABC ein gleichschenklig rechtwinkliges Dreieck, also AB=BC, so ist A=45°, mithin
$$tg\,45^\circ = \frac{BC}{AB} = 1,$$
und dann nach §. 5:
$$sin\,45^\circ = \frac{1}{\sqrt{1+1}} = \frac{1}{\sqrt{2}} = \sqrt{\tfrac{1}{2}},\ cos\,45^\circ = \frac{1}{\sqrt{1+1}}$$
$$= \frac{1}{\sqrt{2}} = \sqrt{\tfrac{1}{2}},\ cotg\,45^\circ = \tfrac{1}{1} = 1.$$

Man könnte diese Formeln auch in anderer Weise erhalten. Aus (8) nämlich folgt, dass (wenn dort $A = 0$)
$$sin\,45^\circ = cos\,45^\circ,\ tg\,45^\circ = cotg\,45^\circ.$$

Also aus (5) und (6), wenn $A = 45^\circ$:
$$sin^2 45^\circ + sin^2 45^\circ = 1,\ 2\,sin^2 45^\circ = 1,\ sin^2 45^\circ = \tfrac{1}{2},\ sin\,45^\circ = \sqrt{\tfrac{1}{2}};$$
$$tg\,45^\circ . tg\,45^\circ = 1,\ tg^2 45^\circ = 1,\ tg\,45^\circ = 1.\ *$$

§. 9.
Die Formeln für sin, cos, tg, cotg von a+b.

Seyen a, b zwei Winkel, jeder kleiner als 90°, deren Summe selbst kleiner als 90° sey. Sey ferner DC senkrecht auf AC, CB senkrecht auf AB, DE senkrecht auf AE und CF parallel AB.

---

* Man hat also
$$sin\,30^\circ = \tfrac{1}{2},\quad cos\,30^\circ = \tfrac{1}{2}\sqrt{3},\ tg\,30^\circ = \sqrt{\tfrac{1}{3}},\ cotg\,30^\circ = \sqrt{3};$$
$$sin\,60^\circ = \tfrac{1}{2}\sqrt{3},\ cos\,60^\circ = \tfrac{1}{2},\quad tg\,60^\circ = \sqrt{3},\ cotg\,60^\circ = \sqrt{\tfrac{1}{3}};$$
$$sin\,45^\circ = \sqrt{\tfrac{1}{2}},\ cos\,45^\circ = \sqrt{\tfrac{1}{2}},\ tg\,45^\circ = 1,\quad cotg\,45^\circ = 1.$$

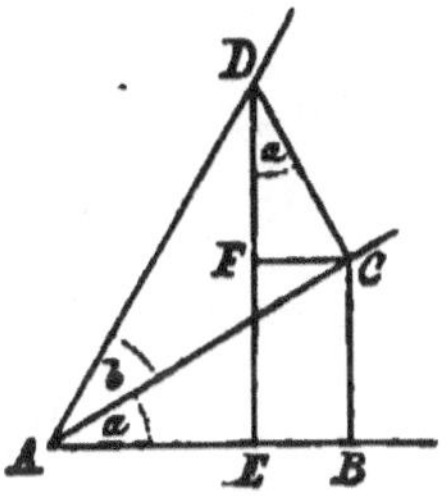

Man wird nun leicht nachweisen können, dass auch $CDF = a$. Der Winkel BAD ist $= a + b$, und man hat zugleich $CF = BE$, $EF = CB$. Hieraus und dem, was wir im Vorstehenden gesehen, ergibt sich unmittelbar die Richtigkeit folgender Gleichungen:

Fig. 7.

$$sin(a+b) = \frac{DE}{AD} = \frac{DF + FE}{AD} = \frac{DF + CB}{AD}$$
$$= \frac{DF}{AD} + \frac{CB}{AD} = \frac{DF.DC}{AD.DC} + \frac{CB.AC}{AD.AC} = \frac{DF}{DC} \cdot \frac{DC}{AD} + \frac{CB}{AC} \cdot \frac{AC}{AD}.$$

Aber es ist

$$\frac{DF}{CD} = cos\,a,^{*} \quad \frac{DC}{AD} = sin\,b, \quad \frac{CB}{AC} = sin\,a, \quad \frac{AC}{AD} = cos\,b,$$

also $\qquad sin(a+b) = cos\,a . sin\,b + sin\,a . cos\,b,$

oder $\qquad sin(a+b) = sin\,a\ cos\,b + cos\,a\ sin\,b. \qquad (9)$

Eben so ist

$$cos(a+b) = \frac{AE}{AD} = \frac{AB - BE}{AD} = \frac{AB - CF}{AD} = \frac{AB}{AD} - \frac{CF}{AD} = \frac{AB}{AC} \cdot \frac{AC}{AD}$$
$$- \frac{CF}{CD} \cdot \frac{CD}{AD} = cos\,a . cos\,b - sin\,a . sin\,b,$$

d. h. $\qquad cos(a+b) = cos\,a\ cos\,b - sin\,a\ sin\,b. \qquad (10)$

Aus diesen Formeln zieht man (§. 2):

$$tg(a+b) = \frac{sin(a+b)}{cos(a+b)} = \frac{sin\,a\,cos\,b + cos\,a\,sin\,b}{cos\,a\,cos\,b - sin\,a\,sin\,b}.$$

Dividirt man hier Zähler und Nenner durch $cos\,a\,cos\,b$, so ergibt sich

$$tg(a+b) = \frac{\frac{sin\,a}{cos\,a} + \frac{sin\,b}{cos\,b}}{1 - \frac{sin\,a}{cos\,a} \cdot \frac{sin\,b}{cos\,b}},$$

d. h. da $\frac{sin\,a}{cos\,a} = tg\,a, \quad \frac{sin\,b}{cos\,b} = tg\,b$:

---

* Es ist gleichgiltig, ob $cos\,a$ aus CDF oder BAC bestimmt wird. Denn das erstere gibt $cos\,a = \frac{DF}{CD}$, das zweite $cos\,a = \frac{AB}{AC}$. Aber wegen der Aehnlichkeit der beiden rechtwinkligen Dreiecke ist $\frac{DF}{CD} = \frac{AB}{AC}$. (§. 3).

$$tg(a+b) = \frac{tg\,a + tg\,b}{1 - tg\,a\,tg\,b}. \qquad (11)$$

Dessgleichen
$$cotg(a+b) = \frac{cos(a+b)}{sin(a+b)} = \frac{cos\,a\,cos\,b - sin\,a\,sin\,b}{sin\,a\,cos\,b + cos\,a\,sin\,b},$$
und wenn man Zähler und Nenner durch $sin\,a\,sin\,b$ dividirt
$$cotg(a+b) = \frac{cotg\,a\,cotg\,b - 1}{cotg\,b + cotg\,a}. \qquad (12)$$

Die vier Formeln (9) — (12) geben die trigonometrischen Funktionen eines zusammengesetzten Winkels durch die der einfachen. So erhält man (§. 8):

$sin\,75° = sin(30° + 45°) = sin\,30°\,cos\,45° + cos\,30°\,sin\,45° =$
$\frac{1}{2}\sqrt{\frac{1}{2}} + \frac{1}{2}\sqrt{3}\cdot\sqrt{\frac{1}{2}} = \frac{1}{2}\sqrt{\frac{1}{2}}(1+\sqrt{3}) = cos\,15°,$

$cos\,75° = cos(30° + 45°) = \frac{1}{2}\sqrt{3}\cdot\sqrt{\frac{1}{2}} - \frac{1}{2}\cdot\sqrt{\frac{1}{2}} = \frac{1}{2}\sqrt{\frac{1}{2}}(\sqrt{3}-1)$
$= sin\,15°,$

$tg\,75° = \frac{\sqrt{\frac{1}{2}}+1}{1-\sqrt{\frac{1}{2}}} = \frac{1+\sqrt{3}}{\sqrt{3}-1} = \frac{1}{2}(1+\sqrt{3})^2$ wenn man Zähler und Nenner mit $1+\sqrt{3}$ multiplizirt) $= \frac{1}{2}(1+2\sqrt{3}+3) = 2+\sqrt{3},$

$cotg\,75° = \frac{\sqrt{3}-1}{\sqrt{3}+1} = \frac{1}{2}(\sqrt{3}-1)^2$ (wenn man Zähler und Nenner mit $\sqrt{3}-1$ multiplizirt) $= \frac{1}{2}(3-2\sqrt{3}+1) = 2-\sqrt{3}.$

Die Seite des regelmässigen Zehnecks im Kreise wird bekanntlich erhalten, wenn man den Halbmesser so in zwei Theile theilt, dass der grössere Abschnitt die mittlere geometrische Proportionale ist zwischen dem kleinern Theile und dem ganzen Halbmesser. Ist also r der Halbmesser, x der grössere, mithin r — x der kleinere Theil, so hat man

$$r(r-x) = x^2, \quad r^2 - rx = x^2, \quad x^2 + rx = r^2,$$

woraus folgt:
$$x = -\tfrac{1}{2}r \pm \sqrt{r^2 + \tfrac{1}{4}r^2} = -\frac{r}{2} \pm \frac{r}{2}\sqrt{5},$$

in welcher Gleichung jedoch nur das obere Zeichen zulässig ist, da x positiv seyn muss. Sollte also in Fig. 3 b B die Seite des regelmässigen Zehnecks, BC = r der Halbmesser seyn, so wäre EB = $\frac{1}{2}$bB = $\frac{r}{4}(\sqrt{5}-1)$ und der Winkel BCb = 36°, also BCA = 18°, und man hätte

$$sin\,18° = \frac{BE}{CB} = \tfrac{1}{4}(\sqrt{5}-1) = cos\,72° \ (\S.\,7),$$

woraus $\quad cos\,18° = \sqrt{1 - \tfrac{1}{16}(\sqrt{5}-1)^2} = \tfrac{1}{4}\sqrt{16 - (5 - 2\sqrt{5}+1)}$
$\qquad\qquad\qquad = \tfrac{1}{4}\sqrt{10+2\sqrt{5}} = sin\,72°.$

Hieraus folgt:

$\sin 48° = \cos 42° = \sin(30° + 18°) = \sin 30° \cos 18° + \cos 30° \sin 18°$
$= \tfrac{1}{8}\sqrt{10 + 2\sqrt{5}} + \tfrac{1}{8}(\sqrt{15} - \sqrt{3})$,

$\cos 48° = \sin 42° = \cos(30° + 18°) = \cos 30° \cos 18° - \sin 30° \sin 18°$
$= \tfrac{1}{8}\sqrt{30 + 6\sqrt{5}} - \tfrac{1}{8}(\sqrt{5} - 1)$.

In ähnlicher Weise erhält man:

$\sin 36° = \sin(18° + 18°) = \tfrac{1}{2}\sqrt{10 - 2\sqrt{5}} = \cos 54°$,
$\cos 36° = \cos(18° + 18°) = \tfrac{1}{4}(1 + \sqrt{5}) = \sin 54°$,
$\sin 63° = \sin(45° + 18°) = \tfrac{1}{4}\sqrt{5 + \sqrt{5}} + \tfrac{1}{8}\sqrt{2}(\sqrt{5} - 1) = \cos 27°$,
$\cos 63° = \cos(45° + 18°) = \tfrac{1}{4}\sqrt{5 + \sqrt{5}} - \tfrac{1}{8}\sqrt{2}(\sqrt{5} - 1) = \sin 27°$,
$\sin 78° = \sin(60° + 18°) = \tfrac{1}{8}\sqrt{30 + 6\sqrt{5}} + \tfrac{1}{8}(\sqrt{5} - 1) = \cos 12°$,
$\cos 78° = \cos(60° + 18°) = \tfrac{1}{8}\sqrt{10 + 2\sqrt{5}} - \tfrac{1}{8}(\sqrt{15} - \sqrt{3}) = \sin 12°$.

Man kennt also jetzt den *sin* und *cos* (also auch *tg* und *cotg*) von 0°, 12°, 15°, 18°, 27°, 30°, 36°, 42°, 45°, 48°, 54°, 60°, 63°, 72°, 75°, 78°, 90°.

Von weiteren Winkeln finden sich die trigonometrischen Funktionen angegeben in der Anmerkung zu §. 14.

Im Seitherigen haben wir blos Winkel betrachtet, die unter 90° liegen; eine solche Beschränkung entspricht aber nicht einmal den Bedürfnissen der Trigonometrie, geschweige denn überhaupt den Bedürfnissen einer weitern Anwendung dieser Lehren. Auch drängt uns die Theorie ganz unzweifelhaft zur Untersuchung, bezüglich Erklärung der trigonometrischen Funktionen von Winkeln, die über 90° hinausreichen.

Selbstverständlich sind solche Winkel nicht mehr in einem rechtwinkligen Dreieck zu erhalten, und wir werden also die seitherige Ausdrucksweise ändern müssen. Wir haben aber gleich zu Eingang des §. 2 gesehen, dass das dortige rechtwinklige Dreieck nur dadurch entstanden ist, dass man von einem (beliebigen) Punkte der einen Seite des Winkels auf die andere eine Senkrechte fällte, so dass wir diese Betrachtung im Folgenden festhalten müssen.

§. 10.

Die trigonometrischen Funktionen in den vier Quadranten.

Ist ein Winkel zwischen 0° und 90° enthalten, so wollen wir sagen, er liege im ersten Quadranten; ist er zwischen 90° und 180°, im zweiten; im dritten Quadranten soll er liegen, wenn er zwischen 180° und 270° enthalten ist; endlich im vierten, wenn er zwischen 270° und 360° liegt. Bezeichnet a immer einen spitzen Winkel, der also zwischen 0° und 90° liegt, so kann man einen Winkel bezeichnen, wenn er liegt:

im zweiten Quadranten, durch 90° + a, oder 180° — a,
„ dritten „ „ 180° + a, „ 270° — a,
„ vierten „ „ 270° + a, „ 360° — a.

Wir wollen nun das Verhalten der Winkel in den vier Quadranten etwas genauer untersuchen. *

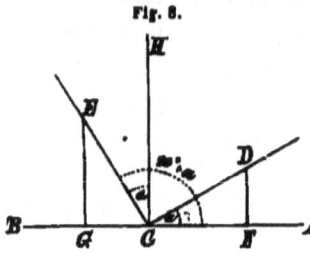

Fig. 8.

I. Sey $ACD = a$ ein Winkel $< 90°$, also im ersten Quadranten, CH senkrecht auf AB, $HCE = a$, so ist $ACE = 90° + a$, also ein Winkel im zweiten Quadranten.

Wollen wir $sin\,a$ und $cos\,a$ haben, so müssen wir (§. 2) von einem (beliebigen) Punkte D der Seite CD auf die Seite CA die Senkrechte DF fällen; alsdann ist

$$sin\,a = \frac{DF}{CD}, \quad cos\,a = \frac{CF}{CD}.$$

Wollen wir nun eben so den $sin\,(90° + a)$ oder $cos\,(90° + a)$ haben, so müssen wir von der einen Seite (CE) dieses Winkels aus auf die andere (AC) eine Senkrechte (EG) fällen, wozu nothwendig ist, dass wir die Seite AC zuerst gegen B hin verlängern. Da wir nun unter dem sinus eines Winkels den Quotienten verstanden, den man erhält, wenn man die Senkrechte dividirt durch die Hypothenuse des rechtwinkligen Dreiecks, in dem dieselbe als Kathete vorkommt, und eben so unter cosinus die Entfernung des Fusspunkts der Senkrechten von der Spitze des Winkels dividirt durch dieselbe Hypothenuse, so wird der Bruch $\frac{EG}{CE}$ den $sin\,(90° + a)$, der Bruch $\frac{CG}{CE}$ den $cos\,(90° + a)$ ausdrücken können.

Was aber zunächst den letztern betrifft, so ist die Entfernung des Fusspunkts G von C in entgegengesetzter Richtung mit der

---

* Die Erklärung von $tg\,A$, $cotg\,A$ bleibt immer dieselbe, wie sie in den Formeln (3) des § 2 ausgesprochen ist, mag A nun kleiner oder grösser als 90° sein.

Entfernung des Fusspunkts F von C, welcher für den Winkel a im ersten Quadranten gilt. Wir werden diess dadurch anzeigen, dass wir sagen, der $cos\,(90°+a)$ sey negativ, also setzen:

$$cos(90°+a) = -\frac{CG}{CE}.$$

Damit sagen wir dann aus, dass der $cos\,a$ positiv genommen sey.

Der $sin(90°+a)$ wird positiv seyn, da die Senkrechte EG für den Winkel im zweiten Quadranten dieselbe Richtung hat, wie die Senkrechte DF für den Winkel im ersten Quadranten.

Man kann diese Beziehungen auch so erkennen: Denken wir uns, der Winkel ACD wachse gegen 90° (indem CD sich um den Punkt C dreht), so nimmt (§. 6 und 8) sein cosinus ab bis zu 0, was geometrisch dadurch ersichtlich ist, dass der Punkt F gegen C hin rückt. Lässt man aber dann den Winkel über 90° hinaus wachsen, so wird der Fusspunkt F immer noch in derselben Weise fortrücken, somit der cosinus immer noch abnehmen; da er nun bei 90° schon 0 war, so muss er über 90° hinaus negativ werden. Der sinus dagegen wächst, was geometrisch durch Erhebung von D angedeutet ist, bis 1 (bei 90°); von da an sinkt D, also nimmt der sinus ab, bleibt aber immer noch positiv, da er von 1 aus abnimmt.[*]

Machte man nun CD = CE, so ist leicht ersichtlich, dass auch CF = EG, DF = CG (indem die Dreiecke FCD und CEG kongruent sind wegen DCF = CEG = a, CD = CE, DFC = CGE = 90°).

Also ist

$$sin(90°+a) = +\frac{EG}{EC} = +\frac{CF}{CD} = +cos\,a,$$

$$cos(90°+a) = -\frac{CG}{CE} = -\frac{DF}{CD} = -sin\,a,$$

woraus durch Division leicht die Formeln für $tg\,(90°+a)$, $cotg\,(90°+a)$ folgen. Man hat also:

---

[*] Ist also die Richtung der auf AB gefällten Senkrechten dieselbe, wie im ersten Quadranten, so erklären wir den sinus als positiv; ist sie entgegengesetzt, so wird der sinus als negativ angesehen werden müssen. Ist eben so die Richtung der Querlinie vom Fusspunkte der Senkrechten gegen den Scheitel des Winkels dieselbe wie im ersten Quadranten, so ist der cosinus als positiv; ist diese Richtung die entgegengesetzte, so wird derselbe als negativ zu behandeln sein.

$sin(90°+a) = +cos a$, $cos(90°+a) = -sin a$, $tg(90°+a) =$
$$\frac{sin(90°+a)}{cos(90°+a)} = \frac{cos a}{-sin a} = -cotg\,a, \quad cotg(90°+a) = -tg\,a.$$

Ist b < 90°, so ist 90° − b auch < 90° und > 0°; setzt man also hier a = 90° − b, so sind diese Formeln noch richtig.

Unter Beobachtung der Formeln (7) erhält man nun, wenn a = 90° − b, also 90° + a = 180° − b:

$sin(180° − b) = +cos(90° − b) = +sin b$,
$cos(180° − b) = −sin(90° − b) = −cos b$,
$tg(180° − b) = −cotg(90° − b) = −tg b$,
$cotg(180° − b) = −tg(90° − b) = −cotg b$.

Diese Formeln können übrigens auch leicht unmittelbar durch eine Figur nachgewiesen werden.*

Setzt man b = 0 und beachtet §. 8, so erhält man:
$sin 180° = +sin 0° = 0$, $cos 180° = −cos 0° = −1$,
$tg 180° = −tg 0° = 0$, $cotg 180° = −cotg 0° = −\infty$,
wie sich ebenfalls aus einer Figur leicht ersehen lässt.

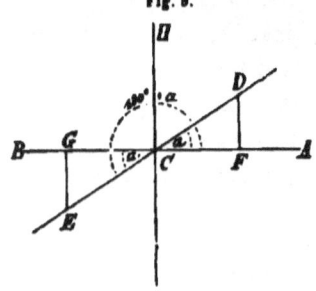

Fig. 9.

II. Sey wieder ACD = a, kleiner als 90°, ECB = a, so ist ACE = 180° + a ein Winkel im dritten Quadranten. Sein sinus würde also durch $\frac{EG}{EC}$, sein cosinus durch $\frac{CG}{CE}$ auszudrücken seyn, wenn EG die Senkrechte von der einen Seite EC des Winkels auf die (verlängerte) andere Seite AC ist. Ganz wie vorhin erhellt wieder, dass jetzt der cosinus ebenfalls negativ, eben so auch der sinus negativ seyn wird, indem EG von entgegengesetzter Richtung ist als DF.**

Man kann sich diess auch wieder in anderer Weise erklären. Hat man den Winkel ACE der vorigen Figur bis 180° wachsen

---

* Wir rathen diess dem Leser zu seiner Uebung auch entschieden an. Die Figur bedarf einiger Aenderungen, da eben jetzt die Winkel a, 180° − a einzuzeichnen sind.

** Diese Richtung ist immer von dem Ausgangspunkte (E) gegen die Querlinie AB gerechnet.

lassen, so ist E immer mehr gesunken, also gegen AB gelangt; lässt man den Winkel nun über 180° hinausgehen, so dauert diese abwärts gehende Bewegung offenbar fort, und der sinus nimmt folglich fortwährend ab. Da er für 180° schon 0 ist, so wird er darüber hinaus negativ. Mithin

$$sin(180° + a) = -\frac{EG}{CE}, \quad cos(180° + a) = -\frac{CG}{CE}.$$

Sey nun $CD = CE$, DF und EG senkrecht auf AB, so ist auch $CG = CF$, $EG = DF$, also

$$sin(180° + a) = -\frac{EG}{CE} = -\frac{DF}{CD} = -sin a,$$
$$cos(180° + a) = -\frac{CG}{CE} = -\frac{CF}{CD} = -cos a,$$

so dass man hat:
$sin(180° + a) = -sin a$, $cos(180° + a) = -cos a$; $tg(180° + a)$
$= \frac{sin(180° + a)}{cos(180° + a)} = \frac{-sin a}{-cos a} = +tg a$, $cotg(180° + a) = +cotg a$.

Setzt man abermals $a = 90° - b$ und ist $b < 90°$, so erhält man (§. 7), da jetzt $180° + a = 270° - b$:
$sin(270° - b) = -sin(90° - b) = -cos b$; $cos(270° - b) =$
$-cos(90° - b) = -sin b$; $tg(270° - b) = +cotg b$,
$cotg(270° - b) = +tg b$.

Setzt man hier $b = 0$, so ist:
$sin 270° = -cos 0° = -1$, $cos 270° = -sin 0° = 0$,
$tg 270° = \infty$, $cotg 270° = 0$.*

III. Sey endlich $ACD = JCE = a$, so ist $ACE = 270° + a$ ein Winkel im vierten Quadranten, und aus denselben Gründen, wie wir sie nun genügend aus einander gesetzt, wird man haben:

$$sin(270° + a) = -\frac{EG}{CE},$$
$$cos(270° + a) = +\frac{CG}{CE}.$$

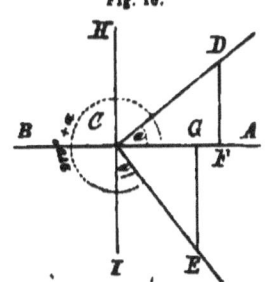

Fig. 10.

---

* Auch diese Formeln ergeben sich ganz unmittelbar aus der Figur, da $sin 270°$ und $sin 90°$ offenbar gleich, aber entgegengesetzten Zeichens sind, u. s. w.

Sey wieder $CD = CE$, so ist auch: $DF = CG$, $EG = CF$, also:

$$sin(270° + a) = -\frac{CF}{CD} = -cos\,a,$$

$$cos(270° + a) = +\frac{DF}{CD} = +sin\,a,$$

so dass man hat:

$sin(270° + a) = -cos\,a,\ cos(270° + a) = +sin\,a;$
$tg(270° + a) = -cotg\,a,\ cotg(270° + a) = -tg\,a.$

Setzt man auch hier $a = 90° - b$, $b < 90°$, so ist:

$sin(360° - b) = -sin\,b,\ cos(360° - b) = +cos\,b,$
$tg(360° - b) = -tg\,b,\ cotg(360° - b) = -cotg\,b.$

Für $b = 0$ zieht man daraus:

$sin\,360° = 0,\ cos\,360° = +1,\ tg\,360° = 0,\ cotg\,360° = -\infty.$ *

IV. Würde man die Winkel über 360° hinaus wachsen lassen, so ist klar, dass für den Winkel $360° + A$ und für den Winkel A dieselben trigonometrischen Funktionen zum Vorschein kommen werden, was auch A sey, indem die eine Seite des Winkels A eine vollständige Umdrehung um die Spitze des Winkels machen, sich also wieder in ihre vorige Lage bewegen muss, bis der Winkel A zu $360° + A$ geworden ist. Dessgleichen, wenn ein Winkel $= 2.360° + A$, $3.360° + A$, ..., allgemein $= n.360° + A$ ist. Demnach

---

* Die Grössen tg und $cotg$ können, wie hieraus sich ergibt, selbst unendlich grosse Werthe annehmen. In Bezug auf das Vorzeichen ist jedoch noch das Folgende zu bemerken. Wir haben oben gefunden, dass z. B. $tg\,270° = +\infty$; dabei aber setzten wir voraus, dass man zum Winkel 270° dadurch gelange, dass man einen kleinern Winkel wachsen lasse. Würde man zu 270° in umgekehrter Weise gelangen, so würde aus $tg(270° + a) = -cotg\,a$ für $a = 0$ folgen $tg\,270° = -cotg\,0° = -\infty$. Man wird hieraus leicht die Richtigkeit folgender Sätze erkennen:

$tg\,90° = \pm\infty,\ cotg\,180° = \mp\infty,\ tg\,270° = \pm\infty,\ cotg\,360° = \mp\infty,$

worin das obere Zeichen gilt, wenn man zu dem betreffenden Winkel gelangt, indem man einen Winkel aus dem vorhergehenden Quadranten wachsen lässt; das untere dagegen, wenn man einen Winkel aus dem nachfolgenden Quadranten abnehmen lässt. Wenn man will, kann man damit die folgenden Gleichungen verbinden:

$cos\,90° = \pm 0,\ cotg\,90° = \pm 0,\ sin\,180° = \pm 0,\ tg\,180° = \mp 0,\ cos\,270° = \mp 0,$
$cotg\,270° = \pm 0,\ sin\,360° = \mp 0,\ tg\,360° = \mp 0.$

welche unter denselben Bedingungen gelten.

$sin(n.360° + A) = sinA$, $cos(n.360° + A) = cosA$,
$tg(n.360° + A) = tgA$, $cotg(n.360° + A) = cotgA$.

Man kann diess offenbar auch so ausdrücken, dass man sagt: Wenn man die trigonometrischen Funktionen eines Winkels suchen will, so kann man von diesem Winkel, in so ferne er grösser seyn sollte als 360°, so viele Male 360° weglassen, als diess überhaupt möglich ist.

Uebersicht.

V. Wir stellen die erhaltenen Ergebnisse, zu grösserer Bequemlichkeit, schliesslich noch übersichtlich zusammen. Was zuerst die Vorzeichen anbelangt, so ist im

ersten Quadranten: $sin = +$, $cos = +$, $tg = +$, $cotg = +$,
zweiten „ : $= +$, $= -$, $= -$, $= -$,
dritten „ : $= -$, $= -$, $= +$, $= +$,
vierten „ : $= -$, $= +$, $= -$, $= -$.

Ferner, wenn $a < 90°$:

$sin(90° - a) = +cosa$, $cos(90° - a) = +sina$,
$tg(90° - a) = +cotga$, $cotg(90° - a) = +tga$,
$sin(90° + a) = +cosa$, $cos(90° + a) = -sina$,
$tg(90° + a) = -cotga$, $cotg(90° + a) = -tga$,
$sin(180° - a) = +sina$, $cos(180° - a) = -cosa$,
$tg(180° - a) = -tga$, $cotg(180° - a) = -cotga$,
$sin(180° + a) = -sina$, $cos(180° + a) = -cosa$,
$tg(180° + a) = +tga$, $cotg(180° + a) = +cotga$,
$sin(270° - a) = -cosa$, $cos(270° - a) = -sina$,
$tg(270° - a) = +cotga$, $cotg(270° - a) = +tga$,
$sin(270° + a) = -cosa$, $cos(270° + a) = +sina$,
$tg(270° + a) = -cotga$, $cotg(270° + a) = -tga$,
$sin(360° - a) = -sina$, $cos(360° - a) = +cosa$,
$tg(360° - a) = -tga$, $cotg(360° - a) = -cotga$. (13)

Ist A irgend ein beliebiger Winkel, so ist ferner:

$sin(n.360° + A) = sinA$, $cos(n.360° + A) = cosA$,
$tg(n.360° + A) = tgA$, $cotg(n.360° + A) = cotgA$. (14)

Ferner

$sin\,0° = 0$, $cos\,0° = 1$, $tg\,0° = 0$, $cotg\,0° = \infty$;
$sin\,90° = +1$, $cos\,90° = 0$, $tg\,90° = \infty$, $cotg\,90° = 0$;
$sin\,180° = 0$, $cos\,180° = -1$, $tg\,180° = 0$, $cotg\,180° = -\infty$;
$sin\,270° = -1$, $cos\,270° = 0$, $tg\,270° = -\infty$, $cotg\,270° = 0$;
$sin\,360° = 0$, $cos\,360° = +1$, $tg\,360° = 0$, $cotg\,360° = -\infty$;
$sin\,n.360° = 0$, $cos\,n.360° = +1$, $tg\,n.360° = 0$,
$cotg\,n.360° = -\infty$.

Die in den Formeln (13) enthaltenen Sätze lassen sich leicht im Gedächtnisse behalten, wenn man beachtet, dass man jeden Winkel, der in einem der vier Quadranten liegt, in doppelter Weise bezeichnen kann, indem man von der untern oder obern Gränze des Quadranten ausgeht. Ist nun bei dieser Bezeichnung 90° oder 270° mit in Rechnung, so geht der *sin* in *cos*, *cos* in *sin*, *tg* in *cotg*, *cotg* in *tg* über; ist dagegen 180° oder 360° mit in Rechnung, so geht *sin* in *sin*, *cos* in *cos*, *tg* in *tg*, *cotg* in *cotg* über. Natürlich muss man dabei zugleich auf das gehörige Vorzeichen achten.

Wir bemerken hiebei noch, dass man die vorstehenden Betrachtungen dadurch zu erleichtern gesucht hat, dass man die Vorstellungen der ebenen analytischen Geometrie zu Hilfe nimmt. Damit ist aber für die Sache selbst Nichts gewonnen, da die dortigen Erklärungen in Bezug auf die Vorzeichen ganz eben so, wie wir sie hier geben, gefasst werden müssen. (Man vergleiche damit meine „ebene Polygonometrie". §§. 1—3).

§. 11.

Verhalten bei Aenderung des Winkels um 180°.

Sey wieder A ein beliebiger Winkel, so ist $A + 180°$ ein um zwei volle Quadranten grösserer Winkel. Liegt also z. B. A im ersten oder zweiten, so liegt $A + 180°$ im dritten oder vierten Quadranten. In allen Fällen sieht man leicht, dass wenn (in einer der Figuren des §. 10, z. B. der zweiten) AC die eine Seite der zwei Winkel A und $180° + A$ ist, die andern Seiten in die Verlängerungen von einander fallen. Daraus ergibt sich ganz unmittelbar, dass

$$sin(180° + A) = -sin\,A,\ cos(180° + A) = -cos\,A,$$
$$tg(180° + A) = tg\,A,\ cotg(180° + A) = cotg\,A\ * \quad (15)$$

---

* Ist also z. B. A. im dritten Quadranten ($= 180° + a$, wenn a spitz), so liegt $180° + A$ im fünften ($= 360° + a$), und es ist $sin\,A$ negativ, $sin(180° + A)$ positiv, immer aber $sin(180° + A) = -sin\,A$, weil $sin(360° + a) = sin\,a = -sin(180° + a)$.

ist, was auch immer A sey, selbst wenn $180° + A$ über $360°$ hinausreicht. Setzt man hier $180° + A$ an die Stelle von A, was man darf, da diese Formeln ganz unbedingt gelten, so ist:

$sin(2.180° + A) = -sin(180° + A) = + sin A$,
$cos(2.180° + A) = -cos(180° + A) = cos A$,
$tg(2.180° + A) = tg(180° + A) = tg A$,
$cotg(2.180° + A) = cotg(180° + A) = cotg A$ [vgl. (14)].

Wie man hier weiter gehen kann ist klar. Allgemein ergibt sich so:

$sin(n.180° + A) = \pm sin A$, $cos(n.180° + A) = \pm cos A$,
$tg(n.180° + A) = tg A$, $cotg(n.180° + A) = cotg A$, (15')

in welchen Formeln die obern Zeichen gelten, wenn n eine gerade, die untern, wenn n eine ungerade Zahl ist (n ist immer ganz und positiv). Also auch:

$sin n.180° = 0$, $cos n.180° = \pm 1$,
$tg n.180° = 0$, $cotg n.180° = \infty$.

§. 12.
Allgemeiner Beweis für $sin(a+b)$ u. s. w.

Wir wollen nun nachweisen, dass die Formeln des §. 9 gelten, a und b mögen was immer für Winkel seyn. Zu dem Ende unterscheiden wir die folgenden Fälle.

1) Sey a $\genfrac{}{}{0pt}{}{>0°}{<90°}$, b $\genfrac{}{}{0pt}{}{>0°}{<90°}$, und $a + b$ natürlich $< 180°$, aber $> 90°$. Setzen wir nun $a = 90° - a'$, $b = 90° - b'$, so sind a' und b' unter $90°$, und es ist $a + b = 180° - (a' + b')$, also da $a + b > 90°$, jedenfalls $a' + b' < 90°$. Für die Summe $a' + b'$ kann man also die zwei Formeln (9) und (10) anwenden. Aber es ist $sin a = sin(90° - a') = cos a'$, $cos a = cos(90° - a')$ $= sin a'$, $sin b = sin(90° - b') = cos b'$, $cos b = cos(90° - b')$ $= sin b'$, also hat man [unter Beobachtung der Formeln (13)]:

$sin(a + b) = sin[180° - (a' + b')] = sin(a' + b') = sin a' cos b'$
$+ cos a' sin b' = cos a sin b + sin a cos b$,
$cos(a + b) = cos[180° - (a' + b')] = -cos(a' + b') =$
$-cos a' cos b' + sin a' sin b' = -sin a sin b + cos a cos b$,

wodurch offenbar die Richtigkeit der Formeln (9) und (10) bewiesen ist.*

2) $a \begin{matrix}>0°\\<90°\end{matrix}$, $b \begin{matrix}>90°\\<180°\end{matrix}$, $a+b \begin{matrix}>90°\\<180°\end{matrix}$. **

$b = 90° + b'$, $b' < 90°$, $a+b = 90° + a + b'$, $a+b' < 90°$.
$sin\,b = sin(90° + b') = cos\,b'$, $cos\,b = cos(90° + b') = -sin\,b'$;
also $\qquad sin\,b' = -cos\,b$, $cos\,b' = sin\,b$.
$sin(a+b) = sin[90° + a + b'] = cos(a+b') = cos\,a\,cos\,b' - sin\,a\,sin\,b' = cos\,a\,sin\,b - sin\,a.(-cos\,b) = cos\,a\,sin\,b + sin\,a\,cos\,b$.
$cos(a+b) = cos(90° + a + b') = -sin(a+b') = -sin\,a\,cos\,b' - cos\,a\,sin\,b' = -sin\,a\,sin\,b - cos\,a\,(-cos\,b) = -sin\,a\,sin\,b + cos\,a\,cos\,b$.

3) $a \begin{matrix}>0°\\<90°\end{matrix}$, $b \begin{matrix}>90°\\<180°\end{matrix}$, $a+b \begin{matrix}>180°\\<270°\end{matrix}$.

$a = 90° - a'$, $b = 180° - b'$, $a' < 90°$, $b' < 90°$;
$a + b = 270° - (a' + b')$, $a' + b' < 90°$.

$sin\,a = cos\,a'$, $cos\,a = sin\,a'$, $sin\,b = sin\,b'$, $cos\,b = -cos\,b'$;
$sin\,a' = cos\,a$, $cos\,a' = sin\,a$, $sin\,b' = sin\,b$, $cos\,b' = -cos\,b$.
$sin(a+b) = sin[270° - (a' + b')] = -cos(a' + b') = -cos\,a'\,cos\,b' + sin\,a'\,sin\,b' = -sin\,a.(-cos\,b) + cos\,a\,sin\,b = sin\,a\,cos\,b + cos\,a\,sin\,b$.
$cos(a+b) = cos[270° - (a' + b')] = -sin(a' + b') = -sin\,a'\,cos\,b' - cos\,a'\,sin\,b' = -cos\,a.(-cos\,b) - sin\,a\,sin\,b = cos\,a\,cos\,b - sin\,a\,sin\,b$.

---

* Die Formeln (9) und (10) des §. 9 sind nur unter der Voraussetzung bewiesen, dass die Summe $a + b < 90°$; für unsern Fall ist diess nicht mit der Summe $a + b$, wohl aber mit $a' + b'$ der Fall, so dass für letztere die genannten Formeln gelten. Da wir aber schliesslich Resultate erhalten, die identisch sind mit den in §. 9 erhaltenen, so erhellt daraus die Richtigkeit jener Formeln, auch wenn $a + b > 90°$.

** Liegt a zwischen 0° und 90°, b zwischen 90° und 180°, so kann $a+b$ zwischen 90° und 180°, oder zwischen 180° und 270° liegen; wir trennen diese Fälle hier sowohl als im Folgenden. Die übrigen Angaben bedürfen wohl einer weitern Erläuterung nicht, da sie sich ganz von selbst ergeben, wenn man die Formeln (13) beachtet. Da man jeweils für $sin(a+b)$ und $cos(a+b)$ genau die Formeln (9) und (10) erhält, so sind diese eben damit bewiesen.

4) $a \begin{matrix}>90°\\<180°\end{matrix}$, $b \begin{matrix}>90°\\<180°\end{matrix}$, $a+b \begin{matrix}>180°\\<270°\end{matrix}$.

$a = 90° + a'$, $b = 90° + b'$, $a' < 90°$, $b' < 90°$;
$a + b = 180° + (a' + b')$, $a' + b' < 90°$.

$\sin a = \cos a'$, $\cos a = -\sin a'$, $\sin b = \cos b'$, $\cos b = -\sin b'$;
$\sin a' = -\cos a$, $\cos a' = \sin a$, $\sin b' = -\cos b$, $\cos b' = \sin b$.

$\sin(a+b) = \sin[180° + (a'+b')] = -\sin(a'+b') =$
$-\sin a' \cos b' - \cos a' \sin b' = -(-\cos a)\sin b - \sin a(-\cos b) =$
$\cos a \sin b + \sin a \cos b$.

$\cos(a+b) = \cos[180° + (a'+b')] = -\cos(a'+b') =$
$-\cos a' \cos b' + \sin a' \sin b' = -\sin a . \sin b + (-\cos a)(-\cos b)$
$= -\sin a \sin b + \cos a \cos b$.

5) $a \begin{matrix}>90°\\<180°\end{matrix}$, $b \begin{matrix}>90°\\<180°\end{matrix}$, $a+b \begin{matrix}>270°\\<360°\end{matrix}$.

$a = 180° - a'$, $b = 180° - b'$, $a' < 90°$, $b' < 90°$;
$a + b = 360° - (a' + b')$: $a' + b' < 90°$.

$\sin a = \sin a'$, $\cos a = -\cos a'$, $\sin b = \sin b'$, $\cos b = -\cos b'$;
$\sin a' = \sin a$, $\cos a' = -\cos a$, $\sin b' = \sin b$, $\cos b' = -\cos b$.

$\sin(a+b) = \sin[360° - (a'+b')] = -\sin(a'+b') =$
$-\sin a' \cos b' - \cos a' \sin b' = -\sin a(-\cos b) - (-\cos a)\sin b =$
$\sin a \cos b + \cos a \sin b$.

$\cos(a+b) = \cos[360° - (a'+b')] = \cos(a'+b') = \cos a' \cos b'$
$-\sin a' \sin b' = (-\cos a)(-\cos b) - \sin a \sin b = \cos a \cos b$
$-\sin a \sin b$.

Für alle Winkel unter 180° haben wir also die fraglichen zwei Formeln bewiesen, so dass wir noch zu zeigen haben, dass sie auch gelten, wenn einer oder der andere der zwei Winkel $> 180°$ ist.

6) Sey a zwischen 0° und 180°, b zwischen 180° und 360°, so setze man $b = 180° + b'$, wo also $b' < 180°$, und hat $a+b = 180° + a + b'$, wo a und b' beide kleiner als 180° sind. Nun ist (§. 11):
$\sin b = -\sin b'$, $\cos b = -\cos b'$; $\sin b' = -\sin b$, $\cos b' = -\cos b$.

Alsdann nach dem Vorigen:
$\sin(a+b) = \sin[180° + a + b'] = -\sin(a+b') = -\sin a \cos b'$
$-\cos a \sin b' = -\sin a(-\cos b) - \cos a(-\sin b) = \sin a \cos b$
$+ \cos a \sin b$.

$cos(a+b) = cos[180° + a + b'] = -cos(a+b') = -cos\,a\,cos\,b'$
$+ sin\,a\,sin\,b' = -cos\,a\,(-cos\,b) + sin\,a\,(-sin\,b) = cos\,a\,cos\,b$
$- sin\,a\,sin\,b.$

7) Seyen weiter a und b Winkel zwischen $180°$ und $360°$, so setze man $\quad a = 180° + a', \quad b = 180° + b',$
also $\quad a' < 180°, \quad b' < 180°, \quad a+b = 360° + (a'+b'),$
so ist nach §. 10:

$sin\,a = sin(180° + a') = -sin\,a', \quad cos\,a = cos(180° + a')$
$\quad = -cos\,a', \quad sin\,b = -sin\,b', \quad cos\,b = -cos\,b';$
$sin\,a' = -sin\,a, \quad cos\,a' = -cos\,a, \quad sin\,b' = -sin\,b,$
$\quad cos\,b' = -cos\,b.$

Ferner:
$sin(a+b) = sin[360° + a' + b'] = sin(a'+b') = sin\,a'\,cos\,b'$
$\quad + cos\,a'\,sin\,b',$
indem diese Formel gilt, wenn $a' < 180°$, $b' < 180°$. Setzt man hier die gleichgeltenden Werthe, so erhält man:
$sin(a+b) = (-sin\,a)(-cos\,b) + (-cos\,a)(-sin\,b) = sin\,a\,cos\,b$
$\quad + cos\,a\,sin\,b.$

Eben so:
$cos(a+b) = cos[360° + a' + b'] = cos(a'+b') = cos\,a'\,cos\,b'$
$\quad - sin\,a'\,sin\,b' = (-cos\,a)(-cos\,b) - (-sin\,a)(-sin\,b)$
$\quad = cos\,a\,cos\,b - sin\,a\,sin\,b.$

Die Formeln für $sin(a+b)$, $cos(a+b)$ sind nunmehr für alle Winkel, die kleiner als $360°$ sind, erwiesen.

8) Seyen endlich a und b ganz beliebige Winkel, so kann man immer setzen
$$a = n.360° + a', \quad b = m.360° + b',$$
wo n, m ganze positive Zahlen (selbst Null), a', b' unter $360°$ sind. Alsdann ist $a + b = (n+m)360° + a' + b'$ und (§. 10):
$sin\,a = sin\,a', \quad cos\,a = cos\,a', \quad sin\,b = sin\,b', \quad cos\,b = cos\,b'.$

Ferner, da a', b' unter $360°$ sind:
$sin(a+b) = sin[(n+m)360° + a' + b'] = sin(a'+b') =$
$sin\,a'\,cos\,b' + cos\,a'\,sin\,b' = sin\,a\,cos\,b + cos\,a\,sin\,b,$
$cos(a+b) = cos[(n+m)360° + a' + b'] = cos(a'+b') =$
$cos\,a'\,cos\,b' - sin\,a'\,sin\,b' = cos\,a\,cos\,b - sin\,a\,sin\,b.$

Damit sind die Formeln (9) und (10) in §. 9 für alle möglichen Winkel bewiesen. *

Die Formeln (11) und (12) des §. 9 folgen aber unmittelbar aus (9) und (10); also gelten alle vier Grundformeln des §. 9 für beliebige Winkel, natürlich unter der Voraussetzung, dass man nach §. 10 die gehörigen Vorzeichen für die vorkommenden trigonometrischen Funktionen setze, wodurch wir eine Bestätigung der richtigen und nothwendigen Wahl der Vorzeichen erhalten haben.

§. 13.
Berichtigung und Verallgemeinerung der Formeln des §. 5.

Aus den Formeln (13) und (14) des §. 10 geht unmittelbar hervor, dass, was auch immer der Winkel A sey, man habe:
$$sin^2 A + cos^2 A = 1, \quad tg A \cdot cotg A = 1. **$$

Dagegen werden die Formeln des §. 5 nicht geradezu gelten. Bei den dortigen Quadratwurzeln haben wir jeweils nur das positive Zeichen beibehalten, weil wir dort natürlich die trigonometrischen Funktionen geradezu als positiv ansehen mussten. Auf unserem jetzigen Standpunkte werden jene Formeln heissen:

$$sin A = \pm \sqrt{1 - cos^2 A} = \pm \frac{tg A}{\sqrt{1 + tg^2 A}} = \pm \frac{1}{\sqrt{1 + cotg^2 A}},$$

$$cos A = \pm \sqrt{1 - sin^2 A} = \pm \frac{1}{\sqrt{1 + tg^2 A}} = \pm \frac{cotg A}{\sqrt{1 + cotg^2 A}},$$

$$tg A = \pm \frac{sin A}{\sqrt{1 - sin^2 A}} = \pm \frac{\sqrt{1 - cos^2 A}}{cos A} = \frac{1}{cotg A},$$

$$cotg A = \pm \frac{\sqrt{1 - sin^2 A}}{sin A} = \pm \frac{cos A}{\sqrt{1 - cos^2 A}} = \frac{1}{tg A},$$

worin nun die Zeichen so zu wählen sind, wie es A erfordert.

So hat man denn:

---

* Ein auf andern Grundsätzen beruhender Beweis dieser Sätze findet sich in meiner „ebenen Polygonometrie" (Stuttgart, Metzler) §. 5, S. 11 ff.

** Z. B. $sin^2(270° + a) + cos^2(270° + a) = cos^2 a + sin^2 a = 1$,
$tg(270° + a) cotg(270° + a) = (-cotg a)(-tg a) = cotg a \cdot tg a = 1$.

$\sin A = +\sqrt{1-\cos^2 A}$, wenn A im ersten od. zweit. Quadr. liegt;
$\sin A = -\sqrt{1-\cos^2 A}$, „ „ „ dritten „ vierten „ „ ;
$\sin A = +\dfrac{tg\,A}{\sqrt{1+tg^2 A}}$, „ „ „ ersten „ vierten „ „ ;
$\sin A = -\dfrac{tg\,A}{\sqrt{1+tg^2 A}}$, „ „ „ zweit. „ dritten „ „ ;
$\sin A = +\dfrac{1}{\sqrt{1+cotg^2 A}}$, „ „ „ ersten „ zweiten „ „ ;
$\sin A = -\dfrac{1}{\sqrt{1+cotg^2 A}}$, „ „ „ dritten „ vierten „ „ ;
$\cos A = +\sqrt{1-\sin^2 A}$, „ „ „ ersten „ vierten „ „ ;
$\cos A = -\sqrt{1-\sin^2 A}$, „ „ „ zweit. „ dritten „ „ ;
$\cos A = +\dfrac{1}{\sqrt{1+tg^2 A}}$, „ „ „ ersten „ vierten „ „ ;
$\cos A = -\dfrac{1}{\sqrt{1+tg^2 A}}$, „ „ „ zweit. „ dritten „ „ ;
$\cos A = +\dfrac{cotg\,A}{\sqrt{1+cotg^2 A}}$, „ „ „ ersten „ zweiten „ „ ;
$\cos A = -\dfrac{cotg\,A}{\sqrt{1+cotg^2 A}}$, „ „ „ dritten „ vierten „ „ ;
$tg\,A = +\dfrac{\sin A}{\sqrt{1-\sin^2 A}}$, „ „ „ ersten „ vierten „ „ ;
$tg\,A = -\dfrac{\sin A}{\sqrt{1-\sin^2 A}}$, „ „ „ zweit. „ dritten „ „ ;
$tg\,A = +\dfrac{\sqrt{1-\cos^2 A}}{\cos A}$, „ „ „ ersten „ zweiten „ „ ;
$tg\,A = -\dfrac{\sqrt{1-\cos^2 A}}{\cos A}$, „ „ „ dritten „ vierten „ „ ;
$cotg\,A = +\dfrac{\sqrt{1-\sin^2 A}}{\sin A}$, „ „ „ ersten „ vierten „ „ ;

$$cotg\,A = -\frac{\sqrt{1-sin^2 A}}{sin\,A}, \text{ wenn A im zweit. od. dritten Quadr. liegt;}$$

$$cotg\,A = +\frac{cos\,A}{\sqrt{1-cos^2 A}}, \quad \text{„ „ „ ersten „ zweiten „ „ ;}$$

$$cotg\,A = -\frac{cos\,A}{\sqrt{1-cos^2 A}}, \quad \text{„ „ „ dritten „ vierten „ „ ;}$$

§. 14.

Formeln für *sin*, *cos*, *tg*, *cotg* von a — b. Verallgemeinerung der Formeln (13).

I. Da man allgemein hat:
$$sin(A+B) = sin\,A\,cos\,B + cos\,A\,sin\,B,$$
$$cos(A+B) = cos\,A\,cos\,B - sin\,A\,sin\,B,$$

so setze man hier A = b, B = a — b, wobei a und b willkürlich, jedoch zunächst a > b. Alsdann erhält man A + B = a, also:
$$sin\,a = sin\,b\,cos(a-b) + cos\,b\,sin(a-b),$$
$$cos\,a = cos\,b\,cos(a-b) - sin\,b\,sin(a-b).$$

Man multiplizire die erste dieser Gleichungen mit *cos* b, die zweite mit *sin* b und subtrahire dann die zweite von der ersten, so erhält man:
$$sin\,a\,cos\,b - cos\,a\,sin\,b = (cos^2 b + sin^2 b)\,sin(a-b),$$
also weil immer $cos^2 b + sin^2 b = 1$:
$$sin\,a\,cos\,b - cos\,a\,sin\,b = sin(a-b).$$

Dessgleichen multiplizire man die erste mit *sin* b, die zweite mit *cos* b und addire beide:
$$sin\,a\,sin\,b + cos\,a\,cos\,b = (sin^2 b + cos^2 b)\,cos(a-b) = cos(a-b).$$

Man hat also
$$\left.\begin{array}{l} sin(a-b) = sin\,a\,cos\,b - cos\,a\,sin\,b, \\ cos(a-b) = cos\,a\,cos\,b + sin\,a\,sin\,b. \end{array}\right\} \quad (16)$$

Hieraus folgt nun
$$tg(a-b) = \frac{sin(a-b)}{cos(a-b)} = \frac{sin\,a\,cos\,b - cos\,a\,sin\,b}{cos\,a\,cos\,b + sin\,a\,sin\,b},$$

oder wenn man Zähler und Nenner durch *cos* a *cos* b dividirt:
$$tg(a-b) = \frac{tg\,a - tg\,b}{1 + tg\,a\,tg\,b}. \quad (17)$$

Eben so:
$$cotg(a-b) = \frac{cos(a-b)}{sin(a-b)} = \frac{cos\,a\,cos\,b + sin\,a\,sin\,b}{sin\,a\,cos\,b - cos\,a\,sin\,b},$$
und indem man Zähler und Nenner durch $sin\,a\,sin\,b$ dividirt:
$$cotg(a-b) = \frac{cotg\,a\,cotg\,b + 1}{cotg\,b - cotg\,a}. \quad (17')$$

Die vier Formeln (16), (17) und (17') gelten für alle möglichen (positiven) a und b, freilich noch unter der Bedingung, dass $a > b$. (Vergl. §. 15, II.)

II. Man wird sich nun leicht überzeugen, dass die Formeln (13) für jedes mögliche a ebenfalls gelten. Hat man z. B. $cos(180°-a)$, so setze man in (16) $180°$ für a, a für b, und hat:

$cos(180° - a) = cos\,180° . cos\,a + sin\,180° . sin\,a = (-1)cos\,a + 0 . sin\,a = -cos\,a$.

Um $sin(270° + a)$ zu erhalten, setze man in (9) des §. 9: $a = 270°$, a für b und hat:

$sin(270° + a) = sin\,270° . cos\,a + cos\,270° . sin\,a = (-1)cos\,a + 0 . sin\,a = -cos\,a$ u. s. w.

Benützt man die Ergebnisse des §. 8 und 9, so kann man mittelst der Formeln (16) leicht noch die trigonometrischen Funktionen einer Anzahl weiterer Winkel ableiten, was wir jedoch dem Leser überlassen wollen, indem wir blos die Ableitung andeuten. Man findet nämlich die trigonometrischen Funktionen des Winkels:

3°,	wenn	a = 15°,	b = 12°,	wodurch dann auch die von				87°,
6°,	„	a = 18°,	b = 12°,	„	„	„	„	84°,
9°,	„	a = 27°,	b = 18°,	„	„	„	„	81°,
21°,	„	a = 36°,	b = 15°,	„	„	„	„	69°,
24°,	„	a = 36°,	b = 12°,	„	„	„	„	66°,
33°,	„	a = 45°,	b = 12°,	„	„	„	„	57°,
39°,	„	a = 54°,	b = 15°,	„	„	„	„	51°,

so dass man, in Verbindung mit dem in der Anmerkung zu §. 9 Gesagten, die trigonometrischen Funktionen aller Winkel von 3° zu 3° kennt.

Wir haben in dem Seitherigen nur sin, cos, tg, $cotg$ der Summe oder Differenz zweier Winkel betrachtet. Wollte man dieselben für drei, vier, ... Winkel haben, so unterläge diess keiner Schwierigkeit; so wäre z. B.

$sin(a+b+c) = sin\,a\,cos(b+c) + cos\,a\,sin(b+c) = sin\,a\,[cos\,b\,cos\,c - sin\,b\,sin\,c]$
$+ cos\,a\,[sin\,b\,cos\,c + cos\,b\,sin\,c] = sin\,a\,cos\,b\,cos\,c - sin\,a\,sin\,b\,sin\,c +$
$cos\,a\,sin\,b\,cos\,c + cos\,a\,cos\,b\,sin\,c$, u. s. w.

§. 15.
Negative Winkel. Verallgemeinerungen.

I. Es bleibt uns, zur theoretischen Vervollständigung unserer hier geführten Untersuchungen, noch der Fall negativer Winkel zu betrachten übrig. Solche kommen in der Rechnung vor und, gegenüber den Verallgemeinerungen der Algebra, müssen wir sie hier ebenfalls einführen. Wollte man sie zeichnen, so müsste man etwa in §. 10 von AC aus in entgegengesetzter Richtung sich bewegen, als dort geschehen. Das Verhalten solcher negativer Winkel, wie $-A$, lässt sich jedoch immer am besten daraus finden, dass ein **Zuzählen oder Abzählen von beliebig viel mal 360° zu einem Winkel an den Werthen der trigonometrischen Funktionen Nichts ändert**. Dieser Satz, der in §. 10 nur für positive Winkel ausgesprochen worden und auch dort nur für das Zuzählen, ist leicht einzusehen. Ein Zuzählen von 360° bringt die Seiten eines Winkels in dieselbe Lage, wie sie vor dem Zuzählen war, gleich viel welches diese Lage gewesen; wiederholtes Zuzählen bringt immer wieder dasselbe hervor. Dasselbe gilt von dem Abzählen.

Man hat also, wenn n eine positive ganze Zahl so, dass $n \cdot 360° > A$:

$$\left.\begin{aligned} sin(-A) &= sin(n \cdot 360° - A) = -sin A, \\ cos(-A) &= cos(n \cdot 360° - A) = +cos A, \\ tg(-A) &= tg(n \cdot 360° - A) = -tg A, \\ cotg(-A) &= cotg(n \cdot 360° - A) = -cotg A, \end{aligned}\right\} \quad (18)$$

wie sich aus §. 14 und §. 10 sofort ergibt.

II. Hieraus folgt nun zunächst, dass die Formeln in §. 14, I auch gelten, wenn $b > a$.

Denn es ist dann $a - b = -(b - a)$, wo $b - a > 0$ (und a, b beide positiv). Also ist

$sin(a - b) = sin[-(b - a)] = -sin(b - a)$
$\qquad = -[sin\, b\, cos\, a - cos\, b\, sin\, a] = sin\, a\, cos\, b - cos\, a\, sin\, b;$
$cos(a - b) = cos[-(b - a)] = cos(b - a)$
$\qquad = cos\, b\, cos\, a + sin\, b\, sin\, a = cos\, a\, cos\, b + sin\, a\, sin\, b,$

woraus dann unmittelbar die Formeln für $tg(a - b)$, $cotg(a - b)$ folgen.

III. Es lässt sich nunmehr leicht zeigen, **dass alle seitherigen Formeln auch gelten, wenn die Winkel negativ sind.**

Will man den Beweis führen, so genügt es, die Formeln für sin und cos von $a+b$ zu betrachten. Die beiden Formeln für $sin(a-b)$ und $cos(a-b)$ folgen aus den erstern, wenn man $-b$ für $+b$ setzt. Denn dann heissen dieselben

$$sin(a-b) = sin\,a\,cos(-b) + cos\,a\,sin(-b)$$
$$= sin\,a\,cos\,b - cos\,a\,sin\,b,$$
$$cos(a-b) = cos\,a\,cos(-b) - sin\,a\,sin(-b)$$
$$= cos\,a\,cos\,b + sin\,a\,sin\,b,$$

und sind, nach dem was wir jetzt gesehen haben, für positive Winkel allgemein richtig. In den Formeln für $sin(a+b)$ und $cos(a+b)$ kann einer, oder beide Winkel negativ sein.

Sey b negativ, gleich $-b'$ so ist

$$sin(a+b) = sin(a-b') = sin\,a\,cos\,b' - cos\,a\,sin\,b'$$
$$= sin\,a\,cos(-b') + cos\,a\,sin(-b')$$
$$= sin\,a\,cos\,b + cos\,a\,sin\,b;$$
$$cos(a+b) = cos(a-b') = cos\,a\,cos\,b' + sin\,a\,sin\,b'$$
$$= cos\,a\,cos(-b') - sin\,a\,sin(-b')$$
$$= cos\,a\,cos\,b - sin\,a\,sin\,b.$$

Sind a und b negativ, so sey $a = -a'$, $b = -b'$ und man hat:

$$sin(a+b) = sin[-(a'+b')] = -sin(a'+b')$$
$$= -[sin\,a'\,cos\,b' + cos\,a'\,sin\,b']$$
$$= sin(-a')\,cos(-b') + cos(-a')\,sin(-b')$$
$$= sin\,a\,cos\,b + cos\,a\,sin\,b;$$
$$cos(a+b) = cos[-(a'+b')] = cos(a'+b')$$
$$= cos\,a'\,cos\,b' - sin\,a'\,sin\,b'$$
$$= cos(-a')\,cos(-b') - sin(-a')\,sin(-b')$$
$$= cos\,a\,cos\,b - sin\,a\,sin\,b.$$

§. 16.

Formeln für $sin\,2a$, $cos\,2a$, $sin\,a + sin\,b$ u. s. w.

I. Aus den bis jetzt abgeleiteten Formeln ergeben sich in leichter Weise eine Menge anderer, wovon wir einige ableiten, die übrigen dem Leser zur eigenen Uebung vorlegen wollen. Die hier nun erhaltenen Formeln gelten natürlich für ganz beliebige (positive oder negative) Winkel.

Aus der Formel (9) in §.9 folgt, wenn man $b = a$ setzt:
$$sin\,2a = sin\,a.cos\,a + cos\,a.sin\,a = 2\,sin\,a\,cos\,a. \quad (19)$$
Setzt man in der dortigen Formel (10) dessgleichen $b=a$:
$$cos\,2a = cos\,a.cos\,a - sin\,a.sin\,a = cos^2 a - sin^2 a. \quad (20)$$
Setzt man in (20) $cos^2 a = 1 - sin^2 a$, so ist
$$cos\,2a = 1 - sin^2 a - sin^2 a = 1 - 2\,sin^2 a, \quad (20')$$
und wenn man $sin^2 a = 1 - cos^2 a$ setzt:
$$cos\,2a = cos^2 a - (1 - cos^2 a) = cos^2 a - 1 + cos^2 a$$
$$= 2\,cos^2 a - 1. \quad (20'')$$
Ganz eben so folgt aus (11) und (12):
$$tg\,2a = \frac{2\,tg\,a}{1 - tg^2 a}, \quad cotg\,2a = \frac{cotg^2 a - 1}{2\,cotg\,a}. \quad (21)$$
Aus (20') und (20'') folgt nun umgekehrt:
$$2\,sin^2 a = 1 - cos\,2a, \quad 2\,cos^2 a = 1 + cos\,2a,$$
$$sin\,a = \pm \sqrt{\frac{1 - cos\,2a}{2}}, \quad cos\,a = \pm \sqrt{\frac{1 + cos\,2a}{2}}, \quad \Big\} \quad (22)$$

in welchen Gleichungen das Zeichen so zu wählen ist, wie es $sin\,a$ oder $cos\,a$ verlangen.

Man kann diese Formeln auch etwas anders ausdrücken. Setzt man nämlich $a = \frac{A}{2}$, so ergeben sich die folgenden Formeln:

$$sin\,A = 2\,sin\,\frac{A}{2}\,cos\,\frac{A}{2}, \quad cos\,A = cos^2 \frac{A}{2} - sin^2 \frac{A}{2} = 1 - 2\,sin^2 \frac{A}{2}$$
$$= 2\,cos^2 \frac{A}{2} - 1, \quad tg\,A = \frac{2\,tg\,\frac{A}{2}}{1 - tg^2 \frac{A}{2}}, \quad cotg\,A = \frac{cotg^2 \frac{A}{2} - 1}{2\,cotg\,\frac{A}{2}}, \quad \Bigg\} \quad (24)$$
$$2\,sin^2 \frac{A}{2} = 1 - cos\,A, \quad 2\,cos^2 \frac{A}{2} = 1 + cos\,A,$$
$$sin\,\frac{A}{2} = \pm \sqrt{\frac{1 - cos\,A}{2}}, \quad cos\,\frac{A}{2} = \pm \sqrt{\frac{1 + cos\,A}{2}}.$$

II. Die Addition der Formeln (9) und der ersten (16), (10) und der zweiten (16), so wie die Subtraktion derselben gibt ganz unmittelbar:

$$\left.\begin{aligned}&sin(a+b)+sin(a-b)=2\,sin\,a\,cos\,b,\\&sin(a+b)-sin(a-b)=2\,cos\,a\,sin\,b,\\&cos(a+b)+cos(a-b)=2\,cos\,a\,cos\,b,\\&cos(a+b)-cos(a-b)=-2\,sin\,a\,sin\,b.\end{aligned}\right\} \quad (24)$$

Setzt man in diesen Formeln:

$$a=\frac{A+B}{2},\ b=\frac{A-B}{2},\ \text{also}\ a+b=A,\ a-b=B,$$

so erhält man:

$$\left.\begin{aligned}sin\,A+sin\,B&=2\,sin\left(\frac{A+B}{2}\right)cos\left(\frac{A-B}{2}\right),\\ sin\,A-sin\,B&=2\,cos\left(\frac{A+B}{2}\right)sin\left(\frac{A-B}{2}\right),\\ cos\,A+cos\,B&=2\,cos\left(\frac{A+B}{2}\right)cos\left(\frac{A-B}{2}\right),\\ cos\,A-cos\,B&=-2\,sin\left(\frac{A+B}{2}\right)sin\left(\frac{A-B}{2}\right),\\ &=2\,sin\left(\frac{B+A}{2}\right)sin\left(\frac{B-A}{2}\right).\end{aligned}\right\} \quad (25)$$

III. Diess sind die wesentlichsten Formeln, die wir später benützen werden. Wir legen dem Leser zur Uebung eine Reihe weiterer ohne Beweis vor.

$$tg\,a=\frac{1-cos\,2a}{sin\,2a},\ cotg\,a=\frac{1+cos\,2a}{sin\,2a},\ tg^2\,a=\frac{1-cos\,2a}{1+cos\,2a},$$

$$cotg^2\,a=\frac{1+cos\,2a}{1-cos\,2a}.$$

$$tg\,2a=\frac{2\,cotg\,a}{cotg^2\,a-1},\ cotg\,2a=\frac{1-tg^2\,a}{2\,tg\,a},\ cotg\,2a=\frac{cotg\,a-tg\,a}{2},$$

$$tg\,2a=\frac{2}{cotg\,a-tg\,a},\ sin\,2a=\frac{2\,tg\,a}{1+tg^2\,a},\ cos\,2a=\frac{1-tg^2\,a}{1+tg^2\,a},$$

$$sin\,2a=\frac{2\,cotg\,a}{1+cotg^2\,a},\ cos\,2a=\frac{cotg^2\,a-1}{cotg^2\,a+1}.$$

$$tg\,a=\frac{1-(sin\tfrac{1}{2}a-cos\tfrac{1}{2}a)^2}{cos^2\tfrac{1}{2}a-sin^2\tfrac{1}{2}a},\quad cotg\,a=\frac{cos^2\tfrac{1}{2}a-sin^2\tfrac{1}{2}a}{1-(sin\tfrac{1}{2}a-cos\tfrac{1}{2}a)^2},$$

$$1+sin\,a=2\,sin^2(45°+\tfrac{1}{2}a),\quad 1-sin\,a=2\,cos^2(45°+\tfrac{1}{2}a),$$

$$\frac{1+sin\,a}{1-sin\,a}=tg^2(45°+\tfrac{1}{2}a),\quad sin\,a=\frac{1-tg^2(45°-\tfrac{1}{2}a)}{1+tg^2(45°-\tfrac{1}{2}a)},$$

$$\frac{1+tg\,a}{1-tg\,a}=tg\,(a+45°)=cotg\,(45°-a),\ \frac{cotg\,a-1}{cotg\,a+1}=cotg\,(a+45°)$$

$$=tg\,(45°-a),\ 1+tg^2\,a=\frac{1}{cos^2\,a},\ 1+cotg^2\,a=\frac{1}{sin^2\,a},$$

$$\frac{1-cos\,a}{cos\,a}=tg\,a\,tg\,\frac{a}{2},\quad cos\,a=\frac{2\,tg\,(45°-\frac{1}{2}a)}{1+tg^2\,(45°-\frac{1}{2}a)},\ sin\,a+cos\,a$$

$$=\sqrt{2}.\,sin\,(45°+a),\ cos\,a-sin\,a=\sqrt{2}\,sin\,(45°-a).$$

$$tg\,a+tg\,b=\frac{sin\,(a+b)}{cos\,a\,cos\,b},\ tg\,a-tg\,b=\frac{sin\,(a-b)}{cos\,a\,cos\,b},\ cotg\,a+cotg\,b$$

$$=\frac{sin\,(a+b)}{sin\,a\,sin\,b},\ cotg\,a-cotg\,b=\frac{sin\,(b-a)}{sin\,a\,sin\,b},\ \frac{tg\,a-tg\,b}{tg\,a+tg\,b}=\frac{sin\,(a-b)}{sin\,(a+b)},$$

$$\frac{cotg\,a-cotg\,b}{cotg\,a+cotg\,b}=\frac{sin\,(b-a)}{sin\,(b+a)},\ sin^2\,a-sin^2\,b=sin\,(a+b)\,sin\,(a-b),$$

$$cos^2\,a-cos^2\,b=-sin\,(a+b)\,sin\,(a-b),\ cos^2\,a-sin^2\,b$$

$$=cos\,(a+b)\,cos\,(a-b),\ \frac{sin\,a+sin\,b}{sin\,a-sin\,b}=\frac{tg\frac{1}{2}(a+b)}{tg\frac{1}{2}(a-b)},\ \frac{cos\,a+cos\,b}{cos\,a-cos\,b}=$$

$$-\frac{cotg\frac{1}{2}(a+b)}{tg\frac{1}{2}(a-b)},\ cos\,(a-b)+sin\,(a+b)=2\,sin\,(a+45°)\,cos\,(b-45°),$$

$$cos\,(a-b)-sin\,(a+b)=2\,sin\,(45°-a)\,cos\,(b+45°),\ cos\,(a+b)$$

$$+sin\,(a-b)=2\,sin\,(45°+a)\,cos\,(45°+b),\ cos\,(a+b)-sin\,(a-b)$$

$$=2\,sin\,(45°-a)\,cos\,(45°-b),\ \frac{sin\,a+sin\,b}{cos\,a+cos\,b}=tg\,\tfrac{1}{2}\,(a+b),$$

$$\frac{cos\,a-cos\,b}{sin\,a+sin\,b}=tg\,\tfrac{1}{2}\,(b-a),\quad cotg\,b-tg\,a=\frac{cos\,(a+b)}{cos\,a\,sin\,b},$$

$$cotg\,b+tg\,a=\frac{cos\,(a-b)}{cos\,a\,sin\,b},\ tg^2\,a-tg^2\,b=\frac{sin\,(a+b)\,sin\,(a-b)}{cos^2\,a\,cos^2\,b},$$

$$1+tg\,a\,tg\,b=\frac{cos\,(a-b)}{cos\,a\,cos\,b},\ 1-tg\,a\,tg\,b=\frac{cos\,(a+b)}{cos\,a\,cos\,b},\ 1-tg^2\,a\,tg^2\,b$$

$$=\frac{cos\,(a+b)\,cos\,(a-b)}{cos^2\,a\,cos^2\,b},\ \frac{cotg\,a+tg\,b}{tg\,a+cotg\,b}=cotg\,a\,tg\,b,\ \frac{tg^2\,a-tg^2\,b}{1-tg^2\,a\,tg^2\,b}$$

$$=tg\,(a+b)\,tg\,(a-b),\ \frac{cotg^2\,b-cotg^2\,a}{cotg^2\,b\,cotg^2\,a-1}=tg\,(a+b)\,tg\,(a-b).$$

$$sin\,a\,cos\,a+sin\,b\,cos\,b=sin\,(a+b)\,cos\,(a-b),\ sin\,a\,cos\,a-sin\,b\,cos\,b$$

$$=cos\,(a+b)\,sin\,(a-b),\ \frac{sin\,(a+b)}{sin\,a+sin\,b}=\frac{cos\frac{1}{2}(a+b)}{cos\frac{1}{2}(a-b)},\ \frac{sin\,(a+b)}{sin\,a-sin\,b}$$

$$= \frac{\sin\tfrac{1}{2}(a+b)}{\sin\tfrac{1}{2}(a-b)}, \quad tg\tfrac{1}{2}(a+b) + tg\tfrac{1}{2}(a-b) = \frac{2\sin a}{\cos a + \cos b},$$

$$tg\tfrac{1}{2}(a+b) - tg\tfrac{1}{2}(a-b) = \frac{2\sin b}{\cos a + \cos b}.$$

$4\sin a \sin b \sin c = -\sin(a+b+c) + \sin(a+b-c) + \sin(a-b+c)$
$\qquad + \sin(-a+b+c),$

$\sin a + \sin b + \sin c = \sin(a+b+c) + 4\sin\tfrac{1}{2}(a+b)\sin\tfrac{1}{2}(a+c) \times$
$\qquad \sin\tfrac{1}{2}(b+c),$

$4\cos a \cos b \cos c = \cos(a+b+c) + \cos(a+b-c) + \cos(a-b+c)$
$\qquad + \cos(-a+b+c),$

$\cos a + \cos b + \cos c = -\cos(a+b+c) + 4\cos\tfrac{1}{2}(a+b)\cos\tfrac{1}{2}(a+c) \times$
$\qquad \cos\tfrac{1}{2}(b+c),$

$\cos^2 a + \cos^2 b + \cos^2 c = 1 + 2\cos a \cos b \cos c - 4\sin\tfrac{1}{2}(a+b+c) \times$
$\qquad \sin\tfrac{1}{2}(a+b-c)\sin\tfrac{1}{2}(a-b+c)\sin\tfrac{1}{2}(-a+b+c),$

$$tg\,a + tg\,b + tg\,c = tg\,a\,tg\,b\,tg\,c + \frac{\sin(a+b+c)}{\cos a \cos b \cos c}.$$

§. 17.

Uebersicht der Eigenschaften der trigonometrischen Funktionen.

Wir haben im Vorstehenden die Verhältnisse der vier trigonometrischen Funktionen ganz vollständig untersucht und gesehen, dass die Grundeigenschaften derselben die folgenden sind:

1) Die Grösse $\sin A$ ist eine periodische Grösse, deren Periode $360°$ ist, d. h. sobald A um $360°$ zugenommen hat, erlangt $\sin A$ seinen vorigen Werth wieder; nimmt A nur um $180°$ zu, so erlangt allerdings $\sin A$ auch denselben Werth, er ist aber von entgegengesetztem Zeichen. Ist A negativ, so hat $\sin A$ den entgegengesetzten Werth von dem, den es für denselben positiven Winkel A hatte. Es sind diese Beziehungen in den Gleichungen:

$$\sin(A+360°) = \sin A, \quad \sin(A+180°) = -\sin A,$$
$$\sin(-A) = -\sin A$$

ausgesprochen.

Die Werthe von $\sin A$ schwanken zwischen -1 und $+1$, ohne diese Gränzen je überschreiten zu können.

Von $0°$ bis $90°$ für A geht der Werth des $\sin A$ von 0 zu $+1$;

läuft A von 90° bis 180°, so kehrt $\sin A$ von $+1$ zu 0 zurück; für 180° bis 270° geht dann $\sin A$ von 0 bis -1, und wenn A von 270° bis 360° fortgeschritten, so ist $\sin A$ von -1 bis 0 gewachsen. Von da an wiederholt sich derselbe Verlauf. In negativer Richtung, also von 0° bis $-90°$, $-180°$, $-270°$, $-360°$ geht $\sin A$ von 0 zu -1, 0, $+1$, 0.

Es ist allgemein, wenn n eine positive, ganze Zahl:

$\sin(n.90° + A) = \sin A$, wenn n von der Form $4m$,
$\qquad\qquad\quad = \cos A$, „ „ „ „ „ $4m+1$,*
$\qquad\qquad\quad = -\sin A$, „ „ „ „ „ $4m+2$,
$\qquad\qquad\quad = -\cos A$, „ „ „ „ „ $4m+3$.

Dabei ist
$$\sin(-n.90° + A) = -\sin(n.90° - A),$$
wo $\sin(n.90° - A)$ aus den vorigen Werthen gefunden wird, wenn man $-A$ für A setzt. Also ist in den vier Fällen:
$$\sin(-n.90° + A) = \sin A, \; -\cos A, \; -\sin A, \; \cos A.$$

2) Die Grösse $\cos A$ ist eben so periodisch und die Periode 360°; für 180° Zunahme verhält sie sich wie $\sin A$; für ein negatives A aber erlangt sie denselben Werth wie für ein positives. Also
$$\cos(A + 360°) = \cos A, \; \cos(A + 180°) = -\cos A,$$
$$\cos(-A) = \cos A.$$

Die Werthe von $\cos A$ schwanken ebenfalls nur zwischen -1 und $+1$.

Läuft A von 0° durch 90°, 180°, 270°, 360°, so geht $\cos A$ von 1 durch 0, -1, 0, $+1$; geht A von 0° durch $-90°$, $-180°$, $-270°$, $-360°$, so geht $\cos A$ ganz wie vorhin.

Man hat, wenn n eine ganze, positive Zahl:

$\cos(n.90° + A) = \cos A$, wenn n von der Form $4m$,
$\qquad\qquad\quad = -\sin A$, „ „ „ „ „ $4m+1$,
$\qquad\qquad\quad = -\cos A$, „ „ „ „ „ $4m+2$,
$\qquad\qquad\quad = \sin A$, „ „ „ „ „ $4m+3$.

$\cos(-n.90° + A) = \cos(n.90° - A),$
also hat in den vier Fällen
$\cos(-n.90° + A)$ die Werthe $\cos A, \; \sin A, \; -\cos A, \; -\sin A$.

---

* D. h. wenn n, durch 4 dividirt, 1 übrig lässt.

3) Die Grössen $tg\,A$ und $cotg\,A$ sind periodisch und ihre Periode ist 180°. Für negative A erlangen sie die entgegengesetzten Werthe wie für positive; man hat also:

$$tg(A+180°) = tg\,A, \quad cotg(A+180°) = cotg\,A,$$
$$tg(-A) = -tg\,A, \quad cotg(-A) = -cotg\,A.$$

Die Werthe dieser Grössen schwanken zwischen $-\infty$ und $+\infty$. Läuft A von 0 durch 90°, 180°, so geht $tg\,A$ von 0 durch $+\infty$, springt dann (bei 90°) zu $-\infty$, und läuft wieder bis 0; $cotg\,A$ geht von $+\infty$ zu 0, $-\infty$, wo diese Grösse dann (bei 180°) von $-\infty$ zu $+\infty$ überspringt.

$$\left.\begin{array}{l} tg(n.90° + A) = tg\,A, \\ cotg(n.90° + A) = cotg\,A, \end{array}\right\} \text{wenn n von der Form } 2m,$$

$$\left.\begin{array}{l} tg(n.90° + A) = -cotg\,A, \\ cotg(n.90° + A) = -tg\,A, \end{array}\right\} \text{wenn n von der Form } 2m+1,$$

$$\left.\begin{array}{l} tg(-n.90° + A) \text{ ist } = tg\,A, \quad -cotg\,A \\ cotg(-n.90° + A) \text{ ist } = cotg\,A, \quad -tg\,A \end{array}\right\} \text{in den beiden Fällen.}$$

Zweiter Abschnitt.

Berechnung der trigonometrischen Funktionen. Tafeln derselben und Benützung dieser Tafeln.

§. 18.
Möglichkeit der Berechnung. Tafeln.

I. Aus den im ersten Abschnitte aus einander gesetzten Lehren folgt, dass man nur die trigonometrischen Funktionen aller Winkel zwischen 0° und 45° zu kennen brauche, um sofort die Werthe derselben für alle andern Winkel zu erhalten. Es folgt diess ganz unmittelbar aus der Ansicht der Formeln (8) und (13) in den §§. 7 und 10. Wir werden uns also zunächst mit dieser Aufgabe zu beschäftigen haben. In §.8 haben wir allerdings bereits für einige besondere Fälle die trigonometrischen Funktionen gefunden; dieselben können aber natürlich nicht genügen, da wir, des Gebrauchs wegen, die trigonometrischen Funktionen aller zwischen 0 und 45° liegenden

Winkel kennen müssen. Um die Berechnung dieser Funktionen, oder vielmehr die Möglichkeit derselben, uns klar zu machen, wollen wir den nachstehenden Weg einschlagen. Wir bedürfen dazu des folgenden, in der Geometrie erwiesenen Satzes:

Ist C ein Winkel kleiner als 90°, BD ein mit dem Halbmesser CB = 1 zwischen seinen Seiten beschriebener Bogen, dessen Länge wir mit $arc\,C$* bezeichnen wollen; sind DA, BE senkrecht auf CB, so ist

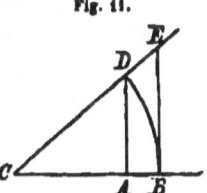

Fig. 11.

$$AD < arc\,C,\ BE > arc\,C.$$

Da $CD = CB = 1$ und

$$\frac{AD}{CD} = sin\,C,\ \frac{BE}{BC} = tg\,C,\ \text{also}\ AD = sin\,C,\ BE = tg\,C,$$

so folgt hieraus unmittelbar:

$$sin\,C < arc\,C,\ tg\,C > arc\,C,$$

oder, wie man auch schreiben kann:

$$sin\,C < arc\,C < tg\,C. \qquad (26)$$

Daraus folgt ferner, weil $tg\,C = \frac{sin\,C}{cos\,C}$:

$$\frac{sin\,C}{arc\,C} < 1,\ \frac{sin\,C}{arc\,C} > cos\,C,\ 1 > \frac{sin\,C}{arc\,C} > cos\,C.**$$

Lässt man nun C kleiner werden, so wird $cos\,C$ mehr und mehr gegen 1 gehen. Da nun $\frac{sin\,C}{arc\,C}$ immer zwischen 1 und $cos\,C$ enthalten ist, diese zwei aber mehr und mehr einander gleich werden: so wird folglich der genannte Bruch mit abnehmendem C gegen 1 gehen.***

Da weiter vermöge der Beziehung (26) $arc\,C$ immer zwischen

---

* arc sind die Anfangsbuchstaben des Wortes *arcus*, das Bogen bedeutet. Wir wählen absichtlich das fremde Wort, um die Bögen zu bezeichnen, die zum Halbmesser 1 gehören. Wäre r der Halbmesser, so wäre $arc\,C = \frac{BD}{r}$.

** Das heisst also $\frac{sin\,C}{arc\,C}$ liegt seinem Werthe nach immer zwischen 1 und $cos\,C$.

*** Man sieht leicht, dass im Grunde diess darauf zurückkömmt, dass mit abnehmendem Mittelpunktswinkel eines Kreises die Sehne desselben mehr und mehr sich seinem Bogen nähert und zuletzt mit ihm zusammenfällt.

$sin\,C$ und $tg\,C$ liegt, so wird, in so ferne wir berechtigt wären, $sin\,C$ und $tg\,C$ nahezu als gleich anzunehmen, die näherungsweise Gleichheit von $sin\,C$ und $arc\,C$ in die Augen fallend seyn. Endlich ist klar, dass wenn einmal C klein genug ist, dass näherungsweise $sin\,C$ und $tg\,C$ als gleich angesehen werden dürfen, diese Annahme für noch kleinere C noch mehr genähert richtig ist.

II. Stellt AD die halbe Seite eines in den Kreis vom Halbmesser CB $=$ r beschriebenen regelmässigen nEcks dar, so ist BE bekanntlich die halbe Seite des um den Kreis beschriebenen regelmässigen Vielecks von derselben Seitenanzahl und es ist Winkel $C = \dfrac{180°}{n}$.

Daraus folgt dann:

$$\frac{AD}{r} = sin\frac{180°}{n}, \quad \frac{BE}{r} = tg\frac{180°}{n}; \quad AD = r\,sin\frac{180°}{n}, \quad BE = r\,tg\frac{180°}{n};$$

ferner ist

$$\frac{AC}{r} = cos\frac{180°}{n}, \quad AC = r\,cos\frac{180°}{n}, \quad CB = r.$$

Die Fläche des Dreiecks ACD ist aber der $2n^{te}$ Theil der Fläche des Vielecks im Kreis; eben so CBE der $2n^{te}$ Theil vom Vieleck um den Kreis. Erstere ist:

$$\frac{AC \cdot AD}{2} = \frac{r^2}{2} sin\frac{180°}{n} \cdot cos\frac{180°}{n},$$

also die Fläche des Vielecks im Kreis:

$$2n \cdot \frac{r^2}{2} sin\frac{180°}{n} \cdot cos\frac{180°}{n} = \frac{n\,r^2}{2} sin\frac{360°}{n} \quad [\S.\,16\,(19)];$$

die Fläche des Vielecks um den Kreis ist

$$2n \cdot \frac{CB \cdot BE}{2} = \frac{2n \cdot r^2}{2} tg\frac{180°}{n} = n\,r^2\,tg\frac{180°}{n}.$$

III. Geht man nun vom regelmässigen Viereck im Kreise aus, so kann man bekanntlich leicht die Inhalte der 4, 8, 16, ... Ecke in und um den Kreis berechnen[*] und erhält so für das regelmässige

---

[*] Man vergleiche etwa: Legendre Geometrie, Buch IV, Satz XIV. Die hieher gehörigen Formeln sind: Seyen F, F′ die Flächen des regelmässigen n Ecks in und um den Kreis; f, f′ die des regelmässigen 2n Ecks in und um den Kreis so ist:

8Eck im Kreis: $2{\cdot}8284271\,r^2$, um den Kreis: $3{\cdot}3137085\,r^2$,
16 „ „ „ $3{\cdot}0614674\,r^2$, „ „ „ $3{\cdot}1825979\,r^2$,
32 „ „ „ $3{\cdot}1214451\,r^2$, „ „ „ $3{\cdot}1517249\,r^2$,
64 „ „ „ $3{\cdot}1365485\,r^2$, „ „ „ $3{\cdot}1441184\,r^2$,
128 „ „ „ $3{\cdot}1403311\,r^2$, „ „ „ $3{\cdot}1422236\,r^2$,
256 „ „ „ $3{\cdot}1412772\,r^2$, „ „ „ $3{\cdot}1417504\,r^2$,
512 „ „ „ $3{\cdot}1415138\,r^2$, „ „ „ $3{\cdot}1416321\,r^2$,
1024 „ „ „ $3{\cdot}1415729\,r^2$, „ „ „ $3{\cdot}1416025\,r^2$,
2048 „ „ „ $3{\cdot}1415877\,r^2$, „ „ „ $3{\cdot}1415951\,r^2$,
4096 „ „ „ $3{\cdot}1415914\,r^2$, „ „ „ $3{\cdot}1415933\,r^2$,
8192 „ „ „ $3{\cdot}1415923\,r^2$, „ „ „ $3{\cdot}1415928\,r^2$,
16384 „ „ „ $3{\cdot}1415925\,r^2$, „ „ „ $3{\cdot}1415927\,r^2$,
32768 „ „ „ $3{\cdot}1415926\,r^2$, „ „ „ $3{\cdot}1415926\,r^2$,
65536 „ „ „ $3{\cdot}1415926\,r^2$.

$$f = \sqrt{F F'},\ f' = \frac{2 F F'}{F + f}.$$

Es folgt diess übrigens sehr leicht aus den im Texte angeführten Formeln. Denn man hat:

$$F = \frac{n r^2}{2} \sin \frac{360^\circ}{n},\ f = n r^2 \sin \frac{180^\circ}{n},\ F' = n r^2 tg \frac{180^\circ}{n},\ f' = 2 n r^2 tg \frac{90^\circ}{n},$$

also

$$F F' = \frac{n^2 r^4}{2} \sin \frac{360^\circ}{n} tg \frac{180^\circ}{n} = \frac{n^2 r^4}{2} \cdot 2 \sin \frac{180^\circ}{n} \cos \frac{180^\circ}{n} \cdot \frac{\sin \frac{180^\circ}{n}}{\cos \frac{180^\circ}{n}} = n^2 r^4 \sin^2 \frac{180^\circ}{n} = f^2;$$

$$\frac{2 F F'}{F+f} = \frac{n^2 r^4 \sin \frac{360^\circ}{n} tg \frac{180^\circ}{n}}{\frac{n r^2}{2} \sin \frac{360^\circ}{n} + n r^2 \sin \frac{180^\circ}{n}} = \frac{2 n^2 r^4 \sin^2 \frac{180^\circ}{n}}{n r^2 \sin \frac{180^\circ}{n} \cos \frac{180^\circ}{n} + n r^2 \sin \frac{180^\circ}{n}} = \frac{2 n r^2 \sin \frac{180^\circ}{n}}{\cos \frac{180^\circ}{n} + 1}$$

$$= \frac{4 n r^2 \sin \frac{90^\circ}{n} \cos \frac{90^\circ}{n}}{2 \cos^2 \frac{90^\circ}{n}}\ [\S.\ 14\ (19)\ \text{und}\ (23)] = 2 n r^2 tg \frac{90^\circ}{n} = f'.$$

Nun ist die Fläche des Vierecks im Kreis $= 2 r^2$, um den Kreis $= 4 r^2$, also die des Achtecks ($n = 4$):

im Kreis $= \sqrt{8\,r^4} = r^2 \sqrt{8} = 2{\cdot}8284271\,r^2$,

um den Kreis $= \dfrac{2\,.\,2 r^2\,.\,4 r^2}{2 r^2 + r^2 \sqrt{8}} = \dfrac{16 r^2}{2 + \sqrt{8}} = 3{\cdot}3137085\,r^2$ u. s. w.

Man hat also:
$$\frac{65536r^2}{2} sin \frac{360°}{65536} = 3{\cdot}1415926r^2, \quad 32768r^2 tg \frac{180°}{32768} = 3{\cdot}1415926\,r^2$$

d. h.
$$32768\, sin \frac{180°}{32768} = 3{\cdot}1415926 = 32768\, tg \frac{180°}{32768},$$

$$sin \frac{180°}{32768} = tg \frac{180°}{32768} = \frac{3{\cdot}1415926}{32768}.$$

Aber $\frac{180°}{32768} = \frac{180.60.60}{32768} = 20''$ ungefähr, also bis auf 7 Dezimalstellen genau:
$$sin 20'' = tg\, 20'',$$
mithin für jeden kleineren Winkel der Sinus der Tangente gleich, d. h. wenn α gleich oder kleiner als 20'':
$$sin\, \alpha = arc\, \alpha.$$

So also wäre z. B.
$$sin\, 10'' = arc\, 10'' = \frac{\pi}{18.60.60}*,$$
wodurch $sin\, 10''$ gefunden wurde. Eben so
$$sin\, 1'' = arc\, 1'' = \frac{\pi}{180.60.60}.$$

Daraus folgt dann nach §. 5 $cos\, 1''$ und daraus nach (9) und (10) in §. 9 (wenn a $= 1''$, b $= 1''$) $sin\, 2''$, $cos\, 2''$, woraus weiter $sin\, 3''$, $cos\, 3''$ u. s. f.

So erhält man, wenn man diesen Weg einhalten will, die Werthe der Sinus und Cosinus aller Winkel, von Sekunde zu Sekunde; daraus dann die Tangenten und Cotangenten, so dass dieselben nunmehr als bekannt angesehen werden dürfen. Die Logarithmen derselben, um 10 vermehrt, sind in den trigonometrischen Tafeln zusammengestellt, deren Einrichtungsart und Benützung immer in denselben angegeben ist.

Es lässt sich allerdings noch ein anderer Weg zur Berechnung der trigonometrischen Funktionen aller Winkel von 0 bis 45° (was genügt) denken. Nach dem in der Note zu §. 14 Gezeigten kennt man die trigonometrischen Funktionen der Winkel von 0 bis 45°, wenn man von 3° zu 3° fortschreitet. Da nach §. 16 der Sinus und Cosinus des halben Winkels aus dem Cosinus des ganzen gefunden

---

* Der $arc\, 10''$ findet sich aus der Gleichung $\frac{arc\, 10''}{2\pi} = \frac{10}{360.60.60}$.

wird, so kann man Cosinus und Sinus von $1\tfrac{1}{4}°$ finden, und unter Anwendung der Formeln (9) und (10) in §. 9 wird man jetzt die Sinus und Cosinus aller Winkel von $1\tfrac{1}{4}°$ zu $1\tfrac{1}{4}°$ finden können. Aus dem $cos\, 1\tfrac{1}{4}°$ findet man wieder $sin\,\tfrac{5}{8}°$, $cos\,\tfrac{5}{8}°$ und kann dann von $\tfrac{5}{8}°$ zu $\tfrac{5}{8}°$ fortschreiten. Wie man dieses weiter führen könnte, ist leicht zu übersehen. Von praktischer Bedeutung ist jedoch dieser Weg nicht, da die wirkliche Berechnung doch in dieser Weise nicht geführt wird.

§. 19.
Interpolation.

Die neuern trigonometrischen Tafeln geben die Logarithmen der trigonometrischen Funktionen von 10 zu 10 Sekunden (des Winkels). Für kleinere Unterschiede muss ein Einschieb- (Interpolations-) Verfahren angewendet werden, das in den Tafeln erläutert ist. Der innere Grund desselben lässt sich in folgender Weise erörtern.

I. Man findet (§. 18, III), dass auf sieben Dezimalen genau,
$$sin\, 10'' = arc\, 10'', \quad cos\, 10'' = 1,$$
so dass wenn $n \lesseqgtr 10$:
$$sin\, n'' = arc\, n'', \quad cos\, n'' = 1.$$

Demnach
$$sin(A + n'') = sin A\, cos\, n'' + cos A\, sin\, n'' = sin A + cos A\, arc\, n'',$$
$$cos(A + n'') = cos A\, cos\, n'' - sin A\, sin\, n'' = cos A - sin A\, arc\, n''.$$

Da aber $arc\, n'' = n \cdot arc\, 1''$, so ist also
$$sin(A + n'') - sin A = n \cdot cos A \cdot arc\, 1'',$$
$$cos(A + n'') - cos A = -n \cdot sin A \cdot arc\, 1''.$$

Ferner weiss man aus der Lehre von den Logarithmen, dass wenn p und q zwei wenig von r verschiedene Zahlen sind (beide grösser als r), man hat:
$$\frac{log\, p - log\, r}{log\, q - log\, r} = \frac{p - r}{q - r}.\,{}^*$$

Also ist auch

---

* Dieser Satz (vergl. das Vorwort) verlangt, dass $\tfrac{1}{2}\left(\tfrac{p-r}{r}\right)^2$, $\tfrac{1}{2}\left(\tfrac{q-r}{r}\right)^2$ klein genug seyen, um vernachlässigt werden zu können. Eine entschieden genaue Theorie ergibt sich am besten aus den Regeln der Differentialrechnung, wie diess aus dem Vorworte zur 1. Auflage hervorgeht.

$$\frac{\log\sin(A+n'') - \log\sin A}{\log\sin(A+10'') - \log\sin A} = \frac{\sin(A+n'') - \sin A}{\sin(A+10'') - \sin A}$$
$$= \frac{n \cos A}{10 \cos A} \cdot \frac{arc\, 1''}{arc\, 1''} = \frac{n}{10},$$

woraus folgt

$$\log\sin(A+n'') - \log\sin A = \frac{n}{10}[\log\sin(A+10'') - \log\sin A],$$

$$\log\sin(A+n'') = \log\sin A + \frac{n}{10}[\log\sin(A+10'') - \log\sin A].$$

Ganz eben so

$$\log\cos(A+n'') = \log\cos A + \frac{n}{10}[\log\cos(A+10'') - \log\cos A],$$

oder da die letzte Differenz negativ ist (§. 6):

$$\log\cos(A+n'') = \log\cos A - \frac{n}{10}[\log\cos A - \log\cos(A+10'')].$$

II. Weiter ist nun

$$\log tg(A+n'') = \log\sin(A+n'') - \log\cos(A+n'')$$
$$= \log\sin A - \log\cos A + \frac{n}{10}[\log\sin(A+10'')$$
$$- \log\cos(A+10'') - \log\sin A + \log\cos A],$$

d. h. da $\log\sin a - \log\cos a = \log tg\, a$:

$$\log tg(A+n'') = \log tg\, A + \frac{n}{10}[\log tg(A+10'') - \log tg\, A].$$

Eben so

$$\log cotg(A+n'') = \log cotg\, A - \frac{n}{10}[\log cotg\, A - \log cotg(A+10'')].$$

Da aber $cotg\, a = \dfrac{1}{tg\, a}$, also $\log cotg\, a = -\log tg\, a$, so ist

$$\log cotg\, A - \log cotg(A+10'') = \log tg(A+10'') - \log tg\, A,$$

woher es kommt, dass in den Tafeln für *log tg* und *log cotg* nur eine Differenzenspalte eingeführt ist.

Die doppelte Bezeichnung der Tafeln (d. h. der Eingang von oben und unten) erklärt sich sofort aus den Gleichungen (8), während die Gleichungen (13) deutlich genug zeigen, wie man die trigonometrischen Funktionen für Winkel $> 90°$ zu suchen habe.

§. 20.
Berechnung mittelst Reihen. Anwendung.

I. Bezeichnen wir den zu einem (Mittelpunkts-) Winkel A, den wir nicht über 45° voraussetzen, in einem Kreise vom Halbmesser 1 gehörigen Bogen durch a,* so ist nach §. 18:

$$sin A < a. \qquad (a)$$

Ferner ist nach §. 16:

$$sin A = 2 sin \frac{A}{2} cos \frac{A}{2}, \quad cos \frac{A}{2} = 1 - 2 sin^2 \frac{A}{4},$$

also

$$sin A = 2 sin \frac{A}{2} - 4 sin \frac{A}{2} sin^2 \frac{A}{4}.$$

Aber da der zu $\frac{A}{2}, \frac{A}{4}, \ldots$ in demselben Kreise gehörige Bogen auch $\frac{a}{2}, \frac{a}{4}, \ldots$ ist, so hat man ebenfalls:

$$sin \frac{A}{2} < \frac{a}{2}, \quad sin \frac{A}{4} < \frac{a}{4}, \quad sin^2 \frac{A}{4} < \frac{a^2}{16},$$

also

$$4 sin \frac{A}{2} sin^2 \frac{A}{4} < 4 \cdot \frac{a}{2} \cdot \frac{a^2}{16}, \text{ d. h. } < \frac{a^3}{8},$$

mithin offenbar:

$$sin A > 2 sin \frac{A}{2} - \frac{a^3}{8}.$$

Ganz eben so (indem man nach einander $\frac{A}{2}, \frac{A}{4}, \ldots$ für A, also $\frac{a}{2}, \frac{a}{4}, \ldots$ für a setzt):

$$sin \frac{A}{2} > 2 sin \frac{A}{4} - \frac{1}{8} \cdot \frac{a^3}{2^3},$$

$$sin \frac{A}{4} > 2 sin \frac{A}{8} - \frac{1}{8} \cdot \frac{a^3}{2^6},$$

$$\ldots$$

$$sin \frac{A}{2^{n-1}} > 2 sin \frac{A}{2^n} - \frac{1}{8} \cdot \frac{a^3}{2^{3(n-1)}}.$$

---

* a ist also das frühere *arc* A (§. 18).

Aus diesen Beziehungen folgt, wenn man die erste mit 1, die zweite mit 2, die dritte mit 2^2, die vierte mit 2^3,...., die letzte mit 2^{n-1} multiplizirt:

$$sin A > 2\, sin\frac{A}{2} - \tfrac{1}{6} a^3,$$

$$2\, sin\frac{A}{2} > 2^2 sin\frac{A}{4} - \tfrac{1}{6} \cdot \frac{a^3}{2^2},$$

$$2^2 sin\frac{A}{4} > 2^3 sin\frac{A}{8} - \tfrac{1}{6} \cdot \frac{a^3}{2^4},$$

$$2^3 sin\frac{A}{8} > 2^4 sin\frac{A}{16} - \tfrac{1}{6} \cdot \frac{a^3}{2^6},$$

$$\ldots\ldots$$

$$2^{n-1} sin\frac{A}{2^{n-1}} > 2^n sin\frac{A}{2^n} - \tfrac{1}{6} \cdot \frac{a^3}{2^{2n-2}}.$$

Hieraus folgt durch Addition:

$$sin A + 2\, sin\frac{A}{2} + 2^2 sin\frac{A}{4} + \ldots + 2^{n-1} sin\frac{A}{2^{n-1}} > 2\, sin\frac{A}{2} + 2^2 sin\frac{A}{4}$$
$$+ \ldots + 2^{n-1} sin\frac{A}{2^{n-1}} + 2^n sin\frac{A}{2^n} - \tfrac{1}{6} a^3 \Big(1 + \frac{1}{2^2} + \frac{1}{2^4} + \frac{1}{2^6} + \ldots$$
$$+ \frac{1}{2^{2n-2}}\Big),$$

d. h. wenn man das weglässt, was beiderseitig gleich ist:

$$sin A > 2^n sin\frac{A}{2^n} - \tfrac{1}{6} a^3 \Big(1 + \frac{1}{2^2} + \frac{1}{2^4} + \frac{1}{2^6} + \ldots + \frac{1}{2^{2n-2}}\Big).$$

Dividirt man beiderseitig mit a, so hat man $\Big(\text{da } 2^n sin\frac{A}{2^n} = \dfrac{sin\frac{A}{2^n}}{\dfrac{1}{2^n}}\Big)$:

$$\frac{sin A}{a} > \frac{sin\frac{A}{2^n}}{\frac{a}{2^n}} - \tfrac{1}{6} a^2 \Big(1 + \frac{1}{2^2} + \frac{1}{2^4} + \ldots + \frac{1}{2^{2n-2}}\Big).$$

Denken wir uns nun n werde immer grösser, so wird $\frac{a}{2^n}$ immer kleiner, mithin nach §. 18, I $sin\frac{A}{2^n}$ dividirt durch $\frac{a}{2^n}$ sich 1 nähern, d. h. für ein unendlich grosses n ist sicher zu setzen:

$$\frac{sin\frac{A}{2^n}}{\frac{a}{2^n}} = 1.$$

Ferner lehrt die Behandlung unendlicher geometrischer Reihen, dass alsdann *

$$1 + \frac{1}{2^2} + \frac{1}{2^4} + \ldots = \frac{1}{1-\frac{1}{2^2}} = \frac{1}{1-\frac{1}{4}} = \frac{4}{3},$$

somit also, da obige Beziehung für jedes, also auch für ein unendliches n gilt:

$$\frac{sin\,A}{a} > 1 - \tfrac{1}{6}\cdot\tfrac{4}{3}a^2 = 1 - \frac{1}{2.3}a^2,$$

d. h. $$sin\,A > a - \frac{1}{2.3}a^3. \qquad (b)$$

Ganz eben so ist natürlich:

$$sin\frac{A}{2} > \tfrac{1}{2}a - \frac{1}{2.3}\cdot\frac{1}{2^3}a^3,\ sin\frac{A}{4} > \tfrac{1}{4}a - \frac{1}{2.3}\cdot\frac{1}{4^3}a^3,$$

also auch

$$sin^2\frac{A}{4} > \tfrac{1}{16}a^2 - \frac{1}{2.2.3.4^3}a^4 + \frac{1}{2^2.3^2.4^6}a^6,$$

d. h. (da $2.2.4^3 = 2^8$) auch

$$sin^2\frac{A}{4} > \tfrac{1}{16}a^2 - \frac{1}{3.2^8}a^4,$$

---

* Ist $1 + \frac{1}{m} + \frac{1}{m^2} + \ldots$ eine unendliche Reihe, für die $m > 1$, so ist ihre Summe $= \dfrac{1}{1-\frac{1}{m}} = \dfrac{m}{m-1}$. Denn betrachtet man zuerst die endliche Reihe $1 + \frac{1}{m} + \frac{1}{m^2} + \ldots + \frac{1}{m^n}$, so ist deren Summe $= \dfrac{1-\frac{1}{m^{n+1}}}{1-\frac{1}{m}}$ und wenn man hier n unendlich werden lässt, wodurch die endliche Reihe zur unendlichen wird, so wird $\frac{1}{m^{n+1}}$, wenn $m > 1$, unendlich klein, d. h. verschwindet, und es ist also die Summe $= \dfrac{1}{1-\frac{1}{m}}.$

Dienger, Trigonometrie.

mithin

$$4\sin\frac{A}{2}\sin^2\frac{A}{4} > 4 \cdot (\tfrac{1}{2}a - \tfrac{1}{3.2^3}a^3)(\tfrac{1}{16}a^2 - \tfrac{1}{3.2^5}a^4),$$

d. h.

$$4\sin\frac{A}{2}\sin^2\frac{A}{4} > \tfrac{1}{8}a^3 - \tfrac{1}{2^7}a^5 + \tfrac{1}{9}\tfrac{1}{2^{10}}a^7,$$

also gewiss auch

$$4\sin\frac{A}{2}\sin^2\frac{A}{4} > \tfrac{1}{2^3}a^3 - \tfrac{1}{2^7}a^5,$$

mithin

$$\sin A < 2\sin\frac{A}{2} - \tfrac{1}{2^3}a^3 + \tfrac{1}{2^7}a^5.$$

Eben so:

$$\sin\frac{A}{2} < 2\sin\frac{A}{4} - \tfrac{1}{2^6}a^3 + \tfrac{1}{2^{13}}a^5,$$

$$\sin\frac{A}{4} < 2\sin\frac{A}{8} - \tfrac{1}{2^9}a^3 + \tfrac{1}{2^{17}}a^5,$$

$$\ldots\ldots$$

$$\sin\frac{A}{2^{n-1}} < 2\sin\frac{A}{2^n} - \tfrac{1}{2^{3n}}a^3 + \tfrac{1}{2^{4n+3}}a^5.$$

Dasselbe Verfahren wie oben gibt hieraus:

$$\sin A < 2^n \sin\frac{A}{2^n} - \tfrac{1}{2^3}a^3\left(1 + \tfrac{1}{2^2} + \tfrac{1}{2^4} + \ldots + \tfrac{1}{2^{2n-2}}\right)$$
$$+ \tfrac{1}{2^7}a^5\left(1 + \tfrac{1}{2^4} + \tfrac{1}{2^8} + \ldots + \tfrac{1}{2^{4n-4}}\right).$$

Dividirt man wieder durch a und lässt $n = \infty$ werden, so hat man:

$$\frac{\sin A}{a} < 1 - \tfrac{1}{2^3}a^2 \left[\frac{1}{1-\tfrac{1}{2^2}}\right] + \tfrac{1}{2^7}a^4 \left[\frac{1}{1-\tfrac{1}{2^4}}\right]$$

$$< 1 - \frac{4}{3.2^3}a^2 + \frac{16}{2^7.15}a^4$$

$$< 1 - \frac{1}{2.3}a^2 + \frac{1}{2.3.4.5}a^4,$$

$$\sin A < a - \frac{1}{2.3}a^3 + \frac{1}{2.3.4.5}a^5. \quad\quad\text{(c)}$$

Stellt man diese Ergebnisse zusammen, so hat man:

$$\left.\begin{aligned}
sin\,A &< a, \\
&> a - \frac{1}{2.3}a^3, \\
&< a - \frac{1}{2.3}a^3 + \frac{1}{2.3.4.5}a^5,
\end{aligned}\right\} \quad (27)$$

richtig für alle A von $0°$ bis $45°$, ja selbst bis $90°$, wie sich leicht zeigen lässt.

II. Man hat nun eben so:
$$cos\,A = 1 - 2\,sin^2\frac{A}{2};$$
aber nach (27)
$$sin\frac{A}{2} < \frac{a}{2},\; sin^2\frac{A}{2} < \frac{a^2}{4},$$
also
$$cos\,A > 1 - \tfrac{1}{2}a^2. \quad (a')$$

Ferner nach (27)
$$sin\frac{A}{2} > \frac{a}{2} - \frac{1}{2.3.2^3}a^3,\; sin^2\frac{A}{2} > \frac{a^2}{4} - \frac{1}{3.2^4}a^4$$
$$+ \frac{1}{9}\cdot\frac{1}{2^8}a^6,\; sin^2\frac{A}{2} > \tfrac{1}{4}a^2 - \frac{1}{3.2^4}a^4,$$
mithin
$$cos\,A < 1 - \tfrac{1}{2}a^2 + \frac{1}{2.3.4}a^4. \quad (b')$$

Also
$$\left.\begin{aligned}
cos\,A &< 1 \\
&> 1 - \tfrac{1}{2}a^2, \\
&< 1 - \tfrac{1}{2}a^2 + \frac{1}{2.3.4}a^4.
\end{aligned}\right\} \quad (28)$$

Die höhere Mathematik setzt diese Beziehungen in leichter Weise weiter fort. (Vergleiche meine Differential- und Integral-Rechnung, S. 210.) Dass man die Formeln (27) und (28) zur Berechnung von $sin\,A$ und $cos\,A$ benützen kann, ist leicht einzusehen. Setzt man etwa

$$sin\,A = a - \frac{1}{2.3}a^3,$$

so sagt die Formel (27), dass dieser Werth zu klein, der Fehler aber nicht $\frac{1}{2.3.4.5} a^5$ sei.

III. Es geht ferner aus diesen Beziehungen hervor, mit welchem Rechte man für kleine A etwa

$$sin\, A = a, \text{ oder } sin\, A = a - \tfrac{1}{6}a^3,$$
$$cos\, A = 1, \text{ oder } cos\, A = 1 - \tfrac{1}{2}a^2$$

setzen darf, d. h. welches die oberste Gränze des begangenen Fehlers ist.

Da, wie man leicht findet:

für $A = 29'$ noch $\tfrac{1}{6}a^3 < 0{\cdot}0000001$,
„ $A = 5°56'32''$ „ $\tfrac{1}{120}a^5 < 0{\cdot}0000001$,
„ $A = 1'32''$ „ $\tfrac{1}{2}a^2 < 0{\cdot}0000001$,
„ $A = 2°15'18''$ „ $\tfrac{1}{24}a^4 < 0{\cdot}0000001$ *

---

* Die Berechnung dieser Grössen ist die folgende. Sey $A = \frac{180°}{n} = \frac{180.60.60''}{n}$, so ist $a = \frac{\pi}{n}$, und man setze:

$$\frac{1}{6}\left(\frac{\pi}{n}\right)^3 = 0{\cdot}0000001, \quad n = \frac{\pi}{\sqrt[3]{0{\cdot}0000006}}, \quad log\, n = 2{\cdot}5710994,$$

so ist $log\, \frac{180.60.60}{n} = 3{.}2404756$, $\frac{180.60.60''}{n} = 1739{\cdot}7'' = 28'59{\cdot}7''$, also nahe $29'$.

$$\frac{1}{120}\left(\frac{\pi}{n}\right)^5 = 0{\cdot}0000001, \quad n = \frac{\pi}{\sqrt[5]{0{\cdot}0000120}}, \quad log\, n = 1{\cdot}4813136,$$

$log\, \frac{180.60.60}{n} = 4{\cdot}3302614$, $\frac{180.60.60''}{n} = 21392'' = 5°56'32''$, nahe $6°$.

$$\frac{1}{2}\left(\frac{\pi}{n}\right)^2 = 0{\cdot}0000001, \quad n = \frac{\pi}{\sqrt{0{\cdot}0000002}}, \quad log\, n = 3{\cdot}8466348,$$

$log\, \frac{180.60.60}{n} = 1{\cdot}9649401$, $\frac{180.60.60''}{n} = 92'' = 1'32''$,

$$\frac{1}{24}\left(\frac{\pi}{n}\right)^4 = 0{\cdot}0000001, \quad n = \frac{\pi}{\sqrt[4]{0{\cdot}0000024}}, \quad log\, n = 1{\cdot}9020971,$$

$log\, \frac{180.60.60}{n} = 3{\cdot}9094779$, $\frac{180.60.60''}{n} = 8118'' = 2°15'18''$.

so kann man also, ohne einen Fehler in der siebenten Dezimalstelle fürchten zu dürfen

bis $A = 1'32''$ setzen $\cos A = 1$,
„ $A = 29'$ „ $\sin A = a$,
„ $A = 2°15'18''$ „ $\cos A = 1 - \frac{1}{2}a^2$,
„ $A = 5°56'32''$ „ $\sin A = a - \frac{1}{6}a^3 = a(1 - \frac{1}{6}a^2)$.

Diese letzten Beziehungen sind natürlich schon an und für sich von grossem Interesse und wir werden später auch Gebrauch davon zu machen Gelegenheit haben. Wir wollen nun zunächst für eine Reihe von Winkeln die trigonometrischen Funktionen aus den Tafeln bestimmen, und umgekehrt die Winkel aus den gegebenen trigonometrischen Funktionen.

§. 21.
Die trigonometrischen Funktionen zu finden bei gegebenem Winkel.

1) Zu suchen

$log\,sin\,54°13'19{\cdot}7''$.
$log\,sin\,54°13'10'' = 9{\cdot}9091613$
$\quad 9{\cdot}7.15{\cdot}2 = \quad\quad 147$
$log\,sin\,54°13'19{\cdot}7'' = \overline{9{\cdot}9091760}$.

$log\,cos\,74°57'26{\cdot}9''$.
$log\,cos\,74°57'20'' = 9{\cdot}4142515$
$\quad 6{\cdot}9.78{\cdot}3 = \quad\quad 540$
$log\,cos\,74°57'26{\cdot}9'' = \overline{9{\cdot}4141975}$.

$log\,tg\,30°50'27{\cdot}6''$.
$log\,tg\,30°50'20'' = 9{\cdot}7760034$
$\quad 7{\cdot}6.47{\cdot}8 = \quad\quad 363$
$log\,tg\,30°50'27{\cdot}6'' = \overline{9{\cdot}7760397}$.

$log\,cotg\,86°32'24{\cdot}5''$.
$log\,cotg\,86°32'20'' = 8{\cdot}7816216$
$\quad 4{\cdot}5.349{\cdot}5 = \quad\quad 1573$
$log\,cotg\,86°32'24{\cdot}5'' = \overline{8{\cdot}7814643}$

2) Es sollen die vier trigonometrischen Funktionen von $102°22'56{\cdot}8''$ gesucht werden. Nach §. 10 kann diess in doppelter Weise geschehen, indem

54 Die trigonometrischen Funktionen zu finden bei gegebenem Winkel.

$$102°22'56{\cdot}8'' = 90° + 12°22'56{\cdot}8'' = 180° - 77°37'3{\cdot}2''$$

$$\begin{aligned}
\log \cos\ 12°22'50'' &= 9{\cdot}9897812 \\
6{\cdot}8.4{\cdot}7 &= \underline{-32} \\
\log \sin 102°22'56{\cdot}8'' &= 9{\cdot}9807780
\end{aligned}$$

$$\begin{aligned}
\log \sin\ 77°37' &= 9{\cdot}9897766 \\
3{\cdot}2.4{\cdot}6 &= \underline{+14} \\
\log \sin 102°22'56{\cdot}8'' &= 9{\cdot}9897780
\end{aligned}$$

$$\begin{aligned}
\log \sin\ 12°22'50'' &= 9{\cdot}3312326 \\
6{\cdot}8.95{\cdot}9 &= \underline{+652} \\
\log \cos 102°22'56{\cdot}8'' &= 9{\cdot}3312978\ (-)\ *
\end{aligned}$$

$$\begin{aligned}
\log \cos\ 77°37' &= 9{\cdot}3313285 \\
3{\cdot}2.95{\cdot}9 &= \underline{-307} \\
\log \cos 102°22'56{\cdot}8'' &= 9{\cdot}3312978\ (-)
\end{aligned}$$

$$\begin{aligned}
\log \cot g\ 12°22'50'' &= 0{\cdot}6585486 \\
6{\cdot}8.100{\cdot}5 &= \underline{-683} \\
\log \cot g\ 102°22'56{\cdot}8'' &= 0{\cdot}6584803\ (-)
\end{aligned}$$

$$\begin{aligned}
\log tg\ 77°37' &= 0{\cdot}6584481 \\
3{\cdot}2.100{\cdot}5 &= \underline{+322} \\
\log tg\ 102°22'56{\cdot}8'' &= 0{\cdot}6584803\ (-)
\end{aligned}$$

$$\begin{aligned}
\log tg\ 12°22'50'' &= 8{\cdot}3414514 \\
6{\cdot}8.100{\cdot}5 &= \underline{+683} \\
\log \cot g\ 102°22'56{\cdot}8'' &= 9{\cdot}3415197\ (-)
\end{aligned}$$

$$\begin{aligned}
\log \cot g\ 77°37' &= 9{\cdot}3415519 \\
3{\cdot}2.100{\cdot}5 &= \underline{-322} \\
\log \cot g\ 102°22'56{\cdot}8'' &= 9{\cdot}3415197\ (-).
\end{aligned}$$

3) Die vier trigonometrischen Funktionen von $196°13'$ zu suchen.

$$196°13' = 180° + 16°13' = 270° - 73°47'.$$

---

* Das zugefügte Zeichen (—) bedeutet, dass $\cos 102°25'56{\cdot}8''$ negativ ist; ähnliche Bedeutung kommt demselben Zeichen in den folgenden Fällen zu.

Die trigonometrischen Funktionen zu finden bei gegebenem Winkel.   55

$$\begin{aligned}
\underline{log\,sin\quad 16°13' = 9·4460250}\\
\underline{log\,sin\ 196°13' = 9·4460250\ (-)}\\
\underline{log\,cos\quad 73°47' = 9·4460250}\\
\underline{log\,sin\ 196°13' = 9·4460250\ (-)}\\
\underline{log\,cos\quad 16°13' = 9·9823674}\\
\underline{log\,cos\ 196°13' = 9·9823674\ (-)}\\
\underline{log\,sin\quad 73°47' = 9·9823674}\\
\underline{log\,cos\ 196°13' = 9·9823674\ (-)}\\
\underline{log\,tg\quad 16°13' = 9·4636576}\\
\underline{log\,tg\ 196°13' = 9·4636576\ (+)}\\
\underline{log\,cotg\ 73°47' = 9·4636576}\\
\underline{log\,tg\ 196°13' = 9·4636576\ (+)}\\
\underline{log\,cotg\ 16°13' = 0·5363424}\\
\underline{log\,cotg\,196°13' = 0·5363424\ (+)}\\
\underline{log\,tg\quad 73°47' = 0·5363424}\\
\underline{log\,cotg\,196°13' = 0·5363424\ (+).}
\end{aligned}$$

4) Die vier trigonometrischen Funktionen von $300°47'25''$ zu finden.

$$300°47'25'' = 270° + 30°47'25'' = 360° - 59°12'35''.$$

$$\begin{aligned}
log\,cos\quad 30°47'20'' &= 9·9340231\\
5.12·6\quad &= \underline{\quad -63}\\
log\,sin\ \ 300°47'25'' &= 9·9340168\ (-)
\end{aligned}$$

$$\begin{aligned}
log\,sin\quad 59°12'30'' &= 9·9340105\\
5.12·6\quad &= \underline{\quad +63}\\
log\,sin\ \ 300°47'25'' &= 9·9340168\ (-)
\end{aligned}$$

$$\begin{aligned}
log\,sin\quad 30°47'20'' &= 9·7091650\\
5·35·3\quad &= \underline{\quad +176}\\
log\,cos\ \ 300°47'25'' &= 9·7091826
\end{aligned}$$

$$\begin{aligned}
log\,cos\quad 59°12'30'' &= 9·7092003\\
5.35·3\quad &= \underline{\quad -176}\\
log\,cos\ \ 300°47'25'' &= 9·7091827
\end{aligned}$$

$$\begin{aligned}
log\,cotg\ 30°47'20'' &= 0·2248581\\
5·47·9\quad &= \underline{\quad -239}\\
log\,tg\ \ 300°47'25'' &= 0·2248342\ (-)
\end{aligned}$$

$\log tg \quad 59°12'30'' = 0\cdot2248102$
$\qquad\quad 5.47\cdot9 \;\;= \quad +239$
$\log tg \quad 300°47'25'' = \overline{0\cdot2248341}\;(-)$

$\log tg \quad 30°47'20'' = 9\cdot7751419$
$\qquad\quad 5.47\cdot9 \;\;= \quad +239$
$\log cotg\, 300°47'25'' = \overline{9\cdot7751658}\;(-)$

$\log cotg \quad 59°12'30'' = 9\cdot7751898$
$\qquad\quad 5.47\cdot9 \;\;= \quad -239$
$\log cotg\, 300°47'25'' = \overline{9\cdot7751659}\;(-)$

Obige Beispiele umfassen alle vier Quadranten. Ist ein Winkel über 360°, so lässt man von ihm so viele Male 360° weg, als diess möglich ist (§. 10) und sucht vom Rest die trigonometrische Funktion. Zur Uebung legen wir vor:

$\log \cos 571°41'48\cdot8'' = 9\cdot9298478\;(-)$,
$\log cotg\,(-1083°37'49\cdot1'') = 1\cdot1975978\;(-)$,
$\log \sin 785°24'10'' = 9\cdot9586863$,
$\log \sin (-933°0'40\cdot1'') = 9\cdot7362387$,
$\log cotg\,907°19'26'' = 0\cdot8910065$,
$\log \cos (-1586°18'35\cdot7'') = 9\cdot9201496\;(-)$,
$\log \sin 686°11'48\cdot8'' = 9\cdot7453409\;(-)$,
$\log tg\,(-566°33'54\cdot2'') = 9\cdot6989700\;(-)$,
$\log tg\,939°37'40'' = 9\cdot9180770$,
$\log \sin (-842°54'4\cdot6'') = 9\cdot9240764\;(-)$,
$\log \cos 1325°47'32\cdot1'' = 9\cdot6128330\;(-)$,
$\log \cos (-974°46'26\cdot9'') = 9\cdot4198355\;(-)$.

§. 22.
Den Winkel zu finden bei gegebener trigonometrischer Funkiton.

Ist nun umgekehrt der Logarithmus einer trigonometrischen Funktion eines Winkels gegeben, so kann letzterer den Tafeln entnommen werden, vorausgesetzt, dass man zuvor wisse, in welchem der vier Quadranten der Winkel liege. Dazu genügt es (§. 10) die Vorzeichen von Sinus und Cosinus, oder von Sinus und Tangente zu kennen, welch letzteres offenbar auf das erste zurückkommt.

Die im ersten Quadranten liegenden Winkel können aus den

Tafeln ganz unmittelbar entnommen werden; liegt der Winkel im zweiten Quadranten, so sucht man den Winkel im ersten Quadranten, der dieselbe trigonometrische Funktion hat, und subtrahirt ihn von 180°; läge der Winkel im dritten Quadranten, so hätte man jenen Winkel des ersten Quadranten zu 180° zu addiren; endlich müsste er von 360° abgezogen werden, wenn der Winkel im vierten Quadranten liegen würde.

Dass man hier nicht über die vier Quadranten hinausgehen wird, ist klar, da ein Zu- oder Abzählen von 360° ganz beliebig gestattet ist (§. 10).

Wir wollen nun wieder einige Beispiele als Muster aufstellen

1) $log\,sin\,x = 9{\cdot}7362387\,(+)$, $cos\,x$ ebenfalls positiv.

$$log\,sin\,x = 9{\cdot}7362384$$
$$log\,sin\,33°0'40'' = \underline{9{\cdot}7362384}$$
$$3$$

$\dfrac{32{\cdot}4}{3} = 0{\cdot}09$,* $x = 33°0'40{\cdot}09''$.

2) $log\,cotg\,x = 0{\cdot}1317658\,(+)$, $sin\,x$ ebenfalls positiv.

$$log\,cotg\,x = 0{\cdot}1317658$$
$$log\,cotg\,36°26'20'' = \underline{0{\cdot}1317602}$$
$$56$$

$\dfrac{56}{44{\cdot}1} = 1{\cdot}27$ $\quad\begin{array}{r} 36°26'20'' \\ -1{\cdot}27 \\ \hline x = 36°26'18{\cdot}73'' \end{array}$

3) $log\,tg\,x = 0{\cdot}3176782\,(-)$, $sin\,x$ positiv.

$$log\,tg\,x = 0{\cdot}3176782$$
$$log\,tg\,64°18'10'' = \underline{0{\cdot}3176674}$$
$$108$$

$\dfrac{108}{53{\cdot}8} = 2{\cdot}00$ $\quad\begin{array}{r} 179°59'60'' \\ -641812 \\ \hline x = 115°41'48'' \end{array}$

---

* Diese Division kann in den meisten Tafeln vermieden werden mit Hilfe der gewöhnlich P. P. überschriebenen Spalte.

4) $\log \sin x = 9{\cdot}7958800\ (-)$, $\cos x$ negativ.

$$\log \sin x = 9{\cdot}7958800$$
$$\log \sin 38°40'50'' = \underline{9{\cdot}7958646}$$
$$154$$

$$\frac{154}{26{\cdot}3} = 5{\cdot}85 \qquad \begin{array}{r} 180° \\ +\ 38°40'55{\cdot}85'' \\ \hline x = 218°40'55{\cdot}85'' \end{array}.$$

5) $\log tg\, x = 9{\cdot}7408015\ (-)$, $\sin x$ ebenfalls negativ.

$$\log tg\, x = 9{\cdot}7408015$$
$$\log tg\, 28°50' = \underline{9{\cdot}7407672}$$
$$343$$

$$\frac{343}{49{\cdot}8} = 6{\cdot}88 \qquad \begin{array}{r} 359°59'60'' \\ -\ 28°50'\ \ 6{\cdot}88'' \\ \hline x = 331°\ \ 9'53{\cdot}12'' \end{array}.$$

6) $\log cotg\, x = 1{\cdot}1976009\ (+)$, $\sin x$ negativ.

$$\log cotg\, x = 1{\cdot}1976009$$
$$\log cotg\, 3°37'50'' = \underline{1{\cdot}1975677}$$
$$332$$

$$\frac{332}{333{\cdot}4} = 0{\cdot}99 \qquad \begin{array}{r} 3°37'50'' \\ -\ 0{\cdot}99'' \\ \hline 3°37'49{\cdot}01'' \end{array} \qquad \begin{array}{r} 180° \\ 3°37'49{\cdot}01'' \\ \hline x = 183°37'49{\cdot}01'' \end{array}.$$

7) $\log \cos x = 9{\cdot}9201496\ (-)$, $\sin x$ positiv.

$$\log \cos x = 9{\cdot}9201496$$
$$\log \cos 33°41'30'' = \underline{9{\cdot}9201415}$$
$$81$$

$$\frac{81}{14} = 5{\cdot}78 \qquad \begin{array}{r} 33°41'30'' \\ -\ 5{\cdot}78'' \\ \hline 33°41'24{\cdot}22'' \end{array} \qquad \begin{array}{r} 179°59'60'' \\ -\ 33°41'24{\cdot}22'' \\ \hline x = 146°18'35{\cdot}78'' \end{array}.$$

Zur Uebung legen wir noch vor:

$\log tg\, x = 9{\cdot}6989700\,(+)$, $\sin x$ negativ, $x = 206°33'54{\cdot}2''$,
$\log \cos x = 9{\cdot}6956033\,(-)$, $\sin x$ positiv, $x = 119°44'41{\cdot}6''$,
$\log cotg\, x = 9{\cdot}8750611\,(-)$, $\sin x$ positiv, $x = 126°52'11{\cdot}6''$,
$\log \sin x = 9{\cdot}9240764\,(-)$, $\cos z$ positiv, $x = 302°54'4{\cdot}6''$,
$\log tg\, x = 0{\cdot}2649570\,(+)$, $\sin x$ negativ, $x = 241°29'4{\cdot}5''$,
$\log \sin x = 9{\cdot}7953500\,(+)$, $\cos x$ positiv, $x = 38°37'34{\cdot}5''$,

$log\, cos\, x = 9{\cdot}4153355\,(-)$, $sin\, x$ negativ, $x = 254°46'26{\cdot}9''$,
$log\, cotg\, x = 0{\cdot}1368230\,(-)$, $cos\, x$ positiv, $x = 323°52'47''$.

Es versteht sich von selbst, dass wenn zwei trigonometrische Funktionen desselben Winkels etwa gegeben wären, dieselben den in §§. 3 und 4 aufgestellten Beziehungen genügen müssen.

§. 23.
Beispiele wirklicher Berechnungen.

In den Anwendungen liegt die Aufgabe gewöhnlich so, dass man die trigonometrischen Funktionen in grössere Ausdrücke mit verflochten erhält und nun aus diesen Ausdrücken vermittelst logarithmischer Rechnung gewisse unbekannte Grössen suchen muss. Wir wollen diess an einigen Beispielen erläutern, die zugleich statt allgemeiner Darlegung dienen sollen.

1) $\quad x = 2113{\cdot}4 \cdot \dfrac{sin\, 70°34'17''}{sin\, 42°28'59{\cdot}7''}$.

$log\, 2113{\cdot}4 = 3{\cdot}3249817$
$log\, sin\, 70°34'17'' = 9{\cdot}9745378$
$E.\, log\, sin\, 42°28'59{\cdot}7'' = 0{\cdot}1704553\,{}^{*}$ $\quad x = 2951{\cdot}04$.
$\overline{log\, x = 3{\cdot}4699748}$.

2) $\quad x = 6500 \cdot \dfrac{sin\, 24°8'45''}{cos\, 31°49'50''\,.\,cos\, 34°1'25''}$.

$log\, 6500 = 3{\cdot}8129134$
$log\, sin\, 24°8'45'' = 9{\cdot}6117876$
$E.\, log\, cos\, 31°49'50'' = 0{\cdot}0707796$ $\quad x = 3775{\cdot}96$.
$E.\, log\, cos\, 34°\, 1'25'' = 0{\cdot}0815465$
$\overline{log\, x = 3{\cdot}5770271}$.

---

* Das Vorzeichen E bedeutet die dekadische Ergänzung, die man erhält, wenn man den betreffenden Logarithmus von 10 abzieht. Handelt es sich dabei um den Logarithmus einer trigonometrischen Funktion, der in den Tafeln um 10 zu gross ist, so addirt man einfach die betreffende dekadische Ergänzung, statt den eigentlichen Logarithmus zu subtrahiren. Es ist nämlich

$log\, x = log\, 2113{\cdot}4 + log\, sin\, 70°34'17'' - log\, sin\, 42°28'59{\cdot}7''$
$\quad = 3{\cdot}3249817 + 9{\cdot}9745378 - 10 - (9{\cdot}8295447 - 10)$
$\quad = 3{\cdot}3249817 + 9{\cdot}9745378 + 0{\cdot}1704553 - 10$,

was auf das im Texte Angegebene hinausläuft, da dort in der Summe 10 weggelassen wurde.

Beispiele wirklicher Berechnungen.

3) $\sin x = 2 \cdot \dfrac{\sqrt{720}}{64}$.

$\log 2 = 0{\cdot}3010300$
$\frac{1}{2}\log 720 = 1{\cdot}4286662$
$E.\log 64 = 8{\cdot}1938200$* $x = 56^\circ 59' 5{\cdot}0''$.
$\log \sin x = \overline{9{\cdot}9235162}$.

4) $tg\, x = \dfrac{8227{\cdot}32 \sin 38^\circ 37' 38{\cdot}3''}{7014{\cdot}23 \sin 52^\circ 44' 22{\cdot}2''}$.

$\log 8227{\cdot}32 = 3{\cdot}9152584$
$\log \sin 38^\circ 37' 38{\cdot}3'' = 9{\cdot}7953600$
$E.\log 7014{\cdot}23 = 6{\cdot}1540200$ $x = 42^\circ 36' 49{\cdot}9''$.
$E.\log \sin 52^\circ 44' 22{\cdot}2'' = 0{\cdot}0991464$
$\log tg\, x = \overline{9{\cdot}9637848}$.

5) $\cotg x = \dfrac{51612{\cdot}06}{9389{\cdot}28} \cdot \dfrac{1}{tg\, 35^\circ 23' 6''}$.

$\log 51612{\cdot}06 = 4{\cdot}7127512$
$E.\log 9389{\cdot}29 = 6{\cdot}0273676$
$E.\log tg\, 35^\circ 23' 6'' = 0{\cdot}1485771$ $x = 7^\circ 21' 45{\cdot}1''$.
$\log \cotg x = \overline{10{\cdot}8886959}$.

6) $tg\, x = -\dfrac{tg\, 11^\circ 39' 52{\cdot}1''}{tg\, 56^\circ 24' 4{\cdot}5''}$.

$\log tg\, 11^\circ 39' 52{\cdot}1'' = 9{\cdot}3148011$
$E.\log tg\, 56^\circ 24' 4{\cdot}5''$** $= 9{\cdot}8224081 - 10$, $x = 172^\circ 11' 25{\cdot}4''$.
$\log tg\, x = \overline{9{\cdot}1372092\ (-)}$.

7) $tg\, x = \sqrt{\dfrac{\sin 5^\circ 23' 24'' \cdot \sin 66^\circ 51' 2}{\sin 115^\circ 41' 44'' \cdot \sin 43^\circ 27' 18''}}$.

---

* Man hat hier

$\log \sin x = \log 2 + \frac{1}{2} \log 270 - \log 64$
$= 0{\cdot}3010300 + 1{\cdot}428662 - 1{\cdot}8061800$
$= 0{\cdot}3010300 + 1{\cdot}428662 + 10 - 1{\cdot}8061800 - 10$
$= 0{\cdot}3010300 + 1{\cdot}428662 + 8{\cdot}1938200 - 10$,

so dass man, statt den Logarithmus einer Zahl zu subtrahiren, dessen dekadische Ergänzung addirt, wodurch aber die Summe um 10 zu gross wird.

** Da $\log tg\, 56^\circ 24' 4{\cdot}5'' = 10{\cdot}1775919$, so wird man zuerst 10 abziehen, was durch -10 angedeutet ist, und dann die dekadische Ergänzung von $0{\cdot}1775919$ addiren. Steht in den Tafeln bloss $\log tg\, 56^\circ 24' 4{\cdot}5'' = 0{\cdot}1775919$, so wird man also die dekadische Ergänzung dieses Logarithmus addiren und dann 10 in der Summe weglassen.

Beispiele wirklicher Berechnungen.

$$\log \sin 5°23'24'' = 8{\cdot}9728253$$
$$\log \sin 66°51'2'' = 9{\cdot}9635435$$
$$E.\log \sin 115°41'44'' = 0{\cdot}0452217 \quad x = 20°28'14{\cdot}9''.$$
$$E.\log \sin 43°27'18'' = 0{\cdot}1625475$$
$$\overline{19{\cdot}1441380}$$

dividirt durch $2: 9{\cdot}5720690 = \log \operatorname{tg} x$.

8) $x = 857 \sin 102°22'56{\cdot}8'' + 1098 \cos 210°1'26{\cdot}8''.$

$$\log 857 = 2{\cdot}9329808$$
$$\log \sin 102°22'56{\cdot}8'' = 9{\cdot}9897780 \qquad 857 \sin 102°22'56{\cdot}8''$$
$$= \overline{2{\cdot}9227588} \qquad\qquad\qquad = 837{\cdot}064$$
$$\log 1098 = 3{\cdot}0406023,$$
$$\log \cos 210°1'26{\cdot}8'' = 9{\cdot}9374251 \; (-)$$
$$\overline{2{\cdot}9780274} \; (-)$$
$$1098 \cos 210°1'26{\cdot}8'' = -950{\cdot}665$$
$$x = -\overline{113{\cdot}601}.$$

9) $\operatorname{tg} x = \dfrac{\cos 24°10'8'' \cot 64°58'59{\cdot}5''}{\cos 115°57'48''}.$

$$\log \cos 24°10'8'' = 9{\cdot}9601579$$
$$\log \cot 64°58'59{\cdot}5'' = 9{\cdot}6690051$$
$$E.\log \cos 115°57'48'' = 0{\cdot}3587283 \; (-) \qquad x = 135°47'55{\cdot}2''.$$
$$\log \operatorname{tg} x = \overline{9{\cdot}9878913} \; (-)$$

10) $\cot x = \dfrac{520 . \sin 23°25'}{312 . \sin 238°16' \sin 32°52'}.$

$$\log 520 = 2{\cdot}7160033$$
$$\log \sin 23°25' = 9{\cdot}5992441$$
$$E.\log 312 = 7{\cdot}5058454$$
$$E.\log \sin 238°16' = 0{\cdot}0703230 \; (-) \qquad x = 145°7'46{\cdot}8''.$$
$$E.\log \sin 32°52' = 0{\cdot}2654515$$
$$\log \cot x = \overline{10{\cdot}1568673} \; (-)$$

11) $\sin x = -\dfrac{325{\cdot}54 \sin 68°42'}{415{\cdot}64}.$

$$\log 325{\cdot}54 = 2{\cdot}5126044$$
$$\log \sin 68°42' = 9{\cdot}9692720$$
$$E.\log 415{\cdot}64 = 7{\cdot}3812827 \qquad x = 226°51'47{\cdot}9''$$
$$\log \sin x = \overline{9{\cdot}8631591} \; (-).$$

Diese Beispiele mögen genügen. Wir haben in denselben jeweils für x den kleinsten positiven Winkel gewählt, der der Aufgabe genügt. Zur Ergänzung fügen wir die Untersuchung über diejenigen Winkel bei, welche dieselbe trigonometrische Funktion haben.

Allgemeine Bemerkungen über das Aufsuchen eines Winkels mittelst einer einzigen trigonometrischen Funktion.

1) Sey bloss gegeben:
$$sin\, x = a$$
und a positiv, so wird man für x einen zwischen 0 und 90° liegenden Winkel erhalten; derselben Gleichung genügt aber auch der Winkel 180 − x (§. 10), so wie alle Winkel, die man durch Zu- oder Abzählen von 360° aus diesen zweien erhält; so dass x, 180°−x, n.360°+x, n.360°+180°−x, x−n.360°, 180°−x−n.360°, wenn n = 1, 2, ... ist, alle möglichen Winkel sind, für die $sin\, x = a$ ist. So würden im Beispiel Nr. 3 für x erhalten werden können: 56°59′5″, 123°0′35″, 360°+56°59′5″, 2.360°+56°59′5″, ... 360°+123°0′55″, 2.360°+123°0′55″, ..., 123°0′55″ − 360°, 123°0′55″−2.360°,...., 56°59′5″−360°, 56°59′5″−2.360°,....

Ist a negativ, so erhält man für x einen zwischen 180° und 270° liegenden Werth, und alle Winkel, für welche $sin\, x = a$, wären:
$$x,\ 540°-x,\ n.360°+x,\ n.360°+540°-x,\ x-n.360°,$$
$$540°-x-n.360°.$$

Dass der Werth von a zwischen −1 und +1 liegen muss, versteht sich von selbst.

Wäre a = 0, so hätte man die Winkel:
$$0°,\ 180°,\ n.360°,\ n.360°+180°,\ -n.360°,\ -n.360°+180°.$$

2) Sey bloss gegeben:
$$cos\, x = a,$$
und a positiv, so erhält man einen zwischen 0 und 90° liegenden Winkel, und alle Winkel sind:
$$x,\ 360°-x,\ n.360°+x,\ n.360°+360°-x,\ x-n.360°,$$
$$360°-x-n.360°.$$

Ist a negativ, so erhält man einen zwischen 90° und 180° liegenden Winkel x, und alle Winkel, für welche $cos\, x = a$ ist, sind:

$$x, 360°-x, n.360°+x, n.360°+360°-x, x-n.360°,$$
$$360°-x-n.360°.$$

Für $a=0$ hat man die Winkel $90°, 270°, 90°+n.360°$ $270°+n.360°, 90°-n.360°, 270°-n.360°$.

Sey bloss gegeben:
$$tg\,x = a$$
und a positiv, so erhält man einen Winkel x zwischen 0 und $90°$, und alle möglichen sind:
$$x, n.180°+x, x-n.180°.$$

Für ein negatives a liegt x zwischen $90°$ und $180°$, die Winkel sind aber wie so eben bestimmt.

Für $a=0$ hat man $0, \pm n.180°$.

4) Sey endlich bloss gegeben:
$$cotg\,x = a,$$
so erhält man für ein positives a einen Winkel zwischen 0 und $90°$, für ein negatives zwischen $90°$ und $180°$; alle Winkel sind alsdann:
$$x, x+n.180°, x-n.180°.$$

Ist $a=0$, so hat man $90°, \pm n.180°+90°$.

§. 24.

Bestimmung einer trigonometrischen Funktion mittelst einer andern desselben Winkels.

Wir fügen schliesslich noch das Verfahren bei, nach welchem man aus den Tafeln, wenn man den Logarithmus einer trigonometrischen Funktion eines Winkels kennt, den einer andern Funktion desselben Winkels berechnen kann, ohne den Winkel selbst aufzuschlagen.

Sey x der urbekannte Winkel, X eine trigonometrische Funktion desselben (z. B. $sin\,x$), deren Logarithmus man kennt; ξ eine andere (z. B. $tg\,x$), deren Logarithmus man sucht.

In den Tafeln wird nun $log\,X$ nicht geradezu enthalten sein, so dass $log\,X'$ der nächst vorangehende, $log\,X''$ der nächstfolgende Werth ist (im Sinne wachsender Winkel); in denselben Horizontalreihen finden sich $log\,\xi', log\,\xi''$. Sind x', x'' die zu X', X'' (also auch ξ', ξ'') gehörigen Winkel, wo also $x' < x$, $x'' > x$, so ist (§. 19):

$$\frac{\log X'' - \log X'}{\log X - \log X'} = \frac{x'' - x'}{x - x'}, \quad \frac{\log \xi'' - \log \xi'}{\log \xi - \log \xi'} = \frac{x'' - x'}{x - x'},$$

also

$$\frac{\log \xi - \log \xi'}{\log \xi'' - \log \xi'} = \frac{\log X - \log X'}{\log X'' - \log X'},$$

$$\log \xi = \log \xi' + \frac{\log X - \log X'}{\log X'' - \log X'} (\log \xi'' - \log \xi').$$

Die Grössen zweiter Seite sind geradezu aus den Tafeln bekannt, so dass der Werth von $\log \xi$ ebenfalls bekannt ist.

Sey etwa gegeben $\log \sin x = 9{\cdot}9340281$, man soll $\log \cos x$, $\log tg\, x$, $\log cotg\, x$ berechnen, wobei angenommen ist, dass der Winkel im ersten Quadranten liegt.

1) $\log X' = 9{\cdot}9340231$, $\log X'' - \log X' = 125$, $\log \xi' = 9{\cdot}7091650$, $\log \xi'' - \log \xi' = -353$, $\log X - \log X' = 50$.

$$\log \cos x = 9{\cdot}7091650 - \frac{50}{125} \cdot 353 = 9{\cdot}7091509.$$

2) $\log \xi' = 10{\cdot}2248581$, $\log \xi'' - \log \xi' = 479$,

$$\log tg\, x = 10{\cdot}2248581 + \frac{50}{125} \cdot 479 = 10{\cdot}2248772.$$

3) $\log \xi' = 9{\cdot}7751419$, $\log \xi'' - \log \xi' = -479$,

$$\log cotg\, x = 9{\cdot}7751419 - \frac{50}{125} \cdot 479 = 9{\cdot}7751228.$$

Der Winkel ist übrigens $59° 12' 44''$.

Dritter Abschnitt.
Berechnung der Dreiecke, oder spezielle Trigonometrie.

§. 25.
Das rechtwinklige Dreieck.

Die nächste Anwendung der seither dargestellten Lehren ist die auf die Auflösung der Dreiecke. Die Geometrie lehrt, dass wenn gewisse Theile eines Dreiecks gegeben sind, die übrigen durch

Zeichnung daraus abgeleitet werden können; die Rechnung hat nun eben so nachzuweisen, wie durch dieselbe aus den gegebenen Stücken die unbekannten gefunden werden können. Wenn auch nicht gerade nothwendig, wollen wir doch zuerst das rechtwinklige Dreieck betrachten, da die in demselben vorkommenden Fälle so einfach sind, dass sie ganz wohl als erste Beispiele der Anwendung dienen können. Was die Bezeichnung anbelangt, so werden wir künftig immer die drei Winkel eines (beliebigen) Dreiecks mit A, B, C, die ihnen entgegen stehenden Seiten mit a, b, c bezeichnen. Für unsern Fall sey B der rechte Winkel. Wir haben nun folgende Fälle zu betrachten:

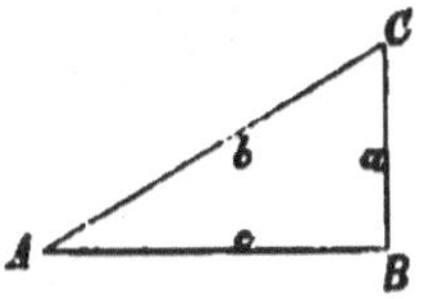

1) Es ist die Hypothenuse und ein spitzer Winkel des Dreiecks gegeben. Also bekannt sey b nebst A, so ist

Fig. 12.

$\frac{c}{b} = cos A$, $c = b \cos A$; $\frac{a}{b} = sin A$, $a = b \sin A$;

$C = 90° - A$.

Eben so wenn b und C bekannt wären:

$\frac{a}{b} = cos C$, $a = b \cos C$; $\frac{c}{b} = sin C$, $c = b \sin C$; $A = 90° - C$.

Als Beispiel wählen wir:

$b = 475·28$, $A = 54°28'$, also $C = 90° - 54°28' = 35°32'$.

$log\, b = 2·5769495$	$log\, b = 2·6769495$
$log\, cos A = 9·7643080$	$log\, sin A = 9·9105057$
$log\, c = 2·4412575$	$log\, a = 2·5874552$
$c = 276·221$	$a = 386·772$.

2) Es ist eine Kathete und ein Winkel gegeben.

$\frac{c}{b} = cos A$, $c = b \cos A$, $b = \frac{c}{\cos A}$; $\frac{a}{c} = tg A$, $a = c\, tg A$;

$C = 90° - A$.

$\frac{a}{b} = sin A$, $a = b \sin A$, $b = \frac{a}{\sin A}$; $\frac{c}{a} = cotg A$, $c = a\, cotg A$;

$C = 90° - A$.

$c = 312$, $A = 4°34'52·4''$, also $C = 85°25'7·6''$.

$$\log c = 2·4941546 \qquad \log c = 2·4941546$$
$$E.\log \cos A = \overline{0·0013897} \qquad \log tg A = 8·9037856$$
$$\log c = \overline{2·4955443} \qquad \log a = \overline{1·3979402}$$
$$b = 312·9999 \qquad a = 25·0000.$$

3) Es sind die beiden Katheten gegeben.

$$tg A = \frac{a}{c}, \; tg C = \frac{c}{a}, \; b = \sqrt{a^2 + c^2}, \text{ oder } \frac{a}{b} = \sin A, a = b \sin A, b = \frac{a}{\sin A}.$$

$c = 135·9$, $a = 205·893$.

$$\log a = 2·3136417 \quad \log c = 2·1332195 \quad \log a = 2·3136417$$
$$E \log c = \overline{7·8667805} \quad E \log a = \overline{7·6864583} \quad E \log \sin A = \overline{0·0785272}$$
$$\log tg A = \overline{10·7804222} \quad \log tg C = \overline{9·8195778} \quad \log b = \overline{2·3921689}$$
$$A = 56°34'23·2'' \quad C = 33°25'36·7'' \quad b = 246·699.$$

4) Es ist die Hypothenuse und eine Kathete gegeben.

$$\sin A = \frac{a}{b}, \; \cos C = \frac{a}{b}, \; c = \sqrt{b^2 - a^2} = \sqrt{(b+a)(b-a)}.$$

$$\cos A = \frac{c}{b}, \; \sin C = \frac{c}{b}, \; a = \sqrt{b^2 - c^2} = \sqrt{(b+c)(b-c)}.$$

Ist der Werth des Cosinus eines Winkels nahezu gleich 1, also der Winkel sehr klein, so kann man, da für kleine Winkel die Cosinus fast gleich sind, den Winkel selbst mittelst des Cosinus nicht genau bestimmen. Man hilft sich dann dadurch, dass man statt des Winkels seine Hälfte bestimmt.

So ist im ersten Falle

$$1 - \cos C = \frac{b-a}{b}, \text{ d. h. } 2\sin^2 \tfrac{1}{2} C = \frac{b-a}{b}, \; \sin \tfrac{1}{2} C = \sqrt{\frac{b-a}{2b}},$$

wo die Bestimmung nun genau ist.

$$a = 760, \; b = 761.$$

$$\log a = 2·8808136 \qquad \log(b+a) = 3·1821292$$
$$E \log b = \overline{7·1186153} \qquad \log(b-a) = 0.$$
$$\log \sin A = \overline{9·9994289} \qquad \overline{3·1821292}$$
$$A = 87°3'44·5'' \qquad \log c = 1·5910646$$
$$C = 2°56'15·5'' \qquad c = 39·000$$

$$\log(b-a) = 0{\cdot}0000000$$
$$E\log b = 7{.}1186153$$
$$E\log 2 = 9{\cdot}6989700$$
$$\overline{16{\cdot}8176853}$$
$$\log\sin\tfrac{1}{2}C = 8{\cdot}4087926$$
$$\tfrac{1}{2}C = 1°28'7{\cdot}68''$$
$$C = 2°56'15{\cdot}4'' \text{ (genauer).}$$

Als Beispiele zur Uebung mögen folgende Angaben dienen:
a = 308, c = 75, b = 317, A = 76°18′52″, C = 13°41′8″,
a = 204, c = 253, b = 325, A = 38°52′48·3″, C = 51°7′11·7″,
a = 48, c = 575, b = 577, A = 4°46′18·8″, C = 85°13′41·2″,
a = 240·501, c = 311·172, b = 393·28, A = 37°42′, C = 52°18′,
a = 136, c = 273, b = 305, A = 26°28′51·7″, C = 63°31′8·3″,
a = 109·032, c = 68·754, b = 128·9, A = 57°45′54″, C = 32°14′6″.

Die einfachste Anwendung dieser Sätze ist die auf die Höhenmessung. Ist BC ein senkrechter Gegenstand, und man misst AB nebst dem Winkel A, so kann man BC leicht berechnen.

§. 26.
Die regelmässigen Vielecke. Das gleichschenklige Dreieck.

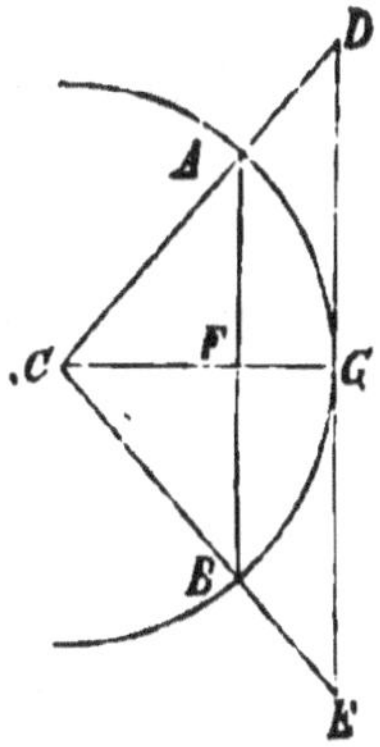

I. In §. 18 haben wir schon einmal die regelmässigen Vielecke im Kreis und die demselben umschriebenen betrachtet. Wir wollen nun hier die Formeln zusammenstellen, welche auf dieselben Bezug haben.

Sey AB die Seite eines regelmässigen Vielecks von n Seiten im Kreise, r der Halbmesser des Kreises; CG senkrecht auf AB, DE senkrecht auf CG, so ist DE die Seite des regelmässigen Vielecks von n Seiten, das dem Kreise umschrieben werden kann.

Fig. 13.

Bezeichnen wir nun die Seite AB mit s, die DE mit S, so ist $AF = \tfrac{1}{2}s$, $DG = \tfrac{1}{2}S$ und $ACB = \dfrac{360°}{n}$, $ACG = \dfrac{180°}{n}$, mithin da $CA = CG = r$:

$$\tfrac{1}{2}\frac{s}{r} = \sin\frac{180°}{n}, \; s = 2r\sin\frac{180°}{n}; \; \tfrac{1}{2}\frac{S}{r} = tg\frac{180°}{n}, \; S = 2r\,tg\frac{180°}{n},$$

vermittelst welcher Formeln s und S aus r berechnet werden. Umgekehrt folgt daraus:

$$r = \frac{s}{2\sin\frac{180°}{n}}, \; r = \frac{S}{2}cotg\frac{180°}{n},$$

wenn man r aus s oder S sucht. Man hat übrigens auch:

$$\frac{S}{s} = \frac{tg\frac{180°}{n}}{\sin\frac{180°}{n}} = \frac{1}{\cos\frac{180°}{n}}, \; s = S\cos\frac{180°}{n}, \; S = \frac{s}{\cos\frac{180°}{n}}.$$

Da $\quad \frac{CF}{r} = \cos\frac{180°}{n}, \; CF = r.\cos\frac{180°}{n},$

so ist die Fläche des Dreiecks ABC:

$$\tfrac{1}{2}s.r\cos\frac{180°}{n} = r^2\sin\frac{180°}{n}\cos\frac{180°}{n} = \tfrac{1}{2}r^2\sin\frac{360°}{n}.$$

[§. 16 Formel (19)];

ist also f die Fläche des regelmässigen nEcks im Kreis, so ist

$$f = \tfrac{1}{2}nr^2\sin\frac{360°}{n}.$$

Eben so ist die Fläche des Dreiecks DCE:

$$\tfrac{1}{2}Sr = r^2 tg\frac{180°}{n},$$

also wenn F die Fläche des um den Kreis beschriebenen Vielecks ist:

$$F = nr^2 tg\frac{180°}{n} \quad (\S. 18).$$

Umgekehrt zieht man hieraus:

$$r = \sqrt{\frac{2f}{n\sin\frac{360°}{n}}}, \; r = \sqrt{\frac{F}{n}cotg\frac{180°}{n}}.$$

Wollte man aus den Seiten s und S die Flächen erhalten, so hätte man:

$$f = \tfrac{1}{2}n.r^2 sin\frac{360°}{n} = \frac{\tfrac{1}{4}n.s^2}{4 sin^2\frac{180°}{n}} sin\frac{360°}{n} = \frac{n s^2 sin\frac{180°}{n} cos\frac{180°}{n}}{4 sin^2\frac{180°}{n}}$$

$$= \frac{n s^2}{4}. cotg\frac{180°}{n},$$

$$F = n.r^2 tg\frac{180°}{n} = n.\frac{S^2}{4} cotg^2\frac{180°}{n}.tg\frac{180°}{n} = \frac{n S^2}{4} cotg\frac{180°}{n},$$

woraus dann umgekehrt folgt:

$$s = \sqrt{\frac{4f}{n} tg\frac{180°}{n}},\; S = \sqrt{\frac{4F}{n} tg\frac{180°}{n}}.$$

Wie man überhaupt diese Formeln weiter verbinden kann, ist leicht zu übersehen. Sey z. B.

$f = 24127·94$, $n = 37$, $\frac{180°}{n} = 4°51'53·51''$, $\frac{360°}{n} = 9°43'47·02''$

$log f = 4·3825202$	$log f = 4·3825202$
$log 2 = 0·3010300$	$log 4 = 0·6020600$
$E.log n = 8·4317983$	
$E.log sin\frac{360°}{n} = 0·7721112$	$log tg\frac{180°}{n} = 8·9299934$
	$E log n = 8·4317983$
$3·8874597$	$2·3463719$
$log r = 1·9437298$	$log s = 1·1731859$
$r = 87·8475$	$s = 14·8998$.

11. Stellt ABC ein gleichschenkliges Dreieck vor, in welchem $AC = CB$, und man zieht CD senkrecht auf AB, so ist $AD = DB$, $ACD = BCD$ und man hat also zwei rechtwinklige Dreiecke. Sey nun $AC = CB = a$, $AB = c$, $A = B$, so ist

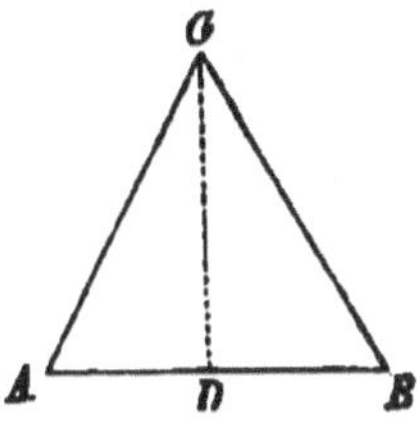

$AD = \tfrac{1}{2}c = AC cos A = a cos A$, $c = 2 a cos A$;
$AD = \tfrac{1}{2}c = AC sin\tfrac{1}{2}C = a sin\tfrac{1}{2}C$, $c = 2 a sin\tfrac{1}{2}C$.

Fig. 14.

Dass diese Auflösung ganz unmittelbar ihre Anwendung findet, wenn in einem Kreise eine Sehne gezogen wird und man die beiden Halbmesser an ihre Endpunkte zieht, ist klar. Ist in der vorhergehenden Figur 13 die Sehne $AB = s$, der Winkel $ACB = \alpha$, der Halbmesser $AC = r$, so ist also

$$s = 2r\sin\tfrac{1}{2}\alpha,\ r = \frac{s}{2\sin\tfrac{1}{2}\alpha};$$

die Fläche des Dreiecks ACB ist:

$$\frac{AB.CF}{2} = \frac{2r\sin\tfrac{1}{2}\alpha\,.\,r\cos\tfrac{1}{2}\alpha}{2} = \frac{r^2\sin\alpha}{2}.$$

Bezeichnet man die Länge des Bogens AB durch Bog. α, so ist also die Fläche des Abschnitts AFBG:

$$\tfrac{1}{2}r.\text{Bog.}\alpha - \frac{r^2\sin\alpha}{2}.$$

Sey z. B. $r = 824{\cdot}7$, $\alpha = 94°26'12'' = 339972''$ und

$$\text{Bog. }\alpha = \frac{2r\pi.339972}{360.60.60} = \frac{r\pi.339972}{180.60.60}.$$

$log\,r = 2{\cdot}9162960$ $\qquad log\,\text{Bog.}\alpha = 3{\cdot}1333141$

$log\,\pi = 0{\cdot}4971499$ $\qquad log\,r = 2{\cdot}9162960$

$log\,339972 = 5{\cdot}5314432$ $\qquad E.log\,2 = 9{\cdot}6989700$

$E\,log\,180.60.60 = 4{\cdot}1884250$ $\qquad\overline{5{\cdot}7485801}$

$log\,\text{Bog.}\alpha = 3{\cdot}1333141$ $\qquad \tfrac{1}{2}r\,\text{Bog.}\alpha = 560505{\cdot}5$

$log\,\sin\alpha = 9{\cdot}9986967$

$2\,log\,r = 5{\cdot}8325920$

$E\,log\,2 = 9{\cdot}6989700$

$\overline{5{\cdot}5302587}$

$\tfrac{1}{2}r^2\sin\alpha = 339046{\cdot}0$

Abschnitt $= 560505{\cdot}5 - 339046{\cdot}0 = 221459{\cdot}5$.

III. Eine hieher gehörende Aufgabe wäre etwa die folgende: Man kennt die Halbmesser R und r zweier Rollen, sowie den Abstand a ihrer Mittelpunkte und soll die Länge des Riemens berechnen, der über beide weggelegt, sie umschlingt.

Der Riemen ist gemeinschaftliche Tangente an beide Kreise. Seyen also C, c die Mittelpunkte der zwei Rollen; D, d die zwei Punkte, in denen die gemeinschaftliche Tangente die zwei Kreise berührt, so gibt es zwei andere Punkte D', d', die unterhalb Cc liegen, in derselben Weise, wie D und d oberhalb Cc (die Konstruktion der Figur ist sehr leicht und bleibt dem Leser überlassen). Seyen nun E, e die zwei Punkte, in denen die nach beiden Seiten verlängerte Cc die zwei Kreise trifft, so ist der halbe Riemen $= Dd + $ Bog. $de + $ Bog. DE. Nun ist aber der Winkel DCE (wenn $R > r$) ein stumpfer $= 180° - \alpha$ und man hat, wie leicht ersichtlich, $\alpha = dce$, und $\cos\alpha = \dfrac{R-r}{a}$, wodurch α bestimmt wird. Dann ist Bog. $de = $ Bog. $\alpha = \dfrac{2r\pi.\alpha}{360.60.60}$, Bog. $DE = \dfrac{2R\pi(180°-\alpha)}{360.60.60}$, wenn α und $180°-\alpha$ in Sekunden ausgedrückt werden. Ferner ist $Dd = \sqrt{a^2 - (R-r)^2}$, also ist die Länge des Riemens =

Erster Hauptsatz der Trigonometrie. 71

$$2\sqrt{a^2-(R-r)^2}+\frac{4r\pi\alpha}{360.60.60}+\frac{4R\pi(180°-\alpha)}{360.60.60}.$$

Sollte eine Kreuzung des Riemens (zwischen den zwei Rollen) vor sich gehen, so wäre jetzt die Länge des Riemens =

$$2\sqrt{a^2-(R+r)^2}+\frac{4r\pi(180°-\alpha)}{360.60.60}+\frac{4R\pi(180°-\alpha)}{360.60.60},\ \cos\alpha=\frac{R+r}{a}.$$

§. 27.
Die drei Hauptsätze der ebenen Trigonometrie.

Wenden wir uns nun zur allgemeinen Aufgabe, die uns in diesem Abschnitte beschäftigt, so haben wir zunächst drei Sätze aufzustellen, die uns in allen Fällen zur Auflösung der Dreiecke dienen müssen. Dieselben sind die folgenden.

I. **Erster Hauptsatz der Trigonometrie.** In jedem Dreieck ist das Quadrat einer Seite gleich der Summe der Quadrate der beiden andern Seiten, minus dem doppelten Produkt dieser beiden Seiten multiplizirt mit dem Cosinus des Winkels, den sie bilden.

Hiernach also hat man

$$\left.\begin{array}{l}b^2=a^2+c^2-2ac\cos B,\\ c^2=a^2+b^2-2ab\cos C,\\ a^2=b^2+c^2-2bc\cos A.\end{array}\right\} \quad (29)$$

Der Beweis dieser Sätze ergibt sich auf geometrischem Wege, wie folgt.

Ist ABC das fragliche Dreieck, so fälle man von C aus auf AB eine Senkrechte, welche innerhalb oder ausserhalb des Dreiecks fallen wird, je nachdem die Winkel A und B spitz oder stumpf sind.

Für den Fall der ersten Figur hat man nun:

Fig. 15.

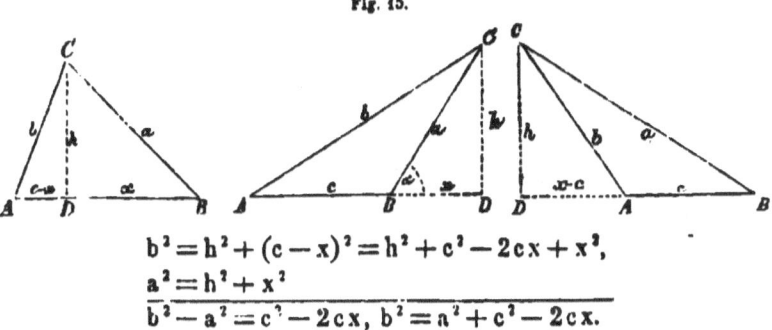

$$b^2=h^2+(c-x)^2=h^2+c^2-2cx+x^2,$$
$$a^2=h^2+x^2$$
$$\overline{b^2-a^2=c^2-2cx,\ b^2=a^2+c^2-2cx.}$$

Da aber $\frac{x}{a} = \cos B$, $x = a\cos B$, so ist also
$$b^2 = a^2 + c^2 - 2ac\cos B.$$

Im Falle der zweiten Figur ist:
$$b^2 = h^2 + (c+x)^2 = h^2 + c^2 + 2cx + x^2$$
$$a^2 = h^2 + x^2$$
$$\overline{b^2 - a^2 = c^2 + 2cx, \; b^2 = a^2 + c^2 + 2cx.}$$

Aber $\frac{x}{a} = \cos\alpha = \cos(180° - B) = -\cos B$, $x = -a\cos B$, also $b^2 = a^2 + c^2 - 2ac\cos B.$

Endlich im Falle der dritten Figur (wo $BD = x$):
$$b^2 = h^2 + (x-c)^2 = h^2 + x^2 - 2cx + c^2$$
$$a^2 = h^2 + x^2$$
$$\overline{b^2 - a^2 = c^2 - 2cx, \; b^2 = a^2 + c^2 - 2cx.}$$

Aber $\frac{x}{a} = \cos B$, $x = a\cos B$, $b^2 = a^2 + c^2 - 2ca\cos B.$ *

Damit ist die erste obiger drei Gleichungen bewiesen. Die beiden andern könnten eben so unmittelbar erwiesen werden; doch bedarf es offenbar eines besondern Beweises nicht, da eine einfache Buchstabenvertauschung diese Sätze gibt. Wir werden von dieser Bemerkung mehrfach Gebrauch machen, ohne besonders darauf aufmerksam zu machen.

II. Aus (29) folgt
$$\cos A = \frac{b^2 + c^2 - a^2}{2bc}, \; 1 + \cos A = 1 + \frac{b^2 + c^2 - a^2}{2bc} = \frac{2bc + b^2 + c^2 - a^2}{2bc}$$
$$= \frac{(b+c)^2 - a^2}{2bc},$$

---

* Wäre B ein rechter Winkel, so hätte man, da $\cos B = 0$:
$$b^2 = a^2 + c^2,$$
d. h. den pythagoräischen Satz. Wäre aber A ein rechter Winkel, so wäre $\cos B = \frac{c}{a}$, also hiesse die Gleichung:
$$b^2 = a^2 + c^2 - 2c^2 = a^2 - c^2,$$
was wieder derselbe Satz ist. Die (29) gelten also auch für das rechtwinklige Dreieck.

Erster Hauptsatz der Trigonometrie.

$$1-\cos A = 1 - \frac{b^2+c^2-a^2}{2bc} = \frac{2bc-b^2-c^2+a^2}{2bc} = \frac{a^2-(b^2-2bc+c^2)}{2bc}$$

$$= \frac{a^2-(b-c)^2}{2bc}.$$

Erinnert man sich nun, dass immer $M^2-N^2=(M+N)(M-N)$, so hat man:

$$1+\cos A = \frac{(b+c)^2-a^2}{2bc} = \frac{(b+c+a)(b+c-a)}{2bc};$$

$$1-\cos A = \frac{a^2-(b-c)^2}{2bc} = \frac{(a+b-c)(a-b+c)}{2bc},$$

d. h. [§. 16 Formeln (23)]:

$$2\cos^2\frac{A}{2} = \frac{(b+c+a)(b+c-a)}{2bc}, \quad 2\sin^2\frac{A}{2} = \frac{(a+b-c)(a-b+c)}{2bc},$$

$$\cos\frac{A}{2} = \sqrt{\frac{(b+c+a)(b+c-a)}{4bc}},$$

$$\sin\frac{A}{2} = \sqrt{\frac{(a+b-c)(a-b+c)}{4bc}}.$$

Man setze

$$a+b+c = 2s, \text{ also } s = \tfrac{1}{2}(a+b+c),$$

so ist

$$a+b-c = 2s-2c = 2(s-c),$$
$$a-b+c = 2s-2b = 2(s-b),$$
$$b+c-a = 2s-2a = 2(s-a),$$

also

$$\cos\frac{A}{2} = \sqrt{\frac{2s \cdot 2(s-a)}{4bc}} = \sqrt{\frac{s(s-a)}{bc}},$$

$$\sin\frac{A}{2} = \sqrt{\frac{2(s-c) \cdot 2(s-b)}{4bc}} = \sqrt{\frac{(s-b)(s-c)}{bc}},$$

woraus durch Division:

$$tg\frac{A}{2} = \sqrt{\frac{(s-b)(s-c)}{s(s-a)}}.$$

Also

$$\sin\frac{A}{2} = \sqrt{\frac{(s-b)(s-c)}{bc}}, \quad \sin\frac{B}{2} = \sqrt{\frac{(s-a)(s-c)}{ac}},$$

$$\sin\frac{C}{2} = \sqrt{\frac{(s-a)(s-b)}{ab}},$$

$$\cos\frac{A}{2} = \sqrt{\frac{s \cdot (s-a)}{bc}}, \quad \cos\frac{B}{2} = \sqrt{\frac{s \cdot (s-b)}{ac}},$$

$$\cos\frac{C}{2} = \sqrt{\frac{s \cdot (s-c)}{ab}},$$

$$tg\frac{A}{2} = \sqrt{\frac{(s-b)(s-c)}{s \cdot (s-a)}}, \quad tg\frac{B}{2} = \sqrt{\frac{(s-a)(s-c)}{s \cdot (s-b)}},$$

$$tg\frac{C}{2} = \sqrt{\frac{(s-a)(s-b)}{s \cdot (s-c)}}, *$$

(30)

worin die Formeln für die Winkel B und C aus denen für A durch einfache Vertauschung folgen, übrigens auch unmittelbar bewiesen werden können.

III. **Zweiter Hauptsatz der Trigonometrie.** In jedem Dreieck verhalten sich die Seiten wie die Sinus der ihnen entgegen stehenden Winkel.

Dieser Satz lässt sich aus dem ersten Hauptsatze leicht ableiten. Da nämlich

$$\sin A = 2 \sin\tfrac{1}{2}A \cos\tfrac{1}{2}A,$$

so folgt aus (30):

$$\sin A = \frac{2}{bc}\sqrt{s(s-a)(s-b)(s-c)},$$
$$\sin B = \frac{2}{ac}\sqrt{s(s-a)(s-b)(s-c)},$$
$$\sin C = \frac{2}{ab}\sqrt{s(s-a)(s-b)(s-c)},$$

(31)

aus welchen Gleichungen durch Division unmittelbar folgen:

$$\frac{b}{a} = \frac{\sin B}{\sin A}, \quad \frac{b}{c} = \frac{\sin B}{\sin C}, \quad \frac{a}{c} = \frac{\sin A}{\sin C}, \quad (32)$$

welche Gleichungen auch in der Form

---

* Am genauesten wird die Rechnung immer mit der Tangente geführt, da diese sich am schnellsten ändert.

$$b:a = sin B : sin A, \quad b:c = sin B : sin C, \quad a:c = sin A : sin C$$
geschrieben werden können.

IV. **Dritter Hauptsatz der Trigonometrie.** In jedem Dreieck verhält sich die Summe zweier Seiten zur Differenz dieser Seiten, wie die Tangente der halben Summe der entgegen stehenden Winkel zur Tangente der halben Differenz der nämlichen Winkel.

Dieser Satz lässt sich aus dem zweiten leicht ableiten.

Man hat nämlich nach (32):
$$\frac{b}{a} = \frac{sin B}{sin A}, \quad \frac{b}{a} + 1 = \frac{sin B}{sin A} + 1, \quad \frac{b}{a} - 1 = \frac{sin B}{sin A} - 1;$$

d. h.
$$\frac{b+a}{a} = \frac{sin B + sin A}{sin A}, \quad \frac{b-a}{a} = \frac{sin B - sin A}{sin A}.$$

Dividirt man diese Gleichungen durch einander, so hat man:
$$\frac{b+a}{b-a} = \frac{sin B + sin A}{sin B - sin A} = \frac{2 sin \frac{B+A}{2} \cdot cos \frac{B-A}{2}}{2 cos \frac{B+A}{2} \cdot sin \frac{B-A}{2}} \quad [\S.\ 16\ \text{Formel (25)}]$$

$$= tg \frac{B+A}{2} \cdot cotg \frac{B-A}{2} = \frac{tg \frac{B+A}{2}}{tg \frac{B-A}{2}},$$

d. h.
$$\left.\begin{array}{l} b+a : b-a = tg\tfrac{1}{2}(B+A) : tg\tfrac{1}{2}(B-A), \\ b+c : b-c = tg\tfrac{1}{2}(B+C) : tg\tfrac{1}{2}(B-C), \\ a+c : a-c = tg\tfrac{1}{2}(A+C) : tg\tfrac{1}{2}(A-C); \\ \text{eben so:} \\ a+b : a-b = tg\tfrac{1}{2}(A+B) : tg\tfrac{1}{2}(A-B), \\ c+b : c-b = tg\tfrac{1}{2}(C+B) : tg\tfrac{1}{2}(C-B), \\ c+a : c-a = tg\tfrac{1}{2}(C+A) : tg\tfrac{1}{2}(C-A),* \end{array}\right\} \quad (33)$$

worin die eine oder andere Form angewendet wird, je nachdem $b > a$ oder $a > b$ u. s. w.

---

* Der Bequemlichkeit des Druckes wegen ist mehrfach die Form der Proportionen beibehalten, obgleich die einfache Gleichsetzung der Brüche die bessere ist, so dass also etwa
$$\frac{c+a}{c-a} = \frac{tg\tfrac{1}{2}(C+A)}{tg\tfrac{1}{2}(C-A)} \quad \text{u. s. w.}$$

Aus dem ersten Hauptsatze folgen hiernach die beiden andern, ohne dass man auf geometrische Anschauung zurückzugehen nothwendig hat.

§. 28.
Umformungen der Hauptsätze.

I. Ehe wir diese Sätze anwenden, wollen wir dieselben etwas umformen und einige Resultate daraus ziehen. Da immer
$A + B = 180° - C$, $\frac{1}{2}(A+B) = 90° - \frac{1}{2}C$, $tg\frac{1}{2}(A+B) = cotg\frac{1}{2}C$,
so hat man statt des dritten Satzes:

$$\frac{a-b}{a+b} = \frac{tg\frac{1}{2}(A-B)}{cotg\frac{1}{2}C}, \quad \frac{a-c}{a+c} = \frac{tg\frac{1}{2}(A-C)}{cotg\frac{1}{2}B}, \\ \frac{b-c}{b+c} = \frac{tg\frac{1}{2}(B-C)}{cotg\frac{1}{2}A}, \quad\quad (34)$$

II. Eben so
$$sin\tfrac{1}{2}(A+B) = cos\tfrac{1}{2}C, \quad cos\tfrac{1}{2}(A+B) = sin\tfrac{1}{2}C.$$

Aus (32) folgt aber
$$a = \frac{c.sin A}{sin C}, \quad b = \frac{c.sin B}{sin C}.$$

also
$$a+b = \frac{c.(sin A + sin B)}{sin C} = \frac{2c.sin\tfrac{1}{2}(A+B) cos\tfrac{1}{2}(A-B)}{2 sin\tfrac{1}{2}C . cos\tfrac{1}{2}C} \quad (\S. 16) =$$
$$\frac{c.cos\tfrac{1}{2}C.cos\tfrac{1}{2}(A-B)}{sin\tfrac{1}{2}C.cos\tfrac{1}{2}C} = \frac{c.cos\tfrac{1}{2}(A-B)}{sin\tfrac{1}{2}C},$$
$$(a+b) sin\tfrac{1}{2}C = c.cos\tfrac{1}{2}(A-B).$$

Ferner:
$$a-b = \frac{c.(sin A - sin B)}{sin C} = \frac{2c \, cos\tfrac{1}{2}(A+B) sin\tfrac{1}{2}(A-B)}{2 sin\tfrac{1}{2}C \, cos\tfrac{1}{2}C}$$
$$= \frac{c \, sin\tfrac{1}{2}C . sin\tfrac{1}{2}(A-B)}{sin\tfrac{1}{2}C \, cos\tfrac{1}{2}C} = \frac{c \, sin\tfrac{1}{2}(A-B)}{cos\tfrac{1}{2}C},$$
$$(a-b) cos\tfrac{1}{2}C = c.sin\tfrac{1}{2}(A-B).$$

Man hat also auch
$$c\,sin\tfrac{1}{2}(A-B) = (a-b) cos\tfrac{1}{2}C, \quad b\,sin\tfrac{1}{2}(A-C) = (a-c) cos\tfrac{1}{2}B, \\ a\,sin\tfrac{1}{2}(B-C) = (b-c) cos\tfrac{1}{2}A, \\ c\,cos\tfrac{1}{2}(A-B) = (a+b) sin\tfrac{1}{2}C, \quad b\,cos\tfrac{1}{2}(A-C) = (a+c) sin\tfrac{1}{2}B, \\ a\,cos\tfrac{1}{2}(B-C) = (b+c) sin\tfrac{1}{2}A. \quad\quad (35)$$

Für a = b folgt hieraus $c = 2a \sin\frac{1}{2}C$, wie in §. 26. Aus (35) folgen die (34) durch Division, so dass man also letztere Formeln in dieser Weise auch ableiten kann.

Zusatz.

III. An die Stelle der drei Gleichungen (29), die wir als eigentliche Grundgleichungen anzusehen haben, kann man auch folgende drei setzen:

$$A + B + C = 180°, \; a\sin B = b \sin A, \; c = a\cos B + b\cos A, \quad (a)$$

die sich übrigens aus jenen ableiten lassen.

Die zweite (a) ist die erste der (32), also bereits bewiesen; die dritte (a) ergibt sich in folgender Weise: Aus (29) ist

$$b\cos A = \frac{b^2 + c^2 - a^2}{2c}, \quad a\cos B = \frac{a^2 + c^2 - b^2}{2c},$$

woraus

$$a\cos B + b\cos A = \frac{b^2 + c^2 - a^2 + a^2 + c^2 - b^2}{2c} = \frac{2c^2}{2c} = c.$$

Aber auch die erste (a) folgt aus (29). Denn aus den (29) ergeben sich die (30), aus denen man nun erhält (§. 14):

$$\sin\frac{A+B+C}{2} = \sin\frac{A}{2}\cos\frac{B}{2}\cos\frac{C}{2} + \cos\frac{A}{2}\sin\frac{B}{2}\cos\frac{C}{2}$$
$$+ \cos\frac{A}{2}\cos\frac{B}{2}\sin\frac{C}{2} - \sin\frac{A}{2}\sin\frac{B}{2}\sin\frac{C}{2}$$
$$= \frac{s(s-b)(s-c)}{abc} + \frac{s(s-a)(s-c)}{abc}$$
$$+ \frac{s(s-a)(s-b)}{abc} - \frac{(s-a)(s-b)(s-c)}{abc}$$
$$= \frac{s(s-c)c + (s-a)(s-b)c}{abc} = 1,$$

wenn man $s = \frac{1}{2}(a+b+c)$ einsetzt.

Also ist nothwendig

$$\frac{A+B+C}{2} = 90°, \; A+B+C = 180°;$$

denn sonst müsste

$$\frac{A+B+C}{2} = 360° + 90°, \; A+B+C = 720° + 180° = 900°,$$

was geradezu unmöglich ist, da jeder der drei Winkel kleiner als 180° seyn muss.

IV. Aus den (a) folgen übrigens die (29) unmittelbar. Man zieht nämlich aus der dritten:

$$c^2 = a^2 \cos^2 B + b^2 \cos^2 A + 2ab \cos A \cos B = a^2(1 - \sin^2 B) + b^2(1 - \sin^2 A)$$
$$+ 2ab \cos A \cos B = a^2 + b^2 - a^2 \sin^2 B - b^2 \sin^2 A + 2ab \cos A \cos B.$$

Aus der ersten folgt:

$$\cos(A + B) = -\cos C, \quad -\cos C = \cos A \cos B - \sin A \sin B,$$
$$\cos A \cos B = \sin A \sin B - \cos C,$$

so dass

$$c^2 = a^2 + b^2 - a^2 \sin^2 B - b^2 \sin^2 A + 2ab \sin A \sin B - 2ab \cos C,$$
$$c^2 = a^2 + b^2 - (a \sin B - b \sin A)^2 - 2ab \cos C,$$

also da wegen der zweiten $a \sin B - b \sin A = 0$:

$$c^2 = a^2 + b^2 - 2ab \cos C.$$

Dann aus der dritten:

$$a \cos B = c - b \cos A, \quad a^2 \cos^2 B = c^2 - 2bc \cos A + b^2 \cos^2 A;$$

aus der zweiten $a^2 \sin^2 B = b^2 \sin^2 A$, woraus durch Addition:

$$a^2 = c^2 - 2bc \cos A + b^2.$$

Eben so

$$b^2 \cos^2 A = c^2 - 2ac \cos B + a^2 \cos^2 B, \quad b^2 \sin^2 A = a^2 \sin^2 B,$$
$$b^2 = c^2 - 2ac \cos B + a^2.$$

Diess sind aber die drei Gleichungen (29), aus denen die übrigen folgen. Die drei Gleichungen (a) sind übrigens, wie die Polygonometrie („ebene Polygonom." §. 9) lehrt, die eigentlichen Grundgleichungen der Trigonometrie.

V. Man könnte jedoch auch die folgenden drei Gleichungen als solche aufstellen:

$$c = a \cos B + b \cos A, \quad b = a \cos C + c \cos A, \quad a = c \cos B + b \cos C. \quad (a')$$

aus denen sich die (a) ableiten lassen. Bestimmt man nämlich aus den zwei letzten (a') die Werthe von a und b, und setzt sie in die erste, so erhält man:

$$\sin^2 C = \cos^2 A + \cos^2 B + 2 \cos A \cos B \cos C,$$

d. h.
$$1 = \cos^2 A + \cos^2 B + \cos^2 C + 2 \cos A \cos B \cos C.$$

Nun ist (§. 16):

$$2 \cos \tfrac{1}{2}(A + B + C) \cos \tfrac{1}{2}(-A + B + C) = \cos(B + C) + \cos A,$$
$$2 \cos \tfrac{1}{2}(A - B + C) \cos \tfrac{1}{2}(A + B - C) = \cos(B - C) + \cos A,$$

woraus durch Multiplikation:

$$4 \cos \tfrac{1}{2}(A + B + C) \cos \tfrac{1}{2}(-A + B + C) \cos \tfrac{1}{2}(A - B + C) \cos \tfrac{1}{2}(A + B - C)$$
$$= \cos(B+C)\cos(B-C) + \cos A [\cos(B+C) + \cos(B-C)] + \cos^2 A = \cos^2 B$$
$$- \sin^2 C + 2 \cos A \cos B \cos C + \cos^2 A =$$
$$-1 + \cos^2 A + \cos^2 B + \cos^2 C + 2 \cos A \cos B \cos C.$$

d. h. also

$$\cos^2 A + \cos^2 B + \cos^2 C + 2 \cos A \cos B \cos C = 1 + 4 \cos \tfrac{1}{2}(A+B+C) \times$$
$$\cos \tfrac{1}{2}(-A + B + C) \cos \tfrac{1}{2}(A - B + C) \cos \tfrac{1}{2}(A + B - C);$$

setzt man dies in die oben gefundene Gleichung, so hat man:

$$\cos \tfrac{1}{2}(A + B + C) \cos \tfrac{1}{2}(-A + B + C) \cos \tfrac{1}{2}(A - B + C) \cos \tfrac{1}{2}(A + B - C) = 0.$$

Einer der hier vorkommenden Cosinus muss also Null seyn, wozu gehört, dass der betreffende Winkel 90° ist. Denn da A, B, C je kleiner als 180°, so liegt $\frac{A+B+C}{2}$ zwischen 0° und 270°, mit Ausschluss dieser Gränzen; die Winkel $\frac{A+B-C}{2}$, $\frac{A-B+C}{2}$, $\frac{B+C-A}{2}$ liegen zwischen — 90° und 180°, ebenfalls mit Ausschluss dieser Gränzen.

Nun aber können die letzten drei Winkel nicht 90° sein. Denn wäre z. B. $\frac{A+B-C}{2} = 90°$, A + B — C = 180°, A + B = 180° + C, so wäre A + B > 180°, und es würden die Seiten a, b des Dreiecks sich nicht schneiden, also das Dreieck unmöglich sein. Uebrigens müsste, wenn A + B = 180° + C, ganz eben so auch A + C = 180° + B, B + C = 180° + A sein, woraus durch Addition folgen würde: A + B + C = 540°, was unzulässig ist. Es bleibt also blos $\frac{A+B+C}{2} = 90°$, A + B + C = 180°, d. h. die erste (a).

Ferner folgt aus (a'):
$$c = \frac{b - a \cos C}{\cos A},$$

und wenn man diesen Werth in die erste (a') einsetzt:
b — a cos C = a cos B cos A + b cos² A, d. h. b sin² A = a cos A cos B + a cos C,
oder
$$b \sin^2 A = a \cos A \cos B - a \cos(A+B) = a \sin A \sin B,$$
$$b \sin A = a \sin B,$$
oder die zweite (a).

Wir wenden uns nunmehr zur Anwendung dieser Formeln auf die Auflösung der Dreiecke.

§. 29.

In einem Dreiecke sind gegeben eine Seite und zwei Winkel, man soll die übrigen Stücke berechnen.

Da die Summe der drei Winkel = 180°, so kann man alle drei Winkel als gegeben ansehen. Sey ferner a die gegebene Seite, so hat man nach dem zweiten Hauptsatze:
$$b = a \cdot \frac{\sin B}{\sin A}, \quad c = a \cdot \frac{\sin C}{\sin A}.$$

Aus den Formeln (35) folgt übrigens auch, wenn B > C:
$$b - c = \frac{a \sin \frac{1}{2}(B-C)}{\cos \frac{1}{2} A}, \quad b + c = \frac{a \cos \frac{1}{2}(B-C)}{\sin \frac{1}{2} A},$$

woraus b—c, b+c gefunden werden, und man also b und c leicht erhalten wird. Rechnet man nach den ersten Formeln, so können die zweiten zur Kontrole dienen und umgekehrt.

$a = 379·5$, $A = 40°32'16''$, $B = 75°18'28''$, $C = 64°9'16''$,

also, wenn man nach den ersten Formeln rechnet:

$log\, a = 2·5792118$ $\qquad log\, a = 2·5792118$
$log\, sin\, B = 9·9855621$ $\qquad log\, sin\, C = 9·9542292$
$E.\, log\, sin\, A = 0·1871204$ $\qquad E.\, log\, sin\, A = 0·1871204$
$\overline{log\, b = 2·7518943}$ $\qquad \overline{log\, c = 2·7205614}$
$b = 564·7995$ $\qquad c = 525·4862$ *

Will man nunmehr die Formeln (35) zur Kontrole anwenden, so muss

$a\, sin\, ½(B-C) = (b-c)\, cos\, ½ A$, $\quad a\, cos\, ½(B-C) = (b+c)\, sin\, ½ A$

seyn. Aber es ist

$½ (B - C) = 5°34'36''$, $½ A = 20°16'8''$, $b+c = 1090·2857$, $b-c = 39·3133$

also $\quad log\, a = 2·5792118 \qquad log\, (b-c) = 1·5945335$
$log\, sin\, ½ (B-C) = 8·9875661 \qquad log\, cos\, ½ A = 9·9722387$
$\overline{\quad\quad\quad\quad 1·5667779} \qquad \overline{\quad\quad\quad\quad 1·5667782}$

$\quad log\, a = 2·5792118 \qquad log\, (b+c) = 3·0375402$
$log\, cos\, ½ (B-C) = 9·9979396 \qquad log\, sin\, ½ A = 9·5396109$
$\overline{\quad\quad\quad\quad 2·5771514} \qquad \overline{\quad\quad\quad\quad 2·5771511}$

so dass die Kontrole zutrifft. Es mag diess genügen, um zu zeigen, wie man in allen Fällen diese bequemen Formeln zur Prüfung der Rechnung benützen kann.

§. 30.

In einem Dreieck sind gegeben: zwei Seiten und der von ihnen gebildete Winkel; man soll die übrigen Stücke berechnen.

Seyen a, b die gegebenen Seiten, $a > b$, und C also der gegebene Winkel. Aus (34) hat man:

$$tg\, ½ (A - B) = \frac{a-b}{a+b} cotg\, ½ C.$$

Hieraus findet man $½ (A - B)$, und da $½ (A + B) = 90° - ½ C$, so erhält man leicht A und B. Kennt man diese Winkel, so ergibt sich c aus:

$$c = \frac{a\, sin\, C}{sin\, A},$$

---

* Die Seiten sind natürlich alle in demselben Längenmasse ausgedrückt, also alle z. B. in Ruthen, oder Fuss, oder Meter u. s. w.

Gegeben: zwei Seiten und der von ihnen gebildete Winkel.

oder auch, wenn man lieber will, aus den Formeln (35).
$$a = 564·8, \quad b = 379·5, \quad C = 64°9'16'';$$
also $\frac{1}{2}C = 32°4'38''$, $a+b = 944·3$, $a-b = 185·3$.

$log(a-b) = 2·2678754$
$log\,cotg\,\frac{1}{2}C = 0·2029092$
$E.log(a+b) = 7·0248900$
$log\,tg\,\frac{1}{2}(A-B) = 9·4956746$
$\frac{1}{2}(A-B) = 17°23'6·1''$

$\frac{1}{2}(A-B) = 17°23'6·1''$
$\frac{1}{2}(A+B) = 90° - \frac{1}{2}C = 57°55'22''$
durch Addition $A = 75°18'28·1''$
„ Subtraktion $B = 40°32'15·9''$

$log\,a = 2·7518947$
$log\,sin\,C = 9·9542292$
$E.log\,sin\,A = 0·0144377$
$log\,c = 2·7205616$
$c = 525·486$

$log(a-b) = 2·2678754$
$log\,cos\,\frac{1}{2}C = 9·9280541$
$E.log\,sin\,\frac{1}{2}(A-B) = 0·5246318$
$log\,c = 2·7205613$
$c = 525·486.$

Man kann übrigens die Seite c auch unmittelbar berechnen. Es ist nämlich nach (29):
$$c^2 = a^2 + b^2 - 2ab\,cos\,C.$$
Man berechne nun den spitzen Winkel φ so, dass *

---

* Das Einführen von Hilfswinkeln hat immer den Zweck, einen mehrgliederigen Ausdruck in einen eingliederigen zu verwandeln. Allgemeine Regeln lassen sich darüber nicht leicht geben, und es muss der Kunstgriff, der jeweils gemacht wird, durch Uebung erlernt werden. Wir bemerken nur, dass man die Formeln für $sin(a \pm b)$, $cos(a \pm b)$ u. s. w. meistens benützt; eben so häufig von der Formel $1 + tg^2\varphi = \dfrac{1}{cos^2\varphi}$, überhaupt von den in §. 16 aufgeführten Formeln Gebrauch macht. Wollte man in unserem Falle die Nothwendigkeit klar hervortreten lassen, so würde man schreiben:

$c^2 = a^2 + b^2 - 2ab\,cos\,C = a^2 + b^2 - 2ab(1 - 2\,sin^2\,\tfrac{1}{2}C)$ (§. 16)
$= a^2 + b^2 - 2ab + 4ab\,sin^2\,\tfrac{1}{2}C = a^2 - 2ab + b^2 + 4ab\,sin^2\,\tfrac{1}{2}C$
$= (a-b)^2 + 4ab\,sin^2\,\tfrac{1}{2}C = (a-b)^2\left(1 + \dfrac{4ab\,sin^2\,\tfrac{1}{2}C}{(a-b)^2}\right),$

so dass also $\dfrac{4ab\,sin^2\,\tfrac{1}{2}C}{(a-b)^2} = tg^2\varphi$ zu setzen ist, und man dann hat

$$c^2 = (a-b)^2(1+tg^2\varphi) = \dfrac{(a-b)^2}{cos^2\varphi}.$$

Daraus folgt $c = \pm \dfrac{(a-b)}{cos\,\varphi}$. Da aber φ ein spitzer Winkel, also $cos\,\varphi$ positiv ist; ferner c positiv sein muss, so hat man das obere Zeichen zu nehmen, wenn $a > b$, was wir auch vorausgesetzt haben, da wir $tg\,\varphi = \dfrac{2\,sin\,\tfrac{1}{2}\sqrt{ab}}{a-b}$ setzen und φ spitz nahmen, wozu gehört, dass $tg\,\varphi$ positiv, also $a > b$ ist.

so ist
$$tg\,\varphi = \frac{2\sin\tfrac{1}{2}C\sqrt{ab}}{a-b},\ a > b,$$

also
$$4\,ab\,sin^2\tfrac{1}{2}C = (a-b)^2\,tg^2\,\varphi,$$

$$c^2 = a^2 + b^2 + 2ab(1-\cos C) - 2ab = a^2 - 2ab + b^2 + 4ab\,sin^2\tfrac{1}{2}C$$
$$= (a-b)^2 + (a-b)^2\,tg^2\,\varphi = (a-b)^2[1 + tg^2\,\varphi] = \frac{(a-b)^2}{\cos^2\varphi},$$

woraus
$$c = \frac{a-b}{\cos\varphi},\ a > b.$$

Für obiges Beispiel:

$\log 2 = 0{\cdot}3010300$
$\log \sin\tfrac{1}{2}C = 9{\cdot}7251451$
$\tfrac{1}{2}\log a = 1{\cdot}3759473$
$\tfrac{1}{2}\log b = 1{\cdot}2896059$
$E.\log(a-b) = 7{\cdot}7321246$
$\log tg\,\varphi = 0{\cdot}4238529$
$\varphi = 69°21'7{\cdot}2''.$

$\log(a-b) = 2{\cdot}2678754$
$E.\log\cos\varphi = 0{\cdot}4526862$
$\log c = 2{\cdot}7205616$
$c = 525{\cdot}486.$

Zur Kontrole kann man wieder (35) verwenden.

§. 31.

In einem Dreiecke sind alle Seiten bekannt, man soll die Winkel berechnen.

Die Formeln (30) lösen die Aufgabe ganz unmittelbar.

$$a = 9459{\cdot}31,\ b = 8032{\cdot}29,\ c = 8242{\cdot}58;$$

also

$s = \tfrac{1}{2}(a+b+c) = 12867{\cdot}09,$
$s - a = 3407{\cdot}78,$
$s - b = 4834{\cdot}80,$
$s - c = 4624{\cdot}51.$

Die Formel $1 + tg^2\,\varphi = \frac{1}{\cos^2\varphi}$ ist bereits in §. 5 enthalten, ergibt sich aber auch sehr leicht wieder unmittelbar, da $1 + tg^2\,\varphi = 1 + \frac{sin^2\varphi}{cos^2\varphi} = \frac{cos^2\varphi + sin^2\varphi}{cos^2\varphi} = \frac{1}{cos\,\varphi^2}.$

Gegeben: alle drei Seiten.

$\log(s-b) = 3{\cdot}6843785,$ $\log(s-a) = 3{\cdot}5324716,$
$\log(s-c) = 3{\cdot}6650657,$ $\log(s-c) = 3{\cdot}6650657,$
$E.\log s = 5{\cdot}8905197,$ $E.\log s = 5{\cdot}8905197,$
$E.\log(s-a) = \underline{6{\cdot}4675284,}$ $E.\log(s-b) = \underline{6{\cdot}3156215,}$
$19{\cdot}7074923$ $19{\cdot}4036785$

$\log tg \frac{A}{2} = 9{\cdot}8537461$ $\log tg \frac{B}{2} = 9{\cdot}7018392$

$\frac{A}{2} = 35°31'47{\cdot}37''$ $\frac{B}{2} = 26°43'0{\cdot}34''$

$A = 71°\ 3'34{\cdot}74''$ $B = 53°26'0{\cdot}68''$

$\log(s-a) = 3{\cdot}5324716,$
$\log(s-b) = 3{\cdot}6843785,$
$E.\log s = 5{\cdot}8905197,$
$E.\log(s-c) = \underline{6{\cdot}3349343,}$
$19{\cdot}4423041$

$\log tg \frac{C}{2} = 9{\cdot}7211520$

$\frac{C}{2} = 27°45'12{\cdot}27''$

$C = 55°30'24{\cdot}54''.$

Die Summe $A + B + C = 179°59'59{\cdot}96''.$

Zu Uebungsbeispielen mögen folgende Angaben dienen:

$a = 164{\cdot}9,\ b = 185.7,\ c = 126{\cdot}4,\ A = 60°17'8'',\ B = 77°58'33'',$
$\quad C = 41°44'19'';$

$a = 7984,\ b = 11227{\cdot}2,\ c = 9539{\cdot}28,\ A = 44°14'56'',\ B = 70°8'33'',$
$\quad C = 56°33'31'';$

$a = 2313{\cdot}824,\quad b = 10683{\cdot}3,\quad c = 10931,\quad A = 12°13'14'',$
$\quad B = 77°46'46'',\ C = 90°0'0'';$

$a = 975,\ b = 845,\ c = 910,\ A = 67°22'48{\cdot}5'',\ B = 53°7'48{\cdot}4'',$
$\quad C = 59°29'23{\cdot}1'';$

$a = 54802,\quad b = 55823{\cdot}3,\quad c = 29577{\cdot}1,\quad A = 72°35'40'',$
$\quad B = 76°24'30'',\ C = 30°59'50'';$

$\log a = 4{\cdot}1949091,\ \log b = 4{\cdot}1538831,\ \log c = 4{\cdot}2664872,$
$\quad A = 55°24'19'',\ B = 48°30'9{\cdot}4'',\ C = 76°5'31{\cdot}6''.$

84 Gegeben: eine Seite, ein anliegender und ein entgegenstehender Winkel.

§. 32.

In einem Dreiecke sind zwei Seiten gegeben und ein Winkel, welcher einer der beiden Seiten entgegen steht; man soll, wo möglich, die fehlenden Stücke berechnen.

Gegeben seyen a, b, A.

Man hat zunächst aus (32)

$$sin B = \frac{b\, sin A}{a}.$$

Aus dieser Gleichung wird sich jedoch B nicht immer genau bestimmen lassen. Schlägt man nämlich aus den Tafeln den spitzen Winkel auf, dessen Sinus $= \frac{b\, sin A}{a}$, so gibt es noch einen zweiten Winkel, der mit dem gefundenen 180° ausmacht, dessen Sinus derselbe ist (§. 10). Es kann sich aber ereignen, dass beide Werthe des Winkels B zulässig sind; alsdann hat man eben zwei Dreiecke, welche besonders zu berechnen sind.

Ist nun

a > b, so ist auch A > B, also gilt für B nur der spitze Winkel,
a = b, „ „ „ A = B, „ „ „ B „ „ „ „
a < b, „ „ „ A < B,

alsdann kann der spitze Winkel sowohl als der stumpfe gelten.

Eine Doppeldeutigkeit kann also nur in dem Falle eintreten, wenn a < b.

Fiele sin B nach unserer Formel > 1 aus, so wäre das Dreieck mit den gemachten Angaben unmöglich. Wir wollen nun einige Beispiele berechnen.

1) a = 415·64, b = 325·54, A = 68° 42'.

log b = 2·5126044
$log\, sin$ A = 9·9692720
E. log a = 7·3812827
$log\, sin$ B = 9·8631591
B = 46° 51' 47·9''

B kann bloss spitz seyn; man hat also nur ein Dreieck, das jetzt nach §. 29 berechnet werden kann; darin ist nun a = 415·64, b = 325·54, A = 68° 42', B = 46° 51' 47·9''; mithin C = 64° 26' 12·1''.

2) a = 212·5, b = 836·4, A = 14° 24' 35''.

log b = 2·9224140
$log\, sin$ A = 9·3959449
E. log a = 7·6726411
$log\, sin$ B = 9·9910000

In diesem Falle gibt es also zwei Dreiecke. Für das eine ist
a = 212·5, b = 836·4, A = 14° 24' 35'',
B = 78° 22' 32·3'', C = 87° 12' 52·7'';

für das andere:
B = 78°22′32′3 ′   a = 212·5, b = 836·4, A = 14°24′35″,
180°−B = 101°37′27·7″   B = 101°37′27·7″, C = 63°57′57·3″.

3) a = 86·93, b = 918·54, A = 68°22′30″.

$$\log b = 2\cdot9630981$$
$$\log \sin A = 9\cdot9683034$$
$$E.\log a = 8\cdot0608303$$
$$\overline{\log \sin B = 10\cdot9922318},$$

also kein Dreieck möglich.

Zur Uebung mögen dienen:

a = 379·5, b = 564·8, A = 40°32′16″, B = $\begin{cases} 75°18′28·1″ \\ 104°41′31·9″ \end{cases}$

a = 9459·31, b = 8032·29, A = 71°3′34·7″, B = 53°26′0·6″

a = 56·73, b = 876·24, A = 85°23′24·8″, B unmöglich.

§. 33.
Geometrische Anwendungen.

I. Will man den Flächeninhalt eines Dreiecks, dessen drei Seiten wie früher a, b, c sind, und denen die Winkel A, B, C entgegenstehen, berechnen, so hat man, wenn wie in §. 27, h die Höhe des Dreiecks, also $\frac{ch}{2}$ die Fläche desselben bedeutet:

Fig. 16.

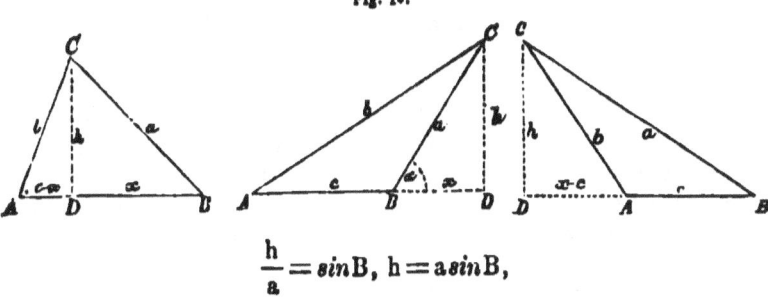

$$\frac{h}{a} = \sin B, \quad h = a \sin B,$$

mithin ist diese Fläche

$$= \frac{a c \sin B}{2} = \frac{b c \sin A}{2} = \frac{a b \sin C}{2},$$

wie sich nach (32) leicht findet. Diese Formeln geben den Flächeninhalt durch zwei Seiten und den von denselben gebildeten Winkel.

Will man die Fläche durch eine Seite a und die Winkel erhalten, so ist

$$\frac{c}{a} = \frac{sin\,C}{sin\,A}, \quad c = \frac{a\,sin\,C}{sin\,A},$$

also die Fläche des Dreiecks $= \dfrac{a\,c\,sin\,B}{2}$

$$= \frac{a^2 sin\,B \cdot sin\,C}{2\,sin\,A} = \frac{b^2 sin\,A \cdot sin\,C}{2\,sin\,B} = \frac{c^2 sin\,A \cdot sin\,B}{2\,sin\,C}.$$

Will man sie endlich durch die drei Seiten ausgedrückt erhalten, so ist nach (31):

$$sin\,B = \frac{2}{ac}\sqrt{s(s-a)(s-b)(s-c)},$$

also die Fläche $= \sqrt{s(s-a)(s-b)(s-c)}$

$$= \tfrac{1}{4}\sqrt{(a+b+c)(b+c-a)(a+c-b)(a+b-c)}.$$

II. Es leitet sich hieraus leicht eine Formel zur Berechnung eines Vierecks aus seinen zwei Diagonalen und dem Winkel, unter dem sie sich schneiden, ab.

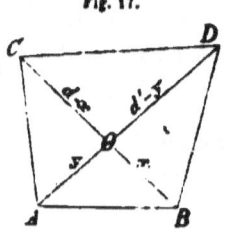

Fig. 17.

Sey nämlich BC $=d$, AD $=d'$, α der Winkel, also sein Nebenwinkel $180° - \alpha$, so ist
Fläche des Dreiecks OAB $= \tfrac{1}{2}\,x\,y\,sin\,\alpha$,
„ „ „ OBD $= \tfrac{1}{2}\,x\,(d'-y)\,sin\,\alpha$,
„ „ „ OCD $= \tfrac{1}{2}(d'-y)(d-x)\,sin\,\alpha$,
„ „ „ OAC $= \tfrac{1}{2}(d-x)\,y\,sin\,\alpha$.
Fläche des Vierecks $= \tfrac{1}{2} sin\,\alpha\,[xy + x(d'-y)$
$+ (d'-y)(d-x) + (d-x)y] = \tfrac{1}{2} dd' sin\,\alpha$.*

---

* Gesetzt, man solle in einem Walde eine vierseitige Fläche von einem badischen Morgen = 400 Quadratruthen abstecken, und lasse zu dem Ende zwei schmale Gänge AD, CB durchhauen (oder finde sie bereits vor), die mit einander einen Winkel von $75\tfrac{1}{2}°$ machen. Der eine davon, AD, sey $= 32\cdot4$ Ruthen, und man solle nun die Länge des andern, CB, bestimmen. Also, wenn CB $= x$:

$$\frac{32\cdot 4\,x\,sin\,75°30'}{2} = 400, \quad x = \frac{800}{32\cdot 4\,sin\,75°30'} = 25\cdot 50\,R.$$

Steckt man also, von dem gewählten Anfangspunkte C aus, eine Länge von $25\cdot50\,R. = 25°5'0''$ ab, so wird das Viereck ABCD genau ein Morgen gross seyn. Wollte man beide Gänge gleich lang machen, so hätte man, wenn BC $=$ AD $= x$:

$$\frac{x^2\,sin\,75°30'}{2} = 400, \quad x = \sqrt{\frac{800}{sin\,75°\,30'}} = 28\cdot 74\,R.$$

III. Gesetzt in dem so eben betrachteten Vierecke seyen je zwei entgegenstehende Winkel zusammen 180°, in welchem Falle bekanntlich um das Viereck sich ein Kreis beschreiben lässt. Sey ferner

$AB = a$, $BD = b$, $DC = c$, $CA = d$, $CAB = \varphi$, $CDB = 180° - \varphi$, so ist [§. 27 (29)]:

$BC^2 = a^2 + d^2 - 2ad \cos\varphi$, $BC^2 = b^2 + c^2 - 2bc \cos(180° - \varphi)$,

also
$$a^2 + d^2 - 2ad \cos\varphi = b^2 + c^2 + 2bc \cos\varphi,$$
$$\cos\varphi = \frac{a^2 + d^2 - (b^2 + c^2)}{2(ad + bc)}.$$

Die Fläche des Dreiecks ABC ist aber $\dfrac{ad \sin\varphi}{2}$, die von $BCD = \dfrac{bc \sin\varphi}{2}$, also

$$\text{Fläche des Vierecks} = \frac{ad + bc}{2} \sin\varphi = \frac{ad + bc}{2} \sqrt{1 - \cos^2\varphi}$$
$$= \frac{ad + bc}{2} \sqrt{(1 + \cos\varphi)(1 - \cos\varphi)}.$$

Aber
$$1 + \cos\varphi = 1 + \frac{a^2 + d^2 - (b^2 + c^2)}{2ad + 2bc} = \frac{2ad + 2bc + a^2 + d^2 - (b^2 + c^2)}{2(ad + bc)}$$
$$= \frac{a^2 + 2ad + d^2 - (b^2 - 2bc + c^2)}{2(ad + bc)} = \frac{(a + d)^2 - (b - c)^2}{2(ad + bc)}$$
$$= \frac{(a + d + b - c)(a + d - b + c)}{2(ad + bc)},$$

$$1 - \cos\varphi = 1 - \frac{a^2 + d^2 - (b^2 + b^2)}{2ad + 2bc} = \frac{2ad + 2bc - (a^2 + d^2) + (b^2 + c^2)}{2(ad + bc)}$$
$$= \frac{b^2 + 2bc + c^2 - (a^2 - 2ad + d^2)}{2(ad + bc)} = \frac{(b + c)^2 - (a - d)^2}{2(ad + bc)}$$
$$= \frac{(b + c + a - d)(b + c - a + d)}{2(ad + bc)},$$

also die Fläche des Vierecks:

$$\frac{ad + bc}{2} \sqrt{\frac{(a+b-c+d)(a+c+d-b)}{2(ad+bc)}} \sqrt{\frac{(a+b+c-d)(b+c+d-a)}{2(ad+bc)}}$$
$$= \tfrac{1}{4}\sqrt{(a+b-c+d)(a-b+c+d)(a+b+c-d)(b+c+d-a)}.$$

Setzt man
$$a+b+c+d=2s, \text{ also } a+b+c-d=2(s-d),$$
$$a+b-c+d=2(s-c), a-b+c+d=2(s-b),$$
$$-a+b+c+d=2(s-a),$$
so ist diese Fläche:
$$\sqrt{(s-a)(s-b)(s-c)(s-d)}.$$

Es folgt hieraus, dass wie man auch die vier Seiten im Kreise an einander legen mag, die Fläche des entstehenden Vierecks immer dieselbe sey.

IV. Man soll diejenigen Kreise bestimmen, die sich in und um ein Dreieck zeichnen lassen.

Sey r der Halbmesser des ersten, r' des zweiten, so sind die Seiten des Dreiecks Tangenten an den ersten Kreis und Sehnen im zweiten. Daraus folgt leicht, dass die drei Halbirungslinien der Dreieckswinkel sich im Mittelpunkt des ersten treffen; zieht man sie, so wird das Dreieck in drei Dreiecke getheilt, deren Spitzen im Mittelpunkte sind; nimmt man die Seiten des Dreiecks zu Grundlinien, so hat jedes r zur Höhe, und wenn folglich F die nach Nr. 1 berechnete Fläche des Dreiecks ist, so hat man

$$\tfrac{1}{2}ar + \tfrac{1}{2}br + \tfrac{1}{2}cr = F, \quad r = \frac{2F}{a+b+c}.$$

Was den zweiten Halbmesser anbelangt, so werden die zwei nach A und B gezogenen Halbmesser mit einander einen Winkel 2C machen, so dass (§. 26):

$$c = 2r' \sin C, \quad r' = \frac{c}{2\sin C} = \frac{abc}{2ab\sin C} = \frac{abc}{4F}.$$

V. Man soll den Halbmesser desjenigen Kreises finden, der sich um das Viereck in III. beschreiben lässt.

Nennt man die Diagonale CB = x, so geht der Kreis, der sich um ACB beschreiben lässt, durch D, und umgekehrt, der Kreis um BCD geht durch A. Demnach ist, wenn r sein Halbmesser, derselbe bestimmt durch die Gleichung

$$r = \frac{x}{2\sin\varphi}, \quad \varphi = BAC.$$

Ferner ist

$$x = \sqrt{a^2 + d^2 - 2ad\cos\varphi}, \quad \cos\varphi = \frac{a^2 + d^2 - (b^2 + c^2)}{2(ad + bc)},$$

$$x = \sqrt{a^2+d^2-ad.\left(\frac{a^2+d^2-(b^2+c^2)}{ad+bc}\right)}$$

$$=\sqrt{\frac{(a^2+d^2)ad+(a^2+d^2)bc-(a^2+d^2)ad+(b^2+c^2)ad}{ad+bc}}$$

$$=\sqrt{\frac{(a^2+d^2)bc+(b^2+c^2)ad}{ad+bc}}.$$

Nach III. ist $sin\,\varphi = \dfrac{2F}{ad+bc}$, wenn F die Fläche des Vierecks, also

$$r = \frac{ad+bc}{4F}\sqrt{\frac{(a^2+d^2)bc+(b^2+c^2)ad}{ad+bc}}$$

$$=\frac{1}{4F}\sqrt{[ad+bc][(a^2+d^2)bc+(b^2+c^2)ad]}$$

$$=\frac{1}{4F}\sqrt{(ad+bc)(ab+cd)(bd+ac)}.$$

VI. Man soll die Fläche eines Paralleltrapezes aus seinen vier Seiten berechnen.

Sey ABCD ein Paralleltrapez, dessen parallele Seiten $AB=a$, $CD=b$ seyen (wo $a>b$ angenommen wurde), die nicht parallelen Seiten seyen $AC=c$, $BD=d$; ferner h die Entfernung der Parallelen. Durch C

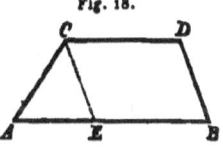

Fig. 18.

ziehe man mit BD die Parallele CE, welche AB in E treffe. Alsdann ist $AE=a-b$ und die Fläche des Dreiecks ACE nach I. gleich $\sqrt{s(s-c)(s-d)(s-a+b)}$, wenn $2s=c+d+a-b$; da dieselbe aber auch $=(a-b)\dfrac{h}{2}$ ist, so hat man

$$(a-b)h = 2\sqrt{s(s-c)(s-d)(s-a+b)},$$

$$h = \frac{2}{a-b}\sqrt{s(s-c)(s-d)(s-a+b)}.$$

Da die Fläche des Trapezes gleich $(a+b)\dfrac{h}{2}$ ist, so erhält man für dieselbe

$$\frac{a+b}{a-b}\sqrt{s(s-c)(s-d)(s-a+b)}.$$

Setzt man $2\sigma = a + b + c + d$, so ist
$$2s = 2(\sigma - b),\ 2(s-c) = 2(\sigma - b - c),\ 2(s-d) = 2(\sigma - b - d),$$
$$2(s - a + b) = 2(\sigma - a),$$
so dass die fragliche Fläche gleich
$$\frac{a+b}{a-b} \sqrt{(\sigma - a)\,(\sigma - b)\,(\sigma - b - c)\,(\sigma - b - d)}.$$

Anhang.
Aufstellung der polygonometrischen Grundgleichungen.

§. 34.
Projektion.

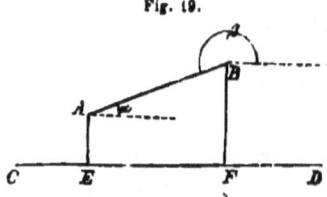

Fig. 19.

I. Fällt man von den Punkten A und B der begränzten Geraden AB auf die (unbegränzte) Gerade CD Senkrechte, AE, BF, so heisst die Entfernung EF der beiden Fusspunkte die **Projektion von AB auf CD**. E ist die Projektion von A, F von B, die Punkte von EF sind Projektionen der Punkte von AB. Denkt man sich einen Punkt beweglich und lässt ihn von A nach B laufen, so durchläuft seine Projektion die Gerade EF von E nach F hin; lässt man den Punkt von B nach A sich bewegen, so bewegt seine Projektion sich von F nach E, also in dem entgegengesetzten Sinne von vorhin. Nennen wir die eine Richtung positiv, so wird also die andere als negativ zu bezeichnen seyn (§. 10).

Wir werden nun die Projektionen von Geraden auf CD als positiv ansehen, wenn sie in der einen Richtung, als negativ, wenn sie in der entgegengesetzten Richtung sich erstrecken.*

Projizirt man z. B. die Geraden 12 (d. h. die von 1 nach 2 gezogene Gerade), 23, ..., 89 auf die Gerade OA, so werden die

---

* Die Projektion ein und derselben Geraden kann positiv oder negativ seyn, je nachdem die Gerade durchlaufen wird. Künftig wird der Sinn, nach welchem dieses Durchlaufen stattfindet, festgestellt seyn.

Fig. 20.

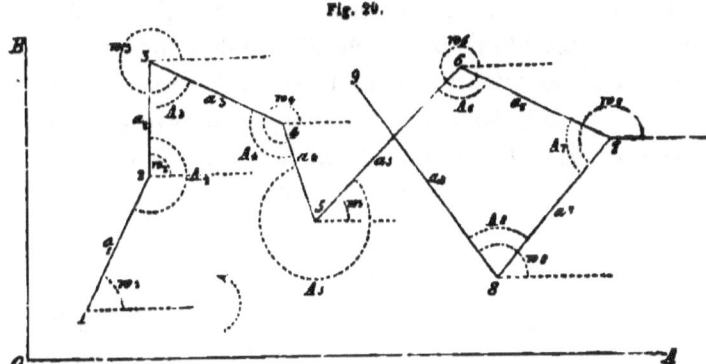

Projektionen von 12, 23, 34, 45, 56, 67 positiv, die von 78, 89 negativ seyn, wenn vorgeschrieben ist, dass man die Geraden nach der Ordnung der Ziffern zu durchlaufen habe.

II. Um den Winkel festzustellen, den AB (Fig. 19) mit CD macht, werden wir durch den Anfangspunkt der Geraden AB, d. h. durch den Punkt, von dem aus die Bewegung des Durchlaufens beginnt, eine Parallele mit AB nach der Richtung hin ziehen, nach der die positiven Projektionen gerechnet werden. Von dieser Parallelen aus bewegen wir uns im Drehungssinne: rechts nach links, bis wir auf AB treffen. Der so durchlaufene Winkel (zwischen 0 und 360° gelegen) soll der Winkel von AB und CD heissen.

Ist also A Anfangspunkt, so ist α der fragliche Winkel; ist B Anfangspunkt, so ist er β. Das festgestellt lässt sich nun leicht beweisen, dass die Projektion von AB auf CD immer $= AB \cos \varphi$ ist, wenn φ allgemein der so eben bestimmte Winkel (der Richtungswinkel) ist. Dabei ist das gehörige Vorzeichen (+ oder —) schon durch die Formel ausgedrückt, da φ im Falle positiver Projektion zwischen 0 und 90° oder 270° und 360°, im Falle negativer aber zwischen 90° und 270° liegt. Der Beweis dieser Behauptung in den einzelnen (vier) Fällen ist nach dem Seitherigen so einfach, dass wir ihn dem Leser überlassen können.

III. Ist OB auf OA senkrecht (Fig. 20) und man projizirt die Geraden 12, 23, ... auf OB, so werden wir die von O nach B gerichteten Projektionen als positiv, die entgegengesetzt gerichteten als negativ behandeln. Dabei muss bemerkt werden, dass wir auf OA auch die von O nach A gerichteten Projektionen als positiv ansehen, und dass ferner, wenn man sich von OA gegen OB dreht, man den rechten Winkel in demselben Sinne durchläuft, in dem wir oben die Richtungswinkel (die in der Figur w heissen) zählten.

Hat φ dieselbe Bedeutung wie in II, so ist die Projektion einer Geraden MN auf OB gleich MN $\sin \varphi$, wo auch wieder das gehörige Zeichen von selbst beachtet ist.*

§. 35.
Linienzug. Richtungswinkel.

I. Sind eine Reihe auf einander folgender Punkte durch Gerade verbunden, und zwar der erste mit dem zweiten, der zweite mit dem dritten, u. s. w., so bilden diese Geraden einen **Linienzug**. So

Fig. 22.

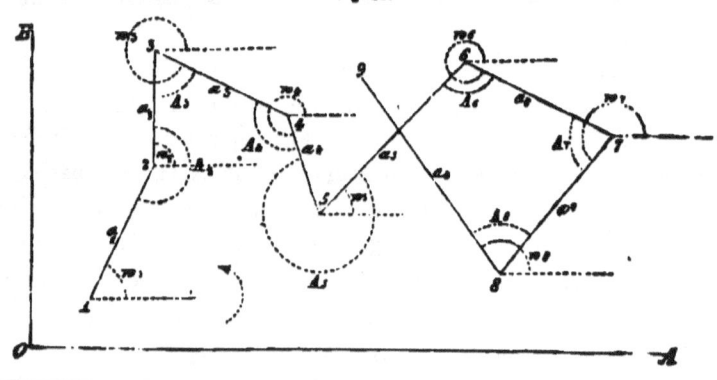

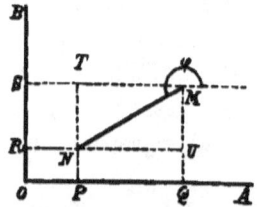

Fig. 21.

* Für einen der vier möglichen Fälle wollen wir den Beweis führen, da nämlich φ zwischen 180° und 170° liegt. Sind MS, RN parallel OA, PN, QM parallel OB, so ist die (negative) Projektion von MN auf OA gleich $- PQ = - NU$, die (negative) von MN auf OB gleich $- RS = - TN$. Aber (§. 25) $NU = MN \cos MNU = MN \cos (\varphi - 180°) = - MN \cos \varphi$, $TN = MN \sin TMN = MN \sin(\varphi - 180°) = - MN \sin \varphi$. Also sind die Projektionen von MN: auf OA gleich $- NU = MN \cos \varphi$, auf OB gleich $- NT = MN \sin \varphi$.

Dabei ist aber wesentlich festzuhalten, dass der Winkel φ in demselben Drehungssinne zu rechnen ist, den man einhalten muss, um von der (positiven) OA zur (positiven) OB zu gelangen und dabei nur 90° zu durchlaufen. (Man könnte auch von OA nach OB in anderer Richtung gelangen, aber dabei müsste man 270° durchlaufen. Würde φ in diesem Sinne gerechnet, so würden unsere Formeln nicht gelten.)

bilden also die Geraden 12, 23, ..., 89 einen (zusammenhängenden) Linienzug. Die Richtungswinkel der einzelnen Geraden (§. 34, II) seyen $w_1, w_2, \ldots, w_8$, wobei wir die Geraden alle nach der Ordnung der Ziffern durchlaufen, und OA, OB die zwei bereits oben betrachteten Senkrechten sind, auf welche wir nachher den Linienzug projiziren wollen, und wo die Richtungen O nach A, O nach B die positiven Richtungen der Projektionen vorstellen. Wir wollen, der Bequemlichkeit wegen, diese Richtungen durch „links nach rechts", „unten nach oben" bezeichnen.

Die Winkel des Linienzugs, die wir mit $A_2, A_3, \ldots$ bezeichnet haben, sind so bestimmt, dass wir in dem Durchschnittspunkte (z. B. A_2) von der vorhergehenden zur nachfolgenden Geraden (also von 12 nach 23) uns in demselben Sinne bewegen, wie wir die Richtungswinkel rechnen. Die Winkel w und A können von 0 bis 360° gehen. Die Längen der Seiten des Zuges bezeichnen wir durch $a_1, a_2, \ldots$

II. Betrachten wir nun einen bestimmten Punkt des Zuges (Eckpunkt), den wir durch n bezeichnen wollen, so werden für die Lagen der zwei benachbarten Punkte n — 1 und n + 1 in Bezug auf die durch n mit OA parallel gezogene Gerade im Ganzen sechs Fälle möglich seyn, die sich zu je zwei in drei Gruppen bringen lassen.

Erste Gruppe. Die beiden in n zusammenstossenden Seiten befinden sich oberhalb der gedachten Parallelen. Dabei sind selbst die folgenden zwei durch Figuren dargestellte Fälle möglich.

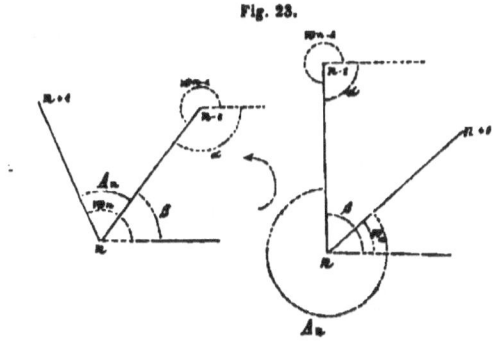

Fig. 23.

Die zwei durch $\overset{*}{\alpha}$ und β angedeuteten Winkel machen zusammen 180° aus. Aber es ist in der ersten Figur:

$$\alpha = 360° - w_{n-1}, \quad \beta = w_n - A_n,$$
also
$$360° - w_{n-1} + w_n - A_n = 180°$$
$$w_n = w_{n-1} + A_n - 180°.$$

In der zweiten Figur:
$$\alpha = 360° - w_{n-1}, \quad \beta = 360° - A_n + w_n,$$
also
$$360° - w_{n-1} + 360° - A_n + w_n = 180°,$$
$$w_n = w_{n-1} + A_n - 180° - 360°.$$

Zweite Gruppe. Die beiden in n zusammenstossenden Seiten befinden sich unterhalb der gedachten Parallelen. Hiebei hat man die folgenden zwei Fälle:

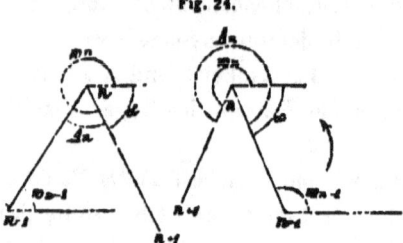

Fig. 24.

Für die erste Figur ist:
$w_{n-1} + A_n + \alpha = 180°, \; \alpha = 360° - w_n,$
$w_{n-1} + A_n + 360° - w_n = 180°, \; w_n = w_{n-1} + A_n - 180° + 360°.$

Für die zweite:
$w_{n-1} + \alpha = 180°, \; \alpha = A_n - w_n,$
$w_{n-1} + A_n - w_n = 180°, \; w_n = w_{n-1} + A_n - 180°.$

Dritte Gruppe. Die eine der zwei in n zusammenstossenden Seiten befindet sich oberhalb, die andere unterhalb jener Parallelen. Dies gibt nachstehende zwei Fälle:

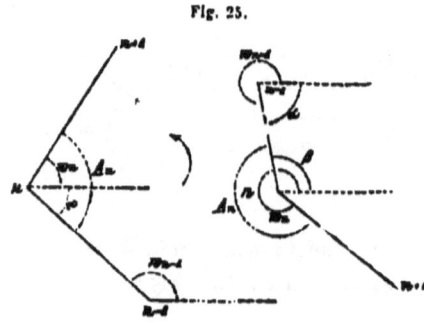

Fig. 25.

Für die erste Figur:
$$w_{n-1} + \alpha = 180°, \quad \alpha = A_n - w_n,$$
$$w_{n-1} + A_n - w_n = 180°, \quad w_n = w_{n-1} + A_n - 180°.$$
Für die zweite:
$$\alpha + \beta = 180°, \quad \alpha = 360° - w_{n-1}, \quad \beta = w_n - A_n,$$
$$360° - w_{n-1} + w_n - A_n = 180°, \quad w_n = w_{n-1} + A_n - 180°.$$

Diese sechs Fälle erschöpfen offenbar alle möglichen. Es folgt daraus, dass man immer hat:
$$w_n = w_{n-1} + A_n - 180°, \text{ oder } w_n = w_{n-1} + A_n - 180° + 360°,$$
$$\text{oder } w_n = w_{n-1} + A_n - 180° - 360°.$$

Man kann diese drei Fälle in einen zusammenziehen, indem man setzt:
$$w_n = w_{n-1} + A_n - 180° + m_n \cdot 360°, \qquad \text{(a)}$$
worin m_n entweder $= 0$, oder $+1$, oder -1 ist.

III. Die Formel (a) gilt nun für alle Punkte. Fängt man mit dem Punkte 2 an und schreitet bis zum Punkte n fort, so erhält man nach einander folgende Gleichungen:
$$\left. \begin{array}{l} w_2 = w_1 + A_2 - 180° + m_2 \cdot 360°, \\ w_3 = w_2 + A_3 - 180° + m_3 \cdot 360°, \\ w_4 = w_3 + A_4 - 180° + m_4 \cdot 360°, \\ \quad \cdots \cdots \\ w_n = w_{n-1} + A_n - 180° + m_n \cdot 360°, \end{array} \right\} \quad \text{(b)}$$

worin $m_2, m_3, \ldots, m_n$ jedes entweder 0, oder $+1$, oder -1 ist. Die Anzahl dieser Gleichungen ist $n-1$. Man addire dieselben, so werden die Grössen $m_2 \cdot 360°, m_3 \cdot 360° \ldots, m_n \cdot 360°$ zusammen eine ganze Anzahl von 360° (positiv oder negativ) oder auch 0 ausmachen, so dass man ihre Summe $= r \cdot 360°$ setzen kann, wo r entweder 0, oder eine ganze (positive oder negative) Zahl ist. So zieht man aus (b):
$$w_2 + w_3 + w_4 + \ldots + w_n = w_1 + w_2 + \ldots + w_{n-1} +$$
$$A_2 + A_3 + \ldots + A_n - (n-1) \, 180° + r \cdot 360°.$$

Lässt man beiderseits die Summe $w_2 + w_3 + w_4 + \ldots w_{n-1}$ weg, so erhält man endlich:
$$w_n = w_1 + A_2 + A_3 + A_4 + \ldots + A_n - (n-1) \, 180° + r \cdot 360°. \quad \text{(c)}$$

Diese Gleichung zeigt, wie man w_n aus w_1 und den bis zum Punkte n vorkommenden Winkeln finden kann. Da r eine ganze Zahl ist, so folgt aus (c):

$$\left.\begin{array}{l}sin\,w_n = sin[w_1 + A_2 + A_3 + A_4 + \ldots + A_n - (n-1)180°],\\ cos\,w_n = cos[w_1 + A_2 + A_3 + A_4 + \ldots + A_n - (n-1)180°].\end{array}\right\}\text{(d)}$$

Setzt man in diesen Gleichungen nach einander $n = 2, 3, 4 \ldots$, so hat man:

$$sin\,w_2 = sin(w_1 + A_2 - 180°),$$
$$cos\,w_2 = cos(w_1 + A_2 - 180°).$$
$$sin\,w_3 = sin(w_1 + A_2 + A_3 - 2.180°),$$
$$cos\,w_3 = cos(w_1 + A_2 + A_3 - 2.180°).$$
$$sin\,w_4 = sin(w_1 + A_2 + A_3 + A_4 - 3.180°),$$
$$cos\,w_4 + cos(w_1 + A_2 + A_3 + A_4 - 3.180°),$$

u. s. w.

d. h. endlich, wenn man auf die bekannten trigonometrischen Formeln achtet:

$$\left.\begin{array}{l}sin\,w_2 = -sin(w_1 + A_2),\\ cos\,w_2 = -cos(w_1 + A_2),\\ sin\,w_3 = +sin(w_1 + A_2 + A_3),\\ cos\,w_3 = +cos(w_1 + A_2 + A_3),\\ sin\,w_4 = -sin(w_1 + A_2 + A_3 + A_4),\\ cos\,w_4 = -cos(w_1 + A_2 + A_3 + A_4),\\ sin\,w_5 = +sin(w_1 + A_2 + A_3 + A_4 + A_5),\\ cos\,w_5 = +cos(w_1 + A_2 + A_3 + A_4 + A_5),\\ \ldots\ldots\\ sin\,w_n = \pm sin(w_1 + A_2 + A_3 + \ldots + A_n),\\ cos\,w_n = \pm cos(w_1 \pm A_2 + A_3 + \ldots + A_n).\end{array}\right\}\text{(e)}$$

worin das obere (+) Zeichen gilt, wenn n ungerade, das untere (−) Zeichen dagegen, wenn n gerade ist.

§. 36.
Die Grundgleichungen der Polygonometrie.

I. Schliesst sich der Linienzug, d. h. fällt der letzte Punkt mit dem ersten zusammen, so entsteht ein Vieleck. Dieses hat übrigens hier eine sehr allgemeine Gestalt, da die einzelnen Seiten sich ganz wohl durchschneiden können.

Hat das Vieleck n Seiten, so hatte der Linienzug n+1 Punkte, wo allerdings der n+1 Punkt mit dem ersten zusammenfällt. Die

Winkel des Vielecks sind $A_2, A_3, \ldots, A_n$ und im Punkte 1 jetzt A_1; die Gleichung (c) des vorigen §. gilt natürlich immer noch.

Denkt man sich die Sache so, dass man anfänglich $n+2$ Punkte, also $n+1$ Linien im Zug gehabt hätte, und lässt $n+1$ mit 1, $n+2$ mit 2 zusammenfallen, so hat man unser Vieleck wieder und es ist $A_{n+1} = A_1$, $w_{n+1} = w_1$.

Erste Grundgleichung. Aus (c) folgt, wenn man diese eben gemachte Annahme zulässt:

$$w_{n+1} = w_1 + A_2 + A_3 + \ldots + A_n + A_{n+1} - n \cdot 180° + r \cdot 360°,$$

d. h. da $w_{n+1} = w_1$, $A_{n+1} = A_1$:

$$0 = A_1 + A_2 + \ldots + A_n - n \cdot 180° + r \cdot 360°,$$

wo r eine (positive oder negative) ganze Zahl. Also ist allgemein

$$A_1 + A_2 + \ldots + A_n = n \cdot 180° - r \cdot 360°. \quad (A)$$

Diess ist die verlangte erste Grundgleichung. Für gewöhnliche Polygone (deren Seiten sich nicht durchschneiden) ist $r = 1$, wenn die A die **innern** Winkel sind.

II. Projiziren wir die Seiten des Zuges auf OA, so sind die (mit den gehörigen Zeichen genommenen) Projectionen:

$$a_1 \cos w_1, \quad a_2 \cos w_2, \ldots$$

Dabei ist nun auch $a_1 \cos w_1 + a_2 \cos w_2$ die Projektion von 13; $a_1 \cos w_1 + a_2 \cos w_2 + a_3 \cos w_3$ die Projektion von 14; ......; $a_1 \cos w_1 + \ldots + a_n \cos w_n$ die Projektion von 1 $(n+1)$, ebenfalls mit dem gehörigen Zeichen genommen, wie sich wohl unmittelbar ergibt.

$a_1 \sin w_1, a_2 \sin w_2, \ldots$ sind die Projektionen der Seiten auf OB; $a_1 \sin w_1 + a_2 \sin w_2 + \ldots + a_n \sin w_n$ ist die Projektion von 1 $(n+1)$ auf OB.

Machen wir wieder die frühere Annahme von $n+2$ Punkten, von denen der $n+1$ mit 1, der $n+2$ mit 2 zusammenfällt, so wird jetzt die Linie 1 $(n+1)$ zu Null. Also sind ihre Projektion auf OA und OB ebenfalls Null. Man hat folglich

$$\left.\begin{array}{l} a_1 \cos w_1 + a_2 \cos w_2 + \ldots + a_n \cos w_n = 0, \\ a_1 \sin w_1 + a_2 \sin w_2 + \ldots + a_n \sin w_n = 0. \end{array}\right\} (\alpha)$$

Zweite Grundgleichung. Man multiplizire die erste Gleichung (α) mit $cos\, w_1$, die zweite mit $sin\, w_1$, und addire, so ergibt sich:

$$a_1 + a_2\, cos(w_2 - w_1) + a_3\, cos(w_3 - w_1) + \ldots + a_n\, cos(w_n - w_1) = 0,$$

d. h. da

$$w_s - w_1 = A_2 + A_3 + \ldots + A_s - (s-1)180° + r.360°,$$
$$cos(w_s - w_1) = \pm\, cos(A_2 + A_3 + \ldots + A_s),$$

wo das obere Zeichen gilt, wenn s ungerade, das untere, wenn s gerade, so hat man:

$$a_1 - a_2\, cos\, A_2 + a_3\, cos(A_2 + A_3) - a_4\, cos(A_2 + A_3 + A_4) + \ldots$$
$$\pm\, a_n\, cos(A_2 + A_3 + \ldots + A_n) = 0. \qquad (B)$$

Dritte Grundgleichung. Multiplizirt man die erste (α) mit $sin\, w_1$, die zweite mit $cos\, w_1$ und subtrahirt, so folgt:

$$a_2\, sin(w_2 - w_1) + a_3\, sin(w_3 - w_1) + \ldots + a_n\, sin(w_n - w_1) = 0,$$

oder da $sin(w_s - w_1) = \pm\, sin(A_2 + \ldots + A_s)$, wo das obere Zeichen gilt, wenn s ungerade, so hat man:

$$a_2\, sin\, A_2 - a_3\, sin(A_2 + A_3) + a_4\, sin(A_2 + A_3 + A_4) - \ldots$$
$$\pm\, a_n\, sin(A_2 + A_3 + \ldots + A_n) = 0. \qquad (C)$$

Die Gleichungen (A), (B), (C) sind die drei Grundgleichungen der ebenen Polygonometrie. [Vergleiche die (δ) in IV.]

Für $n = 3$, also ein Dreieck, heissen sie:

$$A_1 + A_2 + A_3 = 3.180° - r.360°, \; (r=1),$$
$$a_1 - a_2\, cos\, A_2 + a_3\, cos(A_2 + A_3) = 0,$$
$$a_2\, sin\, A_2 - a_3\, sin(A_2 + A_3) = 0,$$

und sind die Gleichungen (α) in §. 28.

III. In den drei Grundgleichungen kommen die Richtungswinkel nicht mehr vor; es ist daher auch ganz gleichgiltig, in welcher Weise man die (Hilfs-) Linien OA, OB gewählt hat. Es ist somit auch eben so gleichgiltig, in welchem Sinne die Winkel A_1, A_2, ... des Vielecks gezählt werden, nur muss diess für alle in derselben Richtung geschehen. Man kann sich hievon auch ganz unmittelbar überzeugen. Sind nämlich diese Winkel einmal nach einer bestimmten Drehungsrichtung gezählt, und man

wählt nun die entgegengesetzte Richtung, so verwandeln diese Winkel sich sämmtlich in $360° - A$, so dass man zu setzen hat:
$$n.360° - (A_1 + A_2 + .. + A_n) = n.180° - r.360°,$$
$$A_1 + A_2 + .. + A_n = n.180° + r.360°,$$
was wieder die (A) ist, indem dort r positiv oder negativ sein kann.

In (B) bleibt Alles ungeändert, wenn man
$$360° - A_2, \; 360° - A_3, \; \ldots$$
für
$$A_2, \; A_3, \; \ldots$$
setzt; in (C) wechseln alle Glieder ihr Zeichen, die Gleichung bleibt also thatsächlich dieselbe.

IV. Da es frei steht, jeden Eckpunkt des Vielecks zum ersten zu machen, so ist selbstverständlich, dass die Gleichungen (B) und (C) in anderer Form auftreten können. So wird man auch finden, dass

$$\left.\begin{array}{l} a_m - a_{m+1}\cos A_{m+1} + a_{m+2}\cos(A_{m+1} + A_{m+2}) - \ldots \\ \qquad \pm a_{m-1}\cos(A_{m+1} + \ldots + A_{m-1}) = 0, \\ a_{m+1}\sin A_{m+1} - a_{m+2}\sin(A_{m+1} + A_{m+2}) + \ldots \\ \qquad \pm a_{m-1}\sin(A_{m+1} + \ldots + A_{m-1}) = 0, \end{array}\right\} (\beta)$$

wo die Art des Fortgangs der Formeln (Durchlaufen des Vielecks vom Punkte m aus bis zum Punkte $m-1$) wohl klar ist.

Diese Formeln leiten sich aber aus den (B) und (C) unmittelbar ab. Um diese Behauptung zu erweisen, wollen wir die Grundgleichungen in folgender Form schreiben:

$$\left.\begin{array}{l} (-1)^1 a_1 + (-1)^2 a_2 \cos A_2 + (-1)^3 a_3 \cos(A_2 + A_3) + \ldots \\ \qquad + (-1)^n a_n \cos(A_2 + \ldots + A_n) = 0, \\ (-1)^2 a_2 \sin A_2 + (-1)^3 a_3 \sin(A_2 + A_3) + \ldots \\ \qquad + (-1)^n a_n \sin(A_2 + \ldots + A_n) = 0. \end{array}\right\} (\gamma)$$

Multiplizirt man von diesen Gleichungen: die erste mit $\cos A_1$, die zweite mit $\sin A_1$ und subtrahirt sie; sodann die erste mit $\sin A_1$, die zweite mit $\cos A_1$ und addirt, so ergibt sich:

$$\left.\begin{array}{l} (-1)^1 a_1 \cos A_1 + (-1)^2 a_2 \cos(A_1 + A_2) + (-1)^3 a_3 \cos(A_1 + A_2 + A_3) + \ldots \\ \qquad + (-1)^n a_n \cos(A_1 + \ldots + A_n) = 0, \\ (-1)^1 a_1 \sin A_1 + (-1)^2 a_2 \sin(A_1 + A_2) + (-1)^3 a_3 \sin(A_1 + A_2 + A_3) + \ldots \\ \qquad + (-1)^n a_n \sin(A_1 + \ldots + A_n) = 0, \end{array}\right\} (\delta)$$

welche Gleichungen die zwei Grundgleichungen (B) und (C) vertreten.

Man multiplizire nun die erste der (δ) mit $\cos(A_1 + \ldots + A_m)$, die zweite mit $\sin(A_1 + \ldots + A_m)$ und addire beide, so ergibt sich:

$$(-1)^1 a_1 \cos(A_3 + \ldots + A_m) + (-1)^2 a_2 \cos(A_3 + \ldots + A_m) + \ldots$$
$$+ (-1)^{m-1} a_{m-1} \cos A_m + (-1)^m a_m + (-1)^{m+1} a_{m+1} \cos A_{m+1} + \ldots$$
$$+ (-1)^n a_n \cos(A_{m+1} + \ldots + A_n) = 0.$$

Da aber aus (A) folgt
$$\cos(A_s + \ldots + A_m) = \cos[n \cdot 180^0 - (A_{m+1} + \ldots + A_{s-1})]$$
$$= (-1)^n \cos(A_{m+1} + \ldots + A_{s-1}),$$

so ergibt sich, wenn man nur anders ordnet:
$$(-1)^m a_m + (-1)^{m+1} a_{m+1} \cos A_{m+1} + \ldots + (-1)^n a_n \cos(A_{m+1} + \ldots A_n)$$
$$+ (-1)^{n+1} a_1 \cos(A_{m+1} + \ldots + A_1) + \ldots$$
$$+ (-1)^{m+n-1} a_{m-1} \cos(A_{m+1} + \ldots + A_{m-1}) = 0,$$

woraus, wenn man mit $(-1)^m$ dividirt, sofort die erste (β) folgt.

Multiplizirt man die erste (δ) mit $\sin(A_1 + \ldots + A_m)$, die zweite mit $\cos(A_1 + \ldots + A_m)$, und subtrahirt dann die beiden Gleichungen, beachtet überdiess dass
$$\sin(A_s + \ldots + A_m) = (-1)^{n-1} \sin(A_{m+1} + \ldots A_{s-1}),$$

so erhält man
$$-(-1)^{m+1} a_{m+1} \sin A_{m+1} - (-1)^{m+2} a_{m+2} \sin(A_{m+1} + A_{m+2}) - \ldots$$
$$-(-1)^n a_n \sin(A_{m+1} + \ldots A_n) + (-1)^n a_1 \sin(A_{m+1} + \ldots + A_1)$$
$$+ (-1)^{n+1} a_2 \sin(A_{m+1} + \ldots A_2) + \ldots$$
$$+ (-1)^{m+n-2} a_{m-1} \sin(A_{m+1} + \ldots A_{m-1}) = 0,$$

woraus, wenn man mit $(-1)^m$ dividirt die zweite (β) folgt.

Die Anwendung dieser Formeln findet sich in meiner „ebenen Polygonometrie". (Stuttgart, Metzler.)

§. 37.
Fläche des Vielecks.

Wenn wir von der Fläche eines Vielecks sprechen, so können wir jetzt nur Vielecke betrachten, deren Seiten sich nicht durchschneiden. Alsdann kann man $A_1, \ldots, A_n$ als die innern Winkel des Vielecks annehmen, da diese sämmtlich in demselben Sinne gerechnet sind. Diess wollen wir nun auch thun. Dabei wollen wir die Eckpunkte des Vielecks in solcher Ordnung wählen, dass wenn man sich über den Umfang, nach der Ordnung der Ziffern hinbewegt, die Drehung in entgegengesetzter Richtung vor sich gehe, als die ist, nach der die Winkel gerechnet werden.

Diese Annahmen sollen im Folgenden festgehalten sein. Sie sind in der Figur vorausgesetzt, wo der Pfeil die Richtung angiebt,

Fig. 26.

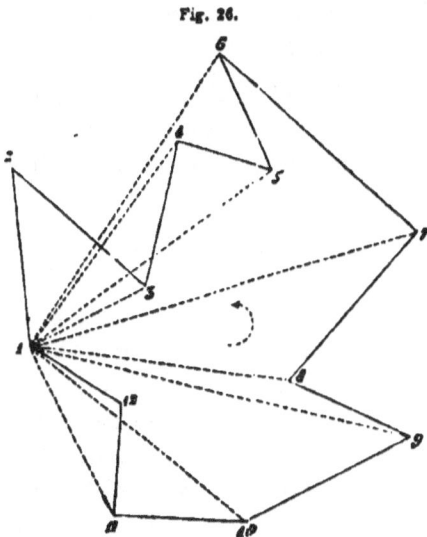

nach der die innern Winkel gezählt sind (rechts nach links drehend) und das Vieleck in der Ordnung der Ziffern entgegengesetzt (links nach rechts) durchlaufen wird.

II. Von dem Punkte 1 aus wollen wir auf alle andern Punkte Gerade ziehen, wodurch das Vieleck (von n Seiten) in n — 2 Dreiecke zerlegt wird, deren Summe den gesuchten Flächeninhalt ausmacht. Diese Dreiecke sind aber theils als positiv, theils als negativ anzusehen. Um uns hierüber bequem ausdrücken zu können, wollen wir eine Gerade sich bewegen denken so, dass ihr einer Endpunkt immer in 1 bleibe, ihr anderer aber den Umfang des Vielecks, von 2 bis n, durchlaufe. Diese Gerade beschreibt (überläuft) alle einzelnen Dreiecke. Dreht sie sich nun, während sie ein bestimmtes der Dreiecke (z. B. 167) beschreibt, in einem Sinne, der der Pfeilrichtung entgegengesetzt ist, so wollen wir das Dreieck als verkehrtläufig geordnet erklären; dreht sie sich dagegen in dem Sinne des Pfeiles (wie bei 134), so soll das Dreieck als rechtläufig geordnet bezeichnet sein.

Diess vorausgesetzt, sind in der Summe alle verkehrtläufig geordneten Dreiecke als positiv, die andern als negativ zu betrachten. Für unsere Figur ist also die Fläche gleich

$$123 - 134 + 145 - 156 + 167 + 178 + 189 + 19\,10$$
$$+ 1\,10\,11 - 1\,11\,12.$$

Dieser Ausspruch wird durch ein aufmerksames Verfolgen der Bewegung der beschreibenden Geraden sich sofort als richtig herausstellen und wir wollen daher eine weitere Erläuterung desselben nicht geben.

III. Betrachten wir nun ein positives Dreieck, z. B. 167, und nehmen die Linie 76 (in der Richtung 7 nach 6) als die eine der zwei Geraden, auf die wir in §. 35 projizirten, nämlich für die dortige OA, so muss die dortige OB, die durch 7 geht, in ihrer positiven Richtung von 7 gegen 1 gewendet seyn, damit der Winkel AOB in demselben Drehungssinne gerechnet sei, in welchem die Winkel des Vielecks gezählt sind. (Dass diess immer der Fall ist, wo auch sonst das Dreieck liege, wird leicht zu übersehen sein.) Daraus folgt sofort, dass die Projektion des Zuges 78...1 auf OB positiv und gleich der Entfernung des Punktes 1 von 67 ist.

Wählen wir nun ein negatives Dreieck, z. B. 134, und nehmen wieder 43 als positive Richtung der früheren OA (von 4 nach 3), so muss die positive Richtung der früheren OB, die durch 4 zu gehen hat, diessmals dem Punkte 1 abgewendet sein, damit wieder AOB in der Pfeilrichtung durchlaufen werde. Daraus folgt, dass die Projektion des Zuges 45...1 (auf OB) negativ, sonst aber der Entfernung des Punktes 1 von 34 gleich ist.

Berechnen wir in den beiden Fällen die genannten Projektionen, so haben wir für das Dreieck 167 die Projektion von 78...1 auf die durch 7 gehende, nach 1 gewendete Senkrechte zu finden. Da hier das frühere $w_i = A_7$, so ist (§. 36, II) die fragliche Projektion:

$$a_7 \sin A_7 - a_8 \sin(A_7 + A_8) + \ldots \pm a_{12} \sin(A_7 + \ldots + A_{12}),$$

wie sich aus Ansicht der Formeln (e) in §. 35 sofort ergibt.

Für das Dreieck 134 ist eben so die Projektion:

$$a_3 \sin A_3 - a_4 \sin(A_3 + A_4) + \ldots \pm a_{12} \sin(A_3 + \ldots + A_{12}),$$

deren Werth aber negativ ist.

IV. Die Entfernung des Punktes 1 von 67 ist die Höhe des Dreiecks 167; das Produkt dieser Entfernung in 67 also die doppelte

Fläche des Dreiecks. Da die Entfernung gleich der oben berechneten Projektion, so ist also die doppelte Fläche:

$a_6 [a_7 \sin A_7 - a_8 \sin(A_7 + A_8) + \ldots \pm a_{12} \sin(A_7 + \ldots + A_{12})]$.

Für das Dreieck 134 ist die Höhe gleich der mit entgegengesetztem Zeichen genommenen oben berechneten Projektion. Desshalb ist die doppelte, aber negativ genommene Fläche:

$a_3 [a_4 \sin A_4 - a_5 \sin(A_4 + A_5) + \ldots \pm a_{12} \sin(A_4 + \ldots + A_{12})]$.

V. Da nun bei der Berechnung der Fläche alle verkehrtläufig geordneten Dreiecke als positiv, die rechtläufig geordneten als negativ anzusehen sind, so ergibt sich aus dem Seitherigen ganz unmittelbar, dass

die doppelte Fläche eines n Ecks gleich

$$a_2 [a_3 \sin A_3 - a_4 \sin(A_3 + A_4) + \ldots$$
$$\pm a_n \sin(A_3 + \ldots + A_n)]$$
$$+ a_3 [a_4 \sin A_4 - a_5 \sin(A_4 + A_5) + \ldots$$
$$\pm a_n \sin(A_4 + \ldots + A_n)]$$
$$+ a_4 [a_5 \sin A_5 - a_6 \sin(A_5 + A_6) + \ldots \quad \text{(D)}$$
$$\pm a_n \sin(A_5 + \ldots + A_n)]$$
$$+ \vdots$$
$$+ a_{n-2} [a_{n-1} \sin A_{n-1} - a_n \sin(A_{n-1} + A_n)]$$
$$\pm a_{n-1} a_n \sin A_n.$$

Dabei ist vorausgesetzt, dass die Winkel $A_2, \ldots$ die innern Winkel des Vielecks seyen, und dass die Eckpunkte derart mit $1, 2, 3, \ldots, n$ bezeichnet seyen, dass wenn man den Umfang des Vielecks nach der Ordnung der Ziffern durchläuft, man sich in einer Richtung drehe, die der entgegengesetzt ist, in der die Winkel (nach §. 35) gezählt sind. Da diess aber immer der Fall ist, sobald die Winkel die innern sind, so hat man also zur Formel (D) nur die Bedingung zu setzen, dass die Winkel die innern des Vielecks seien.

Vierter Abschnitt.
Umformungen. Auflösung trigonometrischer Gleichungen.

§. 38.
Einführung von Hilfswinkeln.

Ein Punkt, den wir hier besonders noch in's Auge fassen wollen, betrifft die Anwendung der Einführung von Hilfswinkeln, wovon wir in der zweiten Auflösung des §. 30 ein Beispiel gesehen haben. Die Auflösung einer Reihe weiterer Beispiele mag über das dabei einzuhaltende Verfahren, das sich in allgemeine Regeln nicht gut fassen lässt, weitern Aufschluss geben.

1) Man soll
$$x = a\,[\cos\alpha \cos\beta + \sin\alpha \sin\beta \cos\gamma]$$
durch logarithmische Rechnung finden.

Man bestimme den Winkel φ so, dass [*]
$$tg\,\varphi = tg\,\alpha \cos\gamma, \quad \varphi \text{ zwischen 0 und } 180°,$$
also
$$\sin\alpha \cos\gamma = tg\,\varphi \cdot \cos\alpha = \frac{\sin\varphi \cdot \cos\alpha}{\cos\varphi},$$
so ist
$$x = a\left(\cos\alpha \cos\beta + \frac{\sin\varphi \cdot \cos\alpha \cdot \sin\beta}{\cos\varphi}\right)$$
$$= \frac{a\cos\alpha}{\cos\varphi}\,[\cos\varphi \cos\beta + \sin\varphi \sin\beta] = \frac{a\cos\alpha \cos(\varphi - \beta)}{\cos\varphi}.$$

Durch Einführung zweier Hilfsgrössen kann man x übrigens auch auf eine andere Form bringen. Bestimmt man nämlich r und ψ so, dass

---

[*] $x = a\cos\alpha[\cos\beta + tg\,\alpha \cos\gamma \sin\beta]$ und $\cos\beta + tg\,\varphi \sin\beta = \cos\beta + \frac{\sin\varphi \sin\beta}{\cos\varphi}$
$= \frac{\cos\varphi \cos\beta + \sin\varphi \sin\beta}{\cos\varphi} = \frac{\cos(\varphi - \beta)}{\cos\varphi}$, so dass $tg\,\alpha \cos\gamma = tg\,\varphi$ zu setzen ist.

Wir erinnern hiebei, dass jede Grösse einer Tangente oder Cotangente gleich gesetzt werden; einem Sinus oder Cosinus aber nur, wenn sie kleiner als 1 ist.

Einführung von Hülfswinkeln.

so ist
$$r \sin \psi = \cos \alpha, \; r \cos \psi = \sin \alpha \cos \gamma,$$
$$x = ar [\sin \psi \cos \beta + \sin \beta \cos \psi] = ar \sin (\psi + \beta).$$

Zur Bestimmung von r und ψ hat man:
$$tg \, \psi = \frac{cotg \, \alpha}{\cos \gamma}, \; r = \frac{\cos \alpha}{\sin \psi}, \; \text{oder } r = \frac{\sin \alpha \cos \gamma}{\cos \psi}, \; \psi \text{ zwischen 0 und 180}^\circ.$$

2) Man soll
$$a \sin \alpha \sin \beta + b \cos \alpha \cos \beta \cos \gamma$$
logarithmisch berechnen. Man bestimme den Winkel φ (zwischen 0 und 180°) so, dass *
$$cotg \, \varphi = \frac{b}{a} cotg \, \alpha \cos \gamma,$$
also
$$b \cos \alpha \cos \gamma = \frac{a \cos \varphi \sin \alpha}{\sin \varphi},$$
so ist
$$a \sin \alpha \sin \beta + b \cos \alpha \cos \beta \cos \gamma = a \sin \alpha \sin \beta + \frac{a \cos \varphi \sin \alpha \cos \beta}{\sin \varphi}$$
$$= \frac{a \sin \alpha}{\sin \varphi} [\sin \varphi \sin \beta + \cos \varphi \cos \beta] = \frac{a \sin \alpha \cos (\varphi - \beta)}{\sin \varphi}.$$

3) Man soll $a + b$ oder $a - b$ berechnen, wenn man bloss die Logarithmen von a und b kennt, d. h. also aus $log \, a$, $log \, b$ soll man $log (a + b)$ oder $log (a - b)$ suchen, wo $a > b$ und beide Grössen positiv sind.

Man bestimme den Winkel φ so, dass
$$tg^2 \varphi = \frac{a}{b}, \; a = b \, tg^2 \varphi,$$
so ist
$$log (a+b) = log [b (tg^2 \varphi + 1)] = log \frac{b}{\cos^2 \varphi} = log \, b - 2 \, log \cos \varphi.$$

---

* $a \sin \alpha \sin \beta + b \cos \alpha \cos \beta \cos \gamma = a \sin \alpha [\sin \beta + \frac{b}{a} cotg \, \alpha \cos \gamma \cos \beta]$
$$= a \sin \alpha [\sin \beta + cotg \, \varphi \cos \beta] = a [\sin \alpha \sin \beta + \frac{\cos \varphi}{\sin \varphi} \cos \beta]$$
$$= a \sin \alpha \left(\frac{\sin \varphi \sin \beta + \cos \varphi \cos \beta}{\sin \varphi} \right) = \frac{a \sin \alpha \cos (\varphi - \beta)}{\sin \varphi}.$$

Dabei ist $\cos (\varphi - \beta) = \cos (\beta - \varphi)$

Man bestimme weiter ψ so, dass
$$\sin^2\psi = \frac{b}{a}, \quad b = a\sin^2\psi,$$
so ist
$$log(a - b) = log[a(1 - \sin^2\psi)] = log\, a + log\, cos^2\psi$$
$$= log\, a + 2\, log\, cos\, \psi.$$

Die Gaussischen Logarithmentafeln, wie sie zuerst in der „Monatlichen Korrespondenz" XXVI. Band, S. 498 ff. veröffentlicht wurden, sind bekanntlich zu dem Zwecke construirt, aus $log\, a$ und $log\, b$ den $log(a+b)$ und $log(a-b)$ zu erhalten.

4) Man soll
$$\frac{a\sin\alpha - b\sin\beta}{a\sin\alpha + b\sin\beta} = x$$
zur logarithmischen Rechnung bequemer einrichten.

Man bestimme φ so, dass
$$tg\,\varphi = \frac{b\sin\beta}{a\sin\alpha}, \quad b\sin\beta = a\sin\alpha\, tg\,\varphi,$$
so ist
$$x = \frac{a\sin\alpha - a\sin\alpha\, tg\,\varphi}{a\sin\alpha + a\sin\alpha\, tg\,\varphi} = \frac{1 - tg\,\varphi}{1 + tg\,\varphi} = tg(45° - \varphi),$$
wenn $\varphi < 45°$; ist $\varphi > 45°$, so ist diese Grösse $= -tg(\varphi - 45°)$.

Diese Beispiele mögen genügen, da wir ohnehin bei den Anwendungen Gelegenheit haben werden, weitere beizufügen. In vielen Fällen mag die unmittelbare Berechnung wohl eben so schnell zum Ziele führen; namentlich dann aber werden diese Umformungen von wesentlichem Nutzen seyn, wenn man bloss die Logarithmen der vorkommenden Grössen kennt und natürlich also das Aufschlagen der Zahlen zu vermeiden wünscht. Wir wollen nun noch einige Beispiele von Auflösungen sogenannter trigonometrischer Gleichungen anführen, die zugleich zu weiterer Erläuterung des Vorgekommenen dienen werden.

Einige allgemeine Bemerkungen mögen hier noch beigefügt werden. Will man einen Hilfswinkel φ einführen dadurch, dass man
$$\sin\varphi = A \text{ oder } cos\,\varphi = A$$
setzt, wo A eine bekannte Grösse ist, so muss der Werth von A nicht über 1 hinausgehen. Da, wenn A positiv ist, die erste Gleichung zwei zwischen 0 und 180° liegende Werthe von φ gibt (die zusammen 180° ausmachen), so wäre man im Zweifel, welcher zu wählen sey; in diesem Falle muss man sich für den einen oder

andern entscheiden — in der Regel wird diess für den kleineren geschehen. Die zweite Gleichung bestimmt den zwischen 0 und 180° liegenden Winkel φ vollkommen; ist $A > 0$, so liegt φ zwischen 0 und 90°, ist dagegen $A < 0$, so liegt φ zwischen 90° und 180°.

Soll dagegen φ aus
$$tg\,\varphi = A \text{ oder } cotg\,\varphi = A$$
bestimmt werden, und man nimmt φ zwischen 0 und 180°, so kann A einen ganz beliebigen Werth haben. Ist dabei $A > 0$, so liegt φ zwischen 0 und 90°; ist dagegen $A < 0$, so wird man φ zwischen 90° und 180° erhalten. Wollte man φ etwa aus
$$sin^2\varphi = A, \text{ oder } cos^2\varphi = A$$
bestimmen, so müsste A positiv und nicht > 1 seyn; φ wäre dann zwischen 0 und 90° enthalten. Sollte dagegen φ aus
$$tg^2\varphi = A, \text{ oder } cotg^2\varphi = A$$
bestimmt werden, so müsste A positiv seyn, und man würde φ zwischen 0 und 90° nehmen.

§. 39.
Auflösung trigonometrischer Gleichungen.

1) Aus der Gleichung
$$a\,sin\,x + b\,cos\,x = c$$
soll x bestimmt werden.

Man bestimme den zwischen 0 und 180° liegenden Winkel φ so, dass
$$tg\,\varphi = \frac{b}{a},\ b = \frac{a\,sin\,\varphi}{cos\,\varphi},$$
so ist
$$a\,sin\,x + \frac{a\,sin\,\varphi\,cos\,x}{cos\,\varphi} = c,$$
$$a\,sin\,x\,cos\,\varphi + a\,sin\,\varphi\,cos\,x = c \cdot cos\,\varphi$$
$$a\,sin(x + \varphi) = c \cdot cos\,\varphi$$
$$sin(x + \varphi) = \frac{c\,cos\,\varphi}{a}.$$

Aus dieser Gleichung erhält man allerdings $sin(x+\varphi)$. Schliesst man alle ausserhalb 0 bis 360° liegenden Werthe von $x+\varphi$ aus, so wird, wenn $sin(x+\varphi) > 0$, $x+\varphi$ im ersten oder zweiten, wenn $sin(x+\varphi) < 0$, $x+\varphi$ im dritten oder vierten Quadranten liegen.*

---

* Ist $\varphi < 90°$ und $sin(x+\varphi) > 0$, so liegt, wie gesagt, $x+\varphi$ im ersten oder zweiten Quadranten; dabei könnte es sich aber ereignen, dass der so erhaltene, im ersten Quadranten liegende Werth von $x+\varphi$ kleiner als φ wäre, alsdann wäre

Man erhält also immer zwei gleich mögliche Werthe von x. Wäre $\frac{c \cos \varphi}{a} > 1$, so wäre die Aufgabe unmöglich.

Sey z. B.

$log\, a = 2\cdot8734276$, $log\, b = 1\cdot8727342\,(-)$, $log\, c = 2\cdot2473402$.

$log\, b = 1\cdot8727342\,(-)$ $\qquad log\, c = 2\cdot2473402$

$\underline{E. log\, a = 7\cdot1265724}$ $\qquad log\, \cos \varphi = 9\cdot9978462\,(-)$

$log\, tg\, \varphi = \underline{8\cdot9992066}\,(-)$ $\qquad \underline{E. log\, \cos a = 7\cdot1265724}$

$\varphi = 174°17'54\cdot5''$ $\qquad log\, \sin(x+\varphi) = \overline{9\cdot3717588}\,(-)$

$\hfill 13°36'49\cdot2''$

$x + \varphi = \begin{cases} 193°36'49\cdot2'' \\ 346°23'10\cdot8''' \end{cases} x = \begin{cases} 19°18'54\cdot7'' \\ 172°\ 5'16\cdot3'' \end{cases}$.

Die beliebige Zufügung von 360° wäre natürlich gestattet, indem auch $a\, sin\,(x + n \cdot 360°) + b\, cos\,(x + n \cdot 360°) = c$, wenn $a\, sin\, x + b\, cos\, x = c$ ist (§. 10).

Die Gleichung
$$a\, cos\,(x + \alpha) + b\, cos\,(x + \beta) = c$$
kommt auf
$$(a\, cos\, \alpha + b\, cos\, \beta)\, cos\, x - (a\, sin\, \alpha + b\, sin\, \beta)\, sin\, x = c,$$
also auf die obige, zurück. Dasselbe gilt offenbar von den Gleichungen

$a\, sin\,(x + \alpha) + b\, sin\,(x + \beta) = c$, $a\, sin\,(x + \alpha) + b\, cos\,(x + \beta) = c$.

2) Aus der Gleichung
$$cos\, n\, x + cos\,(n - 2)\, x = cos\, x$$
die zwischen 0 und 360° liegenden Werthe von x zu ermitteln.

Man hat (§. 16):
$$cos\, n\, x + cos\,(n - 2)\, x = 2\, cos\,(n - 1)\, x\, cos\, x,$$
demnach ist obige Gleichung
$$cos\, x = 2\, cos\,(n - 1)\, x \cdot cos\, x,$$
und ihr wird Genüge geleistet, wenn

$cos\, x = 0$, oder $2\, cos\,(n - 1)\, x = 1$, $cos\,(n - 1)\, x = \tfrac{1}{2}$.

---

x negativ. Wollte man den negativen Werth von x vermeiden, so braucht man ihm bloss 360° zuzuzählen.

Ist $\varphi > 90°$ und $sin\,(x + \varphi) > 0$, so wird der eben erwähnte Fall eines negativen x sicherlich für $x + \varphi < 90°$ eintreten; er kann aber auch für $x + \varphi > 90°$ eintreten. Will man die negativen Winkel vermeiden, so wird man sich natürlich wie so eben helfen.

Die erste dieser zwei Gleichungen verlangt, dass $x = 90°$ oder $270°$; die zweite dagegen, dass (n als positive ganze Zahl vorausgesetzt):

$$(n-1)x = 60°,\ 300°,\ 420°,\ 660°,\ \ldots\ldots\ldots$$
$$\ldots,\ (n-2)360° + 60°,\ (n-2)360° + 300°,$$

woraus die Werthe von x folgen. (Ausser den zwei ersten, für welche $cos(n-1)x = \frac{1}{2}$, erhält man die übrigen durch Zufügen von $360°, 2 \cdot 360°$ u. s. w. Bis zu $(n-1)360° + 60°$ wird man nicht gehen, da sonst $x > 360°$ wäre. (Vergl. §. 23. S. 62.)

3) Man soll aus den zwei Gleichungen
$$x\,sin(\alpha - z) = a,\quad x\,sin(\beta - z) = b$$
die Werthe von x und z bestimmen, wenn α, a, β, b bekannt sind.

Die Addition dieser zwei Gleichungen gibt:
$$x[sin(\alpha - z) + sin(\beta - z)] = a + b,$$
d. h.
$$2x\,sin[\tfrac{1}{2}(\alpha + \beta) - z]\,cos\tfrac{1}{2}(\alpha - \beta) = a + b.\quad(\S.\ 16.)$$
Eben so die Subtraktion:
$$x[sin(\alpha - z) - sin(\beta - z)] = a - b,$$
d. h.
$$2x\,cos[\tfrac{1}{2}(\alpha + \beta) - z]\,sin\tfrac{1}{2}(\alpha - \beta) = a - b.$$

Dividirt man beide Gleichungen, so hat man:
$$tg[\tfrac{1}{2}(\alpha + \beta) - z]\,cotg\tfrac{1}{2}(\alpha - \beta) = \frac{a+b}{a-b},$$
$$tg[\tfrac{1}{2}(\alpha + \beta) - z] = \frac{a+b}{a-b}\,tg\tfrac{1}{2}(\alpha - \beta),$$
worin, wenn $\alpha - \beta$ negativ seyn sollte, $tg\tfrac{1}{2}(\alpha - \beta)$ durch $-tg\tfrac{1}{2}(\beta - \alpha)$ zu ersetzen ist (§.15). Setzt man noch
$$tg\,\varphi = \frac{b}{a},\ b = a\,tg\,\varphi,\ \frac{a+b}{a-b} = \frac{1+tg\,\varphi}{1-tg\,\varphi} = tg(\varphi + 45°)$$
so ist
$$tg[\tfrac{1}{2}(\alpha + \beta) - z] = tg(\varphi + 45°)\,tg\tfrac{1}{2}(\alpha - \beta).$$

Aus dieser Gleichung ergibt sich $\tfrac{1}{2}(\alpha + \beta) - z$ (immer mit zwei Werthen, die um $180°$ verschieden sind), also auch z. Kennt man nun z, so findet man x aus den Gleichungen
$$x = \frac{a}{sin(\alpha - z)} = \frac{b}{sin(\beta - z)},$$
oder auch

$$x = \frac{a+b}{2 sin[\frac{1}{2}(\alpha+\beta)-z]cos\frac{1}{2}(\alpha-\beta)} = \frac{a-b}{2 cos[\frac{1}{2}(\alpha+\beta)-z]sin\frac{1}{2}(\alpha-\beta)}.$$

Wären bloss die Logarithmen von a und b gegeben, so würde man natürlich die erstern Gleichungen bequemer anwenden.

Die Gleichungen
$$x cos(\alpha - y) = a, \quad x cos(\beta - y) = b$$
kommen auf die frühern zurück, wenn man setzt:
$$y = z - 90°.$$

§. 40.
Auflösung von Gleichungen, in denen Bögen vorkommen.

Bereits in §. 18 haben wir Kreisbögen, mit einem Halbmesser 1 zwischen den Seiten eines Winkels beschrieben, durch das Zeichen *arc* bezeichnet. Ist x der Winkel, so ist die Länge des Bogens, mit dem Halbmesser 1:

wenn x in Graden gegeben ist,

gleich $\frac{\pi x}{180}$, $log \frac{\pi}{180} = 8·2418774 - 10$;

wenn x in Minuten gegeben ist,

gleich $\frac{\pi x}{180 \cdot 60}$, $log \frac{\pi}{180 \cdot 60} = 6·4637261 - 10$;

wenn x in Sekunden gegeben ist,

gleich $\frac{\pi x}{180 \cdot 60 \cdot 60}$, $log \frac{\pi}{180 \cdot 60 \cdot 60} = 4·6855749 - 10$.

I. Wir wollen nun annehmen, man lege uns die Gleichung
$$arc\, x = 2 sin\, x$$
zur Auflösung vor. Es tritt diese Frage dann auf, wenn man in einem Kreis diejenige Sehne sucht, welche den zu ihr gehörigen Kreisausschnitt halbirt. Ist nämlich x der Mittelpunktswinkel, r der Halbmesser, so ist $r \cdot arc\, x$ die Länge des Bogens, also $\frac{1}{2} r^2 arc\, x$ die Fläche des Ausschnitts; die Fläche des von der Sehne und beiden Halbmessern gebildeten Dreiecks ist $\frac{1}{2} r^2 sin\, x$, also muss
$$\tfrac{1}{2} r^2 arc\, x = r^2 sin\, x, \quad arc\, x = 2 sin\, x$$
seyn.

Um diese Gleichung zu lösen, verfährt man in folgender Weise:

Gesetzt man kenne zwei nur wenig von einander verschiedene Winkel α und β ($\beta > \alpha$) so beschaffen, dass

$$arc\,\alpha - 2\sin\alpha \text{ und } arc\,\beta - 2\sin\beta$$

von verschiedenen Zeichen sind, so wird der gesuchte Werth von x nothwendig zwischen α und β liegen.*

Man wird nun setzen können

$$x = \alpha + u,$$

wo die Grösse u klein im Verhältniss zu α ist (also z. B. nur wenige Minuten oder Sekunden beträgt).

Der Annahme nach hat man also:

$$arc\,(\alpha + u) - 2\sin(\alpha + u) = 0.$$

Ferner ist offenbar

$$arc\,(\alpha + u) = arc\,\alpha + arc\,u, \quad \sin(\alpha + u) = \sin\alpha + arc\,u\cos\alpha,$$

wenn man $\cos u = 1$, $\sin u = arc\,u$ setzt (§. 18), was man beiläufig darf. Demnach ist

$$arc\,\alpha + arc\,u - 2\sin\alpha - 2\,arc\,u\cos\alpha = 0$$

$$arc\,u\,[1 - 2\cos\alpha] = 2\sin\alpha - arc\,\alpha$$

$$arc\,u = \frac{2\sin\alpha - arc\,\alpha}{1 - 2\cos\alpha},$$

---

* Sey z. B. die Grösse $arc\,\alpha - 2\sin\alpha$ negativ, $arc\,\beta - 2\sin\beta$ positiv; ferner wird, da $arc\,x$ sowohl als $2\sin x$ sich mit x nur allmälig ändern, die Grösse $arc\,x - 2\sin x$ auch sich mit x nur allmälig ändern. Da nun für $x = \alpha$ diese Grösse negativ für $x = \beta (> \alpha)$ aber positiv ist, so wird sie, wenn man x von α bis β allmälig wachsen lässt, einmal durch Null gehen, d. h. es wird einen Werth von x zwischen α und β geben, für den $arc\,x - 2\sin x = 0$, also $arc\,x = 2\sin x$ ist. Gerade diesen aber suchen wir.

Wir setzen dabei x nur positiv voraus. Würden wir auch negative Werthe zulassen, so gäbe es noch einen zweiten Werth, der dem ersten gleich, aber negativ wäre.

Uebrigens ist auch für $x = 0$: $arc\,x = 2\sin x$; diesen Werth aber wollen wir nicht weiter beachten.

Unsere Auflösung setzt voraus, dass man zum voraus zwei Gränzen kenne, zwischen denen x liegt. Diese selbst hat man durch Probiren zu finden, was keineswegs sehr schwer ist. Man hat zu dem Ende ja bloss die zwei (z. B. um $1°$ verschiedenen) Werthe α und β zu suchen, so beschaffen, dass

$$2\sin\alpha > arc\,\alpha, \quad 2\sin\beta < arc\,\beta$$

ist.

aus welcher Gleichung beiläufig $arc\,u$, also auch u gefunden wird. Ob nun der wahre Werth zwischen α und $\alpha + u$, oder $\alpha + u$ und β liege, entscheidet sich durch die Zeichen von

$$arc\,\alpha - 2\sin\alpha,\ arc(\alpha + u) - 2\sin(\alpha + u),\ arc\,\beta - 2\sin\beta;$$

sind die zwei ersten Grössen von demselben Zeichen, so wird x zwischen $\alpha + u$ und β liegen; sind sie von entgegengesetztem Zeichen, zwischen α und $\alpha + u$, immer unter der Voraussetzung, dass $\alpha + u < \beta$. Man hat jetzt zwei nähere Gränzen von x, mit denen man in derselben Weise verfährt.

Man findet für $\alpha = 108°$, $\beta = 109°$, wenn man die Tafeln für die zum Halbmesser 1 gehörigen Bögen benützt:

$$\begin{array}{rl} arc\,100° = & 1{\cdot}74533 \\ arc\ \ \ 8° = & 0{\cdot}13962 \\ \hline arc\,108° = & 1{\cdot}88495 \\ log\,2 = & 0{\cdot}30103 \\ log\,\sin 108° = & 9{\cdot}97821 \\ \hline & 0{\cdot}27924 \\ 2\sin 108° = & 1{\cdot}9021, \end{array} \qquad \begin{array}{rl} arc\,100° = & 1{\cdot}74533 \\ arc\ \ \ 9° = & 0{\cdot}15708 \\ \hline arc\,109° = & 1{\cdot}90241 \\ log\,2 = & 0{\cdot}30103 \\ log\,\sin 109° = & 9{\cdot}97567 \\ \hline & 0{\cdot}27670 \\ 2\sin 109° = & 1{\cdot}891, \end{array}$$

also

$$arc\,108° - 2\sin 108° < 0,\ arc\,109° - 2\sin 109° > 0,$$

d. h. x zwischen 108° und 109°. Mithin:

$$arc\,u = \frac{2\sin 108° - arc\,108°}{1 - 2\cos 108°}.$$

$$\begin{array}{rl} log\,2 = & 0{\cdot}30103 \\ log\,\cos 108° = & 9{\cdot}48998\ (-) \\ \hline & 9{\cdot}79101\ (-) \\ 2\cos 108° = & -0{\cdot}61803 \\ 1 - 2\cos 180° = & 1{\cdot}61803 \\ 2\sin 108° - arc\,108° = & 0{\cdot}0172 \end{array}$$

$arc\,u = \dfrac{0{\cdot}0172}{1{\cdot}6180} = 0{\cdot}0106,$

u zwischen 36' und 37' also ungefähr $x = 108°\,36'$, so dass man vermuthet, es liege x zwischen 108° 36' und 108° 37'.

Es ist nunmehr:

$$\begin{array}{rl} arc\,100° = & 1{\cdot}7453292 \\ arc\ \ \ 8° = & 0{\cdot}1396263 \\ arc\ \ 36' = & 0{\cdot}0104720 \\ \hline arc\,108°\,36' = & 1{\cdot}8954275 \end{array} \qquad \begin{array}{rl} arc\,100° = & 1{\cdot}7453292 \\ arc\ \ \ 8° = & 0{\cdot}1396263 \\ arc\ \ 37' = & 0{\cdot}0107629 \\ \hline arc\,108°\,37' = & 1{\cdot}8957184 \end{array}$$

Die Gleichung $arc\,x = 2\,sin\,x$.   113

$$log\,2 = 0{\cdot}2010300 \qquad\qquad log\,2 = 0{\cdot}3010300$$
$$log\,sin\,108°36' = 9{\cdot}9767022 \qquad log\,sin\,108°37' = 9{\cdot}9766597$$
$$\overline{0{\cdot}2777322} \qquad\qquad \overline{0{\cdot}2776897}$$
$$2\,sin\,108°36' = 1{\cdot}895536 \qquad 2\,sin\,108°37' = 1{\cdot}895535.$$

Da somit
$$arc\,108°36' - 2\,sin\,108°36' < 0,\ \ arc\,108°37' - 2\,sin\,108°37' > 0,$$
so liegt x zwischen $108°36'$ und $108°37'$. Man setzt also jetzt $\alpha = 108°36'$ und hat:

$$log\,cos\,\alpha = 9{\cdot}5037353\ (-)$$
$$log\,2 = 0{\cdot}3010300$$
$$\overline{9{\cdot}8047653\ (-)}$$
$$2\,cos\,\alpha = -0{\cdot}6379187,\ 1-2\,cos\,\alpha = 1{\cdot}6379187,$$
$$arc\,u = \frac{1{\cdot}895536 - 1{\cdot}895427}{1{\cdot}6379187} = \frac{0{\cdot}000109}{1{\cdot}6379},$$

also wenn man u in Sekunden hiernach logarithmisch berechnet: *
$$log\,arc\,u'' = 0{\cdot}82315 - 5$$
$$5{\cdot}31442$$
$$\overline{1{\cdot}13757}$$
$$u = 13{\cdot}72''.$$

Also beiläufig $x = 108°36'13''$. Man hat $108°36'13'' = 390973''$, mithin wenn man $arc\,108°\,36'\,13''$ logarithmisch berechnen will

$$log\,390973 = 5{\cdot}921468 \qquad\qquad log\,2 = 0{\cdot}3010300$$
$$4{\cdot}6855749 \qquad log\,sin\,108°36'13'' = 9{\cdot}9766930$$
$$\overline{log\,arc\,390973'' = 0{\cdot}2777217} \quad \overline{log\,2\,sin\,108°36'13'' = 0{\cdot}2777230}$$
$$log\,390974 = 5{\cdot}5921479 \qquad\qquad log\,2 = 0{\cdot}3010300$$
$$4{\cdot}6855749 \qquad log\,sin\,108°36'14'' = 9{\cdot}9766923$$
$$\overline{log\,arc\,390974'' = 0{\cdot}2777228} \quad \overline{log\,2\,sin\,108°36'14'' = 0{\cdot}2777223,}$$

also $\quad arc\,108°36'13'' - 2\,sin\,108°36'13'' < 0,$
$\quad\quad arc\,108°36'14'' - 2\,sin\,108°36'14'' > 0,$

d. h. der gesuchte Winkel x liegt zwischen
$$108°36'13''\ \text{und}\ 108°36'14''.$$

---

* Es ist wenn a die Anzahl Sekunden eines Winkels:
$$log\,arc\,a = log\,a + 4{\cdot}6855749 - 10,$$
$$log\,a = log\,arc\,a + 5{\cdot}3144251.$$

2) Sey vorgelegt:
$$\mathrm{arc}\, x = \tfrac{1}{2} \sin 2x + \tfrac{1}{4}\pi,$$
welche Gleichung wir ebenfalls lösen wollen. *

Zunächst hat man wieder zwei Werthe von x, α und β, zu suchen, für welche
$$\mathrm{arc}\,\alpha - \tfrac{1}{2}\sin 2\alpha - \tfrac{1}{4}\pi,\ \mathrm{arc}\,\beta - \tfrac{1}{2}\sin\beta - \tfrac{1}{4}\pi$$
von verschiedenen Zeichen sind. Alsdann setzt man
$$x = \alpha + u,$$
sodann
$$\cos u = 1,\ \sin u = \mathrm{arc}\, u,\ \sin 2u = 2\,\mathrm{arc}\, u,$$
und hat:
$$\mathrm{arc}\,(\alpha + u) = \tfrac{1}{2}\sin(2\alpha + 2u) + \tfrac{1}{4}\pi,$$
d. h.
$$\mathrm{arc}\,\alpha + \mathrm{arc}\, u = \tfrac{1}{2}\sin 2\alpha + \mathrm{arc}\, u \cdot \cos 2\alpha + \tfrac{1}{4}\pi$$
$$\mathrm{arc}\, u = \frac{\mathrm{arc}\,\alpha - \tfrac{1}{2}\sin 2\alpha - \tfrac{1}{4}\pi}{\cos 2\alpha - 1} = \frac{\tfrac{1}{2}\sin 2\alpha + \tfrac{1}{4}\pi - \mathrm{arc}\,\alpha}{1 - \cos 2\alpha},$$

nach welcher Formel $\mathrm{arc}\, u$ erhalten wird, und u sodann leicht gefunden werden kann.

Der ganze Rechnungsmechanismus ist nun der folgende, wobei wir wieder Tafeln von $\mathrm{arc}\,\alpha$ benützen wollen.

$$\mathrm{arc}\, 66° = 1{\cdot}1519173$$
$$\mathrm{arc}\, 67° = 1{\cdot}1693705$$

$\log \sin 132° = 9{\cdot}8710735$	$\log \sin 134° = 9{\cdot}8569341$
$E.\log 2 = 9{\cdot}6989700$	$E.\log 2 = 9{\cdot}6989700$
$\overline{0{\cdot}5700435 - 1}$	$\overline{0{\cdot}5559041 - 1}$
$\tfrac{1}{2}\sin 132° = 0{\cdot}3715724$	$\tfrac{1}{2}\sin 134° = 0{\cdot}35967$
$\tfrac{1}{4}\pi = 0{\cdot}7853982$	$\tfrac{1}{4}\pi = 0{\cdot}78539$
$\overline{1{\cdot}1569706}$	$\overline{1{\cdot}14506}$

---

* Man findet diese Gleichung, wenn man einen Viertelskreis durch eine Senkrechte auf einen der zwei begränzenden Halbmesser halbiren will. Würde etwa in der Figur 13 man sich einen senkrechten Halbmesser auf CG in C denken und es sollte AFG = $\tfrac{1}{2}$ der Kreisfläche seyn, so wäre GCA = x und also

$$\text{Ausschnitt GAC} = \frac{r^2\,\mathrm{arc}\, x}{2},\ \text{AFC} = \frac{r^2 \sin x \cos x}{2} = \frac{r^2 \sin 2x}{4},$$

d. h. mithin:
$$\frac{r^2\,\mathrm{arc}\, x}{2} - \frac{r^2 \sin 2x}{4} = \frac{r^2 \pi}{8},\ \mathrm{arc}\, x - \tfrac{1}{2}\sin 2x = \frac{\pi}{4},$$

oder
$$\mathrm{arc}\, x = \tfrac{1}{2}\sin 2x + \frac{\pi}{4}.$$

Die Gleichung $arc\, x\, sin\tfrac{1}{2} x = 1$.

$$arc\, 66° < \tfrac{1}{2} sin\, 132° + \tfrac{1}{4}\pi,\ arc\, 67° > \tfrac{1}{2} sin\, 134° + \tfrac{1}{4}\pi,$$
$$\alpha = 66°,\ \beta = 67°.$$
$$cos\, 132° = -0{\cdot}6691306,\ 1 - cos\, 132° = 1{\cdot}6691306$$
$$arc\, u = \frac{1{\cdot}1569706 - 1{\cdot}1519173}{1{\cdot}6691306} = \frac{50533}{16691306} = 0{\cdot}00302,$$

u zwischen 10′ und 11′.

$arc\, 66° = 1{\cdot}1519173$	$arc\, 66° = 1{\cdot}1519173$
$arc\, 10′ = 0{\cdot}0029089$	$arc\, 11′ = 0{\cdot}0031998$
$arc\, 66°10′ = 1{\cdot}1548262$	$arc\, 66°11′ = 1{\cdot}1551171$
$log\, sin\, 132°20′ = 9{\cdot}8687851$	$log\, sin\, 132°22′ = 9{\cdot}8695548$
$E.\, log\, 2 = 9{\cdot}6989700$	$E.\, log\, 2 = 9{\cdot}6989700$
$\overline{0{\cdot}5677551 - 1}$	$\overline{0{\cdot}5675248 - 1}$
$\tfrac{1}{2} sin\, 132°20′ = 0{\cdot}3696196$	$\tfrac{1}{2} sin\, 132°22′ = 0{\cdot}36942$
$\tfrac{1}{4}\pi = 0{\cdot}7853982$	$\tfrac{1}{4}\pi = 0{\cdot}78539$
$\overline{1{\cdot}1550178}$	$\overline{1{\cdot}15482}$

$$\alpha = 66°10′\ \beta = 66°11′.$$
$$cos\, 2\alpha = -0{\cdot}6738726,\ 1 - cos\, 2\alpha = 1{\cdot}6738726,$$
$$arc\, u = \frac{1{\cdot}1550178 - 1{\cdot}1548262}{2{\cdot}6738726} = 0{\cdot}0001145,$$

u zwischen 23″ und 24″; also $x = 66°10′23″$, auf Sekunden genau.

3) Man habe die Gleichung:
$$arc\, x\, .\, sin\tfrac{1}{2} x = 1.\ *$$

Hier ist also
$$arc\,[\alpha + u]\, sin[\tfrac{1}{2}\alpha + \tfrac{1}{2} u] = 1,$$
$$[arc\,\alpha + arc\, u]\,[sin\tfrac{1}{2}\alpha + \tfrac{1}{2} arc\, u\, cos\tfrac{1}{2}\alpha] = 1,$$

oder wenn man $arc^2 u$ vernachlässigt:
$$arc\,\alpha\, sin\tfrac{1}{2}\alpha + arc\, u\,[sin\tfrac{1}{2}\alpha + \tfrac{1}{2} arc\,\alpha\, cos\tfrac{1}{2}\alpha] = 1$$
$$arc\, u = \frac{1 - arc\,\alpha\, sin\tfrac{1}{2}\alpha}{sin\tfrac{1}{2} u + \tfrac{1}{2} cos\tfrac{1}{2} u\, arc\, u}.$$

---

* Man erhält diese Gleichung, wenn man sich die Aufgabe stellt, in einem Viertelskreis einen von einem Endpunkte aus gerechneten Bogen zu bestimmen, so, dass seine Sehne, wenn man sie verlängert, bis sie den Halbmesser des andern Endpunkts des Viertelskreises trifft, mit ihrer Verlängerung dem Bogen gleich sey.

Rechnet man nach diesem Schema, so ergibt sich
$$x = 84°53'38{\cdot}8''.$$
Zur Uebung mögen dienen:

$arc\, x = cos\, x, \; x = 42°20'47{\cdot}2'';$

$arc\, x = sin\, x + \tfrac{1}{2}\pi, \; x = 132°20'47{\cdot}2'',$

$arc\, x = sin\, x + \tfrac{2}{3}\pi, \; x = 149°16'27{\cdot}0'';$

$arc\, x = \tfrac{1}{2} tg\, x, \; x = 66°46'54{\cdot}2''.$

(*Euler*, introductio II.)

Fünfter Abschnitt.
Bestimmung eines Dreiecks aus Verbindungen einzelner Stücke.

§. 41.

Wir haben im dritten Abschnitte gesehen, in welcher Weise ein Dreieck zu berechnen ist, wenn gewisse Stücke in demselben bekannt sind. Die dort als gegeben angesehenen Stücke waren jeweils nur einzelne Seiten und einzelne Winkel. Es kann aber auch der Fall eintreten, dass die gegebenen Stücke nicht einfach Seiten und Winkel, sondern Verbindungen mehrerer Seiten und Winkel sind, oder dass weitere Grössen bekannt sind, die das Dreieck geometrisch vollkommen bestimmen, so dass es auch analytisch muss bestimmt werden können. Wir wollen, ohne uns in weitere allgemeine Erörterungen einzulassen, an einer Reihe von Aufgaben zeigen, wie man hier zu verfahren hat.

1) In einem Dreieck ist gegeben eine Seite a, ein ihr anliegender Winkel B, und die Differenz der beiden andern Seiten; man soll das Dreieck berechnen.

Die beiden andern Seiten sind b und c; wenn nicht gesagt ist, welches die grössere der beiden sein soll, so ist die Differenz $b - c$ positiv oder negativ zu nehmen, so dass wenn α die gegebene Differenz, man hat
$$b - c = \pm \alpha.$$

Nun ist [§. 27 (32)]:
$$b = \frac{a\,sin B}{sin A},\ c = \frac{a\,sin C}{sin A},$$
mithin, da sicherlich $A + B + C = 180^0$, $C = 180^0 - (A+B)$, $sin C = sin(A+B)$:

$$b - c = \frac{a}{sin A}[sin B - sin(A+B)] = a\,\frac{2\,cos\left(B+\frac{A}{2}\right) sin\left(-\frac{A}{2}\right)}{2\,sin\frac{A}{2}\,cos\frac{A}{2}}$$

$$= -\,\frac{a\,cos\left(B+\frac{A}{2}\right) sin\frac{A}{2}}{sin\frac{A}{2}\,cos\frac{A}{2}} = -\,\frac{a\,cos\left(B+\frac{A}{2}\right)}{cos\frac{A}{2}}$$

$$= -\,a\,cos B + a\,sin B\,tg\frac{A}{2},$$

d. h.
$$\pm \alpha = -\,a\,cos B + a\,sin B\,tg\frac{A}{2},$$

$$tg\frac{A}{2} = \frac{a\,cos B \pm \alpha}{a\,sin B},$$

woraus, da $\frac{A}{2} < 90^0$, der Winkel A bestimmt werden kann, vorausgesetzt, dass die zweite Seite dieser Gleichung positiv ausfalle. Ist also z. B. B stumpf, so kann bei α bloss das obere Zeichen gelten, da natürlich dann $b < c$ ist u. s. w. Ist nunmehr A bestimmt, so kennt man in dem Dreiecke eine Seite und alle Winkel und kann dasselbe nach §. 29 berechnen.

Sey etwa $a = 173$, $B = 56^0 25' 13''$, $b > c$, $\alpha = 27$, so ist
$a\,cos B = 95{,}686$, $a\,cos B + \alpha = 122{,}686$,
$log(a\,cos B + \alpha) = 2{,}0887950$, $log\,a\,sin B = 2{,}1587521$,
$log\,tg\frac{A}{2} = 9{,}9300429$, $\frac{A}{2} = 40^0 24' 18{,}5''$, $A = 80^0 48' 37{,}1''$.

Wären beide Grössen $a\,cos B + \alpha$, $a\,cos B - \alpha$ positiv, so gäbe es zwei Werthe von $\frac{A}{2}$, also auch zwei Dreiecke; in dem einen (α mit dem obern Zeichen) wäre $b > c$, in dem andern $b < c$. Es versteht sich von selbst, dass, wenn das Dreieck möglich seyn soll, nicht bloss $tg\frac{A}{2}$ positiv ausfallen muss, sondern es muss auch

$A + B < 180°$ seyn. Ueberhaupt dürfen bei all diesen Aufgaben die Resultate den Grundbedingungen der Möglichkeit eines Dreiecks nicht widersprechen. — Fiele $tg \frac{A}{2}$ negativ aus, so wäre mit den gemachten Angaben ein Dreieck unmöglich.

2) Der Umfang eines Dreiecks ist gegeben, so wie die drei Winkel, man soll das Dreieck berechnen.

Man hat:
$$b = \frac{a \sin B}{\sin A}, \quad c = \frac{a \sin C}{\sin A},$$

also da $a + b + c = \alpha$ gegeben ist:
$$\alpha = a + \frac{a \sin B}{\sin A} + \frac{a \sin C}{\sin A} = a \frac{\sin A + \sin B + \sin C}{\sin A}.$$

Aber
$$\sin C = \sin (A + B) = 2 \sin \tfrac{1}{2}(A+B) \cdot \cos \tfrac{1}{2}(A+B),$$
$$\sin A + \sin B = 2 \sin \tfrac{1}{2}(A+B) \cdot \cos \tfrac{1}{2}(A-B) \quad (\S.\ 16),$$

also
$$\sin A + \sin B + \sin C = 2 \sin \tfrac{1}{2}(A+B) [\cos \tfrac{1}{2}(A+B) + \cos \tfrac{1}{2}(A-B)]$$
$$= 2 \sin \tfrac{1}{2}(A+B) \left(2 \cos \frac{A}{2} \cdot \cos \frac{B}{2}\right) = 4 \sin \tfrac{1}{2}(A+B) \cos \frac{A}{2} \cos \frac{B}{2},$$

und da
$$\sin \tfrac{1}{2}(A+B) = \sin (90° - \tfrac{1}{2} C) = \cos \tfrac{1}{2} C,$$

also
$$\sin A + \sin B + \sin C = 4 \cos \frac{A}{2} \cos \frac{B}{2} \cos \frac{C}{2},$$

so ist
$$\alpha = a \cdot \frac{4 \cos \tfrac{1}{2} A \cos \tfrac{1}{2} B \cos \tfrac{1}{2} C}{\sin A} = a \cdot \frac{4 \cos \tfrac{1}{2} A \cos \tfrac{1}{2} B \cos \tfrac{1}{2} C}{2 \sin \tfrac{1}{2} A \cos \tfrac{1}{2} A}$$
$$= 2 a \cdot \frac{\cos \tfrac{1}{2} B \cos \tfrac{1}{2} C}{\sin \tfrac{1}{2} A}.$$

Hieraus:
$$a = \tfrac{1}{2} \alpha \cdot \frac{\sin \frac{A}{2}}{\cos \frac{B}{2} \cos \frac{C}{2}}, \quad b = \tfrac{1}{2} \alpha \cdot \frac{\sin \frac{B}{2}}{\cos \frac{A}{2} \cos \frac{C}{2}}, \quad c = \tfrac{1}{2} \alpha \cdot \frac{\sin \frac{C}{2}}{\cos \frac{A}{2} \cos \frac{B}{2}}.$$

Für $\alpha = 13000$, $A = 48° 17' 30''$, $B = 63° 39' 40''$, $C = 68° 2' 50''$, erhält man:
$$a = 3775{,}96, \quad b = 4542{,}85, \quad c = 4691{,}19.$$

Wollte man den Flächeninhalt des Dreiecks durch die gegebenen Stücke finden, so hätte man für denselben (§. 33):

$$\frac{ab\,sin\,C}{2} = \tfrac{1}{8}a^2\cdot\frac{sin\frac{A}{2}sin\frac{B}{2}sin\,C}{cos\frac{B}{2}cos\frac{A}{2}cos^2\frac{C}{2}} = \frac{a^2}{8}\cdot\frac{sin\frac{A}{2}sin\frac{B}{2}\cdot 2\,sin\frac{C}{2}cos\frac{C}{2}}{cos\frac{B}{2}cos\frac{A}{2}cos^2\frac{C}{2}}$$

$$= \tfrac{1}{4}a^2\cdot\frac{sin\frac{A}{2}sin\frac{B}{2}sin\frac{C}{2}}{cos\frac{A}{2}cos\frac{B}{2}cos\frac{C}{2}} = \tfrac{1}{4}a^2\,tg\frac{A}{2}\cdot tg\frac{B}{2}\cdot tg\frac{C}{2}.$$

3) Man kennt die sämmtlichen Winkel eines Dreiecks und die Summe $a+b$ zweier Seiten.

Aus §. 28 folgt:
$$c = \frac{(a+b)\,sin\tfrac{1}{2}C}{cos\tfrac{1}{2}(A-B)},$$

wodurch die dritte Seite gefunden, und somit die Aufgabe auf §. 29 reduzirt ist.

Man hat übrigens auch nach §. 28, Formel (34):
$$a-b = (a+b)\frac{tg\tfrac{1}{2}(A-B)}{cotg\tfrac{1}{2}C} = (a+b)\,tg\tfrac{1}{2}(A-B)\,tg\tfrac{1}{2}C,$$

wodurch $a-b$ gefunden wird, und da man $a+b$ bereits kennt, so erhält man leicht a und b.

Für
$a+b = 659$, $A = 65°28'13\cdot6''$, $B = 42°30'3\cdot6''$, $C = 72°1'42\cdot8''$
findet sich
$$a = 373,\ b = 277,\ c = 390.$$

4) Ist die Differenz $a-b$ gegeben und die Winkel, so hat man (§. 28):
$$c = \frac{(a-b)\,cos\tfrac{1}{2}C}{sin\tfrac{1}{2}(A-B)} \text{ oder } a+b = (a-b)\,cotg\tfrac{1}{2}C\,cotg\tfrac{1}{2}(A-B).$$

Für
$a-b = 3243\cdot2$, $A = 79°8'33''$, $B = 44°17'56''$, $C = 56°33'31''$
folgt:
$$a = 11227\cdot2,\ b = 7984,\ c = 9539\cdot18.$$

5) Man kennt eine Seite a eines Dreiecks, die Differenz B−C der beiden Winkel an derselben (B > C) und die Differenz der zwei andern Seiten b − c (natürlich auch b > c).

Nach §. 28 Formel (35):
$$\cos\tfrac{1}{2}A = \frac{a\sin\tfrac{1}{2}(B-C)}{b-c}$$
wodurch A gefunden wird. Dann ist [§. 28 Formel (34)]:
$$b+c = (b-c)\cot\tfrac{1}{2}A \cot\tfrac{1}{2}(B-C),$$
wodurch b + c erhalten wird, also, da man b − c kennt, auch b und c, so dass jetzt genügende Stücke bekannt sind (§. 31).

$a = 5691{\cdot}99$, $b-c = 1313{\cdot}02$, $B-C = 25°57'20''$, gibt
$A = 40°37'20''$; $b = 8671{\cdot}03$, $c = 7308{\cdot}01$, $B = 82°40'0''$,
$C = 56°42'40''$.

6) Es ist die Summe a + b, die Seite c und Winkel C gegeben.

Da C gegeben ist, so hat man $A + B = 180° - C$; ferner folgt aus §. 28:
$$\cos\tfrac{1}{2}(A-B) = \frac{(a+b)\sin\tfrac{1}{2}C}{c},$$
also wenn man A > B voraussetzt, so findet sich hieraus $\frac{A-B}{2}$, indem ganz sicher $\tfrac{1}{2}(A-B) < 90°$; mithin da auch $\tfrac{1}{2}(A+B) = 90° - \tfrac{1}{2}C$, so findet man A und B und die Aufgabe ist auf §. 29 zurückgeführt.

$a+b = 944{\cdot}3$, $c = 525{\cdot}486$, $C = 64°9'16''$ gibt
$A = 40°32'16''$, $B = 75°18'28''$, $a = 379{\cdot}5$, $b = 564{\cdot}8$.

7) Man kennt den Flächeninhalt F eines Dreiecks, eine Seite a und den Umfang $U = a + b + c$.

Aus §. 27 Formel (30) folgt, da $2s = U$:
$$tg\frac{A}{2} = \sqrt{\frac{(\tfrac{1}{2}U-b)(\tfrac{1}{2}U-c)}{\tfrac{1}{2}U(\tfrac{1}{2}U-a)}} = \sqrt{\frac{(\tfrac{1}{2}U-a)(\tfrac{1}{2}U-b)(\tfrac{1}{2}U-c)\tfrac{1}{2}U}{(\tfrac{1}{2}U)^2(\tfrac{1}{2}U-a)^2}}$$
$$= \frac{F}{\tfrac{1}{2}U(\tfrac{1}{2}U-a)} \quad (§. 33, \text{Nr. } 1).$$

Hieraus findet sich A. Da $b + c = U - a$, so kennt man auch b + c, mithin erhält man aus §. 28:

$$cos\tfrac{1}{2}(B-C) = \frac{(b+c)\,sin\tfrac{1}{2}A}{a},$$

und wenn man $B > C$ voraussetzt, den Winkel $B-C$; da $B+C = 180° - A$, so findet man jetzt B und C und kann, da

$$b - c = (b+c)\,tg\tfrac{1}{2}(B-C).\,tg\tfrac{1}{2}A\;[\S.\,28,\;\text{Formel (34)}],$$

leicht noch $b-c$ berechnen, also b und c finden; oder auch, da a, A, B, C bekannt sind, die Aufgabe auf §. 29 reduziren.

$F = 151872$, $a = 625$, $U = 2034$ gibt $A = 41°42'32{\cdot}1''$,
$B = 32°31'13{\cdot}5''$, $C = 105°46'14{\cdot}4''$, $b = 505$, $c = 904$.

8) Man kennt den Flächeninhalt F, den Umfang $U = a+b+c$ und den Winkel A.

Aus §. 33 folgt:
$$bc = \frac{2F}{sin\,A},\quad b+c = U-a,$$
also
$$(b+c)^2 = b^2 + 2bc + c^2 = (U-a)^2.$$

Nach §. 27 (29) ist aber
$$b^2 + c^2 = a^2 + 2bc\,cos\,A = a^2 + \frac{4F\,cos\,A}{sin\,A} = a^2 + 4F\,cotg\,A,$$
also hat man
$$(U-a)^2 = a^2 + 4F\,cotg\,A + \frac{4F}{sin\,A},$$
$$U^2 - 2aU + a^2 = a^2 + 4F\,cotg\,A + \frac{4F}{sin\,A},$$
$$U^2 - 2aU = 4F\,cotg\,A + \frac{4F}{sin\,A},$$
$$U^2 - 4F\left(cotg\,A + \frac{1}{sin\,A}\right) = 2aU.$$

Aber
$$cotg\,A + \frac{1}{sin\,A} = \frac{cos\,A + 1}{sin\,A} = \frac{2\,cos^2\tfrac{1}{2}A}{2\,sin\tfrac{1}{2}A\,cos\tfrac{1}{2}A} = cotg\tfrac{1}{2}A,$$
also
$$2aU = U^2 - 4F\,cotg\tfrac{1}{2}A,$$
$$a = \frac{U^2 - 4F\,cotg\tfrac{1}{2}A}{2U} = \frac{U}{2} - \frac{2F}{U}\,cotg\tfrac{1}{2}A.$$

Kennt man hiedurch a, so hat man auch $b+c = U-a$, und dann aus §. 28:

$$cos \tfrac{1}{2}(B-C) = \frac{(b+c)\,sin\,\tfrac{1}{2}A}{a},$$

wodurch, wenn man $B > C$ voraussetzt, $B - C$ gefunden ist. Da $B + C = 180° - A$, so findet man nunmehr B und C und kann jetzt das Dreieck leicht berechnen.

Natürlich muss a positiv und $< b + c$, d. h. $< U - a$ ausfallen.

9) Man kennt die drei Höhenlinien eines Dreiecks, dasselbe zu berechnen.

Seyen α, β, γ die drei Höhenlinien von den Spitzen A, B, C aus, so ist offenbar
$$\alpha a = \beta b = \gamma c$$
da die Hälfte jeder dieser Grössen die Fläche des Dreiecks ausdrückt. Daraus folgt:
$$b = \frac{\alpha}{\beta}a,\ c = \frac{\alpha}{\gamma}a,$$
also die Fläche auch (§. 33):

$$\tfrac{1}{4}\sqrt{\left(a+\frac{\alpha}{\beta}a+\frac{\alpha}{\gamma}a\right)\left(a+\frac{\alpha}{\beta}a-\frac{\alpha}{\gamma}a\right)\left(a-\frac{\alpha}{\beta}a+\frac{\alpha}{\gamma}a\right)} \times$$
$$\left(-a+\frac{\alpha}{\beta}a+\frac{\alpha}{\gamma}a\right) = \tfrac{1}{2}\alpha a,$$

d. h.
$$a\sqrt{(\beta\gamma+\alpha\gamma+\alpha\beta)(\beta\gamma+\alpha\gamma-\alpha\beta)(\beta\gamma-\alpha\gamma+\alpha\beta)(-\beta\gamma+\alpha\gamma+\alpha\beta)}$$
$$= 2\,\alpha\beta^2\gamma^2,$$
$$a = \frac{2\,\alpha\beta^2\gamma^2}{\sqrt{(\beta\gamma+\alpha\gamma+\alpha\beta)(\beta\gamma+\alpha\gamma-\alpha\beta)(\beta\gamma-\alpha\gamma+\alpha\beta)(-\beta\gamma+\alpha\gamma+\alpha\beta)}}$$

woraus dann b und c. Aus den drei Seiten folgen dann die Winkel.

10) In einem Dreiecke kennt man den Winkel C, die von C auf c gefällte Senkrechte h und den Umfang des Dreiecks
$$U = a + b + c.$$

Zur Bestimmung der drei Seiten a, b, c hat man offenbar folgende Gleichungen (§§. 33, 27):

$ab\,sin\,C = ch,\ c^2 = a^2 + b^2 - 2ab\,cos\,C,\ a + b + c = U.$

Daraus folgt

$$a+b = U-c, \quad a^2+2ab+b^2 = U^2-2Uc+c^2,$$

d. h. da

$$a^2+b^2 = c^2+2ab\cos C = c^2+\frac{2ch}{\sin C}\cos C = c^2+2ch\cot g\,C:$$

$$c^2+2ch\cot g\,C+\frac{2ch}{\sin C} = U^2-2Uc+c^2,$$

$$2ch\left(\cot g\,C+\frac{1}{\sin C}\right) = U^2-2Uc,$$

$$2ch\left(\frac{\cos C+1}{\sin C}\right) = U^2-2Uc,\quad 2ch\cdot\frac{2\cos^2\tfrac{1}{2}C}{2\sin\tfrac{1}{2}C\cos\tfrac{1}{2}C} = U^2-2Uc,$$

$$2ch\cdot\cot g\tfrac{1}{2}C = U^2-2Uc,\quad 2c[h\cdot\cot g\tfrac{1}{2}C+U] = U^2$$

$$c = \tfrac{1}{2}\frac{U^2}{h\cot g\tfrac{1}{2}C+U}.$$

Kennt man nun c, so kennt man auch $ab = \dfrac{ch}{\sin C}$, ferner $a+b = U-c$; nimmt man nun an, es sey $a>b$, so hat man

$$a+b = \alpha,\quad ab = \beta,\quad \alpha \text{ und } \beta \text{ bekannt.}$$

Daraus

$$a^2+2ab+b^2 = \alpha^2$$
$$\underline{\quad 4ab = 4\beta\quad}$$
$$a^2-2ab+b^2 = \alpha^2-4\beta,$$

d. h.

$$(a-b)^2 = \alpha^2-4\beta,\quad a-b = \sqrt{\alpha^2-4\beta},$$

und da

$$a+b = \alpha,\quad a-b = \sqrt{\alpha^2-4\beta},$$

so findet man a und b. Aus den drei Seiten ergeben sich sodann die drei Winkel.

11) In einem Dreieck kennt man die drei Winkel A, B, C, sowie die Senkrechte h, die von der Spitze C auf c gefällt ist.

Man hat offenbar (Fig. 16):

$$\frac{h}{b} = \sin A,\quad \frac{h}{a} = \sin B,$$

d. h.

$$b = \frac{h}{\sin A},\quad a = \frac{h}{\sin B}.$$

Sind nun a, b, C bekannt, so ist das Dreieck gegeben.

Diese Aufgaben mögen genügen, um zu zeigen, wie man sich in ähnlichen Fällen zu helfen hat.

Statt weitere Aufgaben dieser Art beizufügen, ziehen wir es vor, nunmehr eine Reihe praktisch mehr oder minder wichtiger Fälle zu betrachten, die uns Gelegenheit genug geben werden, die vorgetragenen Lehren anzuwenden.

Sechster Abschnitt.
Auflösung einer Reihe praktischer Aufgaben.

§. 42.
Aufgaben aus der Längenmessung.

Indem wir nachstehend eine Reihe Aufgaben, die mehr oder minder für die Praxis wichtig sind, lösen, haben wir natürlich nicht die Absicht, einen Kursus der praktischen Geometrie aufzustellen. Die Aufgaben sind für uns hier nur in so ferne von Interesse, als sie Anwendungen der vorgetragenen Lehren fordern; die wirkliche Ausführung, die dabei nöthige Vorsicht u. s. w. kann begreiflich nicht Gegenstand dieses Abschnitts seyn. Eben so haben wir auch gar zu einfache Aufgaben nicht berührt, wenn sie gleich vielleicht für die Praxis sehr wichtig sind.

1) Man soll die Länge der unzugänglichen Geraden AB bestimmen, wenn man von zwei Punkten C und D aus sowohl A und B als auch jeweils D oder C sehen kann.

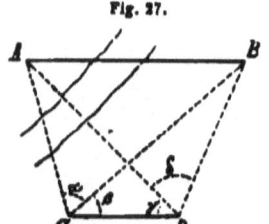

Fig. 27.

Man messe die Standlinie CD = a, sodann die Winkel α, β, γ, δ, so wird sich hieraus AB = x bestimmen lassen.

In dem Dreieck ACD kennt man nämlich die Seite CD nebst den Winkeln. ACD = $\alpha + \beta$, ADC = γ, kann also nach §. 29 das Dreieck berechnen, namentlich also die Seite AD; in dem Dreieck BCD kennt man eben so CD und BCD = β, CDB = $\gamma + \delta$, kann dasselbe also gleichfalls berechnen, speziell die Seite DB. In dem Dreieck ADB endlich kennt man AD, DB nebst ADB $= \delta$, kann also dasselbe nach §. 30 berechnen, d. h. die Seite AB finden.

Zur Uebung legen wir vor:

CD $= 45501·62$, $\alpha = 39°8'48·1''$, $\beta = 67°13'57·4''$,
$\gamma = 44°12'39·6''$, $\delta = 18°30'9·2''$,

woraus AB $= 40876·03$ folgt.

Es wäre auch möglich, dass AB die Standlinie CD durchschneiden würde. Misst man nun wieder CD $=$ a, die Winkel α, β, γ, δ, so kann man in dem Dreieck CAD nach §. 29 die Seite AD, in dem Dreieck CBD nach §. 29 die Seite BD berechnen. Alsdann erhält man aus dem Dreieck ADB nach §. 30 die Seite AB.

Fig. 28.

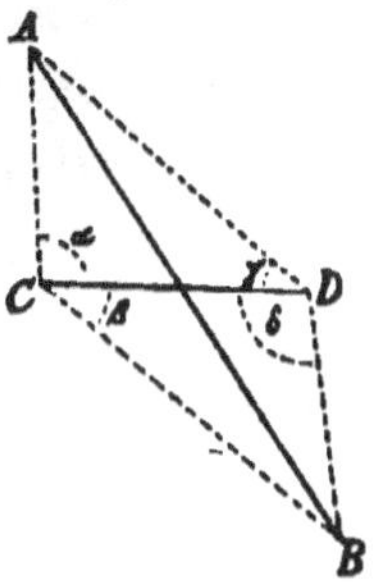

Sey für diesen Fall:

CD $= 88901·14$, $\alpha = 29°24'34·9''$,
$\beta = 25°8'35·0''$, $\gamma = 44°12'39·6''$,
$\delta = 18°30'9·2''$,

so hat man, indem man von der zweiten Auflösung in §. 30 Gebrauch macht:

$$CAD = 180° - (\alpha + \gamma), \quad CBD = 180° - (\beta + \delta);$$

$$AD = \frac{CD . \sin\alpha}{\sin(\alpha + \gamma)}, \quad BD = \frac{CE . \sin\beta}{\sin(\beta + \delta)};$$

$$tg\,\varphi = \frac{2\sin\frac{1}{2}(\gamma + \delta)\sqrt{AD . BD}}{BD - AD}, \quad AB = \frac{BD - AD}{\cos\varphi}^*;$$

$$\alpha + \gamma = 73°37'14·5'', \quad \beta + \delta = 43°38'44·2'',$$

$$\tfrac{1}{2}(\gamma + \delta) = 31°21'24·4''.$$

---

* Es ist diess die Formel des §. 30, wo a $=$ BD, b $=$ AD, C$=\gamma+\delta$. Dabei ist nicht geradezu BD$>$AD vorausgesetzt, so dass, wenn BD$>$AD der Winkel φ spitz, dagegen für BD$<$AD Winkel φ stumpf ist. Dass dabei AB immer positiv ausfällt ist klar, indem BD $-$ AD und $\cos\varphi$ dasselbe Zeichen haben. Für BD$=$AD wird man übrigens diese Auflösung nicht anwenden, sondern von §. 26 II. Gebrauch machen.

log CD = 4·9489073 log CD = 4·9489073
$log sin\alpha$ = 9·6911267 $log sin\beta$ = 9·6282663
E.$log sin(\alpha+\gamma)$ = 0·0179931   E.$log sin(\beta+\delta)$ = 0·1610277
log AD = 4·6580271 log BD = 4·7382013
AD = 45501·63   BD = 54726·95

BD − AD = 9225·32
log (BD − AD) = 3·9649814

log 2 = 0·3010300
$log sin\frac{1}{2}(\gamma+\delta)$ = 9·7163086 log (BD − AD) = 3·9649814
$\frac{1}{2}log$ AD = 2·3290135   E.$log cos\varphi$ = 0·7572172
$\frac{1}{2}log$ BD = 2·3691006 log AB = 4·7221986
E.log (BD − AD) = 6·0350186   AB = 52747·09
$log tg\varphi$ = 0·7504713

$log cos\varphi$ = 9·2427828 (Seite 63).

2) Man kennt die Linie AC=a, BC=b, die Winkel DAC=α, DBC=β, ACB=γ und soll hieraus die Lage des Punktes D bestimmen.

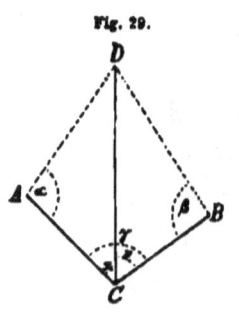

Fig. 29.

Sey ACD = x, DCB = y, also x+y=γ.
Nun ist (da ADC = 180° − [α+x] u. s. w.):

$$\frac{CD}{a} = \frac{sin\alpha}{sin(\alpha+x)}, \quad \frac{CD}{b} = \frac{sin\beta}{sin(\beta+y)};$$

also

$$CD = \frac{a\,sin\alpha}{sin(\alpha+x)}; \quad CD = \frac{b\,sin\beta}{sin(\beta+y)},$$

woraus

$$\frac{a\,sin\alpha}{sin(\alpha+x)} = \frac{b\,sin\beta}{sin(\delta+y)}, \frac{sin(\beta+y)}{sin(\alpha+x)} = \frac{b\,sin\beta}{a\,sin\alpha},$$

d. h. da y=γ−x:

$$\frac{sin(\beta+\gamma-x)}{sin(\alpha+x)} = \frac{b\,sin\beta}{a\,sin\alpha},$$

$$\frac{sin(\beta+\gamma)cos x - cos(\beta+\gamma)sin x}{sin\alpha\,cos x + cos\alpha\,sin x} = \frac{b\,sin\beta}{a\,sin\alpha},$$

$$\frac{sin(\beta+\gamma) - cos(\beta+\gamma)tg x}{sin\alpha + cos\alpha\,tg x} = \frac{b\,sin\beta}{a\,sin\alpha},$$

$$a \sin\alpha \sin(\beta+\gamma) - b\sin\alpha \sin\beta$$
$$= [b\cos\alpha \sin\beta + a\sin\alpha \cos(\beta+\gamma)]tgx,$$
$$tgx = \frac{\sin\alpha.[a\sin(\beta+\gamma) - b\sin\beta]}{a\sin\alpha\cos(\beta+\gamma) + b\cos\alpha\sin\beta}.$$

Hieraus folgt x, das jedenfalls $< 180°$, ganz unzweideutig; eben so erhält man dann y und endlich CD. Durch diese Grössen ist dann die Lage von D vollkommen bestimmt.

$$a = 119757·85, \quad b = 110675·82,$$
$$\alpha = 60°22'21·4'', \quad \beta = 66°10'8·5'', \quad \gamma = 90°7'11·8''.$$

$log\,a = 5·0783040$	$log\,b = 5·0440506$
$log\sin\alpha = 9·9391491$	$log\sin\alpha = 9·9391491$
$log\sin(\beta+\gamma) = 9·6043600$	$log\sin\beta = 9·9612983$
$\overline{4·6218131}$	$\overline{4·9444980}$
$a\sin\alpha\sin(\beta+\gamma) = 41861·34$	$b\sin\alpha\sin\beta = 88003·10$

$$log\,a = 5·0783040$$
$$log\sin\alpha = 9·9391491$$
$$log\cos(\beta+\gamma) = 9·9616987\ (-)$$
$$\overline{4·9791518\ (-)}$$
$$a\sin\alpha\cos(\beta+\gamma) = -95312·92$$

$log\,b = 5·0440506$	$tgx = \dfrac{41861·34 - 88003·10}{-95312·92 + 50048·38} = \dfrac{46141·76}{45264·54}$
$log\cos\alpha = 0·6940411$	
$log\sin\beta = 9·9612983$	log Zähler $= 4·6640941$
$\overline{4·6993900}$	E.log Nenner $= 5·3442418$
$b\cos\alpha\sin\beta = 50048·38$	$log\,tgx = 0·0083359$

$$x = 45°32'59·4''$$
$$y = \gamma - x = 44°34'12·4'', \quad \alpha + x = 105°55'20·8''$$
$$log\,a = 5·0783040$$
$$log\sin\alpha = 9·9391491$$
$$E.log\sin(\alpha + x) = 0·0169901$$
$$\overline{log\,CD = 5·0344432}$$
$$CD = 108253·8$$

3) Diese Aufgabe kann angewendet werden, um die Entfernung eines Planeten von der Erde zu bestimmen, wenn man dabei die Erde als Kugel ansieht.

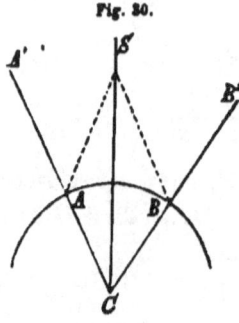

Fig. 30.

In zwei Punkten A und B, die auf demselben Meridian * liegen, misst man in dem Augenblick, da der Planet S durch den (Himmels-) Meridian geht, die Zenithdistanzen SAA′, SBB′ desselben, so kennt man AC=CB, (den Halbmesser der Erde), den Winkel ACB, so wie SAC = 180°—SAA′, SBC=180°—SBB′ und berechnet also CS nach Nr. 2 (wenn C der Mittelpunkt der Erde ist).

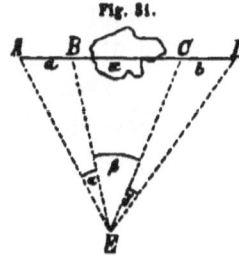

Fig. 31.

4) Die vier Punkte A, B, C, D liegen in gerader Linie, E ausserhalb dieser Linie. Man kennt AB = a, CD = b, nebst den Winkeln AEB = α, BEC = β, CED = γ; man soll BC = x suchen. Denken wir uns von E auf AD eine Senkrechte gezogen, und sey die Länge derselben = z, so ist

$$\text{Fläche des Dreiecks AEB} = \frac{az}{2} = \frac{AE \cdot BE \sin\alpha}{2} \quad (\S. 33),$$

$$\text{„ „ „ CDE} = \frac{bz}{2} = \frac{CE \cdot ED \cdot \sin\gamma}{2},$$

---

* Wir wollen uns die Erde als Kugel denken; alsdann bildet derjenige Durchmesser derselben, um den sie sich bei ihrer täglichen Bewegung dreht, die Erdaxe, welche, bis an das Himmelsgewölbe verlängert, letzteres in den Polen (Nord- und Südpol) trifft. Da in Folge der täglichen Umdrehung der Erde das ganze Himmelsgewölbe sich um die Erde zu drehen scheint, so sind die Pole, als in der Drehaxe liegend, die einzigen Punkte desselben, die ruhig bleiben. Legt man durch die Erdaxe und einen Punkt der Erdoberfläche eine Ebene, so schneidet dieselbe die Erdfläche in einem Kreise, der den (irdischen) Meridian des fraglichen Punktes bildet. Erweitert man diese Ebene bis an das Himmelsgewölbe, so schneidet sie dasselbe im (himmlischen) Meridian des Ortes der Erdoberfläche. Verlängert man den in den fraglichen Erdort gezogenen Erdhalbmesser bis an das Himmelsgewölbe, so trifft er dieses im Zenith des Ortes, das also senkrecht über letzterem am Himmel liegt. Das Zenith befindet sich mithin im Meridian. Ist S irgend ein beliebiger Punkt, A′ das Zenith von A, so heisst der Winkel A′AS, die Zenithdistanz des Punktes S. Man kann letztere also auch erklären als den Winkel, den die im Punkte A senkrecht auf die Erdoberfläche gezogene Gerade mit der von A nach S gezogenen Linie bildet.

Fläche des Dreiecks $AED = \dfrac{(a+b+x)z}{2} = \dfrac{AE \cdot DE \sin(\alpha+\beta+\gamma)}{2}$,

„   „   „ $BEC = \dfrac{xz}{2} = \dfrac{BE \cdot CE}{2} \sin\beta$.

Hieraus folgt, wenn man das Produkt der zwei letzten Gleichungen durch das der zwei ersten dividirt:

$$\frac{(a+b+x)x}{ab} = \frac{\sin\beta \sin(\alpha+\beta+\gamma)}{\sin\alpha \sin\gamma},$$

$$(a+b)x + x^2 = \frac{ab \sin\beta \sin(\alpha+\beta+\gamma)}{\sin\alpha \sin\gamma},$$

$$x = -\left(\frac{a+b}{2}\right) \pm \sqrt{\frac{ab \sin\beta \sin(\alpha+\beta+\gamma)}{\sin\alpha \sin\gamma} + \frac{(a+b)^2}{4}}.$$

Man bestimme nun einen Winkel φ (zwischen $0°$ und $90°$) so, dass *

$$tg\,\varphi = \frac{2}{a+b} \sqrt{\frac{ab \sin\beta \sin(\alpha+\beta+\gamma)}{\sin\alpha \sin\gamma}},$$

so ist

$$\frac{ab \sin\beta \sin(\alpha+\beta+\gamma)}{\sin\alpha \sin\gamma} = \frac{(a+b)^2 tg^2\varphi}{4},$$

und da, weil x positiv seyn muss, man nur das obere Zeichen beibehalten darf, hat man:

$$\sqrt{\frac{ab \sin\beta \sin(\alpha+\beta+\gamma)}{\sin\alpha \sin\gamma} + \frac{(a+b)^2}{4}} = \sqrt{\frac{(a+b)^2}{4}\left(1 + \frac{4ab \sin\beta \sin(\alpha+\beta+\gamma)}{(a+b)^2 \sin\alpha \sin\beta}\right)}.$$

so dass $\dfrac{4ab \sin\beta \sin(\alpha+\beta+\gamma)}{(a+b)^2 \sin\alpha \sin\beta} = tg^2\varphi$ seyn muss. Da $\alpha+\beta+\gamma < 180°$, so ist dieser Ausdruck jedenfalls positiv, was nothwendig ist, wenn er einem Quadrate soll gleich gesetzt werden. Jetzt ist

$$x = -\frac{(a+b)}{2} + \sqrt{\frac{(a+b)^2}{4}[1+tg^2\varphi]} = -\frac{a+b}{2} + \frac{a+b}{2}\sqrt{\frac{1}{\cos^2\varphi}} \text{ u. s. w.}$$

Die Grösse $\sqrt{\dfrac{1}{\cos^2\varphi}}$ ist positiv; da aber $\varphi < 90°$, so ist auch $\cos\varphi > 0$, und also $\sqrt{\dfrac{1}{\cos^2\varphi}} = \dfrac{1}{\cos\varphi}$.

$$x = -\frac{a+b}{2} + \sqrt{\frac{(a+b)^2}{4} tg^2 \varphi + \frac{(a+b)^2}{4}}$$

$$= -\frac{a+b}{2} + \frac{a+b}{2}\sqrt{tg^2\varphi + 1} = -\frac{a+b}{2} + \frac{a+b}{2} \frac{1}{\cos\varphi}.$$

$a = 1450,\ b = 965,\ \alpha = 25°37',\ \beta = 48°19',\ \gamma = 32°53';$
$x = 1184·05.$

5) Man kennt im Dreieck ABC alle Stücke (also alle Seiten und Winkel); im Punkte D misst man die Winkel ADC = m, BDC = n; man soll die Lage von D bestimmen.

Fig. 82.

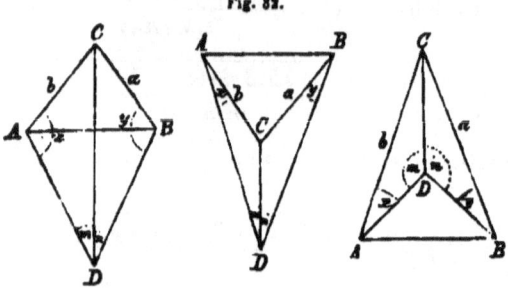

Sey CAD = x, CBD = y, so ist

$$\frac{CD}{b} = \frac{\sin x}{\sin m}, \quad \frac{CD}{a} = \frac{\sin y}{\sin n},$$

$$CD = \frac{b \sin x}{\sin m}, \quad CD = \frac{a \sin y}{\sin n},$$

$$\frac{b \sin x}{\sin m} = \frac{a \sin y}{\sin n}, \quad \frac{\sin y}{\sin x} = \frac{b \sin n}{a \sin m}.$$

Was nun x und y anbelangt, so ist

in der ersten Figur: $x + y = 360° - (m + n + C)$,
" " zweiten " $x + y = C - (m + n)$,
" " dritten " $x + y = 360° - (m + n + C)$,

wo a, b, C die Seiten BC, AC und den Winkel ACB des Dreiecks ABC bezeichnen. Man hat also immer

$$x + y = \alpha,\ y = \alpha - x,\ \alpha\ \text{bekannt},$$

also
$$\frac{\sin(\alpha - x)}{\sin x} = \frac{b \sin n}{a \sin m},$$

$$\frac{\sin\alpha \cos x - \cos\alpha \sin x}{\sin x} = \frac{b \sin n}{a \sin m},$$

Die Pothenotsche Aufgabe.

$$\sin\alpha \cot g\, x - \cos\alpha = \frac{b \sin n}{a \sin m},$$

$$\sin\alpha \cot g\, x = \frac{b \sin n}{a \sin m} + \cos\alpha,$$

$$\cot g\, x = \frac{b \sin n}{a \sin\alpha \sin m} + \cot g\, \alpha.$$

Gesetzt man bestimme einen Winkel φ so, dass

$$\cot g\, \varphi = \frac{b \sin n}{a \sin\alpha \sin m},$$

so ist $\quad \cot g\, x = \cot g\, \varphi + \cot g\, \alpha = \dfrac{\cos\varphi}{\sin\varphi} + \dfrac{\cos\alpha}{\sin\alpha} =$

$$\frac{\cos\varphi \sin\alpha + \sin\varphi \cos\alpha}{\sin\varphi \sin\alpha} = \frac{\sin(\alpha+\varphi)}{\sin\alpha \sin\varphi}.$$

Hieraus ergibt sich x vollkommen unzweideutig; aus x folgt dann $y = \alpha - x$. CD kann ferner in zwei Weisen berechnet werden, und, wenn man will, ergeben sich AD und BD aus den Dreiecken CAD, CBD.

Sey für die erste Figur
$a = 312$, $b = 520$, $C = 65°27'$, $m = 32°52'$, $n = 23°25'$;
also $\quad \alpha = 360° - (m + n + C) = 238°16'$.

$log\, b = \;\;\;2{\cdot}7160033$
$log\, sin\, n = \;\;\;9{\cdot}5992441$ $\qquad log\, sin(\alpha+\varphi) = 9{\cdot}5988885$
$E\, log\, a = \;\;\;7{\cdot}5058454$ $\qquad E\, log\, sin\, \alpha = 0{\cdot}0703230\;(-)$
$E\, log\, sin\, \alpha = \;\;\;0{\cdot}0703230\;(-)$ $\qquad E\, log\, sin\, \varphi = 0{\cdot}2428160$
$E\, log\, sin\, m = \;\;\;0{\cdot}2654515$ $\qquad log\, cot g\, x = 9{\cdot}9120275\;(-)$
$log\, cot g\, \varphi = 10{\cdot}1568673\;(-)$ $\qquad x = 129°14'10{\cdot}49''$
$\varphi = 145°7'46{\cdot}90''$ $\qquad y = 109°1'49{\cdot}51''$
$\alpha + \varphi = 383°23'46{\cdot}90''$
$log\, b = \;\;\;2{\cdot}7160033$ $\qquad log\, a = 2{\cdot}4941546$
$log\, sin\, x = \;\;\;9{\cdot}8890464$ $\qquad log\, sin\, y = 9{\cdot}9755905$
$E\, log\, sin\, m = \;\;\;0{\cdot}2654515$ $\qquad E\, log\, sin\, n = 0{\cdot}4007559$
$log\, CD = \;\;\;2{\cdot}8705012$ $\qquad log\, CD = 2{\cdot}8705010$
$CD = 742{\cdot}1663$ $\qquad CD = 742{\cdot}1660.$

Wäre hier $\alpha = 180°$, d. h. auch $x + y = 180°$, so wäre $\sin\alpha = 0$, also $\cot g\, \varphi = \infty$, $\varphi = 0$, $\cot g\, x = \frac{0}{0}$, so dass $\cot g\, x$, mithin auch x nicht zu bestimmen wäre; in diesem Falle liegt aber D im Umfang des um ABC beschriebenen Kreises, in welchem Fall also die obige Aufgabe nicht angewendet werden kann.

Zur Uebung mögen folgende Angaben dienen:
(erste Figur) a = 4963·763, b = 6082·769, C = 70°15'36·7",
m = 34°52'10·8", n = 19°29'12·1", woraus:
x = 100°7'26·3", y = 135°15'34·1", CD = 10473·931,
AD = 7524·162, BD = 6348·204.

(zweite Figur) a = 1298·365, b = 1248·474, C = 126°50'40·3",
m = 33°2'35·4", n = 18°34'17·1", woraus:
x = 49°49'9·3", y = 25°24'38·5", CD = 1749·315,
AD = 2271·879, BD = 2830·978.

(dritte Figur) a = 2277·819, b = 2271·897, C = 76°57'30·5",
m = 97°8'15·2", n = 126°50'40·3", woraus:
x = 33°2'35·5", y = 26°0'58·5", CD = 1248·474,
AD = 1749·315, BD = 1298·365.

Die hier behandelte Aufgabe heisst gewöhnlich die Pothenot'sche; sie wurde wegen ihrer Wichtigkeit schon vielfach behandelt; u. A. von Lambert in seinen „Beiträgen" I. S. 73, von Burckhardt in der „monatlichen Correspondenz" 4. S. 359, und von Bessel in derselben Correspondenz 27. S. 222, welch Letzterer eine analytische Auflösung gegeben. Auch Langsdorf in seinen Erläuterungen zur Kästner'schen Analysis S. 432 behandelt dieselbe Aufgabe.

6) (Zentriren der Winkel.) Man kennt die Längen von AB und AC und soll den Winkel BAC = x messen, findet es jedoch nicht für geeignet, das Winkelmessinstrument in A aufzustellen, sondern in dem Punkte D. Man misst dort die Winkel BDC = β, und BDA = α, nebst der Seite DA = a; und soll hieraus x berechnen.

Fig. 35.

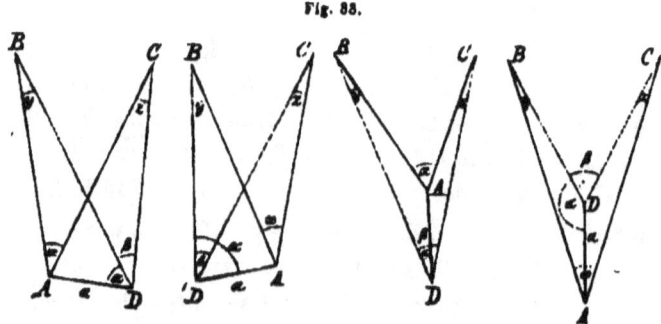

Sey $ABD = y$, $ACD = z$, so ist in der ersten Figur:

$$\frac{\sin y}{\sin \alpha} = \frac{a}{AB}, \quad \sin y = \frac{a \sin \alpha}{AB},$$

$$\frac{\sin z}{\sin (\alpha + \beta)} = \frac{a}{AC}, \quad \sin z = \frac{a \sin (\alpha + \beta)}{AC}.$$

Da y und z spitze Winkel sind, so kann man hieraus y und z berechnen (in der Regel ist nämlich a klein im Verhältniss zu AB und AC, so dass ganz sicher y und z spitz sind). Alsdann ist:

$$x + y = \beta + z, \quad x = \beta + z - y.$$

In der zweiten Figur:

$$\frac{\sin y}{\sin \alpha} = \frac{a}{AB}, \quad \sin y = \frac{a \sin \alpha}{AB},$$

$$\frac{\sin z}{\sin (\alpha - \beta)} = \frac{a}{AC}, \quad \sin z = \frac{a \sin (\alpha - \beta)}{AC},$$

$$y + \beta = z + x, \quad x = y + \beta - z.$$

In der dritten Figur:

$$\frac{\sin y}{\sin \alpha} = \frac{a}{AB}, \quad \sin y = \frac{a \sin \alpha}{AB},$$

$$\frac{\sin z}{\sin (\beta - \alpha)} = \frac{a}{AC}, \quad \sin z = \frac{a \sin (\beta - \alpha)}{AC},$$

$$y + \beta + z + 360° - x = 360°, \quad x = y + z + \beta.$$

In der vierten Figur:

$$\frac{\sin y}{\sin \alpha} = \frac{a}{AB}, \quad \sin y = \frac{a \sin \alpha}{AB},$$

$$\frac{\sin z}{\sin (360° - \alpha - \beta)} = \frac{a}{AC}, \quad \sin z = \frac{a \sin (360° - \alpha - \beta)}{AC},$$

$$y + x + z + 360° - \beta = 360°, \quad x = \beta - (y + z).$$

In der Regel werden y und z so klein ausfallen, dass man für $\sin y$ und $\sin z$ die zum Halbmesser 1 gehörigen Bögen setzen kann (§. 18). Werden dann y und z in Sekunden ausgedrückt, so ist:

$$y = \frac{a\,\sin\alpha}{AB}\cdot\frac{180.60.60}{\pi},\quad z = \begin{cases} \dfrac{a\,\sin(\alpha+\beta)}{AC}\cdot\dfrac{180.60.60}{\pi} & \text{in der 1. Figur,} \\[4pt] \dfrac{a\,\sin(\alpha-\beta)}{AC}\cdot\dfrac{180.60.60}{\pi} & \text{„ „ 2. „} \\[4pt] \dfrac{a\,\sin(\beta-\alpha)}{AC}\cdot\dfrac{180.60.60}{\pi} & \text{„ „ 3. „} \\[4pt] \dfrac{a\,\sin(360°-\alpha-\beta)}{AC}\cdot\dfrac{180.60.60}{\pi} & \text{„ „ 4. „} \end{cases}$$

worin $\log\dfrac{180.60.60}{\pi} = 5{\cdot}3144251.$ *

---

* Wir haben dabei, wie bereits mehrfach gezeigt, die Proportion
$$\pi : 180.60.60 = \frac{a\,\sin\alpha}{AB} : y$$
vorausgesetzt, indem wir $\dfrac{a\,\sin\alpha}{AB}$ ($= \sin y$) als die Länge des zum Halbmesser 1 gehörigen Bogens betrachten, dessen Mittelpunktswinkel $= y$ Sekunden ist, während π der halbe Umfang ist, dessen Mittelpunktswinkel $180° = 180.60.60''$ beträgt. Wir bemerken hiebei, dass man oft obige Formeln in etwas anderer Weise schreibt. Da nämlich nach §. 18 ganz sicher $\sin 1'' = \dfrac{\pi}{180.60.60}$, so ist $\dfrac{180.60.60}{\pi} = \dfrac{1}{\sin 1''}$, und man kann also auch setzen:
$$y = \frac{a\,\sin\alpha}{AB\,\sin 1''},\quad z = \frac{a\,\sin(\alpha+\beta)}{AC.\sin 1''}\text{ u. s. w.}$$

Es hat diese Schreibweise manches Bequeme und kann daher mit Vortheil angewendet werden.

Wollen wir dieselbe etwas allgemeiner darstellen, so wird man also in folgender Weise verfahren:

Ist e die Länge eines zum Halbmesser 1 gehörigen Kreisbogens, so ist sein Mittelpunktswinkel in Sekunden $= \dfrac{e}{\sin 1''}$; ist dagegen s die Anzahl Sekunden, welche der Mittelpunktswinkel misst, so ist $s.\sin 1''$ die Länge des ihn umspannenden Kreisbogens vom Halbmesser 1 (d. h. $\text{arc } n'' = n.\sin 1''$, $n = \dfrac{\text{arc } n''}{\sin 1''}$, $\text{arc } 1'' = \sin 1''$).

Hat man ferner die Gleichung
$$\sin x = \delta,$$
und ist δ sehr klein (positiv), so ist der Winkel x in Sekunden $= \dfrac{\delta}{\sin 1''}$, wobei jedoch letztere Grösse noch unter 1740 liegen muss (29 Minuten nach §. 20); hat man eben so
$$tg\,x = \delta$$

Sey für die erste Figur:
AB = 1568·25, AC = 2335·73, AD = 20, $\alpha = 65°30'18''$,
$\beta = 33°13'47''$.

$\log a = 1·3030300$	$\log a = 1·3010300$
$\log \sin \alpha = 9·9590402$	$\log \sin (\alpha + \beta) = 9·9949336$
$E.\log AB = 6·8045847$	$E.\log AC = 6·6315773$
$\log \sin y = 8·0646549$	$\log \sin z = 7·9275409$
$y = 0°39'53·8''$	$z = 0°29'5·7''$

oder auch:

$$\log a = 1·30103$$
$$\log \sin(\alpha + \beta) = 9·99493$$
$$E.\log AC = 6·63158$$
$$\log \frac{180.60.60}{\pi} = 5·31442$$
$$\overline{3·24196}$$
$$z = 1745·7'' = 29'5·7''.$$
$$x = \beta + z - y = 33°2'58·9''.$$

Zur Uebung legen wir vor:

(zweite Figur) $a = 2·345$, AB $= 236·54$, AC $= 143·62$,
$\alpha = 106°42'32''$, $\beta = 68°57'13''$, woraus $x = 68°55'29''$.

(dritte Figur) $a = 4·823$, AB $= 6827·5$, AC $= 9834·9$,
$\alpha = 10°24'30''$, $\beta = 35°28'40''$, woraus $x = 35°29'49·17''$.

(vierte Figur) $a = 10·82$, $\log$ AB $= 3·82573$, $\log$ AC $= 3·92734$,
$\alpha = 150°30'40''$, $\beta = 65°22'10·25''$, woraus $x = 65°16'51·53''$.

Um AD zu erhalten ist es oft nothwendig, weitere Hilfsmittel anzuwenden. Das einfachste und meist angewandte ist das in Nr. 1 angegebene Verfahren, die Länge der Linie AB in der dortigen Figur zu messen.

Hieher gehört auch die folgende Aufgabe: Von dem Mittelpunkte C eines

---

und ist δ sehr klein, so ist x in Sekunden $= \frac{\delta}{\sin 1''} = \frac{\delta}{tg 1''}$, da $\sin 1'' = tg 1''$. Dabei soll aber diese Zahl nicht über 1380 gehen (23 Minuten), da, wie man leicht findet, der Fehler noch nicht auf die siebente Dezimale Einfluss hat, wenn man $tg 23' = arc 23'$ setzt (d. h. auch $n = \frac{\sin n''}{\sin 1''} = \frac{tg n''}{tg 1''}$, wenn n nicht über 1380, woraus auch $\sin n'' = n \sin 1''$, $tg n'' = n tg 1'' = n . \sin 1''$).

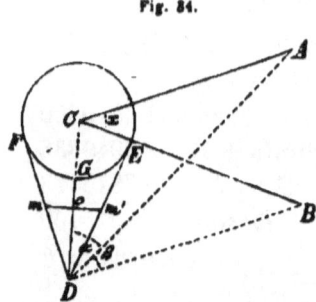

Fig. 34.

kreisrunden Thurmes aus soll man den Winkel ACB messen, wobei AC und BC als bekannt vorausgesetzt werden. Natürlich kann das Instrument nicht in C aufgestellt werden, was deshalb in D geschieht, wo man $ADB = \beta$ misst; man soll nun hieraus $ACB = x$ ermitteln.

Von D aus denke man sich an den Umfang des Thurms die zwei Tangenten DF, DE gezogen, nehme auf ihnen $Dm = Dm'$ und ziehe mm', das in O halbirt werde. Die Linie DO ist nun gegen den Mittelpunkt C gerichtet und $DC = DG +$ Halbmesser des Thurms. Misst man also noch $ADG = \alpha$, so kann x wie oben ermittelt werden.

7) Wenn man vermittelst des Theodoliten Winkel misst, so werden, welches auch die Visirpunkte seyn mögen, nicht die eigentlichen Winkel, sondern nur deren Horizontalprojektionen gemessen — was für die geodätischen Operationen auch gerade nothwendig ist.

Gesetzt nun, in C sey ein Theodolit aufgestellt, und man solle einen Punkt F als Zielpunkt wählen, wobei Cf die Horizontalprojek-

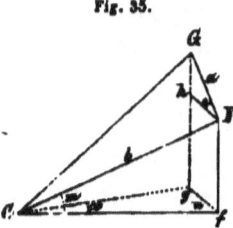

Fig. 35.

tion von CF sey. Statt des Punktes F habe man aber den Zielpunkt G gewählt, so gelegen, das $FG = a$, und Winkel $GFh = \alpha$, wenn Fh horizontal ist (wobei wir α negativ nehmen würden, wenn G tiefer läge als F). Sey ferner $FCf = m$, $Cfg = n$, wenn Cg die Projektion von CG ist, und $CF = b$, so sind a, α, b, m, n als bekannt anzunehmen. Der Winkel $fCg = x$ ist nun der Fehler wegen des unrichtigen Zielpunkts.

Nun ist $Fh = fg = a \cos \alpha$, $Cf = b \cos m$, und man kennt also im Dreiecke Cfg die Seiten fg, Cf und den Winkel $Cfg = n$, so dass das Dreieck berechnet werden kann. Man hat darin wegen $Cgf = 180° - (x + n)$:

$$\frac{\sin(x+n)}{\sin x} = \frac{b \cos m}{a \cos \alpha}, \quad \sin(x+n) = \frac{b \cos m}{a \cos \alpha} \sin x.$$

x ist immer sehr klein, wenigstens für die gewöhnlichen Anwendungen; also darf man $\cos x = 1$ und $\sin x$ seinem Bogen (zum

Halbmesser 1) gleich setzen (§. 20). Wird x in Sekunden ausgedrückt, so ist dieser Bogen $= \frac{x}{\varrho}$, $\varrho = \frac{180.60.60}{\pi}$; mithin

$$\frac{x}{\varrho}\cos n + \sin n = \frac{b \cos m}{a \cos \alpha} \frac{x}{\varrho}, \quad x'' = \varrho \frac{a \cos \alpha \sin n}{b \cos m - a \cos \alpha \cos n}.$$

Da a im Verhältniss zu b, und auch, da m immer klein, zu b $\cos$ m, sehr klein ist, so ist diese Grösse näherungsweise gleich $\varrho \frac{a \cos \alpha \sin n}{b \cos m}$, welche Formel man gewöhnlich aufstellt.

Liegen F und G in derselben Horizontalebene, so ist $\alpha = 0$ und
$$x = \varrho \frac{a \sin n}{b \cos m - a \cos n} = \varrho \frac{a \sin n}{b \cos m}$$ ungefähr. Da meistens m nur sehr klein, so wird man auch $\cos m = 1$ setzen können, und dann hat man:

$$x = \varrho \frac{a \sin n}{b} = \frac{a \sin n}{b} 206264{,}8 \text{ Sekunden}.$$

8) MA, BN sind die Richtungen zweier Strassen (Eisenbahnen), die in A und B durch Bögen gleichen Halbmessers zu verbinden sind, welche Bögen in A und B die Geraden MA, BN und in E sich selbst berühren sollen.

Fig. 36.

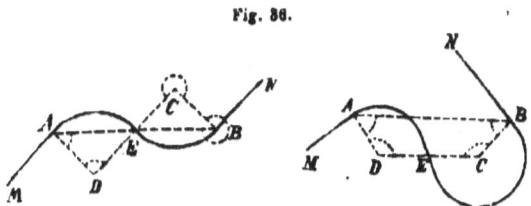

Man ziehe DA, CB senkrecht auf MA, BN, und seyen D, C die Mittelpunkte, also DA = CB = x der Halbmesser, so ist DC = 2x.

In dem Viereck ABCD hat man nun nach §. 36, wenn AB = a und die beiden (bekannten) Winkel bei B und A mit diesen Buchstaben bezeichnet werden:

$$x - a \cos A + x \cos(A + B) - 2x \cos(A + B + C) = 0,$$
$$a \sin A - x \sin(A + B) + 2x \sin(A + B + C) = 0,$$

in welchen Gleichungen x und C unbekannt sind.

Man folgert aus denselben

$$2x \cos(A+B+C) = x - a\cos A + x\cos(A+B),$$
$$2x \sin(A+B+C) = - a\sin A + x\sin(A+B),$$

woraus, indem man quadrirt und addirt:

$$4x^2 = x^2 - 2ax\cos A + a^2 + 2x^2 \cos(A+B) - 2ax\cos B + x^2,$$
$$2x^2[1 - \cos(A+B)] + 2ax(\cos A + \cos B) = a^2,$$
$$4x^2 \sin^2\tfrac{1}{2}(A+B) + 4ax\cos\tfrac{1}{2}(A+B)\cos\tfrac{1}{2}(A-B) = a^2 \text{ (§. 16)},$$

$$x = -\frac{a\cos\tfrac{1}{2}(A+B)\cos\tfrac{1}{2}(A-B)}{2\sin^2\tfrac{1}{2}(A+B)}$$

$$\pm \sqrt{\frac{a^2}{4\sin^2\tfrac{1}{2}(A+B)} + \frac{a^2 \cos^2\tfrac{1}{2}(A+B)\cos^2\tfrac{1}{2}(A-B)}{4\sin^4\tfrac{1}{2}(A+B)}},$$

$$x = -a\cos\tfrac{1}{2}(A+B)\cos\tfrac{1}{2}(A-B) \pm$$
$$\frac{a\sqrt{\sin^2\tfrac{1}{2}(A+B) + \cos^2\tfrac{1}{2}(A+B)\cos^2\tfrac{1}{2}(A-B)}}{2\sin^2\tfrac{1}{2}(A+B)}.$$

Laufen die Geraden MA, BN parallel (bei Eisenbahnen, bei denen zwei parallele Geleise durch eine S-Kurve zu verbinden sind), so ist (Fall der ersten Figur ($B + A = 360°$, $B = 360° - A$, also $\cos\tfrac{1}{2}(A+B) = -1$, $\sin\tfrac{1}{2}(A+B) = 0$, und mithin

$$-4ax\cos(180° - A) = a^2, \quad x = \frac{a}{4\cos A}.$$

In diesem Falle lässt die Aufgabe eine einzige Lösung zu. Dabei ist übrigens $a\cos A$ der senkrechte Abstand beider paralleler Geraden, $a\sin A$ die Länge der Stücke beider Geraden zwischen den Senkrechten durch A und B.

In der allgemeinen Formel ist das Zeichen so zu wählen, dass x positiv ausfällt.

9) Ist in der vorigen Figur der eine der zwei Halbmesser gegeben, gleich r (wo also die beiden nicht mehr gleich sind), der andere gesucht, gleich x (AD = r, BC = x), so hat man

$$r - a\cos A + x\cos(A+B) - (r+x)\cos(A+B+C) = 0,$$
$$a\sin A - x\sin(A+B) + (r+x)\sin(A+B+C) = 0,$$

woraus

$$(r+x)^2 = r^2 + 2xr\cos(A+B) - 2ar\cos A + a^2 + x^2 - 2ax\cos B$$

$$x = \frac{a^2 - 2ar\cos A}{4r\sin^2\tfrac{1}{2}(A+B) + 2a\cos B}.$$

Für den Fall paralleler Richtungen:

$$x = \frac{a^2 - 2\,a\,r\cos A}{2\,a\cos A} = \frac{a}{2\cos A} - r.$$

10) Von einem ziemlich entfernten Punkte O aus sollte die Mitte C eines runden Thurms beobachtet werden; man beobachtet statt derselben die Mitte der von der Sonne erleuchteten Hälfte und wird dabei einen kleinen Fehler begehen, der zu berechnen ist.

Ist nämlich SC die Richtung der den Thurm beleuchtenden Sonnenstrahlen, so wird, wenn AB senkrecht auf SC steht, die Hälfte BSA erleuchtet seyn.

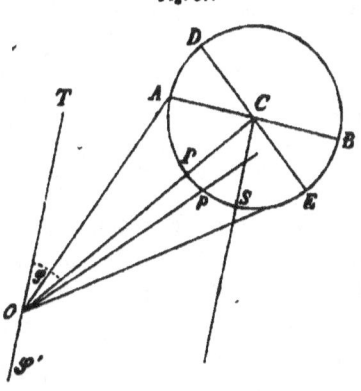

Fig. 37.

Von O aus kann man, wenn DE senkrecht auf OC, nur die Hälfte ESD sehen, oder da AD nicht erleuchtet ist, nur ESA. Statt also auf die Mitte P von ESD (d. h. nach C) zu zielen, wird man das Fernrohr auf die Mitte p von ESA gerichtet haben, und dadurch den Fehler POp begehen, der zu ermitteln ist.

Kann man von O aus die Sonne sehen, so denke man sich S'T parallel SC (d. h. S'T ist die Richtung der in O fallenden Sonnenstrahlen) und messe den Winkel S'OC, was freilich nicht ganz genau geschehen kann, indem man nach p statt P zielt, aber auch diesen Winkel nicht mit der allergrössten Genauigkeit brauchen wird. Alsdann kennt man auch $COT = \varphi = 180° - CCS'$. Endlich wird man (genau genug) $OC = OA$ annehmen dürfen, und wenn man $OC = d$ als bekannt voraussetzt, auch $OA = d$ haben; der Halbmesser des Thurms sey r. Der Winkel $AOp = pOE$ werde mit u, POp mit θ bezeichnet. In dem Dreiecke OAC ist nun:

$$AC : OA = \sin AOC : \sin OCA,$$

d. h. da $AC = r$, $OA = d$, $AOC = (u - \theta)$, $OCA = OCD - ACD = 90° - OCS = 90° - \varphi$:

$$r : d = \sin(u - \theta) : \cos\varphi, \quad \sin(u - \theta) = \frac{r\cos\varphi}{d}.$$

Im Dreiecke COE ist eben so:

$$CE:OE = \sin COE : \sin ECO,$$

d. h.

$$r : d = \sin(u+\theta) : \sin 90°, \ \sin(u+\theta) = \frac{r}{d}.$$

Da $u-\theta$ und $u+\theta$ spitze Winkel sind, so werden dieselben hieraus erhalten, und da $\frac{r}{d}$ sehr klein ist, so braucht man φ keineswegs genau zu kennen.* In der Regel wird man setzen können:

$$u-\theta = \frac{\varrho r \cos\varphi}{d}, \ u+\theta = \frac{r\varrho}{d},$$

woraus

$$\theta = \frac{\varrho r}{d}\left(\frac{1-\cos\varphi}{2}\right) = \frac{\varrho r}{d} \sin^2 \tfrac{1}{2}\varphi \ \text{(in Sekunden)}.$$

Dauert die Beobachtung einige Zeit, so wird φ sich ändern, da die Sonne sich am Himmel fortbewegt; man wird also COS' im Anfang und Ende der Beobachtung messen und aus beiden Resultaten das Mittel nehmen. Man wird sich leicht die Auflösung konstruiren für eine andere gegenseitige Lage der Sonne und des Punktes O.

§. 43.
Aufgaben aus der Höhenmessung.

1) CD ist ein vertikal stehender Gegenstand auf einem Abhang CA; die Linie AC ist gegen den Fuss C desselben gerichtet. Man messe nun $AB = a$, $BC = b$, so wie die Winkel $DAC = \beta$, $DBC = \alpha$, so kann man CD finden.

Fig. 38.

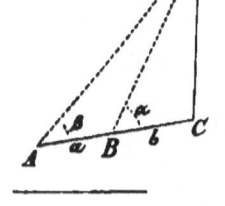

Denn in dem Dreiecke ABD ist $ADB = \alpha - \beta$ und

$$BD = \frac{a \sin\beta}{\sin(\alpha-\beta)}.$$

In dem Dreiecke DBC kennt man nun BD, $BC = b$, und $DBC = \alpha$, kann also nach §. 30 die Seite CD finden. (Wäre hier $b = 0$, so hätte man bis an C gemessen und müsste noch den

---

* Ist in $\frac{r \cos\varphi}{d}$ auch $\cos\varphi$ mit einem kleinen Fehler μ behaftet, so wird derselbe in dem Produkte zu $\frac{r\mu}{d}$, also verschwindend klein.

Winkel DCA kennen. Würde nun AC sich unter dem Winkel γ gegen den Horizont neigen, so wäre ACD $= 90° + \gamma$ und also $CD = \frac{a \sin\beta}{\cos(\beta+\gamma)}$, woraus auch $a = \frac{CD \cos(\beta+\gamma)}{\sin\beta}$ folgt, vermittelst welcher Formel die Entfernung AC bei bekannter Höhe CD gefunden werden könnte. Für $\gamma = 0$, d. h. für ein horizontales AC, wäre $AC = CD \cot g \beta$.)

2) Kann man (in der vorigen Figur) die Linie BC nicht messen, so messe man in A den Neigungswinkel der Linie AC gegen den Horizont,* ist derselbe $=\gamma$, so ist der Winkel DCA $= 90° + \gamma$, und in dem Dreiecke DBC hat man jetzt:

$$\frac{DC}{DB} = \frac{\sin\alpha}{\sin(90°+\gamma)}, \quad DC = \frac{BD \cdot \sin\alpha}{\cos\gamma} = \frac{a \sin\beta \cdot \sin\alpha}{\cos\gamma \cdot \sin(\alpha-\beta)}.$$

Würde AC, statt anzusteigen, sich unter dem Winkel γ neigen, so wäre DCA $= 90° - \gamma$, die Formel bliebe aber dieselbe. Ist AC selbst horizontal, so ist $\gamma = 0$, also:

$$DC = \frac{a \sin\beta \sin\alpha}{\sin(\alpha-\beta)}.$$

3) Kann man nicht gegen den Fusspunkt hin messen, so messe man die Standlinie CD, die gegen den Horizont unter dem Winkel DCE $= \alpha$ geneigt sey, und stelle sich die Aufgabe, die Erhöhung des Punktes B über C zu finden $(= BA')$. Fig. 39.

Sey A' der Punkt der Vertikalen BA, in welchem sie die durch C gehende Horizontalebene ECA' trifft; man messe den

---

* Unter Horizont verstehen wir hier die unbegränzte Ebene, welche uns auf einem nicht durch Erhöhungen unterbrochenen Landstrich zu umgeben scheint und an deren äussersten Enden die Gränzen zwischen Himmel und Erde zu liegen scheinen. Diese Ebene steht also senkrecht auf der nach dem Zenith (vergl. die Note zu §. 42, Nr. 3) gerichteten Geraden. Die horizontale Lage einer Ebene wird bekanntlich durch die Wasserwaage bestimmt, während die vertikale Richtung einer Linie, d. h. die Richtung nach dem Zenith, durch das Bleiloth angegeben wird. Zuweilen pflegt man die so eben mit dem Namen Horizont belegte Ebene auch den scheinbaren Horizont zu nennen, während unter wahrem Horizonte dann eine mit ihr parallele, durch den Erdmittelpunkt gehende Ebene verstanden wird. In jedem Falle wird man übrigens sogleich erkennen, in welcher Bedeutung das Wort Horizont genommen wird.

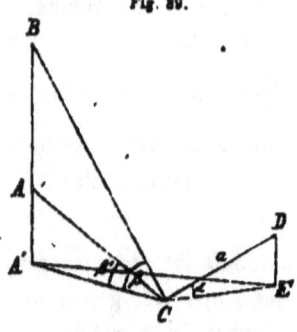

Fig. 89.

Winkel $BCA' = \beta$, die Linie $CD = a$, so wie in C und D die beiden Horizontalwinkel $A'CE = \gamma$, $CEA' = \delta$ (§. 42, Nr. 7). Alsdann ist
$$CE = a\cos\alpha.$$
In dem Dreiecke $A'CE$ kennt man
$$CE = a\cos\alpha,$$
die beiden Winkel
$$A'CE = \gamma, \ CEA' = \delta,$$
also
$$\frac{A'C}{CE} = \frac{\sin\delta}{\sin(180^0 - \gamma - \delta)}, \ A'C = \frac{a\cos\alpha\sin\delta}{\sin(\gamma + \delta)}.$$

Endlich in dem rechtwinkligen Dreiecke CBA':
$$A'B = A'C\,tg\,\beta = \frac{a\cos\alpha\sin\delta\,tg\,\beta}{\sin(\gamma+\delta)}.$$

Hätte man eben so den Winkel $ACA' = \beta'$ gemessen, so wäre
$$AA' = \frac{a\cos\alpha\sin\delta\,tg\,\beta'}{\sin(\gamma+\delta)},$$
also
$$AB = A'B - AA' = \frac{a\cos\alpha\sin\delta}{\sin(\gamma+\delta)}(tg\,\beta - tg\,\beta') = \frac{a\cos\alpha\sin\delta\sin(\beta-\beta')}{\sin(\gamma+\delta)\cos\beta\cos\beta'}.$$

Läge A tiefer als A', so wäre $+ tg\,\beta'$ zu setzen und man hätte statt der vorgehenden Formel:
$$AB = \frac{a\cos\alpha\sin\delta\sin(\beta+\beta')}{\sin(\gamma+\delta).\cos\beta.\cos\beta'}. \ *$$

D kann höher oder tiefer liegen als C, d. h. α kann positiv oder negativ seyn, das Resultat ist dasselbe.

Will man nach dieser Methode z. B. die Höhe eines Kirchthurms, der sich in einem Thale befindet, von einer benachbarten Höhe herab, die über der Spitze des Thurms liege, messen, so werden die beiden Winkel β und β' negativ seyn, wenn man die erste Formel anwenden will; will man dagegen die zweite anwenden, so ist β negativ und kleiner als β'. Z. B.

---

* D. h. in der frühern Formel tritt $-\beta'$ an die Stelle von β'.

$a = 357\cdot3$, $\alpha = -3°48'10''$, $\beta = -13°5'49''$, $\beta' = -20°18'9''$,
$$\gamma = 85°37'14'', \quad \delta = 79°13'12'',$$
also
$$AB = \frac{357\cdot3 \cdot \cos 3°48'10'' \sin 79°13'12'' \sin 7°12'20''}{\sin 164°50'26'' \cos 13°5'49'' \cos 20°18'9''}.$$

4) Die drei Punkte A, B, C liegen in derselben Geraden, die mit dem Punkte E in der nämlichen Horizontalebene sich befindet. Man misst $AB = a$, $BC = b$, nebst den drei Höhenwinkeln $FAE = \alpha$, $FBE = \beta$, $FCE = \gamma$; man soll daraus die vertikale Höhe $FE = x$ finden.

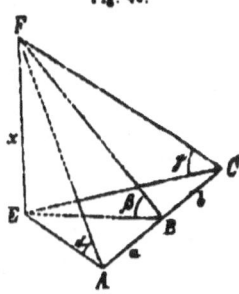

Fig. 40.

Man hat in den Dreiecken FEA, FEB, FEC:
$$AE = \frac{x}{tg\,\alpha}, \quad BE = \frac{x}{tg\,\beta}, \quad EC = \frac{x}{tg\,\gamma}.$$

Ferner ist $EBA = 180° - EBC$, $\cos EBA = -\cos EBC$; aber da (§. 27):
$$\cos EBA = \frac{BE^2 + AB^2 - AE^2}{2\,BE \cdot AB}, \quad \cos EBC = \frac{EB^2 + BC^2 - EC^2}{2\,EB \cdot BC},$$
so ist
$$\frac{\frac{x^2}{tg^2\beta} + a^2 - \frac{x^2}{tg^2\alpha}}{\frac{2x}{tg\,\beta} \cdot a} = -\frac{\frac{x^2}{tg^2\beta} + b^2 - \frac{x^2}{tg^2\gamma}}{\frac{2x}{tg\,\beta} \cdot b},$$
woraus: $(a^2 tg^2\alpha\, tg^2\beta\, tg^2\gamma + x^2 tg^2\alpha\, tg^2\gamma - x^2 tg^2\beta\, tg^2\gamma)\,b$
$= (x^2 tg^2\alpha\, tg^2\beta - b^2 tg^2\alpha\, tg^2\beta\, tg^2\gamma - x^2 tg^2\alpha\, tg^2\gamma)\,a$,
$x^2 [b\, tg^2\alpha\, tg^2\gamma - b\, tg^2\beta\, tg^2\gamma - a\, tg^2\alpha\, tg^2\beta + a\, tg^2\alpha\, tg^2\gamma]$
$= -(ab^2 + a^2 b)\, tg^2\alpha\, tg^2\beta\, tg^2\gamma$
$= -ab(a+b)\, tg^2\alpha\, tg^2\beta\, tg^2\gamma$,
$$x = \frac{tg\,\alpha\, tg\,\beta\, tg\,\gamma \sqrt{ab(a+b)}}{\sqrt{[b\, tg^2\gamma\,(tg^2\beta - tg^2\alpha) + a\, tg^2\alpha\,(tg^2\beta - tg^2\gamma)]}}.$$

Aber aus §. 16 folgt
$$tg^2\beta - tg^2\alpha = \frac{\sin(\beta+\alpha)\sin(\beta-\alpha)}{\cos^2\beta \cos^2\alpha},$$
$$tg^2\beta - tg^2\gamma = \frac{\sin(\beta+\gamma)\sin(\beta-\gamma)}{\cos^2\beta \cos^2\gamma},$$

also

$$x = \frac{tg\,\alpha\,tg\,\beta\,tg\,\gamma\,\sqrt{ab(a+b)}}{\sqrt{\left[\dfrac{b\,tg^2\gamma\,\sin(\beta+\alpha)\sin(\beta-\alpha)}{\cos^2\beta\cos^2\alpha} + a\,\dfrac{tg^2\alpha\,\sin(\beta+\gamma)\sin(\beta-\gamma)}{\cos^2\beta\cos^2\gamma}\right]}}$$

$$= \frac{tg\,\alpha\,tg\,\beta\,tg\,\gamma\,\cos\alpha\cos\beta\cos\gamma\,\sqrt{ab(a+b)}}{\sqrt{[b\,tg^2\gamma\,\cos^2\gamma\,\sin(\beta+\alpha)\sin(\beta-\alpha) + a\,tg^2\alpha.\cos^2\alpha\,\sin(\beta+\gamma)\sin(\beta-\gamma)]}}$$

$$= \frac{\sin\alpha\,\sin\beta\,\sin\gamma\,\sqrt{ab(a+b)}}{\sqrt{[b\,\sin^2\gamma\,\sin(\beta+\alpha)\sin(\beta-\alpha) + a\,\sin^2\alpha\,\sin(\beta+\gamma)\sin(\beta-\gamma)]}}.$$

Wir wollen hier wieder ein Zahlenbeispiel beifügen, was wir bei obigen so leicht zu berechnenden Formeln unterlassen haben. Sey also:

$a = 2350$, $b = 1650$, $\alpha = 2°7'$, $\beta = 5°9'30''$, $\gamma = 3°18'10''$, also
$a + b = 4000$, $\beta + \alpha = 7°16'30''$, $\beta - \alpha = 3°2'30''$,
$\beta + \gamma = 8°27'40''$, $\beta - \gamma = 1°51'20''$.

$\log b = 3{\cdot}2174839$	$\log a = 3{\cdot}3710679$
$2\log\sin\gamma = 7{\cdot}5210324$	$2\log\sin\alpha = 7{\cdot}1348620$
$\log\sin(\beta+\alpha) = 9{\cdot}1025428$	$\log\sin(\beta+\gamma) = 9{\cdot}1677251$
$\log\sin(\beta-\alpha) = 8{\cdot}7247850$	$\log\sin(\beta-\gamma) = 8{\cdot}5102754$
$\overline{0{\cdot}5658441 - 2}$	$\overline{0{\cdot}1839304 - 2}$
I $= 0{\cdot}03679968$	II $= 0{\cdot}01525321$

$\quad\quad$ I + II $= 0{\cdot}05207289$
$\quad\quad \log(I + II) = 0{\cdot}7166117 - 2$
$\quad\quad \tfrac{1}{2}\log(I + II) = 0{\cdot}3583058 - 1$.

$\quad\quad \log\sin\alpha = 8{\cdot}5674310$
$\quad\quad \log\sin\beta = 8{\cdot}9537999$
$\quad\quad \log\sin\gamma = 8{\cdot}7605162$
$\quad\quad \tfrac{1}{2}\log a = 1{\cdot}6855339$
$\quad\quad \tfrac{1}{2}\log b = 1{\cdot}6087419$
$\quad\quad \tfrac{1}{2}\log(a + b) = 1{\cdot}8010300$
$\quad\quad \mathrm{E}\tfrac{1}{2}\log(I + II) = \overline{9{\cdot}6416941 + 1}$
$\quad\quad \log x = 2{\cdot}0187470$
$\quad\quad x = 104{\cdot}411.$

5) Man soll, indem man die horizontale Standlinie MN = a gemessen hat, die Erhebung der zwei Punkte A, B über MN, so wie ihren horizontalen Abstand A'B' bestimmen.

Aufgaben über Theilung der Figuren. 145

Man messe (A', B' in derselben Horizontalebene wie MN) in M die Winkel AMA', A'MB', A'MN; in N die Winkel BNB', B'NA', B'NM, so kennt man in dem Dreiecke MNA' eine Seite MN und die zwei Winkel A'MN, A'NM = B'NM − B'NA', kann also NA' und MA' berechnen; in dem Dreiecke MNB' kennt man die Seite MN, die Winkel B'NM, NBB' = A'MN − A'MB', kann also B'N berechnen. In dem Dreiecke A'NB'

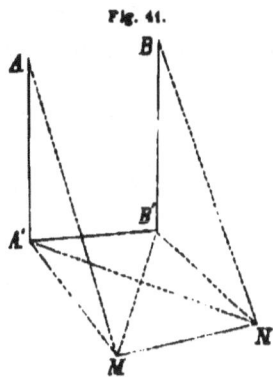

Fig. 41.

kennt man nun A'N, B'N nebst A'NB', kann also A'B' finden. AA', BB' ergeben sich aus den rechtwinkligen Dreiecken AMA', BNB'.

§. 44.

Aufgaben über Theilung der Figuren. Vermischte Aufgaben.

1) Von einem Dreieck ABC, das vollständig gegeben ist, soll durch eine Linie DE, die mit AC den gegebenen Winkel α mache, ein Stück CDE = F abgeschnitten werden.

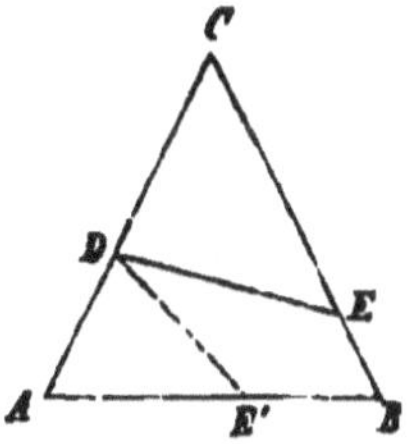

Sey CD = x, CE = y, so ist (§§. 27, 33):

$$\frac{xy \sin C}{2} = F, \quad \frac{y}{x} = \frac{\sin \alpha}{\sin(\alpha + C)};$$

hieraus folgt:

$$y = \frac{x \sin \alpha}{\sin(\alpha + C)}, \quad \frac{x^2 \sin \alpha \sin C}{2 \sin(\alpha + C)} = F, \quad x = \sqrt{\frac{2F \sin(\alpha + C)}{\sin \alpha \sin C}},$$

$$y = \sqrt{\frac{2F \sin \alpha}{\sin(\alpha + C) \sin C}}.$$

Fig. 42.

Hiedurch sind x und y, also DE genau bestimmt. Natürlich darf $\alpha + C$ nicht > 180°, da sonst die Aufgabe unmöglich wäre. Fiele hiebei y > CB aus, so würde DE nicht mehr die CB schneiden, sondern die AB, also etwa die Lage DE' haben: in diesem Falle müsste die Rechnung anders geführt werden.

Man hätte jetzt, wenn $AE' = z$, $AD = u$, und Δ die Fläche des Dreiecks, wobei F das Stück CDE'B:

$$\frac{uz\sin A}{2} = \Delta - F, \quad u:z = \sin(180° - \alpha + A):\sin\alpha, \quad z = \frac{u\sin\alpha}{\sin(\alpha - A)},$$

$$\frac{u^2 \sin A \sin\alpha}{2\sin(\alpha - A)} = \Delta - F, \quad u = \sqrt{\frac{2(\Delta - F)\sin(\alpha - A)}{\sin\alpha \sin A}},$$

$$z = \sqrt{\frac{2(\Delta - F)\sin\alpha}{\sin(\alpha - A)\sin A}}.$$

Man sieht leicht, wie man zu verfahren hat, wenn mehrere Stücke abgeschnitten werden sollten.

Sey z. B. $AC = 1200$, $BC = 1000$, $C = 52°$, so ist die Fläche des Dreiecks

$$\frac{1200 \cdot 1000}{2} \sin 52° = 472806.$$

Gesetzt nun, es solle dasselbe in vier Stücke abgetheilt werden, die sich wie $8:7:16:19$ verhalten, und zwar durch Linien, welche CA unter den Winkeln $60°$, $40°$, $55°$ schneiden. Die Inhalte der Stücke sind:

$$\frac{472806 \cdot 8}{50} = 75648 \cdot 96, \quad \frac{472806 \cdot 7}{50} = 66192 \cdot 84,$$
$$= F_1 \qquad\qquad = F_2$$
$$\frac{472806 \cdot 16}{50} = 151297 \cdot 92, \quad \frac{472806 \cdot 19}{50} = 179662 \cdot 28.$$
$$= F_3 \qquad\qquad = F_4.$$

Sind x_1, x_2, x_3 die Entfernungen von C der Durchschnittspunkte der drei Theillinien mit AC; y_1, y_2, y_3, dessgleichen für CB, so ist

$$x_1 = \sqrt{\frac{2F_1 \sin 112°}{\sin 60° \cdot \sin 52°}} = 453\cdot 37, \quad y_1 = \sqrt{\frac{2F_1 \sin 60°}{\sin 112° \sin 52°}} = 423\cdot 48,$$

$$x_2 = \sqrt{\frac{2(F_1 + F_2)\sin 92°}{\sin 40° \sin 52°}} = 748 \cdot 14,$$

$$y_2 = \sqrt{\frac{2(F_1 + F_2)\sin 40°}{\sin 92° \sin 52°}} = 481 \cdot 19,$$

$$x_2 = \sqrt{\frac{2(F_1 + F_2 + F_3)\sin 107°}{\sin 55°.\sin 52°}} = 931{,}98,$$

$$x_3 = \sqrt{\frac{2(F_1 + F_2 + F_3)\sin 55°}{\sin 107° \sin 52°}} = 798{,}32.$$

Sämmtliche Theillinien schneiden also die BC.

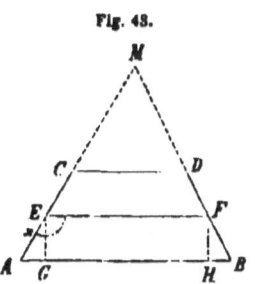

Fig. 43.

· 2) Von dem Viereck ABCD, in welchem die Seite AB = a, nebst den Winkeln A und B, gegeben ist, soll durch eine Linie EF, welche mit AC den gegebenen Winkel E macht, ein Viereck ABEF abgeschnitten werden, dessen Fläche = S sei.

In dem Vierecke ABEF kennt man alle Winkel, da $F = 360° - (A + B + E)$, nebst der Seite a. Sey AE = x, so hat man in dem Vierecke die Gleichungen (§. 36)

$$a - x\cos A + EF\cos(A + E) - BF\cos(A + E + F) = 0,$$
$$x\sin A - EF\sin(A + E) + BF\sin(A + E + F) = 0,$$

oder da $A + E + F = 360° - B$:

$$a - x\cos A + EF\cos(A + E) - BF\cos B = 0,$$
$$x\sin A - EF\sin(A + E) - BF\sin B = 0.$$

Hieraus folgt

$$EF = \frac{(x\cos A - a)\sin B + x\sin A \cos B}{\cos(A + E)\sin B + \sin(A + E)\cos B},$$

$$BF = \frac{(a - x\cos A)\sin(A + E) + x\sin A \cos(A + E)}{\cos B \sin(A + E) + \sin B \cos(A + E)},$$

d. h.

$$EF = \frac{x\sin(A + B) - a\sin B}{\sin(A + B + E)}, \quad BF = \frac{a\sin(A + E) - x\sin E}{\sin(A + B + E)}.$$

Dann ist (§. 37, V):

$$2S = a[x\sin A - EF\sin(A + E)] + x \cdot EF \sin E,$$

d. h. wegen $A + B + E = 360° - F$, $\sin(A + B + E) = -\sin F$:

$$2S\sin F = a[x\sin A \sin F + x\sin(A + B)\sin(A + E)$$
$$- a\sin B \sin(A + E)]$$
$$- x[x\sin(A + B)\sin E - a\sin B \sin E],$$

$$x^2 \sin(A+B) \sin E - x[a \sin A \sin F + a \sin(A+B) \sin(A+E)$$
$$+ a \sin B \sin E] = -[2 S \sin F + a^2 \sin B \sin(A+E)].$$

Da $\sin F = -\sin(A+B+E)$, so ist
$$\sin A \sin F + \sin(A+B) \sin(A+E) = \tfrac{1}{2} \cos(2A+B+E)$$
$$- \tfrac{1}{2} \cos(B+E) - \tfrac{1}{2} \cos(2A+B+E)$$
$$+ \tfrac{1}{2} \cos(B-E) \; (\S. 16) = \sin B \sin E,$$

also
$$x^2 \sin(A+B) \sin E - 2x a \sin B \sin E = 2 S \sin F$$
$$+ a^2 \sin B \sin(A+E),$$
$$x = \frac{a \sin B}{\sin(A+B)} \pm \sqrt{\frac{a^2 \sin^2 B}{\sin^2(A+B)} - \frac{2 S \sin F + a^2 \sin B \sin(A+E)}{\sin(A+B) \sin E}}.$$

Da x positiv seyn muss, so wird, wenn $A+B > 180°$, nothwendig nur das obere Zeichen gelten. Ist aber $A+B < 180°$ (wie unsere Figur voraussetzt), so ist zu beachten, dass jedenfalls $x < AM$ sein wird. Aber
$$\frac{AM}{a} = \frac{\sin B}{\sin M} = \frac{\sin B}{\sin(A+B)},$$
$$AM = \frac{a \sin B}{\sin(A+B)}, \quad AM - x = \mp \sqrt{\frac{a^2 \sin^2 B}{\sin^2(A+B)} - \cdots},$$

so dass $AM - x$ negativ ausfiele, wenn man das obere Zeichen wählen würde. Also gilt in diesem Falle das untere Zeichen.

Fiele $x > AC$ aus, so wäre diess ein Hinweis, dass die Aufgabe in der vorgelegten Form sich nicht lösen lässt.

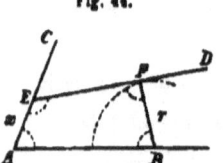

Fig. 44.

3) AC, AB sind zwei auf der Papierebene senkrecht stehende Ebenen, desgleichen BF. Letztere Ebene lässt sich um eine in B auf der Papierebene senkrecht stehende Axe drehen. Sonnenstrahlen fallen parallel mit einander ein und ist DE die Projektion der Richtung derselben auf die Papierebene. Wie muss BF gestellt werden, damit der Schatten AE am grössten sei?

Ist $AB = a$, so kennt man in dem Vierecke BAEF: die Seite AB, die Winkel A und E, so wie die Seite BF, die wir gleich r setzen. Man sucht zunächst die Seite x. Zu dem Ende ist (§.36)

$$r\,sin\,F - a\,sin(F+B) + x\,sin(F+B+A) = 0,$$

wo aber $F+B+A+E = 360°$, so dass

$$-r\,sin(B+A+E) + a\,sin(A+E) - x\,sin\,E = 0,$$

$$x = \frac{a\,sin(A+E) - r\,sin(A+B+E)}{sin\,E}.$$

Daraus folgt offenbar, dass x am grössten, wenn
$$A+B+E = 270°.$$
d. h. $F = 90°$.

4) Wie weit kann man einen Gegenstand, der um a über die Oberfläche der Erde erhaben ist, noch sehen?

Sey $MM' = a$, C der Mittelpunkt der Erde, die wir als Kugel denken, so wird A der entfernteste Punkt sein, von dem aus man M' noch sehen kann, wenn M'A eine Tangente an die Erdkugel (also an den Kreisbogen AM) ist. Demgemäss ist $M'AC = 90°$ und also, wenn r den Erdhalbmesser bedeutet:

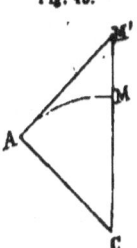

Fig. 45.

$$cos\,C = \frac{r}{a+r},$$

woraus C folgt. Dann ist das gesuchte $AM = r\,arc\,C$.

Aber, da r sehr gross ist im Verhältnisse zu a, so ist $cos\,C$ nahezu $= 1$, also C sehr klein. Nun hat man

$$1 - cos\,C = 2\,sin^2 \tfrac{1}{2}C = \frac{a}{a+r}, \quad sin\tfrac{1}{2}C = \sqrt{\frac{a}{2(a+r)}},$$

$$\tfrac{1}{2}arc\,C = \sqrt{\frac{a}{2(a+r)}}\ (\S.18),\ r\,arc\,C = \sqrt{\frac{2\,a\,r^2}{a+r}} = \sqrt{\frac{2\,a\,r}{\frac{a}{r}+1}},$$

oder wenn man $\frac{a}{r}$ vernachlässigt, nahezu:

$$AM = \sqrt{2\,a\,r}.$$

§. 45.
Meeresfläche. Strahlenbrechung.

I. Bei den Höhenmessungen, von denen wir in §. 43 einige Beispiele gaben, wurde vorausgesetzt, dass man unter der Erhöhung eines Punktes B der Erde über einen andern A den senkrechten Abstand des ersten Punktes von der durch A gelegten Horizontalebene verstehe; ferner, dass man im Stande sey, den Höhenwinkel richtig zu messen, d. h. dass der Lichtstrahl von dem Punkte B nach dem in A befindlichen Fernrohr oder Auge in gerader Linie gelange.

Beide Annahmen können wir zulassen, in so weit die vorkommenden Entfernungen nicht beträchtlich sind. Bei grössern Entfernungen sind sie aber nicht richtig. Unter Erhöhung des Punktes B über A versteht man alsdann etwas ganz Anderes, als so eben; eben so beschreibt der Lichtstrahl keine gerade, sondern eine krumme Linie, deren hohle Seite gegen die Erdoberfläche gewendet ist.

Wir wollen diese beiden hier in Betracht zu ziehenden Thatsachen etwas näher in's Auge fassen. Denken wir uns, die ganze Erde wäre mit Wasser bedeckt, so würde die Oberfläche dieses Universalmeeres eine krumme Fläche seyn, die entsteht, wenn eine Ellipse um ihre kleine Axe sich dreht. Da nun die Erde nicht ihrer ganzen Oberfläche nach mit Wasser bedeckt ist, so wird diese regelmässige Fläche Unterbrechungen erleiden, und Theile von ihr werden nur da vorhanden seyn, wo die Voraussetzung verwirklicht ist, d. h. in den Weltmeeren. Man wird sich desshalb unter dem festen Lande hin diejenige krumme Oberfläche, von der die Spiegel der Meere ein Theil sind, fortgesetzt denken, und so unter dem Festlande das erhalten, was man die Meeresfläche nennt. Ist C irgend ein Punkt des festen Landes und man zieht von demselben auf die (so eben näher bezeichnete) Meeresfläche eine Senkrechte, so bildet die Länge derselben die **Erhöhung des betreffenden Punktes über der Meeresfläche**. Ist h die Erhöhung des Punktes A über der Meeresfläche, H dieselbe Grösse für B, so ist dann H — h die **Erhöhung des Punktes B über A**.

Der bei der Umdrehung der Ellipse um ihre kleine Axe von der grossen Axe beschriebene Kreis bildet den Aequator, während die Drehaxe das bildet, was man die Erdaxe nennt.

Die Länge der grössten Axe, also der Durchmesser des Erdäquators, beträgt nach den neuesten und zuverlässigsten Messungen und Berechnungen 6544154·3 Toisen, während die kleine Axe, also die Erdaxe, 6522278·7 Toisen beträgt. Bezeichnen wir die Hälften dieser Grössen mit a und b, so ist also

a = 3272077·1, b = 3261139·3 Toisen.

Bei allen Messungen der höhern Geodäsie handelt es sich nur um die Entfernungen zweier Punkte, die auf die Meeresfläche reduzirt sind.* Da man (§. 42, Nr. 7) vermittelst des Theodoliten ohnehin nur Horizontalwinkel misst, so wird die Berechnung der Messungen sofort diese Entfernungen geben, unter denen man also die Entfernung derjenigen zwei Punkte versteht, in denen die von den eigentlichen Punkten auf die Meeresfläche gezogenen Senkrechten diese Fläche treffen, natürlich diese Entfernung als eine kürzeste, auf der krummen Meeresfläche liegende Linie aufgefasst. Wir heissen sie kurzweg die geodätische Entfernung der Punkte auf der Erdoberfläche.

Betrachten wir nun einen Punkt C des festen Landes, fällen von demselben auf die Meeresfläche eine Senkrechte, so wird diese, bis an das Himmelsgewölbe verlängert, letzteres im Zenith des Punktes C treffen (§. 42, Nr. 3). Die nämliche Senkrechte wird mit der Ebene des Aequators einen gewissen Winkel machen, den man die geographische Breite des Punktes C nennt. Die geographische Breite und die Zenithdistanz des Nordpols, d. h. des Durchschnittspunktes der verlängerten Erdaxe mit dem Himmelsgewölbe, machen zusammen 90° aus.

Bei der geringen Verschiedenheit der beiden Axen des Ellipsoids kann man die Erde nahezu als eine Kugel ansehen. Der Halbmesser r wäre dann ungefähr = a. ** Die geodätische Entfernung erscheint somit als Bogen eines grössten Kreises.

---

* Ist r der Halbmesser der Erde, wenn dieselbe als Kugel behandelt wird, h die Erhöhung einer Geraden über der Meeresfläche, L ihre Länge, so ist $\frac{Lr}{r+h}$ die auf die Meeresfläche reduzirte Länge derselben. Sind beide Endpunkte nicht gleich erhöht, so nimmt man für h den mittlern Werth beider.

** Andere nehmen ihn $= \frac{a}{1-\frac{1}{3}e}$, wo $e^2 = 1 - \frac{b^2}{a^2}$. Genauer ist es, ihn aus der Gleichung

$$\frac{1}{r} = \frac{1}{a} + \frac{e^2}{2a} \cos 2\varphi$$

II. Was nun den zweiten Punkt, dessen wir vorhin erwähnten, betrifft, so wurde schon gesagt, dass der Lichtstrahl in der Luft keine gerade Linie beschreibe, vielmehr sein Weg eine krumme gegen die Erde hin hohle Linie sey. Geht also

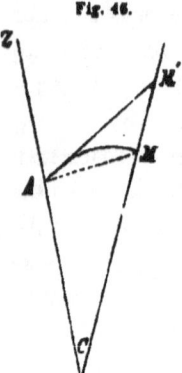

Fig. 46.

von einem Punkte M ein Lichtstrahl aus und gelangt derselbe nach A, so ist der von ihm durchlaufene Weg etwa die krumme Linie MA. Die Folge davon ist, dass man den Punkt M nicht an seinem wahren Orte, sondern nach der Richtung AM' zu sehen glaubt, wenn AM' die in A die krumme Linie AM berührende Gerade ist. Stellt ZA die durch A gehende Senkrechte auf die Meeresfläche dar (also die Vertikale in A), eben so MC die Senkrechte auf die Meeresfläche in M, so wird man annehmen dürfen, die beiden schneiden sich im Mittelpunkte C des Erdkreises, der durch die Vertikalen ZA, MC gezogen ist. Verlängert man AZ bis an das Himmelsgewölbe, so stellt Z das Zenith von A dar, und MAZ wäre die wahre Zenithdistanz von M in A. Statt des (geradlinigen) Winkels MAZ misst man aber den kleinern M'AZ, oder die scheinbare Zenithdistanz. Ist letztere $= z$, ist ferner $\varDelta z$ der Winkel MAM', ζ die wahre Zenithdistanz MAZ, so ist also

$$\zeta = z + \varDelta z.$$

Was $\varDelta z$ anbelangt, so haben Theorie und Erfahrung bewiesen, dass man näherungsweise annehmen dürfe, es sey dieser Winkel proportional dem Winkel C am Mittelpunkte des oben angeführten Kreises, so dass man setzen kann

$$\varDelta z = kC,$$

wo k ein konstanter, übrigens von dem Zustande der Luft abhängiger Koeffizient ist. In Bezug auf diesen Koeffizienten glaubt Struve (Höhenunterschied des kaspischen und schwarzen Meeres S. CVI) folgenden Ausdruck für denselben setzen zu dürfen:

$$k = 0{\cdot}072383 \left(1 + \frac{1{\cdot}7932}{H}\right) \cdot \frac{B}{736{\cdot}586} \cdot 1{\cdot}014819^{16-t},$$

worin H die mittlere Höhe der Beobachtungslinie in Metern über

---

zu bestimmen, wo φ die geographische Breite des Ortes, in dem man Beobachtungen macht.

dem Boden, B die Höhe des Barometerstandes in Millimeter am Beobachtungsort, t die Temperatur der Luft nach Réaumur bedeutet. Wäre die Temperatur der Luft in hunderttheiligen Graden angegeben, so träte an die Stelle von $1{\cdot}014819^{10-t}$ alsdann $1{\cdot}011838^{20-t}$. Als mittlern Werth des Koeffizienten k hätte man hiernach $0{\cdot}0724$; nach andern Angaben ist er zwischen $0{\cdot}0556$ bis $0{\cdot}1$ enthalten. **Bessel** (Gradmessung in Ostpreussen S. 197) setzt $k = 0{\cdot}0685$; **Gauss** wählt $k = 0{\cdot}0653$; die Angaben **Bayer's** in der Küstenvermessung schwanken von $0{\cdot}0876$ bis $0{\cdot}0619$; die Franzosen setzen nach **Corabeuf** $k = 0{\cdot}0643$ u. s. w.

Wie bereits oben gesagt, muss zu jeder beobachteten Zenithdistanz eines Punktes Z ($= M'AZ$) noch $\Delta z = kC$ addirt werden, um die wahre Zenithdistanz MAZ zu erhalten; umgekehrt wird, wenn der **Höhenwinkel** des Punktes M gemessen wurde, der mit der Zenithdistanz 90° ausmacht, von diesem kC subtrahirt werden müssen, um den wahren Höhenwinkel zu erhalten. Ist s die geodätische Entfernung der Punkte A und M, so ist in Sekunden

$$C = \frac{s \cdot 180 \cdot 60 \cdot 60}{r\pi}, \quad \Delta z = \frac{ks \cdot 180 \cdot 60 \cdot 60}{r\pi}.^*$$

§. 46.

Höhenmessung. Korrektion wegen der Erdkrümmung.

I. Gesetzt nun die Höhe des Punktes A über der Meeresfläche sey h, die von M über der Meeresfläche h'; r habe dieselbe Bedeutung wie oben, z sey die in A beobachtete Zenithdistanz von M, d. h.

$$z = M'AZ, \quad MAM' = kC,$$

also

$$MAZ = z + kC;$$

s sey die geodätische Entfernung der Punkte A und M; so ist in dem Dreiecke CAM der Winkel

$$CAM = 180^\circ - (z + kC),$$

mithin:

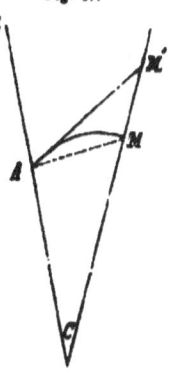

Fig. 47.

---

* r ist immer der Halbmesser der Erde, den wir in I näher bestimmt haben. Für Karlsruhe ($\varphi = 49^\circ$) ergibt sich $\log r = 7{\cdot}3277238$ in badischen Fussen ($r = 21{,}267{,}858$ b. F.).

$$\frac{r+h'}{r+h} = \frac{\sin[180° - (z+kC)]}{\sin[C+180° - (z+kC)]} = -\frac{\sin(z+kC)}{\sin[z+(k-1)C]},$$

$$r+h' = (r+h)\frac{\sin(z+kC)}{\sin[z+(k-1)C]}.$$

Subtrahirt man beiderseitig $r+h$, so erhält man:

$$h'-h = (r+h)\frac{\sin(z+kC) - \sin[z+(k-1)C]}{\sin[z+(k-1)C]}$$

$$= 2(r+h)\frac{\cos[z+\frac{2k-1}{2}C]\sin\frac{C}{2}}{\sin[z+(k-1)C]} \quad (\S.\,16).$$

Nun ist C immer sehr klein, man wird also ohne merklichen Fehler $\sin\frac{C}{2} = \frac{s}{2r}$ setzen können (§. 20), mithin erhalten:

$$h'-h = \frac{r+h}{r}s\frac{\cos[z+\frac{2k-1}{2}C]}{\sin[z+(k-1)C]},$$

oder da $\frac{r+h}{r} = 1 + \frac{h}{r}$ und $\frac{h}{r}$ sicherlich verschwindend klein ist:

$$h'-h = s\frac{\cos[z+\frac{2k-1}{2}C]}{\sin[z+(k-1)C]}. \quad (37)$$

Diese Formel gibt für alle Fälle der Praxis mit vollkommen hinreichender Schärfe den Höhenunterschied der zwei Punkte M und A, also die Erhöhung (oder Senkung) von M über A.

Wollte man statt der geodätischen Entfernung s die von A aus gemessene Entfernung s' nehmen,* so wäre $\sin\frac{C}{2} = \frac{s'}{2(r+h)}$ und man sieht, dass die Formel (37) dieselbe bliebe. Es ist dies

---

* Dabei ist vorausgesetzt, dass die Entfernung s' auf einer mit der Meeresfläche parallelen Fläche gemessen worden. Bei den meisten Messungen wird man aber diese Länge nicht geradezu erhalten, sondern die Entfernung des Punktes A von M reduzirt auf den Horizont von A, d. h. die Länge der Geraden, welche in der durch A gelegten Horizontalebene den Punkt A mit dem Fusspunkt der Senkrechten verbindet, die man von M aus auf dieselbe Ebene fällt. Selbst bei den bedeutendsten Entfernungen wird man jedoch, ohne irgend merklichen Fehler, letztere Grösse für erstere nehmen können.

auch natürlich, da s und s' kaum von einander unterschieden sind, wenn $\frac{h}{r}$ verschwindend klein ist. Man wird also (37) immer anwenden können, auch wenn s die letztere Bedeutung hat, ja sogar in diesem Falle mit grösserer Sicherheit.

II. Die Formel (37) lässt sich auch noch etwas anders auslegen. Man hat nämlich:

$$\frac{cos[z+\frac{2k-1}{2}C]}{sin[z+(k-1)C]} = \frac{cos[z+kC]cos\frac{C}{2} + sin[z+kC]sin\frac{C}{2}}{sin[z+kC]cos C - cos[z+kC]sin C}.$$

Beachtet man nun, dass im Nenner, für die gewöhnlichen Fälle $cos(z+kC)$ klein, weil $z+kC$ nahe an $90°$, $sin C$ klein, weil C es ist, so kann man das Glied $cos(z+kC)sin C$ gegen $sin(z+kC) cos C$ vernachlässigen. Setzt man dann noch $cos C=1$, $cos\frac{C}{2}=1$, $sin\frac{C}{2}=\frac{s}{2r}$, so hat man ungefähr:

$$\frac{cos[z+\frac{2k-1}{2}C]}{sin[z+(k-1)C]} = cotg[z+kC] + \frac{s}{2r},$$

also

$$h' - h = s\,cotg(z+kC) + \frac{s^2}{2r}, \quad (37')$$

welches die gewöhnliche Formel ist. Dabei ist $s\,cotg(z+kC)$ die Erhöhung von M über die durch A gehende, auf AC senkrecht stehende Ebene (Horizont von A) und $\frac{s^2}{2r}$ pflegt die **Korrektion wegen der Erdkrümmung**, oder auch die **Reduktion auf den wahren Horizont*** genannt zu werden. Es folgt aus der Formel (37') übrigens ein weit wichtigeres Resultat. Berechnet man nämlich, nachdem die gemessenen Höhenwinkel wegen der Strahlenbrechung (Refraktion) korrigirt sind, nach den früheren Methoden (§. 43) die Erhöhung eines Punktes M über A, so hat man zu der

---

* Dies Wort allerdings in anderem Sinne genommen, als es die Note zu S. 141 erklärt. Hier ist „wahrer Horizont" die Erdoberfläche.

so gefundenen Erhöhung die Grösse $\frac{s^2}{2r}$ zu addiren, um zu finden, um wie viel eigentlich M über A liege.

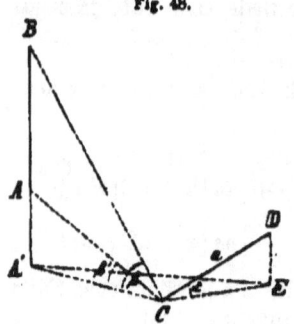

Fig. 48.

III. Einige Beispiele mögen dies klar machen.

In dem in §. 43, Nr. 3 betrachteten Falle sey gemessen worden:

$CD = a = 2693$ bad. Fuss, $\delta = 122°32'15''$, $\gamma = 55°33'19''$, $\beta = 1°18'25''$, $\alpha = 0$.

Zunächst muss man nun A'C suchen. Zu dem Ende hat man:

$log\,a = 3\cdot4302364$
$log\,sin\,\delta = 9\cdot0258480$
$E.log\,sin(\gamma + \delta) = 1\cdot4778014$
$\overline{log\,s = 4\cdot8338858.}$

$log\,s = 4\cdot8338858$
$log\dfrac{180.60.60}{\pi} = 5\cdot3144251$
$E.log\,r = 2\cdot6722762\,(§.45)$
$\overline{2\cdot8205871.}$

$C = 661\cdot58''$
$kC = 43\cdot1''$
$\beta - kC = 1°17'42''$.

Hier ist $k = 0\cdot0653$.

$log\,s = 4\cdot8338858$
$log\,tg\,(\beta - kC) = 8\cdot3542211$
$\overline{log\,A'B = 3\cdot1881069}$
$A'B = 1542\cdot08.$

$2\,log\,s = 9\cdot66777$
$E.log\,2r = 2\cdot37124$
$\overline{2\cdot03901.}$

$\dfrac{s^2}{2r} = 109\cdot39.$

Wirkliche Erhöhung von B über $C = A'B + \dfrac{s^2}{2r} = 1651\cdot47$ bad. F.

Zur Anwendung der Formel (37) wollen wir folgendes Beispiel wählen:

$log\,s = 3\cdot3563886$, $z = 89°55'26\cdot3''$, $k = 0\cdot0734$, $log\dfrac{180.60.60}{2r\pi}$
$= 8\cdot49824.$

$log\,s = 3\cdot35639$
$log\dfrac{180.60^2}{2r\pi} = \dfrac{8\cdot49824}{1\cdot85463}$

$log\,s = 3\cdot3563886$
$log\,cos\,(z + \dfrac{2k-1}{2}C) = 7\cdot2105300$
$E.log\,sin\,[z + (k-1)C] = 0\cdot0000008$
$\overline{0\cdot5669194.}$

$$\frac{C}{2} = 71{\cdot}55''$$

$$(1-k)C = 2'12{\cdot}57'' \qquad\qquad h' - h = 3{\cdot}6891.$$

$$(1-2k)\frac{C}{2} = 1'1{\cdot}03''$$

$$z + \frac{2k-1}{2}\cdot C = 89°54'25{\cdot}3''$$

$$z + (k-1)C = 89°53'13{\cdot}7''.$$

Ferner: $\log s = 3{\cdot}8764582$, $z = 90° 9' 2{\cdot}7''$, $k = 0{\cdot}0685$, $\log\dfrac{180.60.60}{2r\pi} = 8{\cdot}49824$, gibt $h' - h = -12{\cdot}337$, also eine Senkung.

§. 47.
Aufgaben. Depression des Meereshorizontes.

1) Ein Punkt (Thurm, Berg) ist um H höher, als die um ihn (seinen Fuss) sich ausbreitende unbegränzte Ebene (also z. B. die Meeresfläche); wie weither kann er noch gesehen werden?

In dem entferntesten Punkte der Ebene, in dem der fragliche Punkt noch sichtbar ist, muss seine scheinbare Zenithdistanz 90° betragen * (in Figur 47 wäre also M der fragliche Punkt, A der letzte Punkt der Ebene, von dem aus er noch sichtbar ist, $\angle AM' = 90°$). Da jetzt $h' - h = H$, so ist also in (37), wo nun $z = 90°$:

$$H = \frac{s.\sin\dfrac{1-2k}{2}C}{\cos(1-k)C},$$

oder da $C = \dfrac{\varrho s}{r}$, wo $\varrho = \dfrac{180.60.60}{\pi}$ und C in Sekunden gegeben ist:

$$H = \frac{s.\sin(\dfrac{1-2k}{2r}\varrho s)}{\cos(\dfrac{1-k}{r}\varrho s)},$$

---

* Besser: Der von dem fraglichen Punkte kommende Lichtstrahl muss in dem äussersten Punkte, in dem er noch gesehen werden kann, Tangente an die Kugelfläche (der Erde) sein. (Vergl. §. 44, Nr. 4.)

aus welcher Gleichung s zu bestimmen ist. Näherungsweise kann man $cos \dfrac{(1-k)}{r} \varrho s = 1$ setzen und hat dann

$$H = s \cdot sin \dfrac{1-2k}{2r} \varrho s = s \cdot \dfrac{s(1-2k)}{2r} = \dfrac{1-2k}{2r} s^2,$$

$$s = \sqrt{\dfrac{2rH}{1-2k}}. \quad (a)$$

Natürlich drückt s auch die Entfernung desjenigen Punktes aus, den man von dem Thurme aus am Rande des Horizonts erblickt. Steht man also auf einem Punkte, dessen Höhe über der Meeresfläche $= H$, und erblickt am Rande des Horizonts das Meer, so gibt (a) die Entfernung des Standpunkts vom Meeresufer an.

2) Zwischen zwei Höhenpunkten A und B, deren Entfernung S ist, und deren Höhen über der Meeresfläche H und H' seyn mögen, liegt eine Höhe C, in der Entfernung s von A, deren Erhöhung über der Meeresfläche h ist. Man fragt, ob man B noch von A aus sehen könne, oder ob es von C verdeckt sey.

Wir wollen zunächst die Zenithdistanz z bestimmen, unter der C von A aus erscheinen muss. Man hat ungefähr:*

$$h - H = s \cdot cotg [z - \dfrac{1-2k}{2} C] = s \, tg [90° - z + \dfrac{1-2k}{2r} s \varrho],$$

woraus z zu bestimmen ist (und auch bestimmt werden kann). Da in der Regel der Winkel $90° - z + \dfrac{1-2k}{2r} s \varrho$ klein ist, so wird man nahezu die Tangente dem Bogen gleich setzen können (§. 18) d. h. haben:

$$h - H = s [\dfrac{90°-z}{\varrho} + \dfrac{1-2k}{2r} s], \quad 90° - z = \dfrac{h-H}{s} \varrho - \dfrac{1-2k}{2r} s \varrho,$$

wodurch $90° - z$ gegeben wird. Bestimmt man nun in der Entfernung S von A eine Höhe h' so, dass sie in A unter derselben

---

* Setzt man in (37) $(k-1)C$ und $\dfrac{(2k-1)C}{2}$ einander gleich, was nahezu richtig ist, so hat man:

$$h' - h = s \, cotg \, (z - \dfrac{1-2k}{2} C).$$

Zenithdistanz (z) wie C erscheint, so wird C dieselbe genau decken. Aber:

$$h' - H = S\,tg[90° - z + \frac{1-2k}{2r} S \varrho] = S[\frac{90°-z}{\varrho} + \frac{1-2k}{2r} S],$$

oder, wenn man für $90° - z$ seinen Werth setzt:

$$h' = H + \frac{S}{s}(h - H) + \frac{1-2k}{2r}(S^2 - Ss).$$

Ist nun $H' > h'$, so kann man B von A aus sehen; sonst nicht.

Sey z. B. S = 30,000 Toisen, H = 100, H' = 200, s = 10,000, h = 104·54, $log \frac{1-2k}{2r} = 3·12292$, so wird h' = 193·29, und also ragt B noch 6·71 (= H' — h') Toisen über C hinaus.

3) Bei Beobachtungen auf dem Meere hat man die **Depression des Meereshorizonts**, d. h. den Winkel zu bestimmen, den der von dem äussersten sichtbaren Rande der Meeresfläche kommende Lichtstrahl mit der Horizontalebene im Beobachtungsorte macht. Ist H die Höhe des letztern über der Meeresfläche, so gibt s in der Formel (a) die Entfernung des äussersten Randes an. Ist μ die Depression, so wird $90° + \mu$ die scheinbare Zenithdistanz des äussersten Randes im Beobachtungsorte seyn, so dass also in der Formel der Note zu Nr. 2 zugleich

$$z = 90° + \mu, \quad s = \sqrt{\frac{2rH}{1-2k}}, \quad C = \frac{s}{r}\varrho$$

ist. Da dort ferner h' = 0 (Meeresfläche), h = H, so hat man:

$$-H = \sqrt{\frac{2rH}{1-2k}} \, cotg[90° + \mu - \frac{1-2k}{2} C],$$

d. h.

$$\sqrt{\frac{1-2k}{2r}} \sqrt{H} = tg(\mu - \frac{1-2k}{2} C)$$

Da der Winkel $\mu - \frac{1-2k}{2} C$ immer klein ist, so hat man ungefähr

$$tg(\mu - \frac{1-2k}{2} C) = \frac{\mu}{\varrho} - \frac{1-2k}{2} \frac{s}{r},$$

also

$$\mu = \varrho \left[\sqrt{\frac{1-2k}{2r}} \sqrt{H} + \frac{1-2k}{2} \sqrt{\frac{2H}{(1-2k)r}} \right]$$

$$= \varrho \sqrt{H} \left[\sqrt{\frac{1-2k}{2r}} + \sqrt{\frac{1-2k}{2r}} \right],$$

d. h.

$$\mu = \varrho \sqrt{H} \cdot \sqrt{\frac{2(1-2k)}{r}},$$

wodurch diese Depression (in Sekunden) bestimmt ist. *

§. 48.
Die Dreiecksnetze.

Bei der Vermessung eines ganzen Landes ist es von grosser Wichtigkeit, für die Detailvermessungen genau bekannte Standlinien zu haben, von denen aus durch Winkelmessungen die einzelnen kleinern Theile aufgenommen werden können. Um nun jene Standlinien zu erhalten, wird man mit möglichst grosser Sorgfalt an dazu geeigneter Stelle eine Linie (Grundlinie, Basis) messen, auf dieser ein Dreieck sich errichtet denken, von dem sie die eine Seite ist, während die entgegenstehende Spitze ein bestimmter Punkt des zu vermessenden Landstrichs ist; an dieses Dreieck wird man ein anderes anlegen, so dass beide eine Seite gemeinschaftlich haben u. s. w. In dieser Weise überzieht man den ganzen Landstrich mit einem Netze von Dreiecken, in denen man die sämmtlichen Winkel misst; ** da in dem ersten, an die Grundlinie anlehnenden Dreiecke eine Seite bekannt ist, so kann man jetzt alle Seiten jenes Dreiecks berechnen; in dem nächstfolgenden Dreiecke kennt man nun abermals eine Seite und alle Winkel, und kann dasselbe somit berechnen. In welcher Weise man hier fortschreiten wird, ist klar. Man erhält somit die sämmtlichen Seiten aller Dreiecke, natürlich desto sicherer, je genauer die Messungen selbst waren; und findet also die gesuchten Standlinien, an die man sich nun bei der Detailvermessung anlehnt.

Ehe wir jedoch weiter gehen, müssen wir eine Bemerkung einschalten. Wir haben vorausgesetzt, dass man die einzelnen Dreiecke gemäss den im dritten Abschnitte aus einander gesetzten Lehren berechne, d. h. wir haben dieselben als

---

* Vernachlässigt man k, so ist $\mu = \varrho \sqrt{\frac{2H}{r}}$, eine Formel, die sich aus §. 44, Nr. 4 ebenfalls ergibt, da $\mu = \varrho \frac{AM}{r}$, und das dortige $a = H$.

** Allerdings genügt die Messung von zwei Winkeln; der bei der Messung auftretenden Beobachtungsfehler wegen ist es jedoch sicherer, die sämmtlichen Winkel zu messen, und die Summe dann auf 180° auszugleichen, in so ferne das Dreieck als ein ebenes angesehen werden kann.

Die Dreiecksnetze.

eben vorausgesetzt. Diese Annahme ist jedoch, wie wir schon in §. 45 bemerkt haben, nicht geradezu zulässig, da die Erde keine ebene Fläche ist. Wir werden jedoch im zweiten Theile nachweisen, dass wenn die Seiten der Dreiecke eine bestimmte Grösse nicht überschreiten, man berechtigt sey, die Dreiecke zu behandeln wie ebene Dreiecke. Bei der Bildung von Dreiecksnetzen pflegt man zuerst ein Netz von sehr grossen Dreiecken, so genannten Dreiecken ersten Rangs, über den Landstrich auszubreiten, und misst die Winkel derselben mit äusserster Sorgfalt. Die Seiten dieser Dreiecke sind oft mehrere Meilen lang und es kann also bei der Berechnung derselben von Anwendung des §. 29 keine Rede seyn; sie müssen nach den im zweiten Theile aus einander gesetzten Lehren behandelt werden. An und in diese grossen Dreiecke legt man nun ein zweites, drittes, ... Netz von Dreiecken, deren Seiten immer kleiner werden — die Dreiecke zweiten, dritten, ... Rangs, deren Winkel zwar immer sorgfältig, jedoch nicht mit dem grossen Aufwand von (Zeit und) Genauigkeit gemessen werden, wie die der Dreiecke ersten Rangs. Wie gesagt werden wir im zweiten Theile die Bedingungen darlegen, unter denen ein solches Dreieck als ein ebenes angesehen werden darf. Hier nehmen wir natürlich an, es handle sich von Dreiecksnetzen desjenigen Rangs, bei dem diese Bedingungen erfüllt sind.

Die Seiten dieser Dreiecke, deren Endpunkte durch dauernde Merkmale bezeichnet werden, bilden nun die für Detailvermessungen nothwendigen und genau bekannten Standlinien, deren besondere Messung einerseits zu kostspielig, andererseits bei den unvermeidlichen Schwierigkeiten einer Längenmessung zu ungenaue Resultate geben würde, wenn man diese Operation minder geübten Händen überlassen müsste.

Es dienen aber diese Dreiecksnetze nicht blos dazu, Standlinien für Detailvermessungen abzugeben, sondern es werden vermittelst derselben die einzelnen Eckpunkte festgelegt. Diese Festlegung geschieht dadurch, dass man die Koordinaten der Eckpunkte berechnen kann, d. h. die Entfernungen derselben von zwei beliebig gewählten, auf einander senkrecht stehenden geraden Linien. Die Berechnung der Koordinaten der Eckpunkte des Dreiecksnetzes ersten Rangs werden wir im zweiten Theile darlegen; hier nehmen wir die Lage dieser Eckpunkte als gegeben an. Da die Dreiecke des zweiten u. s. f. Rangs sich an die Seiten der Dreiecke ersten Rangs anschliessen, so wird man am besten als die zwei einander senkrecht durchschneidenden Geraden, auf welche die Lage der Dreieckspunkte niederen Rangs bezogen werden soll, den durch einen Eckpunkt ersten Rangs, der zugleich Eckpunkt des betrachteten Netzes ist, gelegten Meridian, so wie die auf ihm in jenem Eckpunkte senkrecht stehende Linie annehmen. Die Entfernungen der Eckpunkte von jenem Meridiane sind dann die Ordinaten, die Entfernungen der Fusspunkte der von den Eckpunkten auf den Meridian gefällten Senkrechten von dem angenommenen Eckpunkt ersten Rangs, die Abszissen der Eckpunkte. Die Berechnung der Koordinaten ist Sache der ebenen Polygonometrie. Ist A der fragliche Eckpunkt ersten Rangs, NS der durch ihn gehende Meridian, so wird man nach den in meiner „ebenen Polygonometrie" dargestellten

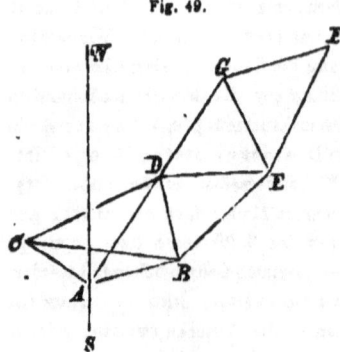

Fig. 49.

Lehren, indem man die Eckpunkte als Eckpunkte eines Linienzugs (vergl. §. 7 der „ebenen Polygonometrie") ansieht, die Koordinaten genau und nach einem leichten Mechanismus berechnen können, indem sämmtliche Winkel und Seiten des Linienzugs als bekannt angesehen werden dürfen. Da man offenbar den Linienzug, der durch das Dreiecksnetz gebildet wird, in verschiedener Weise anordnen kann, so wird man auch die Koordinaten der einzelnen Eckpunkte in verschiedener Weise erhalten können, und somit die Rechnung fortwährend zu kontroliren im Stande seyn. Der Winkel, welchen eine beliebige Seite des Netzes mit dem Meridian NS macht, wird nach §. 5 Formel (5) der „ebenen Polygonometrie" ebenfalls leicht zu bestimmen seyn; man pflegt ihn das Azimuth der Seite zu nennen und er dient zur Orientirung der Seite auf der Erdoberfläche.

Die bekannten Koordinaten der Eckpunkte dienen dann zur graphischen Auftragung der Netzpunkte, behufs Bildung von Karten, in denen eben diese Eckpunkte mit den sie verbindenden Seiten das Gerippe bilden.

Da die Berechnung der Seiten nach den Lehren des dritten Abschnitts geschieht, worüber wir uns hier wohl nicht weiter zu verbreiten haben; da ferner die Berechnung der Koordinaten der Eckpunkte ganz eigentlich Sache der Polygonometrie ist, die wir ausführlich in dem bereits mehrfach angeführten Werke dargestellt haben, so können wir hier diesen Gegenstand verlassen, da die gegebenen Andeutungen und Hinweisungen vollkommen genügen werden. Ohnehin werden wir im entsprechenden Abschnitte des zweiten Theils nochmals hierauf zurückkommen müssen.

Siebenter Abschnitt.
Ueber den Einfluss fehlerhafter Daten auf die durch Rechnung hieraus erhaltenen Grössen.

§. 49.
Aufstellung der Grundgleichungen.

I. Soll aus gewissen gegebenen Grössen (Daten) eine noch unbekannte Grösse durch Rechnung gefunden werden, so müssen jene ersten zunächst durch wirkliche Messungen gesucht worden seyn.

Bei allen Messungen, wie überhaupt bei allen Beobachtungen, werden wir aber niemals vollkommen sicher seyn, den durchaus richtigen Werth für die zu bestimmende Grösse erhalten zu haben. Abgesehen von gewissen Fehlern, die in der Einrichtung der Instrumente u. s. w. ihren Grund haben, und die wir bis auf einen gewissen Grad zu bestimmen, also auch zu verbessern im Stande sind, werden den Beobachtungen unvermeidliche Fehler anhaften, die in zufälligen Ursachen ihren Grund haben, als in nicht zu berechnenden Temperaturverhältnissen, mehr oder minder Aufmerksamkeit u. s. w. Diese Ursachen, über deren Daseyn oder Nichtdaseyn im speziellen Falle nur schwer entschieden werden kann, bringen nun die so genannten **unvermeidlichen Beobachtungsfehler** hervor, auf die wir somit in allen aus der Erfahrung genommenen Angaben zählen müssen. Es versteht sich ganz von selbst, dass wir nur solche Angaben aus der Erfahrung benützen werden, die durch unter den obwaltenden Umständen möglichst genaue Beobachtungen erhalten wurden, so dass wir — wenigstens in so ferne wir hier von Beobachtungsfehlern sprechen — von vorne herein annehmen dürfen, es seyen die Fehler, welche den aus der Erfahrung genommenen Angaben anhaften, möglichst klein. Uebrigens werden, theoretisch gesprochen, diese Fehler eben so wohl positiv als negativ seyn können, d. h. die durch Beobachtung gefundene Grösse kann eben sowohl grösser als kleiner seyn, als der wahre Werth derselben. Bei Winkelmessungen ist dies ganz von selbst klar. Bei Längenmessungen dagegen wird ein positiver Fehler überwiegend vorkommen, da viele unvermeidliche Umstände zusammenwirken, die gemessene Länge zu gross erscheinen zu lassen, wie etwa das Abweichen von der geraden Linie, das nicht gehörige Anziehen von Messketten u. dgl. Doch muss man theoretisch positive Fehler eben so gut zulassen, als negative.

Wie schon gesagt, werden die Fehler, welche den aus der Beobachtung entlehnten Angaben anhaften, im Allgemeinen nur klein seyn im Verhältniss zu den gemessenen Grössen. Daraus folgt, dass man die Produkte solcher kleinen Grössen, so wie die höhern Potenzen derselben gegen die einfachen Fehler, d. h. die ersten Potenzen derselben, wird vernachlässigen können.

In Bezug auf Winkel wird man also, gemäss §. 18 und §. 20,

den Sinus eines Fehlers gleich dem zum Halbmesser 1 gehörigen, diesem Fehler entsprechenden Bogen, den Cosinus des Fehlers $= 1$ setzen müssen.

II. Sind die Daten nicht fehlerfrei, so werden die durch Rechnung aus ihnen erhaltenen Grössen in derselben Lage seyn. Nun wird man aber für jede Art der Beobachtung, welche Daten lieferte, eine äusserste **Fehlergränze** anzugeben im Stande seyn, d. h. man wird mit voller Bestimmtheit aussprechen können, dass der bei der Beobachtung begangene Fehler nicht grösser sey, als eine gewisse Grösse, also etwa bei Winkelmessungen nicht grösser als $20''$ u. s. w. Daraus aber muss sich eine Fehlergränze für die durch Rechnung erhaltenen Grössen ermitteln lassen, so dass man sagen kann, der Fehler einer dieser letztern Grössen übersteigt nicht einen bestimmten Werth. Man hat also sich folgende Frage zu stellen: Wie kann man aus den als bekannt angesehenen Fehlergränzen der Daten auf die Gränzen der Fehler der Resultate schliessen? Fassen wir diese Aufgabe etwas anders, so wird sie auch so heissen: Wenn man weiss, innerhalb welcher Ausdehnung die Fehler in den aus der Erfahrung entlehnten Angaben sich bewegen können, wie ist man im Stande, die Ausdehnung zu bestimmen, innerhalb der die Fehler der aus jenen Angaben gezogenen Resultate sich bewegen?

Soll diese Aufgabe gelöst werden, so wird man vor Allem nach der gegenseitigen Abhängigkeit der Fehler der Resultate und der Fehler der Daten zu forschen haben. Diese ist begreiflich aus dem Wege zu schliessen, den man bei Auffindung jener Resultate eingeschlagen, d. h. sie ist aus den Formeln zu entnehmen, die man angewandt hat, um zu den Resultaten zu gelangen.

III. Wenden wir das im Allgemeinen Angedeutete nunmehr auf das Dreieck an, so werden in demselben, wenn a, b, c die Seiten, A, B, C die Winkel bezeichnen, drei Stücke, worunter mindestens eine Seite, als bekannt, die andern drei als unbekannt anzusehen seyn. Bezeichnen wir nun mit Δa, Δb, Δc, ΔA, ΔB, ΔC die den Seiten und Winkeln anhaftenden Fehler, so werden diese sechs Grössen durch drei Beziehungen mit einander verbunden seyn, die uns gestatten, aus dreien derselben die drei andern zu bestimmen.

Diese drei Beziehungen leiten wir aus den Formeln des Zusatzes zu §. 28, nämlich

$$c = a\cos B + b\cos A, \quad a\sin B = b\sin A, \quad A+B+C = 180°, \quad (a)$$
ab.

Die hier aufgeführten Grössen sind natürlich nur mit ihren absolut wahren Werthen zu nehmen.

Bezeichnen nun aber a, b, c, A, B, C die gemessenen, oder durch Rechnung gefundenen Werthe, so werden $a+\varDelta a$, $b+\varDelta b$, $c+\varDelta c$, $A+\varDelta A$, $B+\varDelta B$, $C+\varDelta C$ die wahren Werthe seyn, und man wird haben:

$$c + \varDelta c = (a+\varDelta a)\cos(B+\varDelta B) + (b+\varDelta b)\cos(A+\varDelta A),$$
$$(a+\varDelta a)\sin(B+\varDelta B) = (b+\varDelta b)\sin(A+\varDelta A),$$
$$A+B+C+\varDelta A+\varDelta B+\varDelta C = 180°.$$

Nun ist, nach dem Obigen:
$$\cos(B+\varDelta B) = \cos B - \sin B \cdot arc\, \varDelta B,$$
$$\cos(A+\varDelta A) = \cos A - \sin A \cdot arc\, \varDelta A,$$
$$\sin(B+\varDelta B) = \sin B + \cos B \cdot arc\, \varDelta B,$$
$$\sin(A+\varDelta A) = \sin A + \cos A \cdot arc\, \varDelta A,$$

daher, wenn man $\varDelta a \cdot arc\, \varDelta B$ u. s. w. sofort vernachlässigt:

$$c + \varDelta c = a\cos B + \varDelta a \cdot \cos B - a \cdot \sin B \cdot arc\, \varDelta B + b\cos A$$
$$+ \varDelta b \cos A - b\sin A\, arc\, \varDelta A,$$
$$a\sin B + \varDelta a \sin B + a\cos B\, arc\, \varDelta B = b\sin A + \varDelta b\sin A$$
$$+ b\cos A \cdot arc\, \varDelta A,$$
$$A+B+C+\varDelta A+\varDelta B+\varDelta C = 180°.$$

Nun wurden aber die Rechnungen mit den Formeln (a) oder den daraus gebildeten geführt; die Werthe a, b, c, A, B, C genügen also jenen Formeln (d. h. man hat die gesuchten Grössen so bestimmt, dass sie nebst den gegebenen Grössen den Gleichungen (a) genügen); daraus folgt offenbar, dass man aus den so eben angegebenen drei Formeln, wenn man die Formeln (a) durch Subtraktion mit ihnen verbindet, zur Bestimmung der gegenseitigen Abhängigkeit der Grössen $\varDelta a$, $\varDelta b$, $\varDelta c$, $\varDelta A$, $\varDelta B$, $\varDelta C$ haben werde:

$$\left. \begin{array}{l} \varDelta c = \varDelta a \cos B - a\sin B\, arc\, \varDelta B + \varDelta b \cos A - b\sin A\, arc\, \varDelta A, \\ \varDelta a \sin B + a\cos B\, arc\, \varDelta B = \varDelta b \sin A + b\cos A\, arc\, \varDelta A, \\ \varDelta A + \varDelta B + \varDelta C = 0. \end{array} \right\} \quad (40)$$

Diese drei Gleichungen, von denen die letzte auch $arc\, \varDelta A + arc\, \varDelta B + arc\, \varDelta C = 0$ heissen könnte, regeln die Beziehungen der sechs Grössen $\varDelta a, \ldots, \varDelta C$ gegen einander vollständig und jede andere Beziehung, die etwa noch bestehen könnte, muss hieraus abgeleitet werden können, bietet also nichts Neues dar.

IV. Man könnte einen Anstand finden, die Produkte $\varDelta a\, arc\, \varDelta B$ u. s. w. zu vernachlässigen, da ja $\varDelta a$ selbst gross seyn kann. Um diesen Anstand zu heben, setze man $\varDelta a = a\alpha$, $\varDelta b = b\beta$, $\varDelta c = c\gamma$, wo α, β, γ sehr kleine Brüche sind, und hat

$$c + c\gamma = (a + a\alpha)[\cos B - \sin B\, arc\, \varDelta B] + (b + b\beta)[\cos A - \sin A\, arc\, \varDelta A],$$
$$+ (a + a\alpha)(\sin B + \cos B\, arc\, \varDelta B) = (b + b\beta)(\sin A + \cos A\, arc\, \varDelta A),$$
$$A + B + C + \varDelta A + \varDelta B + \varDelta C = 180°.$$

Zieht man die (a) davon ab, so ergibt sich

$$c\gamma = - a\sin B\, arc\, \varDelta B + a\alpha(\cos B - \sin B\, arc\, \varDelta B)$$
$$- b\sin A\, arc\, \varDelta A + b\beta(\cos A - \sin A\, arc\, \varDelta A),$$
$$a\cos B\, arc\, \varDelta B + a\alpha(\sin B + \cos B\, arc\, \varDelta B)$$
$$= b\cos A\, arc\, \varDelta A + b\beta(\sin A + \cos A\, arc\, \varDelta A),$$
$$\varDelta A + \varDelta B + \varDelta C = 0.$$

Dividirt man die erste und zweite Gleichung beiderseitig mit a und beachtet nun, dass die Quotienten $\frac{c}{a}$, $\frac{b}{a}$ bestimmte Zahlen sind, so wird sich sofort ergeben, dass die Grössen

$$\alpha \sin B\, arc\, \varDelta B, \quad \frac{b}{a}\beta \sin A\, arc\, \varDelta A, \quad \alpha \cos B\, arc\, \varDelta B, \quad \frac{b}{a}\beta \cos A\, arc\, \varDelta A$$

verschwindend klein sind. Demnach

$$\frac{c}{a}\gamma = -\sin B\, arc\, \varDelta B - \frac{b}{a}\sin A\, arc\, \varDelta A + \alpha \cos B + \frac{b}{a}\beta \cos A,$$
$$\cos B\, arc\, \varDelta B + \alpha \sin B = \frac{b}{a}\cos A\, arc\, \varDelta A + \frac{b}{a}\beta \sin A.$$

Dies sind aber die beiden ersten Gleichungen (40).

§. 50.

Anwendung auf das Dreieck.

I. In einem Dreieck sind gegeben c, A, B; berechnet a, b, C.

Für diesen Fall hat man aus (40) die drei Grössen $\varDelta a$, $\varDelta b$, $\varDelta C$ durch $\varDelta c$, $\varDelta A$, $\varDelta B$ zu suchen.

Nun zieht man aber aus diesen Gleichungen:

$$\varDelta C = - \varDelta B - \varDelta A;$$

dann
$$\Delta a \cos B + \Delta b \cos A = \Delta c + a \sin B \, arc \, \Delta B + b \sin A \, arc \, \Delta A,$$
$$\Delta a \sin B - \Delta b \sin A = - a \cos B \, arc \, \Delta B + b \cos A \, arc \, \Delta A,$$
woraus folgt:
$$\Delta a = \Delta c \cdot \frac{\sin A}{\sin(A+B)} - a \, arc \, \Delta B \cdot \frac{\cos(A+B)}{\sin(A+B)} + \frac{b \, arc \, \Delta A}{\sin(A+B)},$$
$$\Delta b = \Delta c \cdot \frac{\sin B}{\sin(A+B)} + a \frac{arc \, \Delta B}{\sin(A+B)} - b \, arc \, \Delta A \cdot \frac{\cos(A+B)}{\sin(A+B)},$$
d. h. da $A + B = 180° - C$,
$$\Delta a = \Delta c \cdot \frac{\sin A}{\sin C} + a \frac{\cos C}{\sin C} arc \, \Delta B + \frac{b \, arc \, \Delta A}{\sin C}.$$
$$\Delta b = \Delta c \cdot \frac{\sin B}{\sin C} + \frac{a \, arc \, \Delta B}{\sin C} + b \frac{arc \, \Delta A \cos C}{\sin C},$$
Da aber
$$\frac{\sin A}{\sin C} = \frac{a}{c}, \quad \frac{\sin B}{\sin C} = \frac{b}{c},$$
so ist:
$$\left. \begin{aligned} \Delta a &= \frac{a \, \Delta c}{c} + \frac{a \cos C \, arc \, \Delta B}{\sin C} + \frac{b \, arc \, \Delta A}{\sin C}, \\ \Delta b &= \frac{b \, \Delta c}{c} + \frac{a \, arc \, \Delta B}{\sin C} + \frac{b \cos C}{\sin C} arc \, \Delta A, \\ \Delta C &= - \Delta A - \Delta B.^* \end{aligned} \right\} \text{(b)}$$

Man kann diesen Formeln, wie leicht ersichtlich, auch folgende bequemere Form geben (§. 49, IV):

$$\left. \begin{aligned} \frac{\Delta a}{a} &= \frac{\Delta c}{c} + cotg \, C \, arc \, \Delta B + \frac{b}{a \sin C} arc \, \Delta A, \\ \frac{\Delta b}{b} &= \frac{\Delta c}{c} + \frac{a}{b \sin C} arc \, \Delta B + cotg \, C \, arc \, \Delta A, \\ \Delta C &= - \Delta A - \Delta B. \end{aligned} \right\} \text{(b')}$$

Will man die möglich grössten Werthe von ΔC, $\frac{\Delta a}{a}$, $\frac{\Delta b}{b}$ hieraus erhalten, wenn die möglich grössten Werthe von ΔA, ΔB, $\frac{\Delta c}{c}$

---

* In diesen Formeln sind natürlich c, A, B, a, b, C die (fehlerhaften) gemessenen und berechneten Werthe.

gegeben sind, so wird man alle einzelnen Glieder der zweiten Seiten blos positiv zu nehmen haben, da man ja im Allgemeinen ΔA, ΔB, Δc sowohl positiv als negativ nehmen kann, also das Vorzeichen dieser Grössen immer so wählen darf, dass jedes Glied positiv ausfällt. Offenbar erhält man dadurch die grössten Werthe von $\frac{\Delta a}{a}$, $\frac{\Delta b}{b}$, ΔC, die übrigens, wie bereits mehrfach gesagt, sowohl positiv als negativ seyn können.

Aus den Formeln (b′) lässt sich jedoch noch einiges Weitere schliessen. Gesetzt A und B seyen so beschaffen, dass ihre Summe nahe an 180° oder nahe an 0 sey, so ist C nahe an 0 oder 180°, also $sin\,C$ sehr klein; daraus folgt klar, dass $\frac{\Delta a}{a}$, $\frac{\Delta b}{b}$ sehr bedeutend ausfallen werden, wenn auch ΔB, ΔA klein sind; eine solche Annahme ist also möglichst zu vermeiden.

Ist $A + B = 90°$, so erreicht $sin\,C$ seinen grössten Werth, und $cotg\,C$ ist $= 0$; also wird, bei unverändertem $\frac{\Delta c}{c}$, sowohl $\frac{\Delta a}{a}$ als $\frac{\Delta b}{b}$ in diesem Falle möglichst klein ausfallen, so dass also dieser Fall zu den günstigen gehört.

Für diesen Fall ($C = 90°$) ist:

$$\frac{\Delta a}{a} = \frac{\Delta c}{c} + \frac{b}{a}\,arc\,\Delta A, \quad \frac{\Delta b}{b} = \frac{\Delta c}{c} + \frac{a}{b}\,arc\,\Delta B.$$

In der Regel werden die Werthe von ΔA, ΔB (ohne Rücksicht auf ihr Vorzeichen) beiläufig einander gleich seyn; ist nun $b > a$, so ist $\frac{b}{a} > 1$, $\frac{a}{b} < 1$ und $\frac{\Delta a}{a}$ fällt grösser aus als $\frac{\Delta b}{b}$; das Umgekehrte hat Statt, wenn $b < a$. Am besten wird es mithin seyn, wenn $a=b$ (also auch $A = B$), in welchem Falle dann $\frac{\Delta a}{a}$, $\frac{\Delta b}{b}$ (nahe) einander gleich seyn werden.

Das günstigste Dreieck für diesen Fall ist mithin das, in welchem
$$A = B = 45°.$$

II. In einem Dreiecke sind gegeben c, A, C; daraus berechnet a, b, B.

Aus den Formeln (40) ergibt sich, wie oben:
$$\varDelta B = -\varDelta A - \varDelta C,$$
$$\frac{\varDelta a}{a} = \frac{\varDelta c}{c} - cotg\, C\, arc\, \varDelta C + \frac{b - a\cos C}{a\sin C}\, arc\, \varDelta A,$$
$$\frac{\varDelta b}{b} = \frac{\varDelta c}{c} + \frac{b\cos C - a}{b\sin C}\, arc\, \varDelta A - \frac{a}{b\sin C}\, arc\, \varDelta C,$$

d. h. da $b - a\cos C = c\cos A$, $b\cos C - a = -c\cos B$, $a\sin C = c\sin A$, $b\sin C = c\sin B$:

$$\left.\begin{array}{l} \varDelta B = -\varDelta A - \varDelta C, \\[4pt] \dfrac{\varDelta a}{a} = \dfrac{\varDelta c}{c} - cotg\, C\, arc\, \varDelta C + cotg\, A\, arc\, \varDelta A, \\[4pt] \dfrac{\varDelta b}{b} = \dfrac{\varDelta c}{c} - cotg\, B\, arc\, \varDelta A - \dfrac{a}{b\sin C}\, arc\, \varDelta C, \end{array}\right\} (b'')$$

woraus ganz dieselben Folgerungen gezogen werden, wie in I.

III. In einem Dreiecke sind a, b, C gegeben, und daraus c, A, B berechnet.

Aus (40) hat man:
$$a\cos B\, arc\, \varDelta B - b\cos A\, arc\, \varDelta A = -\varDelta a\sin B + \varDelta b\sin A,$$
$$arc\, \varDelta A + arc\, \varDelta B = -arc\, \varDelta C,$$

woraus:
$$(a\cos B + b\cos A)\, arc\, \varDelta B = \varDelta b\sin A - \varDelta a\sin B - b\cos A\, arc\, \varDelta C,$$
$$(a\cos B + b\cos A)\, arc\, \varDelta A = -\varDelta b\sin A + \varDelta a\sin B - a\cos B\, arc\, \varDelta C,$$

d. h. wegen der Gleichungen (a):
$$c\, arc\, \varDelta B = \varDelta b\sin A - \varDelta a\sin B - b\cos A\, arc\, \varDelta C,$$
$$c\, arc\, \varDelta A = -\varDelta b\sin A + \varDelta a\sin B - a\cos B\, arc\, \varDelta C.$$

Dann ist
$$\varDelta c = \varDelta a\cos B + \varDelta b\cos A - a\sin B\, arc\, \varDelta B - b\sin A\, arc\, \varDelta A,$$

d. h.
$$c\varDelta c = c\varDelta a\cos B + c\varDelta b\cos A - a\sin A\sin B\,\varDelta b + a\sin^2 B\,\varDelta a +$$
$$a b\sin B\cos A\, arc\, \varDelta C + b\sin^2 A\,\varDelta b - b\sin A\sin B\,\varDelta a +$$
$$a b\sin A\cos B\, arc\, \varDelta C = (c\cos B - b\sin A\sin B + a\sin^2 B)\,\varDelta a +$$
$$(c\cos A - a\sin A\sin B + b\sin^2 A)\,\varDelta b + a b\sin(A+B)\, arc\, \varDelta C,$$

oder da $b\sin A = a\sin B$, $A + B = 180° - C$:

$$c\varDelta c = c\cos B \varDelta a + c\cos A \varDelta b + ab\sin C\, arc\, \varDelta C.$$

Also hat man jetzt:

$$arc\, \varDelta B = \frac{\varDelta b \sin A}{c} - \frac{\varDelta a \sin B}{c} - \frac{b}{c}\cos A\, arc\, \varDelta C,$$

$$arc\, \varDelta A = -\frac{\varDelta b \sin A}{c} + \frac{\varDelta a \sin B}{c} - \frac{a}{c}\cos B\, arc\, \varDelta C,$$

$$\varDelta c = \varDelta a \cos B + \varDelta b \cos A + \frac{ab}{c}\sin C\, arc\, \varDelta C,$$

welche Gleichungen auch in folgender Form geschrieben werden können (da $a\sin C = c\sin A$):

$$arc\, \varDelta B = \frac{\varDelta b}{b}\cdot\frac{b\sin A}{c} - \frac{\varDelta a}{a}\cdot\frac{a\sin B}{c} - \frac{b}{c}\cos A\, arc\, \varDelta C,$$

$$arc\, \varDelta A = -\frac{\varDelta b}{b}\cdot\frac{b\sin A}{c} + \frac{\varDelta a}{a}\cdot\frac{a\sin B}{c} - \frac{a}{c}\cos B\, arc\, \varDelta C,$$

$$\frac{\varDelta c}{c} = \frac{\varDelta a}{a}\cdot\frac{a\cos B}{c} + \frac{\varDelta b}{b}\cdot\frac{b\cos A}{c} + \frac{b\sin A}{c}\, arc\, \varDelta C,$$

oder endlich, da $a\sin B = b\sin A$:

$$\left.\begin{aligned}
arc\, \varDelta A &= \frac{b\sin A}{c}\left(\frac{\varDelta b}{b} - \frac{\varDelta a}{a}\right) - \frac{b\cos A}{c}\, arc\, \varDelta C,\\
arc\, \varDelta B &= \frac{a\sin B}{c}\left(\frac{\varDelta a}{a} - \frac{\varDelta b}{b}\right) - \frac{a\cos B}{c}\, arc\, \varDelta C,\\
\frac{\varDelta c}{c} &= \frac{\varDelta a}{a}\,\frac{a\cos B}{c} + \frac{\varDelta b}{b}\,\frac{b\cos A}{c} + \frac{b\sin A}{c}\, arc\, \varDelta C.
\end{aligned}\right\}\ (c)$$

Aus den Formeln (c) folgt, dass je grösser c gegen a oder b ist, desto kleiner $\varDelta A$, $\varDelta B$, $\dfrac{\varDelta c}{c}$ ausfallen, so dass man also den Winkel C so gross als möglich, d. h. so nahe an 180° als möglich wählen soll. Ist daneben $b = a$, so werden, wie leicht ersichtlich, die Fehler $\varDelta A$, $\varDelta B$ einander gleich, was man als vortheilhaft anzusehen berechtigt ist.

Selbstverständlich meinen wir hier die äussersten Fehlergrenzen von A, B, c, so dass also, wenn $b = a$ und $\dfrac{\varDelta b}{b}$, $\dfrac{\varDelta a}{a}$, absolut genommen gleich sind, diese Fehlergrenzen einander gleich werden. Dieselbe Bemerkung gilt bei all diesen Untersuchungen.

IV. In einem Dreiecke sind gegeben a, b, c; daraus berechnet A, B, C.

Die Formeln (40) geben zunächst:

$$arc\,\varDelta A = -\frac{\varDelta c \cdot cos\,B}{b\,sin(A+B)} + \frac{\varDelta b\,cos(A+B)}{b\,sin(A+B)} + \frac{\varDelta a}{b\,sin(A+B)},$$

$$arc\,\varDelta B = -\frac{\varDelta c\,cos\,A}{a\,sin(A+B)} + \frac{\varDelta b}{a\,sin(A+B)} + \frac{\varDelta a\,cos(A+B)}{a\,sin(A+B)},$$

d. h.

$$arc\,\varDelta A = \frac{\varDelta a}{b\,sin\,C} - \frac{\varDelta b\,cos\,C}{b\,sin\,C} - \frac{\varDelta c\,cos\,B}{b\,sin\,C},$$

$$arc\,\varDelta B = -\frac{\varDelta a\,cos\,C}{a\,sin\,C} + \frac{\varDelta b}{a\,sin\,C} - \frac{\varDelta c\,cos\,A}{a\,sin\,C},$$

woraus dann

$$arc\,\varDelta C = -arc\,\varDelta A - arc\,\varDelta B = \varDelta a\left(\frac{b\,cos\,C - a}{a\,b\,sin\,C}\right)$$
$$+ \varDelta b\left(\frac{a\,cos\,C - b}{a\,b\,sin\,C}\right) + \varDelta c\left(\frac{a\,cos\,B + b\,cos\,A}{a\,b\,sin\,C}\right)$$

folgt. Es ist leicht ersichtlich, dass man diesen Gleichungen auch folgende Form geben kann:

$$\left.\begin{array}{l} arc\,\varDelta A = \dfrac{1}{sin\,C}\left(\dfrac{a}{b}\dfrac{\varDelta a}{a} - cos\,C\dfrac{\varDelta b}{b}\right) - cotg\,B\dfrac{\varDelta c}{c}, \\[6pt] arc\,\varDelta B = \dfrac{1}{sin\,C}\left(\dfrac{b}{a}\dfrac{\varDelta b}{b} - cos\,C\dfrac{\varDelta a}{a}\right) - cotg\,A\dfrac{\varDelta c}{c}, \\[6pt] arc\,\varDelta C = \dfrac{1}{sin\,A}\left(\dfrac{c}{b}\dfrac{\varDelta c}{c} - cos\,A\dfrac{\varDelta b}{b}\right) - cotg\,B\dfrac{\varDelta a}{a}. \end{array}\right\} (d)$$

Würde man $\frac{\varDelta a}{a} = \frac{\varDelta b}{b} = \frac{\varDelta c}{c}$ setzen können, so hätte man, da auch

$$a - b\,cos\,C = c\,cos\,B, \quad \frac{a - b\,cos\,C}{b\,sin\,C} = \frac{c\,cos\,B}{b\,sin\,C} = cotg\,B \text{ u. s. w.:}$$

$$\varDelta A = 0, \quad \varDelta B = 0, \quad \varDelta C = 0,$$

d. h. die Winkel würden fehlerlos erhalten, wie natürlich, da unter diesen Voraussetzungen das falsche und wahre Dreieck ähnlich wären.

Sehen wir hievon ab, so zeigen die Gleichungen (d), dass (immerhin unter der Voraussetzung, dass wenigstens nahezu die absoluten Werthe von $\frac{\Delta a}{a}$, $\frac{\Delta b}{b}$, $\frac{\Delta c}{c}$ gleich seyen) die Fehler ΔA, ΔB, ΔC möglichst einander gleich ausfallen werden, wenn die drei Winkel A, B, C einander gleich sind, also das Dreieck ein gleichseitiges ist. Letzteres ist also für diesen Fall am vortheilhaftesten.

V. In einem Dreiecke sind a, b, A gegeben und daraus c, B, C berechnet.

Die Formeln (40) geben:

$$arc\,\Delta B = -\frac{\Delta a}{a} tg\,B + \frac{\Delta b}{a} \frac{sin\,A}{cos\,B} + \frac{b}{a} \frac{cos\,A}{cos\,B} arc\,\Delta A,$$

$$\Delta c = \frac{\Delta a}{cos\,B} + \frac{\Delta b\,cos(A+B)}{cos\,B} - \frac{b\,sin(A+B)}{cos\,B} arc\,\Delta A,$$

$$arc\,\Delta C = \frac{\Delta a}{a} tg\,B - \frac{\Delta b}{a} \frac{sin\,A}{cos\,B} - \frac{a\,cos\,B + b\,cos\,A}{a\,cos\,B} arc\,\Delta A,$$

welche Formeln leicht auf folgende Form gebracht werden können:

$$\left.\begin{aligned} arc\,\Delta B &= -\frac{\Delta a}{a} tg\,B + \frac{\Delta b}{b} tg\,B + tg\,B\,cotg\,A\,arc\,\Delta A, \\ arc\,\Delta C &= \frac{\Delta a}{a} tg\,B - \frac{\Delta b}{b} tg\,B - \frac{c}{a\,cos\,B} arc\,\Delta A, \\ \frac{\Delta c}{c} &= \frac{\Delta a}{a} \frac{a}{c\,cos\,B} - \frac{\Delta b}{b} \frac{b\,cos\,C}{c\,cos\,B} - tg\,B\,arc\,\Delta A. \end{aligned}\right\} \quad (e)$$

Aus diesen Formeln folgt, dass je mehr B gegen 0 oder 180° geht, d. h. der überall vorkommende Nenner $cos\,B$ zunimmt, die Grössen ΔB, ΔC, $\frac{\Delta c}{c}$ abnehmen; jedenfalls ist dies der Fall mit ΔB, ΔC, die also klein werden, wenn B nahe an 0 oder 180° ist, vorausgesetzt, dass nicht A nahe an 0 ist. Was $\frac{\Delta c}{c}$ anbelangt, so wird, wenn B nahe an 0 ist, diese Grösse ebenfalls klein seyn; wenn B aber nahe an 180°, so ist b sehr gross im Verhältniss zu c und $\frac{b\,cos\,C}{c\,cos\,B}$ kann sehr gross seyn, so dass also jetzt $\frac{\Delta c}{c}$ nicht gerade klein ausfällt. Man wird also in diesem Falle die vortheilhafteste Gestalt des Dreiecks erhalten, wenn B nahe an 0 ausfällt, also b sehr klein ist im Verhältniss zu den zwei andern Seiten. Wegen des Bruchs $\frac{a}{c\cos B}$ in $\frac{\Delta c}{c}$ sollte $\frac{a}{c}$ klein; wegen $\frac{c}{a\cos B}$ in ΔC aber $\frac{c}{a}$ klein, also $\frac{a}{c}$ gross seyn; man wird also, wenn Beides beachtet werden soll, möglichst $a = c$ wählen, d. h. bei kleinem $\frac{b}{a}$, A nahe an 90° nehmen.

VI. Ist eine oder die andere der gegebenen Grössen als durchaus richtig anzusehen, so wird man in (40) den ihr zukommenden Fehler $= 0$ zu setzen haben. Dies tritt etwa ein, wenn man zum Voraus weiss, dass das betreffende Dreieck rechtwinklig sey, wo dann der Fehler des rechten Winkels Null ist; es wird aber auch dann anzunehmen seyn, wenn eine als Seite eines grösseren Dreiecksnetzes (§. 48) bereits scharf berechnete Seite zugleich eine der Seiten des hier betrachteten Dreiecks ist. Dessgleichen verhält es sich mit Winkeln, die einer grössern Vermessung entnommen werden.

Die bereits zu I gemachte Bemerkung wegen der aus den aufgestellten Formeln folgenden äussersten Werthe der Fehler der gesuchten Grössen gilt natürlich für alle Formeln. Die nämlichen Formeln können übrigens auch zu einem andern Zwecke benützt werden. Wünscht man nämlich die (kleine) Aenderung zu kennen, welche die berechneten Grössen erleiden, wenn die Daten um Weniges geändert werden, so geben die Formeln (b) bis (e) diese Aenderungen geradezu, wobei begreiflich die vorkommenden Grössen mit den ihnen in den Formeln beigelegten Zeichen zu nehmen sind.

Ehe wir zu Beispielen übergehen, wollen wir aus dem Vorstehenden einen Schluss auf die vortheilhafteste Gestalt der Dreiecke in geodätischen Netzen (§. 48) machen, d. h. auf diejenige Gestalt, bei der die Beobachtungsfehler den möglich geringsten Einfluss auf die zu berechnenden Seiten und Winkel haben. Da man dabei nach I zu verfahren hat, so würde das gleichschenklig rechtwinklige Dreieck, dessen Hypothenuse die gemessene Seite wäre, diesen Bedingungen entsprechen. Geht man aber von der Basis des Netzes zu den Dreiecken ersten Rangs über, so werden nothwendig die neuen Seiten grösser als die gemessene; da dies nun nicht vortheilhaft ist, so wird man mithin die neu hinzutretenden Seiten nicht allzu viel grösser wählen als die Basis oder die bereits bekannte Seite, zugleich die Dreiecke gleichschenklig, hier also fast gleichseitig machen. Daher rührt die geodätische Vorschrift, von der Basis aus durch allmählig grösser werdende Dreiecke, die zugleich immer nahe gleichseitig sind (oder wenigstens gleichschenklig), fortzuschreiten.

Geht man aber von den Dreiecken ersten Rangs zu denen eines niederern Rangs über, so wird man sich an die Vorschrift in I halten, d. h. die Dreiecke möglichst rechtwinklig gleichschenklig machen können.

§. 51.
Beispiele.

Wir haben im Vorstehenden aus den allgemeinen Formeln gewisse Folgerungen in Bezug auf die vortheilhafteste Gestalt der Dreiecke in den verschiedenen Fällen gezogen. Es versteht sich von selbst, dass diese Folgerungen auch nur im Allgemeinen gelten und im besondern Falle oftmals etwas verschiedene Ergebnisse erhalten werden können. Es hängt dies begreiflicher Weise von den Verhältnissen der bei Längen- und Winkelmessungen begangenen Fehler ab, und jeder Beobachter wird im Stande seyn, zu entscheiden, über welche Gränzen hinaus diese Fehler bei seinen Beobachtungen sicherlich nicht gehen können. — Wir wollen uns auf diese besondern Untersuchungen, die nach Anleitung des Vorstehenden leicht zu führen wären, nicht weiter einlassen, sondern nur noch einige Zahlenbeispiele zufügen, um die Anwendung der obigen Formeln daran zu erläutern.

I. Sey $c = 379.5$, $A = 64°9'16''$, $B = 75°18'28''$, also $C = 40°32'16''$, $b = 564.8$, $a = 525.486$ (§. 29), sey ferner $\frac{\Delta c}{c}$ nicht über $\frac{1}{10,000}$, ΔA, ΔB nicht über $1''$, d. h. die Längenmessung fehle höchstens um $\frac{1}{10,000}$ der Länge, die Winkel höchstens um $1''$. Für diesen Fall sind nun die Formeln (b') anzuwenden und zu setzen $\frac{\Delta c}{c} = 0.0001$, $\Delta A = \Delta B = 1''$.

$$\log \cot g\, C = 10{\cdot}06793$$
$$\log arc\, 1'' = \underline{4{\cdot}68557-10,^*}$$
$$4{\cdot}75350-10,$$

$$\log b = 2{\cdot}75189$$
$$\log arc\, 1'' = 4{\cdot}68557-10$$
$$E \log a = 7{\cdot}27944$$
$$E \log \sin C = \underline{0{\cdot}18712}$$
$$4{\cdot}90402-10.$$

$$\cot g\, C\, arc\, \varDelta B = 0{\cdot}00000567,$$
$$\cot g\, C\, arc\, \varDelta A = 0{\cdot}00000567,$$

$$\frac{b}{a \sin C} arc\, \varDelta A = 0{\cdot}00000802,$$

$$\log a = 2{\cdot}72056$$
$$\log arc\, 1'' = 4{\cdot}68557-10$$
$$E \log b = 7{\cdot}24811$$
$$E \log \sin C = \underline{0{\cdot}18712}$$
$$4{\cdot}84136-10$$

$$\frac{a}{b \sin c} arc\, \varDelta B = 0{\cdot}00000694.$$

Also äusserster Werth von

$$\frac{\varDelta a}{a} : 0{\cdot}0001 + 0{\cdot}00005567 + 0{\cdot}00005802 = 0{\cdot}00011369,$$

$$\frac{\varDelta b}{b} : 0{\cdot}0001 + 0{\cdot}00000694 + 0{\cdot}00000567 = 0{\cdot}00011261,$$

$$\varDelta C : 1'' + 1'' = 2'',$$

so dass a, b um etwas mehr als $\frac{1}{10{,}000}$, C um 2″ gefehlt seyn können.

Würde man c um $\frac{1}{10{,}000}$, A und B um 1″ ändern (und zwar grösser machen), so würden sich a, b, um 0·00011369, 0·00011261 ihrer Länge, C um $-2''$ ändern.

II. a = 94593·1, b = 80322·9, c = 82425·8; also A = 71° 3′ 34·74″, B = 53° 26′ 0·68″, C = 55° 30′ 24·54″ (§. 31). Man ändert nun a höchstens um 8, b um 7, c um 7·5 und fragt nach der höchsten Aenderung von A, B, C.

Die Rechnung ist nach den Formeln (d) zu führen, wo $\varDelta a = 8$, $\varDelta b = 7$, $\varDelta c = 7{\cdot}5$.

---

* $\log arc\, 1'' = \log \sin 1''$; überhaupt $\log arc\, n'' = \log \sin n''$, wenn n<1740 (§. 20).

Beispiele.

$$\log \varDelta a = 0{\cdot}90309$$
$$E \log b = 5{\cdot}09516$$
$$E \log \sin C = \underline{0{\cdot}08398}$$
$$0{\cdot}08223 - 4$$

$$\frac{\varDelta a}{b \sin C} = 0{\cdot}000121$$

$$\log \varDelta b = 0{\cdot}84510$$
$$E \log b = 5{\cdot}09516$$
$$\log \cot g\, C = \underline{9{\cdot}83703}$$
$$0{\cdot}77729 - 5$$

$$\frac{\varDelta b \cot g\, C}{b} = 0{\cdot}000060$$

$$\log \varDelta c = 0{\cdot}87506$$
$$E \log c = 5{\cdot}08393$$
$$\log \cot g\, B = \underline{9{\cdot}87027}$$
$$0{\cdot}82926 - 5$$

$$\cot g\, B \frac{\varDelta c}{c} = 0{\cdot}000067$$

$$\log \varDelta b = 0{\cdot}84510$$
$$E \log a = 5{\cdot}02412$$
$$E \log \sin C = \underline{0{\cdot}08398}$$
$$0{\cdot}95320 - 5$$

$$\frac{\varDelta b}{a \sin C} = 0{\cdot}000090$$

$$\log \varDelta a = 0{\cdot}90309$$
$$\log \cot g\, C = 9{\cdot}83703$$
$$E \log a = \underline{5{\cdot}02412}$$
$$0{\cdot}76424 - 5$$

$$\frac{\cot g\, C \, \varDelta a}{a} = 0{\cdot}000058$$

$$\log \varDelta c = 0{\cdot}87506$$
$$\log \cot g\, A = 9{\cdot}53552$$
$$E \log c = \underline{5{\cdot}08393}$$
$$0{\cdot}49451 - 5$$

$$\frac{\cot g\, A \, \varDelta c}{c} = 0{\cdot}000031$$

$$\log \varDelta c = 0{\cdot}87506$$
$$E \log b = 5{\cdot}09516$$
$$E \log \sin A = \underline{0{\cdot}02417}$$
$$0{\cdot}99439 - 5$$

$$\frac{\varDelta c}{b \sin A} = 0{\cdot}000099$$

$$\log \varDelta b = 0{\cdot}84510$$
$$\log \cot g\, A = 9{\cdot}53552$$
$$E \log b = \underline{5{\cdot}09516}$$
$$0{\cdot}47578 - 5$$

$$\frac{\cot g\, A \, \varDelta b}{b} = 0{\cdot}000030$$

$$\log \varDelta a = 0{\cdot}90309$$
$$\log \cot g\, B = 9{\cdot}87027$$
$$E \log a = \underline{5{\cdot}02412}$$
$$0{\cdot}79748 - 5$$

$$\frac{\cot g\, B \, \varDelta a}{a} = 0{\cdot}000062.$$

Höchste Werthe von
$arc\, \Delta A = 0{\cdot}000121 + 0{\cdot}000060 + 0{\cdot}000067 = 0{\cdot}000248,\ \Delta A = 51''$,
$arc\, \Delta B = 0{\cdot}000090 + 0{\cdot}000058 + 0{\cdot}000031 = 0{\cdot}000179,\ \Delta B = 37''$,
$arc\, \Delta C = 0{\cdot}000099 + 0{\cdot}000030 + 0{\cdot}000062 = 0{\cdot}000191,\ \Delta C = 40''$.

III. $a = 758396$, $b = 623094$, $C = 51°7'$, woraus $A = 76°0'56''$, $B = 52°52'4''$, $c = 608379$. Sey ferner $\Delta a = 0$, $\dfrac{\Delta b}{b} = 0{\cdot}00001$, $\Delta C = 10''$, wobei die Rechnung nach den Formeln (c) zu führen ist.

$log\, b = 5{\cdot}79455$ $\qquad$ $log\, b = 5{\cdot}79455$
$log\, sin A = 9{\cdot}98694$ $\qquad$ $log\, cos A = 9{\cdot}38320$
$E\, log\, c = 4{\cdot}21582$ $\qquad$ $E\, log\, c = 4{\cdot}21582$
$log\, \dfrac{\Delta b}{b} = 0{\cdot}00000 - 5$ $\qquad$ $log\, arc\, 10'' = 5{\cdot}68557$
$\overline{0{\cdot}99731 - 6}$ $\qquad\qquad$ $\overline{0{\cdot}07914 - 5}$

$\dfrac{b\, sin A}{c}\dfrac{\Delta b}{b} = 0{\cdot}0000099$ $\qquad$ $\dfrac{b\, cos A}{c} arc\, \Delta C = 0{\cdot}0000120$

$log\, a = 5{\cdot}87989$
$log\, cos B = 9{\cdot}78079$
$E\, log\, c = 4{\cdot}21582$
$log\, arc\, 10'' = 5{\cdot}68557$
$\overline{0{\cdot}56207 - 5}$

$\dfrac{a\, cos B}{c} arc\, \Delta C = 0{\cdot}0000365$

$log\, b = 5{\cdot}79455$ $\qquad$ $log\, b = 5{\cdot}79455$
$log\, cos A = 9{\cdot}38320$ $\qquad$ $log\, sin A = 9{\cdot}98694$
$E\, log\, c = 4{\cdot}21582$ $\qquad$ $E\, log\, c = 4{\cdot}21582$
$log\, \dfrac{\Delta b}{b} = 0{\cdot}00000 - 5$ $\qquad$ $log\, arc\, 10'' = 5{\cdot}68557$
$\overline{0{\cdot}39357 - 6}$ $\qquad\qquad$ $\overline{0{\cdot}68288 - 5}$

$\dfrac{b\, cos A}{c}\dfrac{\Delta b}{b} = 0{\cdot}0000024$ $\qquad$ $\dfrac{b\, sin A}{c} arc\, \Delta C = 0{\cdot}0000482$

Höchste Werthe von:
$arc\, \Delta B = 0{\cdot}0000099 + 0{\cdot}0000120 = 0{\cdot}0000219,\ \Delta B = 4{\cdot}5''$,
$arc\, \Delta A = 0{\cdot}0000099 + 0{\cdot}0000365 = 0{\cdot}0000464,\ \Delta A = 9{\cdot}6''$,
$\dfrac{\Delta c}{c} = 0{\cdot}0000024 + 0{\cdot}0000482 = 0{\cdot}0000506,\ \dfrac{\Delta c}{c} = \dfrac{1}{20{,}000}$,

Dienger, Trigonometrie.

so dass also B etwa um 4·5″, A um 9·6″, c um den 20,000 Theil seiner Länge gefehlt seyn kann.

§. 52.

Anwendung auf einzelne früher gelöste Aufgaben.

In ganz ähnlicher Weise, wie wir im Vorstehenden die Fehlergränzen für Resultate erhalten haben, die vermittelst der Rechnung aus nicht ganz fehlerfreien Angaben bestimmt wurden, wird man in zusammengesetztern Fällen zu verfahren haben. In denjenigen Fällen, in welchen mittelst Dreiecken das Resultat gefunden wurde, wird es ohnehin, gemäss §. 50, leicht seyn, die äusserste Fehlergränze desselben zu erhalten. Doch kann man die Rechnung auch ganz direkt aufnehmen, ohne sich auf die Resultate des §. 50 zu berufen, was in den meisten Fällen leichter zum Endergebniss führt, wie wir nun an einigen der im sechsten Abschnitt behandelten Aufgaben zeigen wollen.

I. Nr. 2 in §. 42. Seyen $\varDelta a$, $\varDelta b$, $\varDelta \alpha$, $\varDelta \beta$, $\varDelta \gamma$ die Fehler in a, b, α, β, γ; $\varDelta x$, $\varDelta y$ die in den gesuchten Winkeln, endlich $\varDelta CD$ der in CD, so hat man zunächst die Gleichungen:

$$x+y=\gamma, \quad a\,sin\,\alpha\,sin(\beta+y) = b\,sin\,\beta\,sin(\alpha+x), \quad \text{(a)}$$

welche natürlich noch richtig sind, wenn man $x+\varDelta x$, $y+\varDelta y$, $a+\varDelta a, \ldots$ für x, y, a, $\ldots$ setzt, so dass

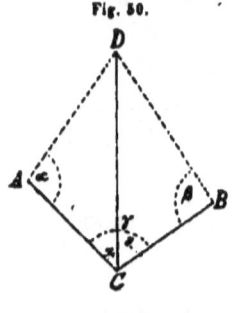

Fig. 50.

$x + \varDelta x + y + \varDelta y = \gamma + \varDelta\gamma$, $(a+\varDelta a)\,(sin\,\alpha + cos\,\alpha\,arc\,\varDelta\alpha)\,[sin(\beta+y) + cos(\beta+y)(arc\,\varDelta\beta + arc\,\varDelta y)] = (b+\varDelta b)\,(sin\,\beta + cos\,\beta\,arc\,\varDelta\beta)\,[sin(\alpha+x) + cos(\alpha+x)(arc\,\varDelta\alpha + arc\,\varDelta x)].$

Multiplizirt man, vernachlässigt die Produkte der kleinen Grössen $\varDelta a$, $arc\,\varDelta\alpha, \ldots$,* und beachtet obige Gleichungen (a), so erhält man hieraus:

---

* Auch hier wird man die Anmerkung zu §. 50 beachten, wornach immer $\dfrac{\varDelta a}{a}$, $\dfrac{\varDelta b}{b}, \ldots$ zusammengehört.

Anwendung auf Nr. 2 in §. 42.

$\Delta x + \Delta y = \Delta \gamma$, $\Delta a \sin \alpha \sin(\beta + y) + a \cos \alpha \, arc \, \Delta a \sin(\beta + y)$
$+ a \sin \alpha \cos(\beta + y)(arc \, \Delta \beta + arc \, \Delta y) = \Delta b \sin \beta \sin(\alpha + x)$
$+ b \cos \beta \, arc \, \Delta \beta \sin(\alpha + x) + b \sin \beta \cos(\alpha + x)(arc \, \Delta \alpha$
$+ arc \, \Delta x)$,

woraus Δx und Δy zu bestimmen sind. Da die erste dieser Gleichungen auch heisst:

$$arc \, \Delta x + arc \, \Delta y = arc \, \Delta \gamma,$$

so geben dieselben:

$[a \sin \alpha \cos(\beta + y) + b \sin \beta \cos(\alpha + x)] arc \, \Delta x = \Delta a \sin \alpha \sin(\beta + y)$
$+ arc \, \Delta \alpha [a \cos \alpha \sin(\beta + y) - b \sin \beta \cos(\alpha + x)] + arc \, \Delta \beta$
$[a \sin \alpha \cos(\beta + y) - b \cos \beta \sin(\alpha + x)] - \Delta b \sin \beta \sin(\alpha + x)$
$+ a \sin \alpha \cos(\beta + y) arc \, \Delta \gamma,$

$[a \sin \alpha \cos(\beta + y) + b \sin \beta \cos(\alpha + x)] arc \, \Delta y = - \Delta a \sin \alpha$
$\sin(\beta + y) + \Delta b \sin \beta \sin(\alpha + x) + arc \, \Delta \alpha [b \sin \beta \cos(\alpha + x)$
$- a \cos \alpha \sin(\beta + y)] + arc \, \Delta \beta [b \cos \beta \sin(\alpha + x) -$
$a \sin \alpha \cos(\beta + y)] + b \sin \beta \cos(\alpha + x) arc \, \Delta \gamma.$

Nun folgt aber aus (a):

$a \sin \alpha \cos(\beta + y) + b \sin \beta \cos(\alpha + x) = a \sin \alpha \cos(\beta + y)$
$$+ \frac{a \sin \alpha \sin(\beta + y) \cos(\alpha + x)}{\sin(\alpha + x)}$$
$$= a \sin \alpha \frac{\cos(\beta + y) \sin(\alpha + x) + \sin(\beta + y) \cos(\alpha + x)}{\sin(\alpha + x)}$$
$$= \frac{a \sin \alpha \sin(\alpha + \beta + x + y)}{\sin(\alpha + x)} = \frac{a \sin \alpha \sin(\alpha + \beta + \gamma)}{\sin(\alpha + x)},$$

$a \sin \alpha \cos(\beta + y) - b \cos \beta \sin(\alpha + x) = a \sin \alpha \cos(\beta + y)$
$$- \frac{a \sin \alpha \sin(\beta + y) \cos \beta}{\sin \beta} = \frac{a \sin \alpha [\cos(\beta + y) \sin \beta - \sin(\beta + y) \cos \beta]}{\sin \beta}$$
$$= \frac{- a \sin \alpha \sin y}{\sin \beta},$$

$a \cos \alpha \sin(\beta + y) - b \sin \beta \cos(\alpha + x) = a \cos \alpha \sin(\beta + y)$
$$- \frac{a \sin \alpha \sin(\beta + y) \cos(\alpha + x)}{\sin(\alpha + x)} = \frac{a \sin(\beta + y) \sin x}{\sin(\alpha + x)};$$

also hat man nach einigen sehr leichten Umformungen:

Anwendung auf Nr. 2 in §. 42.

$$\left.\begin{aligned}
\operatorname{arc}\mathit{\Delta}\mathrm{x} =& \frac{\mathit{\Delta}\mathrm{a}}{\mathrm{a}}\cdot\frac{\sin(\beta+\mathrm{y})\sin(\alpha+\mathrm{x})}{\sin(\alpha+\beta+\gamma)} - \frac{\mathit{\Delta}\mathrm{b}}{\mathrm{b}}\frac{\sin(\alpha+\mathrm{x})\sin(\beta+\mathrm{y})}{\sin(\alpha+\beta+\gamma)} \\
+\operatorname{arc}\mathit{\Delta}\alpha\cdot&\frac{\sin\mathrm{x}\sin(\beta+\mathrm{y})}{\sin\alpha\sin(\alpha+\beta+\gamma)} - \operatorname{arc}\mathit{\Delta}\beta\cdot\frac{\sin\mathrm{y}\sin(\alpha+\mathrm{x})}{\sin\beta\sin(\alpha+\beta+\gamma)} \\
& +\operatorname{arc}\mathit{\Delta}\gamma\cdot\frac{\sin(\alpha+\mathrm{x})\cos(\beta+\mathrm{y})}{\sin(\alpha+\beta+\gamma)}, \\
\operatorname{arc}\mathit{\Delta}\mathrm{y} =& -\frac{\mathit{\Delta}\mathrm{a}}{\mathrm{a}}\frac{\sin(\alpha+\mathrm{x})\sin(\beta+\mathrm{y})}{\sin(\alpha+\beta+\gamma)} + \frac{\mathit{\Delta}\mathrm{b}}{\mathrm{b}}\frac{\sin(\alpha+\mathrm{x})\sin(\beta+\mathrm{y})}{\sin(\alpha+\beta+\gamma)} \\
-\operatorname{arc}\mathit{\Delta}\alpha\cdot&\frac{\sin\mathrm{x}\sin(\beta+\mathrm{y})}{\sin\alpha\sin(\alpha+\beta+\gamma)} + \operatorname{arc}\mathit{\Delta}\beta\cdot\frac{\sin\mathrm{y}\sin(\alpha+\mathrm{x})}{\sin\beta\sin(\alpha+\beta+\gamma)} \\
& +\operatorname{arc}\mathit{\Delta}\gamma\cdot\frac{\cos(\alpha+\mathrm{x})\sin(\beta+\mathrm{y})}{\sin(\alpha+\beta+\gamma)}.
\end{aligned}\right\} \quad (b)$$

Die Linie $CD = z$ wird aus der Gleichung

$$z\sin(\alpha+\mathrm{x}) = \mathrm{a}\sin\alpha$$

bestimmt, aus der wie so eben folgt:

$$\mathit{\Delta}z\sin(\alpha+\mathrm{x}) + z\cos(\alpha+\mathrm{x})(\operatorname{arc}\mathit{\Delta}\alpha + \operatorname{arc}\mathit{\Delta}\mathrm{x}) = \mathit{\Delta}\mathrm{a}\sin\alpha + \mathrm{a}\cos\alpha\operatorname{arc}\mathit{\Delta}\alpha.$$

Setzt man hier den Werth von $\operatorname{arc}\mathit{\Delta}\mathrm{x}$ aus (b), so ergibt sich:

$$\mathit{\Delta}z = \frac{\mathit{\Delta}\mathrm{a}}{\mathrm{a}}\left(\frac{\mathrm{a}\sin\alpha}{\sin(\alpha+\mathrm{x})} - \frac{z\cot g(\alpha+\mathrm{x})\sin(\beta+\mathrm{y})\sin(\alpha+\mathrm{x})}{\sin(\alpha+\beta+\gamma)}\right)$$

$$+ \frac{\mathit{\Delta}\mathrm{b}}{\mathrm{b}}\frac{\cot g(\alpha+\mathrm{x})\sin(\alpha+\mathrm{x})\sin(\beta+\mathrm{y})}{\sin(\alpha+\beta+\gamma)}z$$

$$- \operatorname{arc}\mathit{\Delta}\alpha\left(\frac{-\mathrm{a}\cos\alpha}{\sin(\alpha+\mathrm{x})} + z\cot g(\alpha+\mathrm{x}) + \frac{z\cot g(\alpha+\mathrm{x})\sin\mathrm{x}\sin(\beta+\mathrm{y})}{\sin\alpha\sin(\alpha+\beta+\gamma)}\right)$$

$$+ \operatorname{arc}\mathit{\Delta}\beta\cdot\frac{z\cot g(\alpha+\mathrm{x})\sin\mathrm{y}\sin(\alpha+\mathrm{x})}{\sin\beta\sin(\alpha+\beta+\gamma)}$$

$$- \operatorname{arc}\mathit{\Delta}\gamma\frac{z\cot g(\alpha+\mathrm{x})\sin(\alpha+\mathrm{x})\cos(\beta+\mathrm{y})}{\sin(\alpha+\beta+\gamma)}.$$

Setzt man $\mathrm{a}\sin\alpha = z\sin(\alpha+\mathrm{x})$, oder $\dfrac{\mathrm{a}}{\sin(\alpha+\mathrm{x})} = \dfrac{z}{\sin\alpha}$, so hat man hieraus

$$\frac{\mathit{\Delta}z}{z} = \frac{\mathit{\Delta}\mathrm{a}}{\mathrm{a}}\left(1 - \frac{\cos(\alpha+\mathrm{x})\sin(\beta+\mathrm{y})}{\sin(\alpha+\beta+\gamma)}\right) + \frac{\mathit{\Delta}\mathrm{b}}{\mathrm{b}}\frac{\cos(\alpha+\mathrm{x})\sin(\beta+\mathrm{y})}{\sin(\alpha+\beta+\gamma)}$$

$$-\mathit{arc}\,\Delta\mathit{a}\left[\mathit{cotg}(\alpha+\mathrm{x})+\frac{\mathit{cotg}(\alpha+\mathrm{x})\,\mathit{sin}\,\mathrm{x}\,\mathit{sin}(\beta+\mathrm{y})}{\mathit{sin}\,\alpha\,\mathit{sin}(\alpha+\beta+\gamma)}-\mathit{cotg}\,\alpha\right]$$
$$+\mathit{arc}\,\Delta\beta\,\frac{\cos(\alpha+\mathrm{x})\,\mathit{sin}\,\mathrm{y}}{\mathit{sin}\,\beta\,\mathit{sin}(\alpha+\beta+\gamma)}-\mathit{arc}\,\Delta\gamma\,\frac{\cos(\alpha+\mathrm{x})\,\cos(\beta+\mathrm{y})}{\mathit{sin}(\alpha+\beta+\gamma)},$$

welche Gleichung nach einigen leichten Umformungen auf die Form:

$$\frac{\Delta z}{z}=\frac{\Delta a}{a}\cdot\frac{\sin(\alpha+\mathrm{x})\cos(\beta+\mathrm{y})}{\sin(\alpha+\beta+\gamma)}+\frac{\Delta b}{b}\,\frac{\cos(\alpha+\mathrm{x})\sin(\beta+\mathrm{y})}{\sin(\alpha+\beta+\gamma)}$$
$$+\mathit{arc}\,\Delta\alpha\cdot\frac{\sin\mathrm{x}\cos(\beta+\mathrm{y})}{\sin\alpha\sin(\alpha+\beta+\gamma)}+\mathit{arc}\,\Delta\beta\,\frac{\sin\mathrm{y}\cos(\alpha+\mathrm{x})}{\sin\beta\sin(\alpha+\beta+\gamma)}$$
$$-\mathit{arc}\,\Delta\gamma\,\frac{\cos(\alpha+\mathrm{x})\cos(\beta+\mathrm{y})}{\sin(\alpha+\beta+\gamma)}\quad\text{(c)}$$

gebracht wird. Die Formeln (b) und (c) zeigen, dass man sich hüten müsse $\sin(\alpha+\beta+\gamma)$ klein, also $\alpha+\beta+\gamma$ nahe an $180°$ oder $360°$ zu wählen. Am besten wird man $\alpha+\beta+\gamma$ nahe an $270°$ wählen, und zwar, wenn thunlich, α, β, γ, jeden nahe an $90°$.

II. Nr. 5 in §. 42. Nehmen wir an; a, b, C seyen fehlerlos, so hat man:

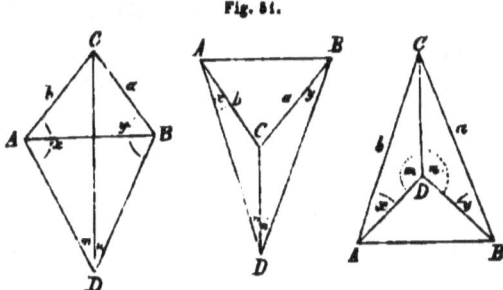

Fig. 51.

$$b\,\sin n\,\sin\mathrm{x}=a\,\sin m\,\sin\mathrm{y},\quad \mathrm{x}+\mathrm{y}=\beta-(m+n),$$

wo β entweder $=360°-C$ oder $=C$ ist. Hieraus folgt in obiger Weise:

$$b\cos n\,\sin\mathrm{x}\,\mathit{arc}\,\Delta n+b\sin n\cos\mathrm{x}\,\mathit{arc}\,\Delta\mathrm{x}=a\cos m\,\sin\mathrm{y}\,\mathit{arc}\,\Delta m$$
$$+a\sin m\cos\mathrm{y}\,\mathit{arc}\,\Delta\mathrm{y},$$

$$\mathit{arc}\,\Delta\mathrm{x}+\mathit{arc}\,\Delta\mathrm{y}=-\mathit{arc}\,\Delta m-\mathit{arc}\,\Delta n,$$

aus welchen Gleichungen $\mathit{arc}\,\Delta\mathrm{x}$, $\mathit{arc}\,\Delta\mathrm{y}$, oder $\Delta\mathrm{x}$, $\Delta\mathrm{y}$ zu bestimmen sind. (Denkt man sich beide Gleichungen mit $\dfrac{180.60.60}{\pi}$ multiplizirt, so ist $\dfrac{180 \cdot 60 \cdot 60}{\pi} arc\,\varDelta n = \varDelta n$ u. s. w., so dass man in beiden Gleichungen auch $\varDelta m$, $\varDelta n$, $\varDelta x$, $\varDelta y$ für $arc\,\varDelta m$, ... setzen könnte; doch wird es wegen des Nachfolgenden bequemer seyn, obige Form beizubehalten). Man zieht daraus:

$$(b\sin n\cos x + a\sin m\cos y)\,arc\,\varDelta x = (a\cos m\sin y - a\sin m\cos y)$$
$$arc\,\varDelta m - (b\cos n\sin x + a\sin m\cos y)\,arc\,\varDelta n,$$
$$(b\sin n\cos x + a\sin m\cos y)\,arc\,\varDelta y = -(b\sin n\cos x + a\cos m\sin y)$$
$$arc\,\varDelta m + (b\cos n\sin x - b\sin n\cos x)\,arc\,\varDelta n,$$

d. h.

$$\dfrac{a\sin m\sin(x+y)}{\sin x}arc\,\varDelta x = a\sin(y-m)\,arc\,\varDelta m - \dfrac{a\sin m\sin(y+n)}{\sin n}arc\,\varDelta n,$$

$$\dfrac{a\sin m\sin(x+y)}{\sin x}arc\,\varDelta y = -a\dfrac{\sin y\sin(m+x)}{\sin x}arc\,\varDelta m$$
$$+ b\sin(x-n)\,arc\,\varDelta n,$$

d. h.

$$arc\,\varDelta x = \dfrac{\sin x\sin(y-m)}{\sin m\sin(x+y)}arc\,\varDelta m - \dfrac{\sin x\sin(y+n)}{\sin n\sin(x+y)}arc\,\varDelta n,$$

$$arc\,\varDelta y = -\dfrac{\sin y\sin(m+x)}{\sin m\sin(x+y)}arc\,\varDelta m + \dfrac{\sin y\sin(x-n)}{\sin n\sin(x+y)}arc\,\varDelta n.$$

Sey nunmehr
$$CD = u, \ AD = v, \ DB = w,$$
so hat man:

$$u\sin m = b\sin x, \ v\sin m = b\sin(m+x), \ w\sin n = a\sin(n+y).$$

Hieraus folgt unmittelbar:

$\varDelta u\sin m + u\cos m\,arc\,\varDelta m = b\cos x\,arc\,\varDelta x$, $\varDelta v\sin m + v\cos m\,arc\,\varDelta m$
$= b\cos(m+x)\,(arc\,\varDelta m + arc\,\varDelta x)$, $\varDelta w\sin n + w\cos n\,arc\,\varDelta n$
$= a\cos(n+y)\,(arc\,\varDelta n + arc\,\varDelta y)$,

also wenn man die Werthe von $arc\,\varDelta x$, $arc\,\varDelta y$ benützt:

$$\varDelta u\sin m = \left(\dfrac{b\cos x\sin x\sin(y-m)}{\sin m\sin(x+y)} - u\cos m\right)arc\,\varDelta m,$$
$$- \dfrac{b\sin x\cos x\sin(y+n)}{\sin n\sin(x+y)}arc\,\varDelta n,$$

oder da $b\sin x = u\sin m$:

Anwendung auf Nr. 5 in §. 42.

$$\sin m \frac{\Delta u}{u} = \left(\frac{\cos x \sin(y-m)}{\sin(x+y)} - \cos m\right) arc\,\Delta m$$

$$- \frac{\sin m \cos x \sin(y+n)}{\sin n \sin(x+y)} arc\,\Delta n,$$

$$\frac{\Delta u}{u} = -\frac{\cos y \sin(x+m)}{\sin m \sin(x+y)} arc\,\Delta m - \frac{\cos x \sin(y+n)}{\sin n \sin(x+y)} arc\,\Delta n.$$

$$\Delta v \sin m = arc\,\Delta m \,[b \cos(m+x) - v \cos m$$

$$+ \frac{b \cos(m+x) \sin x \sin(y-m)}{\sin m \sin(x+y)}] - \frac{b \cos(m+x) \sin x \sin(y+n)}{\sin n \sin(x+y)} arc\,\Delta n,$$

oder da $b = \dfrac{v \sin m}{\sin(m+x)}$:

$$\frac{\Delta v}{v} \sin m = arc\,\Delta m \left(\frac{\sin m \cos(m+x)}{\sin(m+x)}\right.$$

$$\left. - \cos m + \frac{\cos(m+x) \sin x \sin(y-m)}{\sin(m+x) \sin(x+y)}\right)$$

$$- \frac{\sin m \cos(m+x) \sin x \sin(y+n)}{\sin n \sin(m+x) \sin(x+y)} arc\,\Delta n,$$

$$\frac{\Delta v}{v} = -\frac{\cos(m-y) \sin x}{\sin(x+y) \sin m} arc\,\Delta m - \frac{\cos(m+x) \sin(y+n) \sin x}{\sin(m+x) \sin(x+y) \sin n} arc\,\Delta n.$$

$$\Delta w \sin n = - arc\,\Delta m \cdot \frac{a \cos(n+y) \sin y \sin(m+x)}{\sin m \sin(x+y)}$$

$$+ arc\,\Delta n \,[a \cos(n+y) - w \cos n + \frac{a \cos(n+y) \sin y \sin(x-n)}{\sin n \sin(x+y)}],$$

oder da $a = \dfrac{w \sin n}{\sin(n+y)}$:

$$\frac{\Delta w}{w} \sin n = - arc\,\Delta m \cdot \frac{\sin n \sin(m+x) \cos(n+y) \sin y}{\sin m \sin(x+y) \sin(n+y)}$$

$$+ arc\,\Delta n \left(\frac{\sin n \cos(n+y)}{\sin(n+y)} - \cos n + \frac{\cos(n+y) \sin y \sin(x-n)}{\sin(n+y) \sin(x+y)}\right),$$

$$\frac{\Delta w}{w} = -\frac{\sin(m+x) \sin y \cos(n+y)}{\sin m \sin(n+y) \sin(x+y)} arc\,\Delta m$$

$$- \frac{\cos(n-x) \sin y}{\sin(x+y) \sin n} arc\,\Delta n.$$

Aus den Ausdrücken für Δx, Δy, $\frac{\Delta v}{v}$, $\frac{\Delta u}{v}$, $\frac{\Delta w}{w}$ (wozu die drei ersten genügen) schliesst man nun, dass man m und n nicht gar zu klein nehmen darf für den Fall der ersten oder zweiten Figur, und nicht zu nahe an 180° für den der dritten, da sonst *sin* m, *sin* n zu klein ausfallen; sodann darf nicht x + y für die erste Figur nahe an 180° seyn, da sonst *sin* (x + y) nahe an 0 wäre; wäre aber x + y = 180°, so läge D in dem Umfang des um ABC beschriebenen Kreises, dem man also nicht zu nahe kommen darf. Für die zweite Figur darf nicht x + y nahe an 0, d. h. nicht m + n nahe an C seyn, da hier übrigens x und y immer ziemlich klein seyn werden, wenn C es ist, so wird man nur dann diesen Fall vortheilhaft anwenden, wenn C bedeutend stumpf ist, und allerdings am besten, wenn C — (m + n) = 90°, da dann *sin* (x + y) = 1, also seinen grössten Werth erlangt. Im dritten Falle wird immer m + n > 180°, also x + y nicht nahe an 180° seyn, es müsste denn C sehr klein, und D nahe an AB seyn, was man vermeiden wird.*
Die so eben angegebenen Regeln sind, wie das behandelte Problem selbst, für die Praxis sehr wichtig.

III. Nr. 2 in §. 43. Ist CD = x, so hat man
$$x \cos \gamma \sin(\alpha - \beta) = a \sin \alpha \sin \beta,$$
woraus folgt:**

---

* Aehnliche Regeln, wie die so eben aufgestellten, hat man aus der Betrachtung des so genannten Fehlerdreiecks abgeleitet. Die von uns gegebene Ableitung ist jedoch allgemeiner und leichter zu überschauen.

** Es ist nicht schwer, allgemeine Regeln aufzustellen, nach denen diese Bildungsweise vollzogen wird. Hat man nämlich das Produkt $x \cos \gamma \sin(\alpha - \beta)$, so ist zu setzen für x: x + Δx, für $\cos\gamma$: $\cos\gamma - \sin\gamma \, arc\, \Delta\gamma$, für $\sin(\alpha - \beta)$: $\sin(\alpha - \beta)$ + $\cos(\alpha - \beta)$ ($arc\,\Delta\alpha - arc\,\Delta\beta$); thut man dies und vernachlässigt die Produkte der Fehler, so erhält man

$x \cos \gamma \sin (\alpha - \beta) + \Delta x \cos \gamma \sin (\alpha - \beta) - x \sin \gamma \sin (\alpha - \beta)\, arc\,\Delta\gamma + x \cos\gamma$
$\cos(\alpha - \beta)\, (arc\,\Delta\alpha - arc\,\Delta\beta),$

und die auf $x \cos \sin (\alpha - \beta)$ folgende Grösse ist die Aenderung von $x \cos\gamma\sin(\alpha-\beta)$ während Δx, $-\sin\gamma\, arc\,\Delta\gamma$, $\cos(\alpha - \beta)(arc\,\Delta\alpha - arc\,\Delta\beta)$ die Aenderungen von x, $\cos\gamma$, $\sin(\alpha - \beta)$ sind. Dies beachtet, erhält man für die Bildung der Aenderung eines Produkts folgende Regel:

Man multiplizire die Aenderung jedes einzelnen Faktors mit dem Produkte aller übrigen Faktoren, und die so erhaltenen Grössen summire man sodann.

Fig. 52.

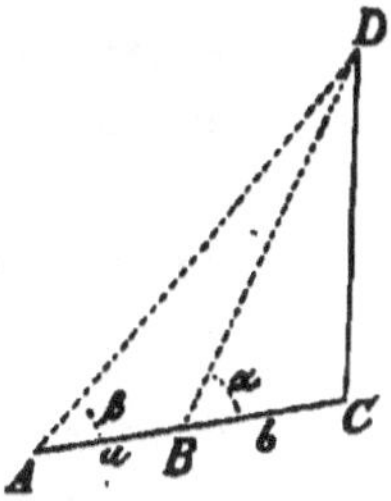

$$\Delta x \cos\gamma \sin(\alpha-\beta) - x\sin\gamma\sin(\alpha-\beta)\, arc\,\Delta\gamma$$
$$+ x\cos\gamma\cos(\alpha-\beta)(arc\,\Delta\alpha - arc\,\Delta\beta)$$
$$= \Delta a \sin\alpha\sin\beta + a\cos\alpha\sin\beta\, arc\,\Delta\alpha +$$
$$a\sin\alpha\cos\beta\, arc\,\Delta\beta,$$

also

$$\Delta x \cos\gamma \sin(\alpha-\beta) = \Delta a \sin\alpha\sin\beta + arc\,\Delta\alpha \times$$
$$[a\cos\alpha\sin\beta - x\cos\gamma\cos(\alpha-\beta)]$$
$$+ arc\,\Delta\beta [a\sin\alpha\cos\beta + x\cos\gamma\cos(\alpha-\beta)] + x\sin\gamma\sin(\alpha-\beta)\, arc\,\Delta\gamma$$
$$= x\cos\gamma\sin(\alpha-\beta)\frac{\Delta a}{a} + arc\,\Delta\alpha\left[\frac{x\cos\gamma\sin(\alpha-\beta)\cos\alpha}{\sin\alpha}\right.$$
$$\left. - x\cos\gamma\cos(\alpha-\beta)\right]$$
$$+ arc\,\Delta\beta\left[\frac{x\cos\gamma\sin(\alpha-\beta)\cos\beta}{\sin\beta} + x\cos\gamma\cos(\alpha-\beta)\right]$$
$$+ x\sin\gamma\sin(\alpha-\beta)\, arc\,\Delta\gamma,$$

$$\frac{\Delta x}{x} = \frac{\Delta a}{a} - arc\,\Delta\alpha \cdot \frac{\sin\beta}{\sin\alpha\sin(\alpha-\beta)} + arc\,\Delta\beta \cdot \frac{\sin\alpha}{\sin\beta\sin(\alpha-\beta)}$$
$$+ arc\,\Delta\gamma\, tg\,\gamma.$$

Es soll also $\alpha-\beta$ nicht zu klein seyn, was darauf zurückkommt, a nicht zu klein zu wählen; da $arc\,\Delta\gamma$ wohl grösser als $arc\,\Delta\alpha$, $arc\,\Delta\beta$ seyn wird, γ aber klein, also $tg\,\gamma$ ebenfalls klein ist, so wird selbst ein beträchtlicher Fehler in γ keinen allzu grossen Einfluss ausüben. Da immer $\alpha > \beta$, also $\frac{\sin\alpha}{\sin\beta} > 1$, $\frac{\sin\beta}{\sin\alpha} < 1$, so wird man namentlich den Winkel β mit grosser Genauigkeit zu messen haben; das Hauptgewicht jedoch wird im Allgemeinen auf die genaue Messung von a zu legen seyn.

Fig. 53.

IV. Nr. 3 in §. 43. Ist wieder $AB = x$, so hat man
$$x\sin(\gamma+\delta)\cos\beta\cos\beta' = a\cos\alpha\sin\delta \times$$
$$\sin(\beta-\beta'),$$
woraus folgt:
$$\Delta x \sin(\gamma+\delta)\cos\beta\cos\beta' +$$
$$x\cos(\gamma+\delta)\cos\beta\cos\beta'(arc\,\Delta\gamma +$$
$$arc\,\Delta\delta) - x\sin(\gamma+\delta)\sin\beta\cos\beta'$$
$$arc\,\Delta\beta - x\sin(\gamma+\delta)\cos\beta\sin\beta'$$
$$arc\,\Delta\beta' =$$

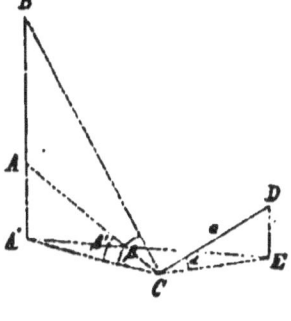

$\Delta a \cos\alpha \sin\delta \sin(\beta-\beta') - a\sin\alpha \sin\delta \sin(\beta-\beta')\operatorname{arc}\Delta\alpha + a\cos\alpha \sin\delta \cos(\beta-\beta')(\operatorname{arc}\Delta\beta - \operatorname{arc}\Delta\beta') + a\cos\alpha\cos\delta \sin(\beta-\beta')\operatorname{arc}\Delta\delta, \Delta\mathrm{x}\sin(\gamma+\delta)\cos\beta\cos\beta' = \Delta a.\cos\alpha\sin\delta \sin(\beta-\beta') - \operatorname{arc}\Delta\alpha\, a\sin\alpha\sin\delta\sin(\beta-\beta') + \operatorname{arc}\Delta\beta\,[\mathrm{x}\sin(\gamma+\delta)\sin\beta\cos\beta' + a\cos\alpha\sin\delta\cos(\beta-\beta')]$

$+ \operatorname{arc}\Delta\beta'[\mathrm{x}\sin(\gamma+\delta)\cos\beta\sin\beta' - a\cos\alpha\sin\delta\cos(\beta-\beta')]$
$- \operatorname{arc}\Delta\gamma . \mathrm{x}\cos(\gamma+\delta)\cos\beta\cos\beta'$

$+ \operatorname{arc}\Delta\delta\,[a\cos\alpha\cos\delta\sin(\beta-\beta') - \mathrm{x}\cos(\gamma+\delta)\cos\beta\cos\beta']$,

woraus, da

$$a = \frac{\mathrm{x}\sin(\gamma+\delta)\cos\beta\cos\beta'}{\cos\alpha\sin\delta\sin(\beta-\beta')}$$

ist, leicht folgt:

$$\frac{\Delta\mathrm{x}}{\mathrm{x}} = \frac{\Delta a}{a} - \operatorname{arc}\Delta\alpha\, tg\,\alpha + \operatorname{arc}\Delta\beta\, \frac{\cos\beta'}{\cos\beta\sin(\beta-\beta')}$$

$$- \operatorname{arc}\Delta\beta' \frac{\cos\beta}{\cos\beta'\sin(\beta-\beta')} - \operatorname{arc}\Delta\gamma\, cotg\,(\gamma+\delta) + \operatorname{arc}\Delta\delta\, \frac{\sin\gamma}{\sin\delta\sin(\gamma+\delta)}.$$

Also soll, wenn β und β' nicht äusserst scharf gemessen sind, $\beta-\beta'$ nicht zu klein werden, da sonst der Nenner $\sin(\beta-\beta')$ nahe an 0 kömmt; da α, also auch $tg\,\alpha$ klein ist, so wird ein Fehler in α keinen gar grossen Einfluss ausüben; die Summe $\gamma+\delta$ soll nicht nahe an $180°$ gehen, da sonst $cotg(\gamma+\delta)$ und $\dfrac{1}{\sin(\gamma+\delta)}$ sehr gross würden. Alles kömmt also darauf zurück, die Standlinie CD nicht gar zu weit von AB und auch nicht gar zu klein zu wählen, da sonst $\gamma+\delta$ nahe an $180°$ und $\beta-\beta'$ nahe an 0 käme.

Für $\beta' = 0$ hat man:

$$\frac{\Delta\mathrm{x}}{\mathrm{x}} = \frac{\Delta a}{a} - \operatorname{arc}\Delta\alpha\, tg\,\alpha + \frac{2\operatorname{arc}\Delta\beta}{\sin 2\beta} - \operatorname{arc}\Delta\gamma\, cotg\,(\gamma+\delta) + \frac{\operatorname{arc}\Delta\delta\sin\gamma}{\sin\delta\sin(\gamma+\delta)};$$

ist auch zugleich noch $\alpha = 0$:

$$\frac{\Delta\mathrm{x}}{\mathrm{x}} = \frac{\Delta a}{a} + \frac{2\operatorname{arc}\Delta\beta}{\sin 2\beta} - \operatorname{arc}\Delta\gamma\, cotg\,(\gamma+\delta) + \frac{\operatorname{arc}\Delta\delta\sin\gamma}{\sin\delta\sin(\gamma+\delta)}.$$

V. Als weiteres Beispiel wollen wir das in §. 46, III berechnete wählen. Man hat dort, wenn man statt der abgekürzten Formel (37') die genauere (37) beachtet:

$$s = \frac{a\,sin\,\delta}{sin\,(\gamma+\delta)},\ C = \frac{s}{r}\varrho,\ x = \frac{s\,cos\,[z + \frac{2k-1}{2}\cdot C]}{sin\,[z + (k-1)C]}$$

$$= \frac{s\,sin\,[\beta - kC + \tfrac{1}{2}C]}{cos\,[\beta - kC + C]},\ \varrho = \frac{180\cdot 60\cdot 60}{\pi},$$

d. h.

$$s\,sin\,(\gamma+\delta) = a\,sin\,\delta,\ C = \frac{s}{r}\varrho,\ x\,cos\,(\beta - kC + C) = s\cdot sin\,(\beta - kC + \tfrac{1}{2}C).$$

Hieraus folgt:

$$\Delta s\,sin\,(\gamma + \delta) + s\,cos\,(\gamma + \delta)\,(arc\,\Delta\gamma + arc\,\Delta\delta) = \Delta a\,sin\,\delta$$

$$+ a\,cos\,\delta\,arc\,\Delta\delta,\ arc\,\Delta C = \frac{\Delta s}{r},\ arc\,C = \frac{s}{r},$$

$$\Delta x\,cos\,(\beta - kC + C) - x\,sin\,(\beta - kC + C)\,(arc\,\Delta\beta - k\,arc\,\Delta C$$

$$- arc\,C\,\Delta k + arc\,\Delta C)$$

$$= \Delta s\,sin\,(\beta - kC + \tfrac{1}{2}C) + s\,cos\,(\beta - kC + \tfrac{1}{2}C)\,(arc\,\Delta\beta - k\,arc\,\Delta C$$

$$- arc\,C\,\Delta k + \tfrac{1}{2}arc\,\Delta C),$$

wovon die letzte Gleichung auch heisst:

$$\Delta x\,cos\,(\beta - kC + C) = arc\,\Delta\beta\,[x\,sin\,(\beta - kC + C) + s\,cos\,(\beta - kC + \tfrac{1}{2}C)]$$

$$- \Delta k\,[\frac{xs}{r}sin\,(\beta - kC + C) + \frac{s^2}{r}cos\,(\beta - kC + \tfrac{1}{2}C)]$$

$$+ \Delta s\,[sin\,(\beta - kC + \tfrac{1}{2}C) - \frac{ks}{r}cos\,(\beta - kC + \tfrac{1}{2}C) +$$

$$\tfrac{1}{2}\frac{s}{r}cos\,(\beta - kC + \tfrac{1}{2}C) - \frac{kx}{r}sin\,(\beta - kC + C) + \frac{x}{r}sin\,(\beta - kC + C)],$$

worin aber

$$x\,sin\,(\beta - kC + C) + s\,cos\,(\beta - kC + \tfrac{1}{2}C)$$

$$= x\,[sin\,(\beta - kC + C) + \frac{cos\,(\beta - kC + C)}{sin\,(\beta - kC + \tfrac{1}{2}C)}cos\,(\beta - kC + \tfrac{1}{2}C)]$$

$$= x\frac{cos\,\tfrac{1}{2}C}{sin\,(\beta - kC + \tfrac{1}{2}C)} = \frac{x}{sin\,(\beta - kC + \tfrac{1}{2}C)},\ \text{wenn } cos\,\tfrac{1}{2}C = 1;$$

$$\frac{xs}{r}sin\,(\beta - kC + C) + \frac{s^2}{r}cos\,(\beta - kC + \tfrac{1}{2}C) = \frac{s}{r}[x\,sin\,(\beta - kC + C)$$

$$+ s\,cos\,(\beta - kC + \tfrac{1}{2}C)] = \frac{xs}{r\,sin\,(\beta - kC + \tfrac{1}{2}C)}.$$

Ferner ist

$$\Delta s \sin(\gamma+\delta) = \Delta a \sin\delta - arc\,\Delta\gamma \cdot s\cos(\gamma+\delta) + arc\,\Delta\delta\,[a\cos\delta$$
$$- s\cos(\gamma+\delta)]$$
$$= \Delta a \sin\delta - arc\,\Delta\gamma \cdot s\cos(\gamma+\delta) + arc\,\Delta\delta \cdot s \cdot \frac{\sin\gamma}{\sin\delta},$$

woraus

$$\frac{\Delta s}{s} = \frac{\Delta a}{a} - arc\,\Delta\gamma\,cotg(\gamma+\delta) + arc\,\Delta\delta\,\frac{\sin\gamma}{\sin\delta\sin(\gamma+\delta)}.$$

Setzt man dies in den Werth von $\Delta x \cos(\beta - kC + C)$, so erhält man:

$$\Delta x \cos(\beta - kC + C) = \frac{arc\,\Delta\beta\,x}{\sin(\beta - kC + \tfrac{1}{2}C)} - \frac{\Delta k \cdot xs}{r\sin(\beta - kC + \tfrac{1}{2}C)}$$
$$+ \left(\frac{\Delta a}{a} - arc\,\Delta\gamma\,cotg(\gamma+\delta) + arc\,\Delta\delta\,\frac{\sin\gamma}{\sin\delta\sin(\gamma+\delta)}\right)$$
$$[s\sin(\beta - kC + \tfrac{1}{2}C) - (k-\tfrac{1}{2})\frac{s^2}{r}\cos(\beta - kC + \tfrac{1}{2}C) - (k-1)\frac{xs}{r}$$
$$\sin(\beta - kC + C)],$$

d. h.

$$\frac{\Delta x}{x} = \frac{arc\,\Delta\beta}{\sin(\beta - kC + \tfrac{1}{2}C)\cos(\beta - kC + C)}$$
$$- \frac{\Delta k \cdot s}{r\sin(\beta - kC + \tfrac{1}{2}C)\cos(\beta - kC + C)}$$
$$+ \left(\frac{\Delta a}{a} - arc\,\Delta\gamma\,cotg(\gamma+\delta) + arc\,\Delta\delta\,\frac{\sin\gamma}{\sin\delta\sin(\gamma+\delta)}\right)$$
$$[1 - (k-\tfrac{1}{2})\frac{s}{r}cotg(\beta - kC + \tfrac{1}{2}C) - (k-1)\frac{s}{r}tg(\beta - kC + C)].$$

Setzt man hier näherungsweise

$$\sin(\beta - kC + \tfrac{1}{2}C)\cos(\beta - kC + C) = \sin(\beta - kC)\cos(\beta - kC)$$
$$= \tfrac{1}{2}\sin(2\beta - 2kC),\quad \frac{s}{r} = 0,$$

so erhält man

$$\frac{\Delta x}{x} = \frac{2\,arc\,\Delta\beta}{\sin(2\beta - 2kC)} + \frac{\Delta a}{a} - arc\,\Delta\gamma\,cotg(\gamma+\delta) + arc\,\Delta\delta\,\frac{\sin\gamma}{\sin\delta\sin(\gamma+\delta)},$$

welche Formel ganz der letzten in IV. entspricht, und nach welcher wir rechnen wollen.

Sey zu dem Ende $\Delta\beta = 20''$, $\frac{\Delta a}{a} = 0{\cdot}00009$, $\Delta\delta = 1''$, $\Delta\gamma = 1''$,
$\beta - kC = 1°17'42''$, $2\beta - 2kC = 2°35'24''$, $\gamma = 55°33'19''$,
$\delta = 122°32'15''$, $\gamma + \delta = 178°5'34''$.

$$\log 2 = 0{\cdot}30103 \qquad \log arc\, 1'' = 4{\cdot}68557$$
$$\log arc\, 20'' = 5{\cdot}98660 \qquad \log cotg(\gamma+\delta) = 1{\cdot}47756(-)$$
$$E\log sin(2\beta - 2kC) = 1{\cdot}34597 \qquad\qquad \overline{0{\cdot}16313 - 4}$$
$$\overline{0{\cdot}63360 - 3}$$

$$\frac{2\, arc\, \Delta\beta}{sin(2\beta - 2kC)} = 0{\cdot}0043013 \qquad -arc\, \Delta\gamma\, cotg(\gamma+\delta) = 0{\cdot}0001456$$

$$\log arc\, 1'' = 4{\cdot}68557$$
$$\log sin\,\gamma = 9{\cdot}91627$$
$$E\log sin\,\delta = 0{\cdot}07414$$
$$E\log sin(\gamma + \delta) = 1{\cdot}47780$$
$$\overline{0{\cdot}15378 - 4}$$

$$\frac{arc\, \Delta\delta\, sin\,\gamma}{sin\,\delta\, sin(\gamma+\delta)} = 0{\cdot}0001425$$

also

$$\frac{\Delta x}{x} = 0{\cdot}0043013 + 0{\cdot}0000900 + 0{\cdot}0001456 + 0{\cdot}0001425$$
$$= 0{\cdot}0046794,$$

d. h.

$$\Delta x = 0{\cdot}0046794 \cdot x = 0{\cdot}0046794 \cdot 1651{\cdot}47 = 7{\cdot}71,$$

so dass also x höchstens um 8 Fuss gefehlt ist.

Wir haben in den vorstehenden Beispielen meist den direkten Weg der Berechnung der Fehler eingeschlagen, ohne uns an die Formeln des §. 50 zu halten. Es versteht sich ganz von selbst, dass wenn nach den Vorschriften des §. 50 verfahren wird, man ganz zu denselben Resultaten gelangen muss.

Achter Abschnitt.
Vom Interpoliren. Benützung zehnstelliger Logarithmentafeln.

§. 53.
Aufstellung der Interpolationsformel.

Wir haben in unsern seitherigen Rechnungen nie mehr als siebenstellige Logarithmentafeln vorausgesetzt, da dieselben wohl für die meisten Zwecke unbedingt genügen. Bei manchen sehr genauen Rechnungen jedoch bedarf es mehrstelliger Tafeln, namentlich der zehnstelligen, wie sie z. B. der „Thesaurus Logarithmorum completus" von Vega (auch mit dem deutschen Titel: Vollständige Sammlung grösserer logarithmisch-trigonometrischer Tafeln. Leipzig, 1794) enthält. Wir wollen desswegen hier zum Schlusse den Gebrauch solcher Tafeln kurz erörtern, müssen aber vorher die für die Praxis äusserst wichtige Interpolationsmethode aus einander setzen. Wir greifen dadurch allerdings in das Gebiet der Analysis über; bei dem fortwährenden Gebrauch der Interpolationen in der Trigonometrie wird man jedoch diese Abschweifung nicht ganz ungerechtfertigt finden.

I. Wir wollen uns denken, y sey eine Grösse, deren Werth bedingt ist durch den Werth einer andern Grösse x, welch letztere willkürliche Werthe annehmen kann (sey z. B. $y = sin\, x$, $log\, cos\, x$ u. s. w.); wollen ferner annehmen, man wisse, dass wenn x die Werthe $x_1, x_2, x_3, \ldots$ habe, dann y die Werthe $y_1, y_2, y_3, \ldots$ annehme, wo also $x_1, x_2, x_3, \ldots$, eben so wie $y_1, y_2, y_3, \ldots$ bekannte Zahlen sind, und man wünscht nun durch ein einfaches, möglichst genaues Verfahren denjenigen Werth von y zu erfahren, der einem zwischen $x_1, x_2, \ldots$ liegenden Werthe von x zugehört. Wählen wir ein Beispiel, so hat man, wenn $y = log\, sin\, x$, für

$$x = 16°20'\ 0'' : y = 9·4490540,$$
$$x = 16°20'10'' : y = 9·4491258,$$
$$x = 16°20'20'' : y = 9·4491977,$$
$$x = 16°20'30'' : y = 9·4492695,$$

und man will nun etwa y für $x = 16°20'3''$ hieraus ermitteln. Wir haben das einschlägliche Verfahren bereits in §. 18 angegeben, wollen aber hier näher auf die Sache eingehen.

Wäre y eine solche Grösse ausgedrückt durch x (d. h. eine solche Funktion von x), dass ihr Werth sich leicht berechnen liesse, x mag seyn, was es will, so wäre die Aufgabe natürlich bald erledigt, indem man eben durch unmittelbare Rechnung den betreffenden Werth von y suchen würde, wobei man sich also keineswegs um die bekannten Werthe zu kümmern hätte. Dies ist aber natürlich nicht der Fall, wenn das Interpolationsverfahren angewendet werden muss, da man dasselbe ja gerade desshalb nöthig hat, weil eine leichte und bequeme Berechnung von y nicht anders gefunden werden kann. Unmittelbare und meistens leichte Berechnung lassen aber nur Grössen (Funktionen) von der Form

$$a + bx + cx^2 + dx^3 + \ldots \quad (a)$$

zu, in denen a, b, c, d, ... bekannte Zahlen bedeuten, da die einzelnen Potenzen durch Multiplikationen immer leicht zu erhalten sind. Man wird sich also die Frage stellen: Kann man nicht etwa y unter die Form (a) bringen, d. h. als eine Funktion von x betrachten, die nach positiven ganzen Potenzen von x fortschreitet?

II. Gesetzt, die Grössen $x_1, x_2, \ldots, x_n$ seyen etwa steigend geordnet, d. h. $x_2 > x_1, x_3 > x_2, \ldots$, und es sey die Grösse

$$z = a + bx + cx^2 + dx^3 + \ldots \quad (b)$$

so beschaffen, dass wenn man in ihr $x = x_1$ setzt, für z der Werth y_1 erhalten wird; eben so wenn man $x = x_2$ setzt, man $z = y_2$ erhält, ..., und endlich wenn man $x = x_n$ setzt, $z = y_n$ gefunden wird: so wird man wohl annehmen dürfen, obige Grösse stelle die Werthe von y auch dar für Werthe von x, die zwischen $x_1, x_2, \ldots$ liegen. Weiss man von y weiter Nichts, als dass diese Grösse die Werthe $y_1, \ldots, y_n$ für $x = x_1, \ldots, x_n$ hat, so wird man diese Annahme sicher gelten lassen; kennt man dagegen im Allgemeinen y, wie dies bei uns der Fall ist, wo etwa $y = log\,sin\,x$ u. s. w., so wird man jene Annahme unter der Einschränkung gelten lassen, dass y innerhalb der Werthe $x_1, \ldots, x_n$ von x stetig verlaufe, d. h. sich nur um Weniges ändert, wenn auch x sich wenig ändert; so wie dass die

Grössen $x_1, \ldots, x_n$ nahe genug an einander gewählt werden, damit die Grössen $y_1, \ldots, x_n$ nicht bedeutend von einander abweichen.

Man kann sich dies auch durch ein geometrisches Bild erläutern. Bezeichnen x die Abszissen, y die (rechtwinkligen) Ordinaten, so geben die zu einander gehörigen Werthe x_1 und $y_1, \ldots, x_n$ und y_n eine Reihe von n Punkten $A_1, \ldots, A_n$ der Ebene an, durch welche diejenige Kurve hindurchgeht, die durch die Gleichung $y = f(x)$ [also in unserm Falle $y = \log \sin x$ u. s. w.] dargestellt ist. Die Kurve, welche durch die Gleichung (b) dargestellt ist, wenn dort z die Ordinate bedeutet, geht aber durch dieselben Punkte $A_1, \ldots, A_n$; woraus dann leicht zu schliessen ist, dass wenn $A_1, \ldots, A_n$ nahe genug an einander liegen, man näherungsweise annehmen dürfe, dass für Zwischenwerthe der Abszisse x die beiden Kurven auch denselben Werth der Ordinate liefern werden.

Wir werden also voraussetzen, die Funktion y von x sey für Werthe, die zwischen $x_1, x_2, \ldots, x_n$ liegen, darstellbar unter der Form

$$y = a + bx + cx^2 + dx^3 + \ldots \quad (c)$$

Wir bemerken hiezu noch, dass die höhere Mathematik, bei Gelegenheit der Sätze von Taylor und Maclaurin, zeigt, dass diese Voraussetzung nicht ungegründet ist, und ferner, dass wir über die Anzahl der Glieder in der Formel (c) uns im Augenblick nicht aussprechen.

III. Es ist nun höchst einfach, die Werthe der Grössen a, b, c, ... zu ermitteln. Nach den gestellten Bedingungen muss

$$\left.\begin{aligned} y_1 &= a + bx_1 + cx_1^2 + dx_1^3 + \ldots, \\ y_2 &= a + bx_2 + cx_2^2 + dx_2^3 + \ldots, \\ &\ldots \\ y_n &= a + bx_n + cx_n^2 + dx_n^3 + \ldots, \end{aligned}\right\} \quad (d)$$

seyn. Daraus folgt aber zunächst, dass die Anzahl der Glieder in (c) mindestens $= n$ seyn müsse. Ist diese Zahl genau gleich n, so geben die n Gleichungen (d) im Allgemeinen die Werthe von a, b, c, d, ...; ist die Zahl grösser als n, so bleibt eine Anzahl dieser Grössen ganz willkürlich. Immerhin also kann man, wenn die Anzahl der Glieder in (c) gleich oder grösser als n ist, jene Formel so einrichten, dass sie den gestellten Bedingungen genügt. Auf die wirkliche Bestimmung wollen wir uns hier nicht einlassen, sondern zu dem besondern Falle übergehen, da die Grössen $x_1, \ldots, x_n$ alle gleich weit von einander abstehen, so dass $x_2 - x_1 = x_3 - x_2 = x_4 - x_3 = \ldots = x_n - x_{n-1}$. Heisst diese sich gleich bleibende Differenz h, so hat man also für x die Werthe:

$$x_1, x_1 + h, x_1 + 2h, \ldots, x_1 + (n-1)h, \quad (e)$$

während y die Werthe

$$y_1, y_2, y_3, \ldots, y_n \quad (e')$$

zugehören. Bilden wir nun die Differenzen $y_2 - y_1, y_3 - y_2, \ldots, y_n - y_{n-1}$, so sollen diese die ersten Differenzen der Reihe (e') heissen, und durch

$$\Delta y_1, \Delta y_2, \Delta y_3, \ldots, \Delta y_{n-1} \quad (e'')$$

bezeichnet werden, wo also $\Delta y_1 = y_2 - y_1, \Delta y_2 = y_3 - y_2, \ldots, \Delta y_{n-1} = y_n - y_{n-1}$ ist. Eben so sollen die Unterschiede $\Delta y_2 - \Delta y_1, \Delta y_3 - \Delta y_2, \ldots, \Delta y_{n-1} - \Delta y_{n-2}$ durch

$$\Delta^2 y_1, \Delta^2 y_2, \ldots, \Delta^2 y_{n-2} \quad (e_3)$$

bezeichnet werden, und die zweiten Differenzen der Reihe (e') heissen. Die Grössen $\Delta^2 y_2 - \Delta^2 y_1, \Delta^2 y_3 - \Delta^2 y_2, \ldots, \Delta^2 y_{n-2} - \Delta^2 y_{n-3}$ sollen durch

$$\Delta^3 y_1, \Delta^3 y_2, \ldots, \Delta^3 y_{n-3} \quad (e_4)$$

bezeichnet werden, und die dritten Differenzen der Reihe (e') heissen u. s. w.

Ist nun y als Funktion von x durch die Formel (c) gegeben, und hat diese genau n Glieder, d. h. ist

$$y = a + bx + cx^2 + \ldots + kx^{n-1}, \quad (c')$$

so sind nothwendig die n^{ten} Differenzen der Reihe (e') gleich Null. Wir wollen den Nachweis dieser Behauptung nur für den Fall führen, dass n=4 ist; man kann daraus dann schon ersehen, dass dieselbe allgemein gilt. Ohnehin ist es für uns hinreichend, den Satz für diesen Fall als richtig zu erkennen.* Sey also

$$y = a + bx + cx^2 + dx^3,$$

---

* Einen allgemeinen Beweis liefert die Differenzenrechnung. (Siehe etwa meine „Grundzüge der algebraischen Analysis" S. 83). Dabei bemerken wir, dass die n^{ten} Differenzen nicht Null sind, wenn (c) mehr als n Glieder hat.

so hat man

$$y_1 = a + bx_1 + cx_1^2 + dx_1^3,$$
$$y_2 = a + b(x_1 + h) + c(x_1 + h)^2 + d(x_1 + h)^3 = a + bh + ch^2$$
$$+ dh^3 + x_1(b + 2ch + 3dh^2) + x_1^2(c + 3dh) + x_1^3 d,$$
$$y_3 = a + b(x_1 + 2h) + c(x_1 + 2h)^2 + d(x_1 + 2h)^3 = a + b.2h$$
$$+ c.4h^2 + d.8h^3 + x_1(b + 2c.2h + 3d.4h^2) + x_1^2(c$$
$$+ 3d.2h) + x_1^3 d,$$
$$y_4 = a + b(x_1 + 3h) + c(x_1 + 3h)^2 + d(x_1 + 3h)^3 = a + b.3h$$
$$+ c.9h^2 + d.27h^3 + x_1(b + 2c.3h + 3d.9h^2) + x_1^2(c$$
$$+ 3d.3h) + x_1^3 d, \ldots$$

Hieraus folgt:

$$\Delta y_1 = bh + ch^2 + dh^3 + x_1(2ch + 3dh^2) + x_1^2(3dh),$$
$$\Delta y_2 = bh + 3ch^2 + 7dh^3 + x_1(2ch + 3d.3h^2) + x_1^2(3dh),$$
$$\Delta y_3 = bh + 5c.h^2 + 19dh^3 + x_1(2ch + 3d.5h^2) + x_1^2(3dh),$$
$$\Delta y_4 = bh + 7ch^2 + 37dh^3 + x_1(2ch + 3d.7h^2) + x_1^2(3dh),$$
$$\ldots$$

$$\Delta^2 y_1 = 2ch^2 + 6dh^3 + x_1(3d.2h^2), \quad \Delta^3 y_1 = 6dh^3, \quad \Delta^4 y_1 = 0,$$
$$\Delta^2 y_2 = 2ch^2 + 12dh^3 + x_1(3d.2h^2), \quad \Delta^3 y_2 = 6dh^3, \quad \Delta^4 y_2 = 0,$$
$$\Delta^2 y_3 = 2ch^2 + 18dh^3 + x_1(3d.2h^2), \quad \Delta^3 y_3 = 6dh^3, \quad \Delta^4 y_3 = 0,$$
$$\Delta^2 y_4 = 2ch^2 + 24dh^3 + x_1(3d.2h^2),$$

IV. Sind nun die vierten Differenzen der Grössen (e′) d. h. der Grössen $y_1, \ldots, y_n$, gleich Null, so wird hieraus auch unmittelbar folgen, dass in der Formel (c′) vier Glieder vorzukommen haben, und dass also, nach dem Frühern, die Funktion y, welche sie sonst auch sey, innerhalb der Werthe $x_1, x_2, \ldots$ durch die Gleichung

$$y = a + bx + cx^2 + dx^3 \quad (f)$$

bestimmt sey. In den meisten Fällen, in denen das Interpolationsverfahren angewendet wird, darf man aber die hier gemachte Voraussetzung hinsichtlich der vierten Differenzen zulassen, und wir wollen nun, unter dieser Annahme, a, b, c, d zu bestimmen suchen. Da aber das Resultat in der Form (f) für unsere Rechnung nicht ganz bequem ist, wollen wir setzen:

$$y = A + B(x - x_1) + C(x - x_1)(x - x_1 - h) + D(x - x_1) \times$$
$$(x - x_1 - h)(x - x_1 - 2h).$$

Alsdann hat man:[*]

für $x = x_1 : y_1 = A$,
$x = x_1 + h : y_2 = A + Bh$,
$x = x_1 + 2h : y_3 = A + 2Bh + 2Ch^2$,
$x = x_1 + 3h : y_4 = A + 3Bh + 6Ch^2 + 6Dh^3$.

Hieraus:

$\Delta y_1 = Bh,\ \Delta y_2 = Bh + 2Ch^2,\ \Delta y_3 = Bh + 4Ch^2 + 6Dh^3$,
$\Delta^2 y_1 = 2Ch^2,\ \Delta^2 y_2 = 2Ch^2 + 6Dh^3$,
$\Delta^3 y_1 = 6Dh^3$,

d. h. man hat unmittelbar:

$$A = y_1,\ B = \frac{\Delta y_1}{h},\ C = \frac{\Delta^2 y_1}{2h^2},\ D = \frac{\Delta^3 y_1}{6h^3},$$

folglich

$$y = y_1 + \frac{x-x_1}{h}\Delta y_1 + \frac{(x-x_1)(x-x_1-h)}{2h^2}\Delta^2 y_1$$
$$+ \frac{(x-x_1)(x-x_1-h)(x-x_1-2h)}{6h^3}\Delta^3 y_1,\quad (g)$$

aus welcher Formel nun, unter obigen Voraussetzungen, für einen Werth von x der zugehörige Werth von y berechnet werden kann. Der Werth von x soll aber nicht unter x_1 und nicht über $x_1 + 3h$ liegen; in der Regel wird er zwischen x_1 und $x_1 + h$ liegen; dann wird

$$\frac{(x-x_1)(x-x_1-h)(x-x_1-2h)}{6h^3} < 1,$$

also dann das letzte Glied in (g) schon meistens wegfallen.

Man übersieht leicht, in welcher Weise man verfahren müsse, wenn die Formel (g) mehr Glieder enthalten sollte, und dass das nächste

$$\frac{(x-x_1)(x-x_1-h)(x-x_1-2h)(x-x_1-3h)}{24h^4}\Delta^4 y_1\ \text{u. s. w.}$$

wäre.

V. Sind die vierten Differenzen nun auch nicht absolut Null, sondern nur **sehr klein**, so werden wir immerhin die Formel (g)

---

[*] Vier Werthe von x und die zugehörigen von y genügen zur Bestimmung von y. Etwa weiter gegebene zusammengehörige Werthe von x und y müssen der gefundenen Formel (g) genügen.

zur Ermittlung der Werthe von y, die zu Werthen von x zwischen x_1, x_1+h, gehören, benützen können, wie sich dies aus dem Frühern unmittelbar ergibt. Dabei ist freilich nothwendig, dass x nicht zu weit von x_1 abliege, da sonst die Koeffizienten der Grössen Δy_1, $\Delta^2 y_1$, $\Delta^3 y_1$ gross werden, und auch das weggelassene Glied

$$\frac{(x-x_1)(x-x_1-h)(x-x_1-2h)(x-x_1-3h)}{24 h^4} \Delta^4 y_1,$$

trotz des sehr kleinen $\Delta^4 y_1$, einen bedeutenden Werth annehmen könnte. Daher rührt es, dass man in der Regel x zwischen x_1 und x_1+h einschränkt. Alsdann ist freilich

$$\frac{(x-x_1)(x-x_1-h)(x-x_1-2h)(x-x_1-3h)}{24 h^4} < 1$$

und das weggelassene Glied hat keinen Einfluss mehr.

Stellen wir die hier nöthigen Grössen tabellarisch zusammen, so haben wir folgende Uebersicht:

$x =$	$y =$	1. Differenzen.	2. Differenzen.	3. Differenzen.
x_1	y_1			
x_1+h	y_2	$\Delta y_1 = y_2 - y_1$,		
x_1+2h	y_3	$\Delta y_2 = y_3 - y_2$,	$\Delta^2 y_1 = \Delta y_2 - \Delta y_1$,	
x_1+3h	y_4	$\Delta y_3 = y_4 - y_3$,	$\Delta^2 y_2 = \Delta y_3 - \Delta y_2$,	$\Delta^3 y_1 = \Delta^2 y_2 - \Delta^2 y_1$,

$$y = y_1 + \frac{x-x_1}{h}\Delta y_1 + \frac{(x-x_1)(x-x_1-h)}{2h^2}\Delta^2 y_1 +$$

$$+ \frac{(x-x_1)(x-x_1-h)(x-x_1-2h)}{6h^3}\Delta^3 y_1. \quad (g)$$

Bezeichnet man die Grösse $\frac{x-x_1}{h}$ durch α, so kann man die Formel (g) auch schreiben:

$$y = y_1 + \alpha \Delta y_1 + \frac{\alpha(\alpha-1)}{2}\Delta^2 y_1 + \frac{\alpha(\alpha-1)(\alpha-2)}{6}\Delta^3 y_1,$$

und wenn man, behufs bequemerer Rechnung, setzt:

$$C = \Delta^2 y_1 + \frac{\alpha-2}{3}\Delta^3 y_1, \quad B = \Delta y_1 + \frac{(\alpha-1)}{2}C, \quad (g')$$

Anwendung.

so hat man
$$y = y_t + \alpha B. \quad (g'')$$
Darf man schon $\varDelta^3 y_t$ vernachlässigen, so hat man:

$$\left.\begin{array}{l} y = y_t + \dfrac{x-x_t}{h} \varDelta y_t + \dfrac{(x-x_t)(x-x_t-h)}{2h^2} \varDelta^2 y_t; \\[4pt] \dfrac{x-x_t}{h} = \alpha, \; B = \varDelta y_t + \dfrac{\alpha-1}{2} \varDelta^2 y_t, \; y = y_t + \alpha B. \end{array}\right\} \text{(h)}$$

§. 54.
Anwendung.

Wir wollen für jetzt von den wichtigen Formeln des §. 53 nur einen Gebrauch machen, den nämlich auf die Benützung von zehnstelligen Logarithmentafeln, wobei wir die schon oben angeführten Vega'schen im Auge haben. Dieselben geben direkt die Logarithmen aller fünfstelligen ganzen Zahlen, so wie die Logarithmen der trigonometrischen Funktionen von Sekunde zu Sekunde für die zwei ersten (und letzten) Grade, und von 10 zu 10 Sekunden für die übrigen Grade des Quadranten. Mehr als zweite Differenzen verlangt Vega nicht. Wir wollen nun an Beispielen die Benützung solcher Tafeln angeben.

1) Sey
$$log\, 25947{\cdot}3282$$
zu suchen.

$$\begin{array}{l} log\, 25947 = 4{\cdot}4140871518 \\ log\, 25948 = 4{\cdot}4141038893 \\ log\, 25949 = 4{\cdot}4141206260 \end{array} \begin{array}{l} +\,167375 \\ +\,167367 \end{array} -\,8$$

(Die ersten Differenzen sind in den Tafeln angegeben). Hier ist
$$h = 1, \; x - x_t = 0{\cdot}3282, \text{ also}$$
$$log\, 25947{\cdot}3282 = 4{\cdot}4140871518 + 0{\cdot}3282 . 167375$$
$$- \dfrac{0{\cdot}3282\,(0{\cdot}3282 - 1)}{2}\,8.$$

$$\begin{array}{rr} log\, 25947 = & 4{\cdot}4140871518, \\ 0{\cdot}3282 . 167375 = & 54932 \\ -\dfrac{0{\cdot}3282\,(0{\cdot}3282-1)}{2}\,8 = & 2 \\ \hline log\, 25947{\cdot}3282 = & 4{\cdot}4140926452. \end{array}$$

Die Vega'sche Vorschrift lautet:

$$log N = log n + D' \cdot 0 \cdot abcde + D'' \frac{0 \cdot ab(1 - 0 \cdot ab)}{2},$$

wo N eine Zahl ist, die mit mehr als 5 Ziffern geschrieben ist, n die fünf ersten Ziffern derselben enthält, D' die erste, D'' die zweite (immer negative, hier aber positiv zu nehmende) Differenz bezeichnet; a, b, c, ... die sechste, siebente, achte, ... Ziffer der Zahl bezeichnet. Die Richtigkeit dieser Vorschrift wird aus Obigem einleuchten.

2) Aus
$$log x = 4\text{·}7320472587$$

soll x gesucht werden. Da wir immer $h = 1$ haben, x_t aus den Tafeln entnehmen, so ist nach (h):

$$x - x_t = \frac{y - y_t}{\varDelta y_t + \frac{1}{2}(x - x_t - 1)\varDelta^2 y_t},$$

und man wird zuerst $x - x_t$ nach der Formel

$$x - x_t = \frac{y - y_t}{\varDelta y_t}$$

berechnen und dann einen genauern Werth finden, indem man im Nenner der zweiten Seite für $x - x_t$ den gefundenen Werth setzt.

Nun ist

$log\, 53956 = 4\text{·}7320397460 = y_t$, $\quad \varDelta y_t = 80490$, $\varDelta^2 y_t = -2$.
$log\, x = 4\text{·}7320472587 = y$,

$$y - y_t = 75127, \quad x - x_t = \frac{75127}{80490} = 0\text{·}93337,$$

$$\frac{(x - x_t - 1)\varDelta^2 y_t}{2} = 0\text{·}06662;$$

$$x - x_t = \frac{75127}{80490 + 0\text{·}0666} = 0\text{·}93337, \quad x_t = 53956,$$

so dass
$$x = 53956\text{·}93337.$$

3) Aus
$$log x = 4\text{·}0092504763 = y$$
soll x gesucht werden.

Anwendung. 199

$x_1 = 10215$, $y_1 = 4\cdot 0092383710$, $y - y_1 = 121053$, $\Delta y_1 = 425133$,
$$\Delta^2 y_1 = -42.$$

$$x - x_1 = \frac{121053}{425133} = 0\cdot 28474, \tfrac{1}{2}(x - x_1 - 1)\Delta^2 y_1 = 21.0\cdot 715;$$

$$x - x_1 = \frac{121053}{425133 + 21.0\cdot 715} = \frac{121053}{425148} = 0\cdot 28473,$$

$$x = 10215\cdot 28473.$$

4) Sey zu suchen
$$log\ sin\ 32° 45' 16\cdot 734''.$$

$h = 10$, $x_1 = 32° 45' 10''$, $x - x_1 = 6\cdot 734$, $y_1 = log\ sin\ 32° 45' 10''$
$$= 9\cdot 7332095035.$$

$log\ sin\ 32° 45' 10'' = 9\cdot 7332095035$, $+327287$
$log\ sin\ 32° 45' 20'' = 9\cdot 7332422322$, $\ -35$
$log\ sin\ 32° 45' 30'' = 9\cdot 7332749574$, $+327252$

$$log\ sin\ 32° 45' 16\cdot 734'' = y_1 + \frac{6\cdot 734}{10}\cdot 327287 - \frac{6\cdot 734(6\cdot 734 - 10)}{2.10^2}\cdot 35.$$

$$y_1 = 9\cdot 7332095035$$
$$\frac{6\cdot 734\cdot 327287}{10} = 220395$$
$$-\frac{6\cdot 7(6\cdot 7 - 10)}{200}\cdot 35 = 4$$
$$log\ sin\ 32° 45' 16\cdot 734'' = \overline{9\cdot 7332315434}$$

5) Aus
$$log\ tg\ x = 9\cdot 8273425034 = y$$
soll x bestimmt werden.

$x_1 = 33° 53' 50''$, $y_1 = 9\cdot 8273057671$, $\Delta y_1 = 454830$,
$$\Delta^2 y_1 = -18,\ y - y_1 = 367363.$$

$$x - x_1 = \frac{y - y_1}{\frac{1}{10}\Delta y_1 + \frac{x - x_1 - 10}{200}\Delta^2 y_1} = \frac{367363}{45483 + \frac{10 - (x - x_1)}{200}\cdot 18}.$$

$$\frac{367363}{45483} = 8\cdot 0769,\ \frac{367363}{45483 + \frac{2\cdot 92}{200}\cdot 18} = \frac{367363}{45483\cdot 3} = 8\cdot 0769,$$

also
$$x = 33° 53' 58\cdot 0769''.$$

Schliesslich bemerken wir noch, dass das hier dargestellte Interpolationsverfahren offenbar bei der Berechnung der Tafeln selbst von grösstem Nutzen seyn wird. Hat man nämlich für eine Reihe gleich weit aus einander liegender Werthe des Winkels x die zugehörigen Werthe des Logarithmus einer trigonometrischen Funktion berechnet, so geben die Interpolationsformeln, die immer leicht zu handhaben sind, die Werthe derselben Funktion für zwischenliegende Winkel. — Diese Andeutung mag hier genügen, da für unsere Zwecke eine weitere Ausführung überflüssig ist.

Zweite Abtheilung.

Sphärische Trigonometrie.

Erster Abschnitt.
Aufstellung der Grundgleichungen der sphärischen Trigonometrie.

§. 1.
Das sphärische Dreieck und die dreiseitige körperliche Ecke.

I. Seyen A, B, C drei Punkte auf der Oberfläche einer Kugel; legen wir nun durch A, B und den Mittelpunkt der Kugel eine Ebene, so schneidet dieselbe die Kugel in einem Kreise, dessen Halbmesser dem Kugelhalbmesser gleich ist, einem so genannten **grössten Kreise**. Dessgleichen wollen wir durch A, C und den Kugelmittelpunkt, sowie durch letztern und B, C Ebenen legen, so werden dieselben die Kugel ebenfalls in grössten Kreisen durchschneiden. Geht man auf dem ersten dieser drei Kreise von A nach B, so kann man entweder einen Bogen durchlaufen, der kleiner als der halbe Kreisumfang, oder einen zweiten, der grösser als der halbe Kreisumfang ist. Wenn wir künftig vom Bogen AB sprechen, wollen wir den zwischen A und B liegenden Theil des durch diese zwei Punkte gehenden grössten Kreises verstehen, der kleiner ist als der halbe Umfang des grössten Kreises. Dessgleichen, wenn wir von den Bögen AC, BC sprechen. Die drei Bögen AB, AC, BC bilden nun auf der Oberfläche der Kugel ein **sphärisches Dreieck**.

II. Denken wir uns von den Punkten A, B, C auf den Kugelmittelpunkt O die Halbmesser OA, OB, OC gezogen, so werden die drei obgenannten Ebenen sich offenbar in diesen drei Geraden durchschneiden und in O eine dreiseitige körperliche Ecke bilden, deren Kanten OA, OB, OC sind. Die drei Kantenwinkel AOB, AOC, BOC sind die Winkel am Mittelpunkte der Kugel, welche von den drei Bögen AB, AC, BC gemessen werden, und die sich also wie jene Bögen verhalten. Kennt man den Halbmesser der Kugel, so ist es leicht, aus den bekannten Mittelpunktswinkeln die Bögen AB, AC, BC zu finden. Wir werden desshalb künftig statt der Bögen AB, AC, BC die drei ihnen zugehörigen Mittelpunktswinkel AOB, AOC, BOC einführen, und diese die **Seiten** des sphärischen Dreiecks heissen.

III. Die dreiseitige körperliche Ecke hat auch drei Flächenwinkel, die Neigungslinien der Ebenen OAB und OAC, OAB und OBC, OAC und OBC. Diese drei Winkel sollen die **Winkel** des sphärischen Dreiecks heissen. Wollte man übrigens den Winkel der Bögen AC und AB haben, so müsste man bekanntlich in A auf OA in den Ebenen OAC und OAB Senkrechte (Tangenten an die Bögen AC und AB) errichten; der Winkel dieser Senkrechten wäre der Winkel der Bögen. Allein dieser Winkel ist nichts Anderes, als der Neigungswinkel der Ebenen OAC und OAB, so dass man unter „Winkel eines sphärischen Dreiecks" auch die Winkel verstehen kann, welche die drei Bögen, die das Dreieck bilden, mit einander machen.

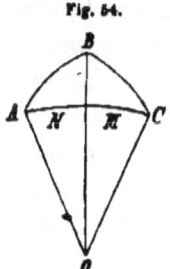

Fig. 54.

Die Winkel des sphärischen Dreiecks sollen mit A, B, C, die ihnen entgegenstehenden Seiten mit a, b, c bezeichnet werden. Alsdann ist

A der Neigungswinkel der Ebenen OAB und OAC (an OA),
B „ „ „ „ OBA „ OBC („ OB),
C „ „ „ „ OCA „ OCB („ OC),
a = Winkel BOC, b = AOC, c = AOB.

Zugleich sind a, b, c jeder kleiner als 180°, desgleichen A, B, C.*

§. 2.
Sätze aus der Stereometrie.

Von den dreiseitigen körperlichen Ecken werden nun in jedem Lehrbuche der Stereometrie einige Sätze erwiesen, die

---

* D. h. also wir nehmen künftig an, dass in den von uns betrachteten sphärischen Dreiecken Winkel und Seiten nicht 180° übersteigen. Dass das Eine stattfindet, wenn das Andere der Fall ist, wird in §. 5 noch besonders erwiesen.

wir, der Vollständigkeit wegen, ebenfalls hier darstellen wollen. Sie sind:

I. In jeder dreiseitigen körperlichen Ecke sind zwei Kantenwinkel zusammen grösser als der dritte, d. h. in jedem sphärischen Dreieck sind zwei Seiten zusammen grösser als die dritte. Wir haben also zu beweisen, dass $AOB + BOC > AOC$. Dabei werden wir AOC als den grössten der drei Kantenwinkel annehmen, da wenn AOB oder BOC schon $> AOC$ wäre, unsere Behauptung ganz von selbst klar wäre. Der Beweis kommt ganz offenbar auch darauf hinaus, nachzuweisen, dass (Bogen) $BC + AB > AC$. Denken wir uns nun, man lege durch B zwei Ebenen, von denen die eine senkrecht auf OC, die andere senkrecht auf OA, so werden dieselben die Kugel in zwei Kreisen schneiden, so beschaffen, dass dieselben als um die Punkte C und A mit den sphärischen Halbmessern (Bögen) CB und AB beschrieben angesehen werden können. Beide durch B gehende Ebenen schneiden sich in einer Geraden, die durch B geht und auf OAC senkrecht steht; diese Gerade trifft die Kugel nochmals in einem Punkte B′, in welchem die obigen zwei, auf der Kugelfläche beschriebenen Kreise sich ebenfalls (wie auch in B) schneiden. Die Punkte B und B′ liegen auf verschiedenen Seiten von OAC und in gleicher Entfernung von dieser Ebene. Ferner treffen die um A und C gezogenen Kreise den Bogen AC nothwendig zwischen A und C, da sonst BC oder AB grösser als AC seyn müsste, was wir nicht voraussetzen. Endlich liegt der um A gezogene Kreis zwischen B und B′ rechts von der Ebene BOB′, der um C gezogene aber links, d. h. der um A gezogene Kreis trifft den Bogen AC in einem Punkte M, der um C gezogene in N, welche Punkte nothwendig so liegen, dass M näher an C als N, dagegen N näher an A als M. Daraus folgt aber sofort, dass $AM + CN > AC$, und da $AM = AB$, $CN = CB$, so ist auch $AB + CB > AC$.

<small>Wir haben hier gern diesen gewissermassen anschaulichen Beweis des angeführten Lehrsatzes gegeben, ohne denselben für genauer als den zu halten, den man gewöhnlich in den Lehrbüchern findet (vergl. Legendre Géométrie, Buch V, Satz XXI). Im Gegentheile halten wir letztern mindestens für eben so genau, während, wie gesagt, der gegebene uns die Sache mehr anschaulich zu machen scheint.</small>

II. Zu jeder dreiseitigen körperlichen Ecke kann man eine

zweite bilden derart, dass die Summe der einander entsprechenden Kantenwinkel der einen und Flächenwinkel der andern 180° beträgt.

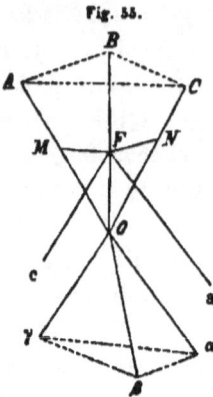

Fig. 55.

Sey zu dem Ende OABC die gegebene dreiseitige körperliche Ecke; in O errichte man auf die Ebene OAB die Senkrechte Oγ, auf OBC die Oα, auf OAC die Oβ, so werden Oα, Oβ, Oγ als Kanten einer neuen dreiseitigen körperlichen Ecke O$\alpha\beta\gamma$ angesehen werden können. Die Kanten OA, OB, OC stehen nun aber auch senkrecht auf den Ebenen der neuen Ecke. Denn OA ist die Durchschnittslinie der Ebenen OAB und OAC, auf denen Oγ und Oβ senkrecht stehen; mithin stehen letztere Geraden auch auf OA, und also umgekehrt OA auf Oβ, Oγ senkrecht, also auch OA senkrecht auf der Ebene O$\beta\gamma$; dessgleichen OB senkrecht auf O$\alpha\gamma$, OC senkrecht auf O$\alpha\beta$. Hätte man also O$\alpha\beta\gamma$ als gegebene Ecke gewählt, so wäre durch dieselbe Konstruktion, wie oben, als neue Ecke OABC erschienen.

Wir wollen nun in den beiden Ecken einander entsprechende **Kanten- und Flächenwinkel** je einen Flächenwinkel der einen und einen Kantenwinkel der andern heissen, wenn der letztere von den zwei Kanten gebildet ist, die auf den Flächen senkrecht stehen, die den ersten bilden. So entsprechen sich

Flächenwinkel an OB und Kantenwinkel $\alpha O\gamma$,
„ „ OA „ „ $\beta O\gamma$,
„ „ OC „ „ $\alpha O\beta$,
„ „ Oα „ „ COB,
„ „ Oβ „ „ AOC,
„ „ Oγ „ „ AOB.

In der Ecke OABC stehen sich entgegen:

Flächenwinkel an OB und Kantenwinkel AOC,
„ „ OA „ „ BOC,
„ „ OC „ „ AOB.

Dessgleichen stehen sich in der Ecke O$\alpha\beta\gamma$ entgegen:

Flächenwinkel an $O\alpha$ und Kantenwinkel $\beta O\gamma$,
„   „ $O\beta$ „   „ $\alpha O\gamma$,
„   „ $O\gamma$ „   „ $\beta O\alpha$.

Nimmt man hiernach in einer der zwei Ecken einen Flächenwinkel und den ihm entgegenstehenden Kantenwinkel und sucht in der andern Ecke die diesen entsprechenden Kanten- und Flächenwinkel, so stehen sich letztere ebenfalls entgegen. So stehen sich, entgegen:

Flächenwinkel an OB und Kantenwinkel AOC,
Kantenwinkel $\alpha O\gamma$ und Flächenwinkel an $O\beta$.

Zwei nun einander entsprechende Winkel betragen zusammen 180°. So z. B. Flächenwinkel an OB+Kantenwinkel $\alpha O\gamma = 180°$. Um dies zu beweisen legen wir durch einen Punkt F der Kante OB eine Ebene senkrecht auf OB, welche die Ebenen OAB, OBC in den Geraden FM, FN treffe, die natürlich auf OB senkrecht stehen. Der Winkel MFN ist also der Flächenwinkel an OB. In derselben Ebene ziehen wir Fa, Fc parallel mit $O\alpha$, $O\gamma$, so ist $aFc = \alpha O\gamma$; ferner ist $cFM = aFn = 90°$, indem cF auf OAB, Fa auf OBC senkrecht steht. Da aber $aFc + cFM + MFN + NFa = 360°$, und $cFM + NFa = 180°$, so ist

$aFc + MFN = 180°$, d. h. $\alpha O\gamma + MFN = 180°$,

was den Satz beweist.

Tragen wir diesen Satz auf die sphärischen Dreiecke über, so heisst er:

Seyen a, b, c die Seiten, A, B, C die ihnen entgegen stehenden Winkel eines sphärischen Dreiecks, so kann man immer ein anderes sphärisches Dreieck erhalten, dessen Seiten $= 180° - A$, $180° - B$, $180° - C$ und dessen diesen Seiten entgegen stehende Winkel $180° - a$, $180° - b$, $180° - c$ sind.

III. Da immer zwei Seiten eines sphärischen Dreiecks grösser sind als die dritte, so hat man also auch

$180° - A + 180° - B > 180° - C$, $A + B - C < 180°$,
$180° - B + 180° - C > 180° - A$, $B + C - A < 180°$,
$180° - A + 180° - C > 180° - B$, $A + C - B < 180°$.

Addirt man diese drei Resultate, so ergibt sich:

$$A + B + C < 540°,$$

d. h. je zwei Winkel eines sphärischen Dreiecks, um den dritten vermindert, betragen weniger als 180°; die Summe aller drei beträgt weniger als 540°. *

Was die Grössen $A + B - C$, $B + C - A$, $A + C - B$ betrifft, so werden sie also, wenn sie positiv sind, immer unter 180° seyn; sie können aber ganz wohl auch negativ ausfallen.

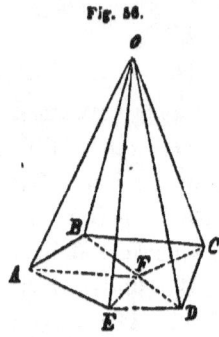

Fig. 56.

IV. In jeder beliebigen körperlichen Ecke, in der die sämmtlichen Flächenwinkel kleiner als 180° sind, ist die Summe aller Kantenwinkel kleiner als 360°.

Sey OABCDE eine fünfseitige körperliche Ecke, so ist

$$AOB + BOC + COD + DOE + EOA < 360°.$$

Sey ABCDE eine beliebige Ebene, F ein Punkt in ihr; man ziehe FA, ... FE, so hat man nach I:

an der Ecke in A: $OAB + OAE > BAE$,
„ „ „ „ B: $OBA + OBC > ABC$,
„ „ „ „ C: $OCB + OCD > BCD$,
„ „ „ „ D: $ODC + ODE > CDE$,
„ „ „ „ E: $OED + OEA > DEA$,

d. h.
$$OAB + OBA + OBC + OCB + OCD + ODC + ODE + OED$$
$$+ OEA + OAE > BAE + ABC + BCD + CDE + DEA.$$

Da aber
$$OAB + OBA + \ldots + OAE = 5 \cdot 180° - (AOB + BOC + COD$$
$$+ DOE + EOA),$$
$$BAE + ABC + \ldots + DEA = 5 \cdot 180° - (AFB + BFC + CFD$$
$$+ DFE + EFA) = 5 \cdot 180° - 360° = 3 \cdot 180°,$$
so ist
$$5 \cdot 180° - (AOB + BOC + COD + DOE + EOA) > 3 \cdot 180°,$$
$$AOB + BOC + COD + DOE + EOA < 360°.$$

---

* Das Letztere versteht sich freilich von selbst, da jeder einzelne Winkel des sphärischen Dreiecks kleiner als 180° angenommen wurde.

V. In jedem sphärischen Dreieck (und Vieleck) ist also die Summe aller Seiten kleiner als $360°$.

Also auch (II)
$$180° - A + 180° - B + 180° - C < 360°,$$
$$540° - (A + B + C) < 360°,$$
$$A + B + C > 180°,$$

d. h. die Summe der drei Winkel ist grösser als $180°$. Daraus folgt, dass (wenn man beiderseitig 2C abzieht)
$$A + B - C > 180° - 2C$$

ist; nun ist $2C$ unter $360°$, also wenn auch $2C > 180°$, so ist doch $180° - 2C$ nie unter $-180°$, d. h., wenn auch $A + B - C$ negativ ist, so ist diese Grösse doch zwischen 0 und $180°$. Mithin liegen die Differenzen $A + B - C$, $A - B + C$, $-A + B + C$ immer zwischen $-180°$ und $+180°$; während die Differenzen $a+b-c$, $a-b+c$, $-a+b+c$ immer positiv sind.

VI. Stellen wir alle Sätze nochmals zusammen, so haben wir:

$a+b>c$,
$a+c>b$, $a+b+c<360°$;
$b+c>a$,

$A+B-C \genfrac{}{}{0pt}{}{<\ 180°}{>-180°,}$

$A-B+C \genfrac{}{}{0pt}{}{<\ 180°}{>-180°,}$

$-A+B+C \genfrac{}{}{0pt}{}{<\ 180°}{>-180°,}$

$A+B+C \genfrac{}{}{0pt}{}{>180°}{<540°.}$

Was wir nun von einem sphärischen Dreiecke beweisen, gilt geradezu für die dreiseitige körperliche Ecke, wenn man nur statt „Winkel des sphärischen Dreiecks" setzt „Flächenwinkel", statt „Seiten des Dreiecks" aber „Kantenwinkel".

§. 3.
Hilfssatz.

Sey ABCD ein Viereck, in welchem AB parallel mit CD gezogen sey, und $AC = BD$, so ist leicht zu beweisen, dass auch Winkel $C = D$, $A = B$; ferner ist [erste Abthl. §. 27, (29)]:

Fig. 57.

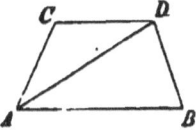

$$AD^2 = AB^2 + BD^2 - 2\,AB \cdot BD\, cos\, B,$$
$$AD^2 = AC^2 + CD^2 - 2\,AC \cdot CD\, cos\, C.$$

Da aber $C = D$, $A = B$, und $A + B + C + D = 360°$, so ist $B + C = 180°$, also $\cos B = -\cos C$. Mithin:

$$\frac{AD^2}{AB} = AB + \frac{BD^2}{AB} + 2 BD . \cos C,$$

$$\frac{AD^2}{CD} = \frac{AC^2}{CD} + CD - 2 AC . \cos C,$$

d. h. da $AC = BD$:

$$\frac{AD^2}{AB} + \frac{AD^2}{CD} = AB + CD + \frac{BD^2}{AB} + \frac{BD^2}{CD},$$

oder:

$$AD^2 . CD + AD^2 . AB = (AB + CD) AB . CD + BD^2 . CD + BD^2 . AB,$$

$$AD^2 (CD + AB) = (AB + CD) AB . CD + BD^2 (CD + AB),$$

und wenn man mit $CD + AB$ dividirt:

$$AD^2 = AB . CD + BD^2,$$

d. h. in einem, wie angegeben gestalteten Vierecke ist das Quadrat der Diagonale gleich dem Produkte der zwei parallelen Seiten plus dem Quadrate der einen der zwei gleich langen nicht parallelen Seiten.

§. 4.

Die drei Grundgleichungen der sphärischen Trigonometrie.

Sey ABC ein sphärisches Dreieck, in dem wir $AB < AC$ annehmen, und worin A, B, C die drei Winkel, a, b, c, die drei Seiten bezeichnen sollen. O stelle den Kugelmittelpunkt vor, OA den nach A gezogenen Halbmesser, der (nöthigenfalls) in OE verlängert sey. Von B ziehe man in der Ebene des Bogens AB die BD senkrecht auf OA und in D in der Ebene des Bogens AC die DF senkrecht auf OA, so wird die Ebene des Dreiecks BDF senkrecht stehen auf OA und der Winkel BDF gleich A seyn. Desgleichen ziehe man von C in der Ebene von AC die CE senkrecht auf OA, und EG in der Ebene von AB

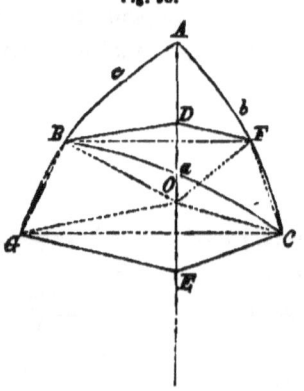

Fig. 58.

senkrecht auf OA, wobei der Bogen AB bis G verlängert wurde, so wird auch die Ebene GEC senkrecht auf OA stehen, also mit BDF parallel laufen, und GEC $= A$ seyn.

Denkt man sich die Halbmesser OB, OF, OG, OC gezogen,* so werden die Dreiecke BOD und FOD, GOE und COE kongruent seyn, mithin BD $=$ DF, GE $=$ EC, BOD $=$ FOD, GOE $=$ COE. Daraus folgt nun, dass auch Bogen AB $=$ AF, AG $=$ AC, FC $=$ BG ist. Der zu AF gehörige Mittelpunktswinkel (AOF) ist also $= c$, der zu FC gehörige $= b - c$.

Da Bogen FC $=$ BG, so ist auch Sehne FC $=$ BG; ferner laufen, wie leicht zu ersehen, BF und CG mit einander parallel,** so dass das Viereck BFCG die Gestalt des in §.3 betrachteten Vierecks hat. Würde man also die Diagonale BC ziehen, so hätte man:

$$BC^2 = BF \cdot GC + FC^2.$$

Sey nun r der Halbmesser der Kugel, so ist (erste Abthlg. §.25, Nr. 1 und §.26, II.):

$BC = 2r \sin\frac{1}{2}a$, $BD = r \sin c$, $CE = r \sin b$,*** $FC = 2r \sin\frac{1}{2}(b-c)$,

---

* Also ist BOA $= c$, AOC $= b$, BOC $= a$.

** Den Beweis dieses Satzes kann man etwa so führen: Die Linien BD und GE laufen parallel, eben so DF und CE; man verlängere DB und DF, und zwar so, dass wenn BS, FV die Verlängerungen sind, DS $=$ EG, DV $=$ CE sey. Alsdann ist auch GS gleich und parallel DE, eben so CV, so dass auch GS und CV gleich und parallel sind. Daraus folgt aber, dass SV und CG in derselben Lage seyn müssen, und da auch SV parallel BF, so ist endlich BF parallel CG.

*** In unserer Figur ist eigentlich CE $= r \sin (180° - b)$, d. h. doch CE $= r \sin b$. Man wird sich auch leicht überzeugen, dass die hier gefundenen Beziehungen ganz allgemein gelten, welche Werthe auch immer a, b, c, A haben mögen, wenn sie nur unter 180° sind. Für den besondern Fall, dass b $=$ c wäre, würde allerdings F mit C, B mit G zusammenfallen, also das Viereck GEFC nicht vorhanden seyn; alsdann hat man jedoch BC $= 2r \sin\frac{1}{2}a$, oder da jetzt BC mit GC zusammenfällt, auch GC $= 2r \sin\frac{1}{2}a$. Aber es ist auch, wie im Texte, GC $= 2r \sin b \sin\frac{1}{2}A$, demnach

$2r \sin\frac{1}{2}a = 2r \sin b \sin\frac{1}{2}A$, $\sin\frac{1}{2}a = \sin b \sin\frac{1}{2}A$.

Diese Gleichung ist aber die gefundene Fundamentalgleichung, denn sie giebt:

$2 \sin^2\frac{1}{2}a = 2 \sin^2 b \sin^2\frac{1}{2}A$, $1 - \cos a = \sin^2 b (1 - \cos A)$,

$1 - \cos a = \sin^2 b - \sin^2 b \cos A$, $\cos a = \cos^2 b + \sin^2 b \cos A$,

welche letztere Gleichung aus $\cos a = \cos b \cos c + \sin b \sin c \cos A$ folgt, wenn b $=$ c ist. Wie natürlich zu erwarten war, gilt also die Fundamentalgleichung auch noch für b $=$ c.

also

BF = 2BD $\sin\frac{1}{2}$A = 2r sinc. $\sin\frac{1}{2}$A, GC = 2EC $\sin\frac{1}{2}$A = 2r sinb $\sin\frac{1}{2}$A.

Demnach hat man

$4r^2 \sin^2\frac{1}{2}a = 2r\sin c \sin\frac{1}{2}A \cdot 2r\sin b \sin\frac{1}{2}A + 4r^2 \sin^2\frac{1}{2}(b-c)$,

d. h.

$2\sin^2\frac{1}{2}a = 2\sin b \sin c \cdot \sin^2\frac{1}{2}A + 2\sin^2\frac{1}{2}(b-c)$,

oder [erste Abthlg. §. 16, (23)]:

$1 - \cos a = \sin b \sin c (1 - \cos A) + 1 - \cos(b-c)$,
$1 - \cos a = \sin b \sin c - \sin b \sin c \cos A + 1 - \cos(b-c)$,
$-\cos a = \sin b \sin c - \sin b \sin c \cos A - \cos b \cos c - \sin b \sin c$,
$-\cos a = -\sin b \sin c \cos A - \cos b \cos c$,

d. h.

$$\cos a = \cos b \cos c + \sin b \sin c \cos A.$$

Diese Gleichung ist die Fundamentalgleichung, von der wir ausgehen werden. Es ist ganz selbstverständlich, dass man eben so den Winkel B, oder C an die Spitze der Figur hätte stellen können, so dass man die folgenden Gleichungen hat:

$$\left.\begin{array}{l}\cos a = \cos b \cos c + \sin b \sin c \cos A, \\ \cos b = \cos a \cos c + \sin a \sin c \cos B, \\ \cos c = \cos a \cos b + \sin a \sin b \cos C,\end{array}\right\} \quad (1)$$

d. h. der Cosinus einer Seite ist gleich dem Produkte der Cosinus der zwei andern Seiten, plus dem Produkte der Sinus der zwei andern Seiten in den Cosinus des Winkels, welcher der ersten Seite entgegen steht.

Diese drei Gleichungen sind die nothwendigen und genügenden Fundamentalgleichungen; alle übrigen Beziehungen werden sich desshalb aus ihnen nach den gewöhnlichen Regeln der Rechnung ableiten lassen, wie sich im Nachstehenden zeigen wird. Dass sie übrigens nothwendig sind, aber auch genügen, lässt sich in folgender Weise leicht einsehen. Ein sphärisches Dreieck ist vollkommen bestimmt, wenn in demselben z. B. gegeben sind zwei Seiten (b und c), nebst dem von diesen Seiten gebildeten Winkel (A). In diesem Falle gibt nun die erste Gleichung (1) den *cos* a, also da a zwischen 0° und 180° liegt, die Seite a ganz unzweideutig; eben so unzweideutig folgen dann aus den zwei andern Gleichungen (1) die Winkel B und C, so dass alle übrigen Stücke gefunden werden können. Es ergibt sich hieraus offenbar, dass drei Gleichungen nothwendig sind, und dass die drei (1) genügen. Eine Beziehung zwischen den Seiten und Winkeln des Dreiecks, die andere Werthe liefern würde, als die gefundenen, kann aber nicht bestehen, einfach desshalb, weil andere Werthe dieser Grössen (a, B, C) auch nicht bestehen, da ja nur ein Werth für jede möglich, und derselbe bereits gefunden ist.

Die Gleichungen (1) entsprechen den Gleichungen (29) in §. 27 der ersten Abtheilung und man könnte letztere auch aus den obigen ableiten, etwa in nachstehender Weise. Sey r der Halbmesser der Kugel, auf der das sphärische Dreieck verzeichnet ist; α, β, γ die Längen der drei Bögen BC, AC, AB, so ist (erste Abtheilung §. 20):

$$\cos a = 1 - \frac{1}{2}\frac{\alpha^2}{r^2} + \frac{1}{24}\frac{\alpha^4}{r^4} - \ldots, \quad \cos b = 1 - \frac{1}{2}\frac{\beta^2}{r^2} + \frac{1}{24}\frac{\beta^4}{r^4} - \ldots,$$

$$\cos c = 1 - \frac{1}{2}\frac{\gamma^2}{r^2} + \frac{1}{24}\frac{\gamma^4}{r^4} - \ldots, \quad \sin b = \frac{\beta}{r} - \frac{1}{6}\frac{\beta^3}{r^3} + \ldots,$$

$$\sin c = \frac{\gamma}{r} - \frac{1}{6}\frac{\gamma^3}{r^3} + \ldots,$$

also wird die erste Gleichung (1) zu:

$$1 - \frac{1}{2}\frac{\alpha^2}{r^2} + \ldots = (1 - \frac{1}{2}\frac{\beta^2}{r^2} + \ldots)(1 - \frac{1}{2}\frac{\gamma^2}{r^2} + \ldots) + (\frac{\beta}{r} - \frac{1}{6}\frac{\beta^3}{r^3} + \ldots)$$

$$(\frac{\gamma}{r} - \frac{1}{6}\frac{\gamma^3}{r^3} + \ldots) \cos A,$$

d. h.

$$1 - \frac{1}{2}\frac{\alpha^2}{r^2} + \ldots = 1 - \frac{1}{2}\frac{\beta^2 + \gamma^2}{r^2} + \ldots + \frac{\beta\gamma}{r^2}(1 - \ldots) \cos A,$$

$$-\frac{1}{2}\frac{\alpha^2}{r^2} + \ldots = -\frac{1}{2}\frac{\beta^2 + \gamma^2}{r^2} + \ldots + \frac{\beta\gamma}{r^2}(1 - \ldots) \cos A,$$

wo die weggelassenen Grössen alle höhere Potenzen von r, als die zweite, im Nenner haben. Multiplizirt man mit $-2r^2$, so hat man

$$\alpha^2 + \ldots = \beta^2 + \gamma^2 + \ldots - 2\beta\gamma(1 - \ldots) \cos A.$$

Lässt man $r = \infty$ werden, so geht die Kugel in eine Ebene, das sphärische Dreieck in ein ebenes über; dabei werden nun die weggelassenen Grössen, da sie noch r im Nenner haben, ausfallen, so dass man hat:

$$\alpha^2 = \beta^2 + \gamma^2 - 2\beta\gamma \cos A,$$

d. h. die eine Gleichung (29) in §. 27 der ersten Abtheilung.

§. 5.

Verallgemeinerung.

Wir haben in §. 1 schon gesagt, dass wir die Seiten und Winkel eines sphärischen Dreiecks kleiner als 180° annehmen. Diese Voraussetzung werden wir im Folgenden auch festhalten, trotzdem aber hier doch zeigen, dass die Grundgleichungen (1) von dieser Einschränkung frei sind.

I. Zunächst haben wir zu bemerken, dass der Satz, wonach in den sphärischen Dreiecken, deren Seiten kleiner als 180° sind, nothwendig die Winkel ebenfalls kleiner als 180° sind (was wir im Vorhergehenden geradezu als selbstverständlich angenommen haben) sich leicht erweisen lässt. Ist ABC ein sphärisches Dreieck, dessen Seiten AB, AC kleiner als 180°, so sind es auch die Winkel B und C. Denn man muss die genannten Bögen nothwendig verlängern, wenn sie sich nochmals (in D) schneiden sollen, weil die Entfernung von einem Durchschnittspunkt zum andern einen halben Kreisumfang beträgt. Es entstehen also neben B und C (d. h. ABC, ACB) Nebenwinkel (in dem Dreiecke DBC), die mit den erstern 180° ausmachen, so dass diese selbst nicht über 180° seyn können.

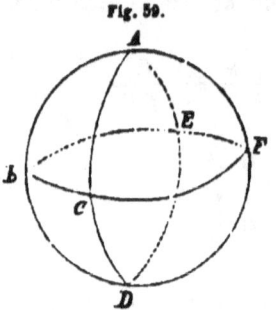

Fig. 59.

II. Sind aber die Winkel eines sphärischen Dreiecks kleiner als 180°, so sind die Seiten in derselben Lage. Denn zu einer dreiseitigen Ecke, deren Flächenwinkel kleiner als 180°, lässt sich (§. 2, II) die Ergänzungsecke bilden, deren Kantenwinkel kleiner als 180° sind; in dieser Ergänzungsecke sind nach I also die Flächenwinkel ebenfalls kleiner als 180°, mithin endlich die Kantenwinkel der ursprünglichen Ecke ebenfalls, d. h. die Seiten des gegebenen Dreiecks. Uebrigens lässt sich die Wahrheit dieses Satzes auch ganz unmittelbar einsehen. Ist in dem Dreieck ACB (Fig. 59) $C < 180°$ und man lässt C wachsen, indem der Bogen grössten Kreises CA sich um C dreht, während sein Endpunkt in dem Kreise BAFD bleibt, so wird der Bogen BA wachsen (gleich viel, wie gross vorher C war). Nun ist aber, wenn C zu 180° wird, nothwendig der Bogen BA gleich dem halben Kreisumfang, da dann BC und CA in die Verlängerung von einander fallen, also nur einen grössten Kreis bilden, der den Kreis BAFD in den beiden Endpunkten eines Durchmessers schneidet. Folglich war AB kleiner als der halbe Kreisumfang, wenn $C < 180°$ war.

III. Betrachten wir nun sphärische Dreiecke, deren Seiten

grösser als 180° sind. Nehmen wir immer A, B, C als die drei Eckpunkte an, so können folgende Fälle eintreten:

1) alle drei Seiten sind kleiner als 180° — der seither behandelte Fall;
2) eine Seite ist grösser als 180°, die zwei andern kleiner (liefert eigentlich drei Fälle, die sich jedoch in einem behandeln lassen);
3) zwei Seiten sind grösser als 180°, die dritte kleiner als 180° (3 Fälle);
4) alle drei Seiten sind grösser als 180°.

Die letzten drei Fälle, von denen jeder als einzeln angesehen werden darf, wollen wir nun besonders behandeln.

IV. Ein Dreieck, in dem eine Seite grösser als 180°, ist das von den Bögen BC, AC, AFDB gebildete. Sind die Winkel und Seiten des gewöhnlichen sphärischen Dreiecks ABC:

$$A, B, C, a, b, c, \qquad (a)$$

so sind die des jetzigen:

$$180° - A, \; 180° - B, \; 360° - C, \; a, \; b, \; 360° - c, \qquad (a')$$

und es ist also auch ein Winkel grösser als 180°. Für die sechs Grössen (a) gelten die (1); sollen sie auch für (a') gelten, so müsste

$$\cos a = \cos b \cos(360° - c) + \sin b \sin(360° - c) \cos(180° - A),$$
$$\cos b = \cos a \cos(360° - c) + \sin a \sin(360° - c) \cos(180° - B),$$
$$\cos(360° - c) = \cos a \cos b + \sin a \sin b \cos(360° - C)$$

seyn. Da diese Gleichungen aber thatsächlich wieder die (1) sind, so gelten also unsere Grundgleichungen für diesen Fall.

V. Sollen zwei Seiten grösser als 180° sein, so betrachte man das Dreieck, gebildet von den Bögen: BC, CDEA, BDFA, in denen freilich die beiden letzten Bögen sich in D durchschneiden, also von einem Dreieck im gewöhnlichen Sinne nicht mehr die Rede ist. Mit Bezug auf die Grössen (a) sind jetzt die Winkel und Seiten:

$$A, \; 180° - B, \; 180° - C, \; a, \; 360° - b, \; 360° - c.$$

Also müsste seyn:

$$\cos a = \cos(360° - b)\cos(360° - c) + \sin(360° - b)$$
$$\sin(360° - c)\cos A,$$
$$\cos(360° - b) = \cos a \cos(360° - c) + \sin a \sin(360° - c)$$
$$\cos(180° - B),$$
$$\cos(360° - c) = \cos a \cos(360° - b) + \sin a \sin(360° - b)$$
$$\cos(180° - C),$$

welche Formeln wieder die (1) liefern, also richtig sind.

VI. Sollen endlich alle drei Seiten grösser als 180° seyn, so hat man das von den Bögen BDFA, CDEA, CFEB gebildete Dreieck zu untersuchen, in welchem die einzelnen Bögen sich jedoch in D, F, E nochmals schneiden. Die Winkel und Seiten sind jetzt:

$$A, B, C, 360° - a, 360° - b, 360° - c,$$

und es müsste

$$\cos(360° - a) = \cos(360° - b)\cos(360° - c)$$
$$+ \sin(360° - b)\sin(360° - c)\cos A,$$
$$\cos(360° - b) = \cos(360° - a)\cos(360° - c)$$
$$+ \sin(360° - a)\sin(360° - c)\cos B,$$
$$\cos(360° - c) = \cos(360° - a)\cos(360° - b)$$
$$+ \sin(360° - a)\sin(360° - b)\cos C,$$

seyn, was ebenfalls richtig ist.

Damit ist die anfänglich ausgesprochene Behauptung gerechtfertigt. Da wir im Nachstehenden aus den (1) alle Formeln ableiten werden, so gelten dieselben auch ganz allgemein. Selbstverständlich sind hievon diejenigen Folgerungen ausgeschlossen, bei denen die Bedingung, dass die Seiten kleiner als 180° seyn müssen, vorausgesetzt ist. (Siehe hierüber das Vorwort.)

§. 6.

Umformungen. Der Satz von dem Verhältnisse der Sinus der Seiten und Winkel.

I. Aus (1) zieht man:

$$\cos A = \frac{\cos a - \cos b \cos c}{\sin b \sin c},$$

also

$$1 + \cos A = 1 + \frac{\cos a - \cos b \cos c}{\sin b \sin c} = \frac{\sin b \sin c + \cos a - \cos b \cos c}{\sin b \sin c}$$

Umformung der Grundgleichungen.

$$= \frac{\cos a - (\cos b \cos c - \sin b \sin c)}{\sin b \sin c} = \frac{\cos a - \cos(b+c)}{\sin b \sin c}$$

$$= -\frac{2 \sin\tfrac{1}{2}(a+b+c) \sin\tfrac{1}{2}(a-b-c)}{\sin b \sin c}$$

$$= \frac{2 \sin\tfrac{1}{2}(a+b+c) \sin\tfrac{1}{2}(b+c-a)}{\sin b \sin c} \quad \text{(erste Abthlg. §§. 12, 16)},$$

d. h.

$$2\cos^2\tfrac{1}{2}A = \frac{2 \sin\tfrac{1}{2}(a+b+c) \sin\tfrac{1}{2}(b+c-a)}{\sin b \sin c},$$

$$\cos^2\tfrac{1}{2}A = \frac{\sin\tfrac{1}{2}(a+b+c) \sin\tfrac{1}{2}(b+c-a)}{\sin b \sin c}.$$

Eben so:

$$1 - \cos A = 1 - \frac{\cos a - \cos b \cos c}{\sin b \sin c} = \frac{\sin b \sin c - \cos a + \cos b \cos c}{\sin b \sin c}$$

$$= \frac{\cos(b-c) - \cos a}{\sin b \sin c} = -\frac{2 \sin\tfrac{1}{2}(b-c+a).\sin\tfrac{1}{2}(b-c-a)}{\sin b \sin c}$$

$$= \frac{2\sin\tfrac{1}{2}(a+b-c).\sin\tfrac{1}{2}(a-b+c)}{\sin b \sin c},$$

$$2\sin^2\tfrac{1}{2}A = \frac{2\sin\tfrac{1}{2}(a+b-c).\sin\tfrac{1}{2}(a-b+c)}{\sin b \sin c}.$$

$$\sin^2\tfrac{1}{2}A = \frac{\sin\tfrac{1}{2}(a+b-c).\sin\tfrac{1}{2}(a-b+c)}{\sin b \sin c}.$$

Durch Division beider Resultate ergibt sich:

$$tg^2\tfrac{1}{2}A = \frac{\sin\tfrac{1}{2}(a+b-c).\sin\tfrac{1}{2}(a-b+c)}{\sin\tfrac{1}{2}(a+b+c).\sin\tfrac{1}{2}(b+c-a)}.$$

Setzt man
$$a+b+c = 2s,$$
so ist
$$a+b-c = 2s-2c,$$
$$a-b+c = 2s-2b,$$
$$b+c-a = 2s-2a,$$

also:
$$\tfrac{1}{2}(a+b+c) = s, \; \tfrac{1}{2}(a+b-c) = s-c, \; \tfrac{1}{2}(a-b+c) = s-b,$$
$$\tfrac{1}{2}(b+c-a) = s-a,$$

d. h. man hat nun:

$$\left.\begin{aligned}
sin\tfrac{1}{2}A &= \sqrt{\frac{sin(s-b)\,sin(s-c)}{sin\,b\,sin\,c}}, \\
sin\tfrac{1}{2}B &= \sqrt{\frac{sin(s-a)\,sin(s-c)}{sin\,a\,sin\,c}}, \\
sin\tfrac{1}{2}C &= \sqrt{\frac{sin(s-a)\,sin(s-b)}{sin\,a\,sin\,b}}, \\
cos\tfrac{1}{2}A &= \sqrt{\frac{sin\,s\,sin(s-a)}{sin\,b\,sin\,c}}, \\
cos\tfrac{1}{2}B &= \sqrt{\frac{sin\,s\,sin(s-b)}{sin\,a\,sin\,c}}, \\
cos\tfrac{1}{2}C &= \sqrt{\frac{sin\,s\,sin(s-c)}{sin\,a\,sin\,b}}, \\
tg\tfrac{1}{2}A &= \sqrt{\frac{sin(s-b)\,sin(s-c)}{sin\,s\,sin(s-a)}}, \\
tg\tfrac{1}{2}B &= \sqrt{\frac{sin(s-a)\,sin(s-c)}{sin\,s\,sin(s-b)}}, \\
tg\tfrac{1}{2}C &= \sqrt{\frac{sin(s-a)\,sin(s-b)}{sin\,s\,sin(s-c)}},
\end{aligned}\right\} \quad (2)$$

wo die Quadratwurzel nur positiv genommen ist, da $\tfrac{1}{2}A$, $\tfrac{1}{2}B$, $\tfrac{1}{2}C$ unter 90° sind. Da ferner nach §. 2, I immer $s-a$, $s-b$, $s-c$ positiv sind, und s sowohl, als jede dieser Grössen unter 180° bleibt (§. 2, IV), so sind die Grössen unter den Wurzelzeichen alle positiv. *

---

* Es lässt sich jedoch auch umgekehrt aus den Formeln (2) der Schluss ziehen, dass $s-a$, $s-b$, $s-c$ positiv und $s<180°$.

Denn da die Produkte unter den Wurzelzeichen positiv seyn müssen, $sin\,a$, $sin\,b$, $sin\,c$ aber positiv sind, so müssen die vier Grössen $sin\,s$, $sin(s-a)$, $sin(s-b)$, $sin(s-c)$ dasselbe Zeichen haben.

Wären nun

$sin\,s$, $sin(s-a)$, $sin(s-b)$, $sin(s-c)$ negativ,

so müsste $s>180°$, also jedenfalls $s-a$, $s-b$, $s-c$ positiv seyn; damit aber ihre Sinus negativ sind, müssen diese Grössen selbst $>180°$, also ihre Summe d. h. $s>540°$ seyn, was unmöglich ist.

II. Durch Multiplikation zieht man aus den Gleichungen (2):

$$2\sin\tfrac{1}{2}A\cos\tfrac{1}{2}A = 2\sqrt{\frac{\sin s \sin(s-a)\sin(s-b)\sin(s-c)}{\sin^2 b \sin^2 c}}$$

d. h.

$$\sin A = 2\frac{\sqrt{\sin s \sin(s-a)\sin(s-b)\sin(s-c)}}{\sin b \sin c},$$

$$\sin c \sin b \sin A = 2\sqrt{\sin s \sin(s-a)\sin(s-b)\sin(s-c)}.$$

Eben so:

$$\sin a . \sin c . \sin B = 2\sqrt{\sin s . \sin(s-a) . \sin(s-b) . \sin(s-c)},$$
$$\sin a . \sin b . \sin C = 2\sqrt{\sin s . \sin(s-a)\sin(s-b) . \sin(s-c)}.$$

Daraus folgt:

$$\sin b \sin c \sin A = \sin a \sin c \sin B = \sin a \sin b \sin C,$$

d. h.

$\sin b \sin A = \sin a \sin B$, $\sin c \sin A = \sin a \sin C$, $\sin c \sin B = \sin b \sin C$,

oder

$$\frac{\sin a}{\sin b} = \frac{\sin A}{\sin B}, \quad \frac{\sin a}{\sin c} = \frac{\sin A}{\sin C}, \quad \frac{\sin b}{\sin c} = \frac{\sin B}{\sin C}, \quad (3)$$

d. h. die Sinus der Seiten verhalten sich, wie die Sinus der entgegen stehenden Winkel.

§. 7.

Weitere Gleichungen zwischen den Seiten und Winkeln.

I. Aus (1) hat man:

$$\cos a = \cos b \cos c + \sin b \sin c \cos A,$$
$$\cos c = \cos a \cos b + \sin a \sin b \cos C.$$

Setzt man diesen Werth von $\cos c$ in die erste Gleichung, so erhält man:

Also sind

$\sin s$, $\sin(s-a)$, $\sin(s-b)$, $\sin(s-c)$ positiv,

mithin $s < 180°$, da nicht $s > 270°$ seyn kann; ferner $s-a$, $s-b$, $s-c$ positiv, da keine dieser Grössen unter $-180°$ liegen wird und zwischen 0 und $-180°$ der Sinus negativ ist.

$$\cos a = \cos a \cos^2 b + \sin a \sin b \cos b \cos C + \sin b \sin c \cos A,$$
$$\cos a - \cos a \cos^2 b = \sin a \sin b \cos b \cos C + \sin b \sin c \cos A,$$
$$\cos a (1 - \cos^2 b) = \sin a \sin b \cos b \cos C + \sin b \sin c \cos A,$$
$$\cos a \sin^2 b = \sin a \sin b \cos b \cos C + \sin b \sin c \cos A.$$

Dividirt man durch $\sin b$, und schreibt sogleich die weitern Formeln hin, so hat man:

$$\left.\begin{aligned}
\cos a \sin b &= \sin a \cos b \cos C + \sin c \cos A, \\
\cos b \sin a &= \sin b \cos a \cos C + \sin c \cos B, \\
\cos c \sin b &= \sin c \cos b \cos A + \sin a \cos C, \\
\cos b \sin c &= \sin b \cos c \cos A + \sin a \cos B, \\
\cos a \sin c &= \sin a \cos c \cos B + \sin b \cos A, \\
\cos c \sin a &= \sin c \cos a \cos B + \sin b \cos C;
\end{aligned}\right\} \quad (4)$$

welche Formeln ebenfalls leicht in Worten auszusprechen sind.*

II. Setzt man in (4) nach (3): $\sin c = \dfrac{\sin a \sin C}{\sin A}$, so hat man:

$$\cos a \sin b = \sin a \cos b \cos C + \sin a \sin C \cot g A;$$

dividirt man noch durch $\sin a$, so hat man:

$$\left.\begin{aligned}
\cot g\, a \sin b &= \cos b \cos C + \sin C \cot g A, \\
\cot g\, b \sin a &= \cos a \cos C + \sin C \cot g B, \\
\cot g\, c \sin b &= \cos b \cos A + \sin A \cot g C, \\
\cot g\, b \sin c &= \cos c \cos A + \sin A \cot g B, \\
\cot g\, a \sin c &= \cos c \cos B + \sin B \cot g A, \\
\cot g\, c \sin a &= \cos a \cos B + \sin B \cot g C.
\end{aligned}\right\} \quad (5)$$

III. Aus (4) hat man

$$\cos a \sin b = \sin a \cos b \cos C + \sin c \cos A.$$

Setzt man nach (3):

$$\sin b = \frac{\sin B \sin a}{\sin A}, \quad \sin c = \frac{\sin C \sin a}{\sin A},$$

so ist

$$\frac{\sin a \cos a \sin B}{\sin A} = \sin a \cos b \cos C + \frac{\sin a \sin C \cos A}{\sin A},$$

---

* Alle diese Formeln werden durch einfache Buchstabenvertauschung aus einander abgeleitet. So folgt die zweite aus der ersten, wenn man a und b, also auch A und B tauscht; die dritte aus der ersten, wenn man a und c, A und C tauscht; die vierte aus der dritten durch Vertauschung von b und c, B und C u. s. w.

d. h.

$$\sin a \cos a \sin B = \sin a \cos b \cos C \sin A + \sin a \sin C \cos A,$$

oder wenn man mit $\sin a$ dividirt:

$$\left.\begin{array}{l} \cos a \sin B = \cos b \sin A \cos C + \cos A \sin C, \\ \cos b \sin A = \cos a \sin B \cos C + \cos B \sin C, \\ \cos a \sin C = \cos c \sin A \cos B + \cos A \sin B, \\ \cos c \sin A = \cos a \sin C \cos B + \cos C \sin B, \\ \cos b \sin C = \cos c \sin B \cos A + \cos B \sin A, \\ \cos c \sin B = \cos b \sin C \cos A + \cos C \sin A. \end{array}\right\} \quad (6)$$

IV. Die Gleichungen (4) sind Gleichungen zwischen den drei Seiten und zwei Winkeln; die (5) zwischen zwei Seiten und zwei Winkeln; (6) zwischen zwei Seiten und drei Winkeln. Ein Schritt weiter wird uns nun die gesuchte Gleichung zwischen einer Seite und den drei Winkeln geben.

Aus (6) hat man

$$\cos a \sin B = \cos b \sin A \cos C + \cos A \sin C,$$
$$\cos b \sin A = \cos a \sin B \cos C + \cos B \sin C,$$

also wenn man diesen Werth in die erste Gleichung einsetzt:

$$\cos a \sin B = \cos a \sin B \cos^2 C + \cos C \sin C \cos B + \cos A \sin C,$$
$$\cos a \sin B (1 - \cos^2 C) = \cos C \sin C \cos B + \cos A \sin C,$$
$$\cos a \sin B \sin^2 C = \sin C \cos C \cos B + \cos A \sin C,$$
$$\cos a \sin B \sin C = \cos C \cos B + \cos A,$$

d. h. es ist:

$$\left.\begin{array}{l} \cos A = \sin B \sin C \cos a - \cos B \cos C, \\ \cos B = \sin A \sin C \cos b - \cos A \cos C, \\ \cos C = \sin A \sin B \cos c - \cos A \cos B, \end{array}\right\} \quad (7)$$

der Cosinus eines Winkels ist gleich dem Produkte der Sinus der beiden andern Winkel multiplizirt mit dem Cosinus der Seite, welche dem ersten Winkel entgegen steht, minus dem Produkte der Cosinus der beiden andern Winkel. *

---

* In der Anmerkung zu §. 4 haben wir die Gleichungen (1) als die nothwendigen und genügenden Fundamentalgleichungen der sphärischen Trigonometrie bezeichnet. Mit demselben Rechte könnte man dies auch von den Gleichungen (7)

Da die Gleichungen (7) abermals einen wichtigen Satz ausdrücken, so wollen wir eine zweite Ableitung derselben angeben.

Da nach §. 2, H es immer auch ein sphärisches Dreieck gibt, dessen drei Seiten $180° - A$, $180° - B$, $180° - C$, und dessen drei Winkel $180° - a$, $180° - b$, $180° - c$ sind, so hat man nach §. 4:

$$cos(180° - A) = cos(180° - B) \cdot cos(180° - C) + sin(180° - B) sin(180° - C) cos(180° - a),$$

d. h.

$$-cos A = cos B \, cos C - sin B \, sin C \, cos a,$$

oder

$$cos A = sin B \, sin C \, cos a - cos B \, cos C.$$

Durch eine ähnliche Umformung gehen die Sätze (6) aus (4) hervor.

§. 8.
Umformung.

Aus (7) folgt:

$$cos a = \frac{cos A + cos B \, cos C}{sin B \, sin C},$$

also wie in §. 6:

$$2 cos^2 \tfrac{1}{2} a = \frac{sin B \, sin C + cos A + cos B \, cos C}{sin B \, sin C} = \frac{cos A + cos(B - C)}{sin B \, sin C}$$

$$= \frac{2 cos \tfrac{1}{2}(A + B - C) cos \tfrac{1}{2}(A - B + C)}{sin B \, sin C},$$

---

sagen, da aus diesen ebenfalls alle andern abgeleitet werden könnten, was man durch ein Zurückgehen durch (6), (5), (4) erlangen würde.

Was ferner die gleichfalls berührte Beziehung dieser Gleichungen mit denen der ebenen Trigonometrie anbelangt, so entsprechen die Formeln (2) den Formeln (30) in §. 27 der ersten Abtheilung, die (3) den (32) in §. 27; die im §. 9 hier noch abgeleiteten Formeln (9) entsprechen den (35) in §. 28, die (10) den (33) in §. 27. Was die (7) anbelangt, so entsprechen sie der Formel $A + B + C = 180°$ der ebenen Trigonometrie; denn man zieht aus ihnen, indem $cos a = 1 - \frac{1}{2} \frac{a^2}{r^2} + \ldots$, für $r = \infty$ zu $cos a = 1$ wird:

$$cos A = - cos B \, cos C + sin B \, sin C = - cos(B + C), \quad cos B = - cos(A + C),$$
$$cos C = - cos(A + B),$$

also nothwendig $A + B + C = 180°$.

Die trigonometrischen Funktionen der halben Seiten.

$$2\sin^2\tfrac{1}{2}a = \frac{\sin B \sin C - \cos A - \cos B \cos C}{\sin B \sin C} = -\frac{\cos A + \cos(B+C)}{\sin B \sin C}$$
$$= -\frac{2\cos\tfrac{1}{2}(A+B+C)\cos\tfrac{1}{2}(B+C-A)}{\sin B \sin C}.$$

Setzt man nun

$$A+B+C = 2S,$$

also
$$A+B-C = 2S-2C,$$
$$A-B+C = 2S-2B,$$
$$B+C-A = 2S-2A,$$

so hat man folgende Gleichungen:

$$\left. \begin{array}{l}
\sin\tfrac{1}{2}a = \sqrt{\dfrac{-\cos S \cos(S-A)}{\sin B \sin C}}, \\[4pt]
\sin\tfrac{1}{2}b = \sqrt{\dfrac{-\cos S \cos(S-B)}{\sin A \sin C}}, \\[4pt]
\sin\tfrac{1}{2}c = \sqrt{\dfrac{-\cos S \cos(S-C)}{\sin A \sin B}}; \\[4pt]
\cos\tfrac{1}{2}a = \sqrt{\dfrac{\cos(S-B)\cos(S-C)}{\sin B \sin C}}, \\[4pt]
\cos\tfrac{1}{2}b = \sqrt{\dfrac{\cos(S-A)\cos(S-C)}{\sin A \sin C}}, \\[4pt]
\cos\tfrac{1}{2}c = \sqrt{\dfrac{\cos(S-A)\cos(S-B)}{\sin A \sin B}}; \\[4pt]
tg\tfrac{1}{2}a = \sqrt{\dfrac{-\cos S \cos(S-A)}{\cos(S-B)\cos(S-C)}}, \\[4pt]
tg\tfrac{1}{2}b = \sqrt{\dfrac{-\cos S \cos(S-B)}{\cos(S-A)\cos(S-C)}}, \\[4pt]
tg\tfrac{1}{2}c = \sqrt{\dfrac{-\cos S \cos(S-C)}{\cos(S-A)\cos(S-B)}},
\end{array} \right\} \quad (8)$$

in welchen Gleichungen die Quadratwurzel nur positiv genommen ist, da $\tfrac{1}{2}a$, $\tfrac{1}{2}b$, $\tfrac{1}{2}c$ unter $90°$ sind. Da nach §. 2: $S = \tfrac{1}{2}(A+B+C)$ zwischen $90°$ und $270°$; $S-A$, $S-B$, $S-C$ zwischen $-90°$ und $+90°$ liegen, so ist $\cos S$ negativ; $\cos(S-A)$, $\cos(S-B)$, $\cos(S-C)$ dagegen sind positiv, die unter dem Wurzelzeichen vorkommenden Grössen sind also sämmtlich positiv.* Aus den Gleichungen (8) lassen sich die Gleichungen (3) ebenfalls leicht ableiten.

§. 9.
Die Gaussischen Gleichungen.

Aus den Formeln (2) in §. 6 folgt unmittelbar:

$$cos \tfrac{1}{2} A \, cos \tfrac{1}{2} B = \sqrt{\frac{sin^2 s \, sin(s-a) \, sin(s-b)}{sin\,a \, sin\,b \, sin^2 c}},$$

d. h. da $sin\,s$, $sin\,c$ positiv sind:

$$cos \tfrac{1}{2} A \, cos \tfrac{1}{2} B = \frac{sin\,s}{sin\,c} \sqrt{\frac{sin(s-a) \, sin(s-b)}{sin\,a \, sin\,b}} = \frac{sin\,s}{sin\,c} sin \tfrac{1}{2} C.$$

Eben so

$$sin \tfrac{1}{2} A \, sin \tfrac{1}{2} B = \frac{sin(s-c)}{sin\,c} \sqrt{\frac{sin(s-a) \, sin(s-b)}{sin\,a \, sin\,b}} = \frac{sin(s-c)}{sin\,c} sin \tfrac{1}{2} C.$$

$$sin \tfrac{1}{2} A \, cos \tfrac{1}{2} B = \frac{sin(s-b)}{sin\,c} \sqrt{\frac{sin\,s \cdot sin(s-c)}{sin\,a \, sin\,b}} = \frac{sin(s-b)}{sin\,c} cos \tfrac{1}{2} C,$$

$$cos \tfrac{1}{2} A \, sin \tfrac{1}{2} B = \frac{sin(s-a)}{sin\,c} \sqrt{\frac{sin\,s \cdot sin(s-c)}{sin\,a \, sin\,b}} = \frac{sin(s-a)}{sin\,c} cos \tfrac{1}{2} C.$$

Daraus folgt:

$$cos \tfrac{1}{2} A \, cos \tfrac{1}{2} B + sin \tfrac{1}{2} A \, sin \tfrac{1}{2} B = \frac{sin \tfrac{1}{2} C}{sin\,c} [sin\,s + sin(s-c)]$$

$$= \frac{sin \tfrac{1}{2} C}{2 sin \tfrac{1}{2} c \, cos \tfrac{1}{2} c} 2 sin(s - \tfrac{1}{2} c) \, cos \tfrac{1}{2} c = \frac{sin \tfrac{1}{2} C}{sin \tfrac{1}{2} c} sin \tfrac{1}{2} (a+b),$$

---

* Auch hier, wie in §. 6, lassen sich diese Sätze umgekehrt aus (8) ableiten. Zunächst nämlich müssen $cos\,S$ und die drei Grössen $cos(S - A)$, $cos(S - B)$, $cos(S - C)$ von verschiedenen Zeichen seyn, letztere drei also dasselbe Zeichen haben.

Wären nun
$cos(S - A) < 0$, $cos(S - B) < 0$, $cos(S - C) < 0$, $cos\,S > 0$,
so müsste S zwischen 0° und 90° liegen, da $S > 0$ und $< 270°$ ist. Alsdann aber könnten S — A, S — B, S — C unmöglich über 90° seyn, also müssten alle drei unter — 90°, d. h. negativ seyn, was unmöglich ist, da ihre Summe S positiv ist.

Also ist
$cos(S - A) > 0$, $cos(S - B) > 0$, $cos(S - C) > 0$, $cos\,S < 0$,
d. h. S — A, S — B, S — C liegen zwischen — 90° und 90°, $S > 90°$.

(erste Abthlg. §. 16), da $s - \tfrac{1}{2}c = \tfrac{1}{2}(a+b+c) - \tfrac{1}{2}c = \tfrac{1}{2}(a+b)$; also, da $cos\tfrac{1}{2}A\, cos\tfrac{1}{2}B + sin\tfrac{1}{2}A\, sin\tfrac{1}{2}B = cos\tfrac{1}{2}(A-B)$:

$$cos\tfrac{1}{2}(A-B) = sin\tfrac{1}{2}(a+b)\frac{sin\tfrac{1}{2}C}{sin\tfrac{1}{2}c}.$$

Eben so:

$$cos\tfrac{1}{2}A\, cos\tfrac{1}{2}B - sin\tfrac{1}{2}A\, sin\tfrac{1}{2}B = \frac{sin\tfrac{1}{2}C}{sin\, c}[sin\, s - sin(s-c)]$$

$$= \frac{sin\tfrac{1}{2}C}{2\, sin\tfrac{1}{2}c\, cos\tfrac{1}{2}c} \cdot 2\, cos\tfrac{1}{2}(a+b) \cdot sin\tfrac{1}{2}c = cos\tfrac{1}{2}(a+b) \cdot \frac{sin\tfrac{1}{2}C}{cos\tfrac{1}{2}c},$$

$$cos\tfrac{1}{2}(A+B) = cos\tfrac{1}{2}(a+b)\frac{sin\tfrac{1}{2}C}{cos\tfrac{1}{2}c}.$$

$$sin\tfrac{1}{2}A\, cos\tfrac{1}{2}B + cos\tfrac{1}{2}A\, sin\tfrac{1}{2}B = \frac{cos\tfrac{1}{2}C}{sin\, c}[sin(s-b) + sin(s-a)]$$

$$= \frac{cos\tfrac{1}{2}C}{2\, sin\tfrac{1}{2}c\, cos\tfrac{1}{2}c} \cdot 2\, sin[s - \tfrac{1}{2}(a+b)]\, cos\tfrac{1}{2}(a-b)$$

$$= \frac{cos\tfrac{1}{2}C}{sin\tfrac{1}{2}c\, cos\tfrac{1}{2}c} \cdot sin\tfrac{1}{2}c \cdot cos\tfrac{1}{2}(a-b) = \frac{cos\tfrac{1}{2}C \cdot cos\tfrac{1}{2}(a-b)}{cos\tfrac{1}{2}c},$$

$$sin\tfrac{1}{2}(A+B) = cos\tfrac{1}{2}(a-b)\frac{cos\tfrac{1}{2}C}{cos\tfrac{1}{2}c}.$$

$$sin\tfrac{1}{2}A\, cos\tfrac{1}{2}B - cos\tfrac{1}{2}A\, sin\tfrac{1}{2}B = \frac{cos\tfrac{1}{2}C}{sin\, c}[sin(s-b) - sin(s-a)]$$

$$= \frac{cos\tfrac{1}{2}C}{2\, sin\tfrac{1}{2}c\, cos\tfrac{1}{2}c} \cdot 2\, cos[s - \tfrac{1}{2}(a+b)] \cdot sin\tfrac{1}{2}(a-b)$$

$$= \frac{cos\tfrac{1}{2}C}{sin\tfrac{1}{2}c} \cdot sin\tfrac{1}{2}(a-b),$$

$$sin\tfrac{1}{2}(A-B) = sin\tfrac{1}{2}(a-b)\frac{cos\tfrac{1}{2}C}{sin\tfrac{1}{2}c}.$$

Man hat also folgende Gleichungen:

$$\left.\begin{array}{l} sin\tfrac{1}{2}(A+B)\, cos\tfrac{1}{2}c = cos\tfrac{1}{2}(a-b)\, cos\tfrac{1}{2}C, \\ sin\tfrac{1}{2}(A+C)\, cos\tfrac{1}{2}b = cos\tfrac{1}{2}(a-c)\, cos\tfrac{1}{2}B, \\ sin\tfrac{1}{2}(B+C)\, cos\tfrac{1}{2}a = cos\tfrac{1}{2}(b-c)\, cos\tfrac{1}{2}A, \\ sin\tfrac{1}{2}(A-B)\, sin\tfrac{1}{2}c = sin\tfrac{1}{2}(a-b)\, cos\tfrac{1}{2}C, \\ sin\tfrac{1}{2}(A-C)\, sin\tfrac{1}{2}b = sin\tfrac{1}{2}(a-c)\, cos\tfrac{1}{2}B, \\ sin\tfrac{1}{2}(B-C)\, sin\tfrac{1}{2}a = sin\tfrac{1}{2}(b-c)\, cos\tfrac{1}{2}A, \end{array}\right\} \quad (9)$$

$$\left.\begin{array}{l}cos\tfrac{1}{2}(A+B)cos\tfrac{1}{2}c = cos\tfrac{1}{2}(a+b)sin\tfrac{1}{2}C,\\ cos\tfrac{1}{2}(A+C)cos\tfrac{1}{2}b = cos\tfrac{1}{2}(a+c)sin\tfrac{1}{2}B,\\ cos\tfrac{1}{2}(B+C)cos\tfrac{1}{2}a = cos\tfrac{1}{2}(b+c)sin\tfrac{1}{2}A,\\ cos\tfrac{1}{2}(A-B)sin\tfrac{1}{2}c = sin\tfrac{1}{2}(a+b)sin\tfrac{1}{2}C,\\ cos\tfrac{1}{2}(A-C)sin\tfrac{1}{2}b = sin\tfrac{1}{2}(a+c)sin\tfrac{1}{2}B,\\ cos\tfrac{1}{2}(B-C)sin\tfrac{1}{2}a = sin\tfrac{1}{2}(b+c)sin\tfrac{1}{2}A.\end{array}\right\} \quad (9)$$

Durch Division zieht man hieraus:

$$\left.\begin{array}{l}tg\tfrac{1}{2}(A+B) = \dfrac{cos\tfrac{1}{2}(a-b)}{cos\tfrac{1}{2}(a+b)}cotg\tfrac{1}{2}C,\\[4pt] tg\tfrac{1}{2}(A+C) = \dfrac{cos\tfrac{1}{2}(a-c)}{cos\tfrac{1}{2}(a+c)}cotg\tfrac{1}{2}B,\\[4pt] tg\tfrac{1}{2}(B+C) = \dfrac{cos\tfrac{1}{2}(b-c)}{cos\tfrac{1}{2}(b+c)}cotg\tfrac{1}{2}A,\\[4pt] tg\tfrac{1}{2}(A-B) = \dfrac{sin\tfrac{1}{2}(a-b)}{sin\tfrac{1}{2}(a+b)}cotg\tfrac{1}{2}C,\\[4pt] tg\tfrac{1}{2}(A-C) = \dfrac{sin\tfrac{1}{2}(a-c)}{sin\tfrac{1}{2}(a+c)}cotg\tfrac{1}{2}B,\\[4pt] tg\tfrac{1}{2}(B-C) = \dfrac{sin\tfrac{1}{2}(b-c)}{sin\tfrac{1}{2}(b+c)}cotg\tfrac{1}{2}A;\\[4pt] tg\tfrac{1}{2}(a+b) = \dfrac{cos\tfrac{1}{2}(A-B)}{cos\tfrac{1}{2}(A+B)}tg\tfrac{1}{2}c,\\[4pt] tg\tfrac{1}{2}(a+c) = \dfrac{cos\tfrac{1}{2}(A-C)}{cos\tfrac{1}{2}(A+C)}tg\tfrac{1}{2}b,\\[4pt] tg\tfrac{1}{2}(b+c) = \dfrac{cos\tfrac{1}{2}(B-C)}{cos\tfrac{1}{2}(B+C)}tg\tfrac{1}{2}a,\\[4pt] tg\tfrac{1}{2}(a-b) = \dfrac{sin\tfrac{1}{2}(A-B)}{sin\tfrac{1}{2}(A+B)}tg\tfrac{1}{2}c,\\[4pt] tg\tfrac{1}{2}(a-c) = \dfrac{sin\tfrac{1}{2}(A-C)}{sin\tfrac{1}{2}(A+C)}tg\tfrac{1}{2}b,\\[4pt] tg\tfrac{1}{2}(b-c) = \dfrac{sin\tfrac{1}{2}(B-C)}{sin\tfrac{1}{2}(B+C)}tg\tfrac{1}{2}a.\end{array}\right\} \quad (10)$$

Die wichtigen Formeln (9) hat Mollweide in der „monatlichen Korrespondenz" 18. Band, S. 399 aufgestellt; sie werden jedoch gewöhnlich die Gaussischen Gleichungen genannt, da **Gauss** sie gleichzeitig in der Theoria motus corporum coelestium pag. 51 aufstellte.

Die Gleichungen (10) pflegen die **Neper**schen Gleichungen genannt zu werden. Den oben mitgetheilten Beweis derselben scheint zuerst **Matzka** (Professor an der Universität Prag) gefunden zu haben. Man vergleiche desshalb die 7. Auflage der **Vega**'schen Vorlesungen, zweiter Band, S. 245. (Wien, 1835.)

§. 10.
Ableitung einiger geometrischen Sätze aus den erhaltenen Gleichungen.

Aus den Gleichungen (9) lassen sich nun zunächst einige wichtige Sätze ziehen.

I. Aus
$$sin\tfrac{1}{2}(A-B) sin\tfrac{1}{2}c = sin\tfrac{1}{2}(a-b) cos\tfrac{1}{2}C,$$
folgt, dass wenn $A > B$, also $\tfrac{1}{2}(A-B)$ positiv ist, auch $sin\tfrac{1}{2}(a-b)$ positiv seyn muss, da es dann $sin\tfrac{1}{2}(A-B)$, $sin\tfrac{1}{2}c$, $cos\tfrac{1}{2}C$ sind; also ist alsdann auch $a > b$. Ist umgekehrt $a > b$, so muss auch $A > B$ seyn, da dann $sin\tfrac{1}{2}(A-B)$ positiv seyn muss.*

Man schliesst hieraus, dass in einem sphärischen Dreiecke der grössern (kleinern) Seite auch der grössere (kleinere) Winkel entgegen steht und umgekehrt. Daraus folgt von selbst, dass wenn zwei Seiten einander gleich sind, auch die ihnen entgegen stehenden Winkel gleich seyn werden und umgekehrt.

Für $a = b$ folgt aber aus (10):
$$tg A = \frac{cotg\tfrac{1}{2}C}{cos a},$$
und für $A = B$:
$$tg a = \frac{tg\tfrac{1}{2}c}{cos A}.$$
(11)

II. Aus
$$cos\tfrac{1}{2}(A+B) cos\tfrac{1}{2}c = cos\tfrac{1}{2}(a+b) sin\tfrac{1}{2}C$$
folgt, da $cos\tfrac{1}{2}c$, $sin\tfrac{1}{2}C$ immer positiv sind; $\tfrac{1}{2}(a+b)$ und $\tfrac{1}{2}(A+B)$ nicht über $180°$ hinausgehen, dass

---

* Es könnte allerdings $sin\tfrac{1}{2}(A-B)$ auch positiv seyn, wenn $A < B$; nur müsste dann $\tfrac{1}{2}(A-B)$ unter $-180°$, also $A-B$ unter $-360°$ liegen, was sicherlich nicht der Fall ist.

wenn $\frac{1}{2}(A+B) < 90°$, also $\cos\frac{1}{2}(A+B)$ positiv ist, auch $\cos\frac{1}{2}(a+b)$ positiv, also $\frac{1}{2}(a+b) < 90°$ seyn muss;

wenn $\frac{1}{2}(A+B) > 90°$, also $\cos\frac{1}{2}(A+B)$ negativ ist, auch $\cos\frac{1}{2}(a+b)$ negativ, also $\frac{1}{2}(a+b) > 90°$ seyn muss;

wenn $\frac{1}{2}(A+B) = 90°$, also $\cos\frac{1}{2}(A+B)$ Null ist, auch $\cos\frac{1}{2}(a+b)$ Null, also $\frac{1}{2}(a+b) = 90°$ seyn muss.

Daher schliesst man hieraus:

Sind zwei Winkel zusammen kleiner, gleich, grösser als 180°, so sind die ihnen entgegen stehenden Seiten ganz in demselben Falle, und umgekehrt.

§. 11.

Das rechtwinklige und rechtseitige Dreieck.

Wir haben im Vorstehenden keinerlei besondere Voraussetzung in Bezug auf die Grösse der Winkel oder Seiten gemacht; doch mag es hier von Interesse seyn, den Fall zu untersuchen, wenn Seiten oder Winkel $= 90°$ sind.

I. Sey $A = 90°$, so folgt nun:

$\cos a = \cos b \cos c$ aus (1),
$\sin b = \sin a \sin B$ aus (3),
$\sin c = \sin a \sin C$ aus (3),

$\left.\begin{array}{l} cotg\,C = cotg\,c\,\sin b, \\ cotg\,B = cotg\,b\,\sin c, \end{array}\right\}$ aus (5)

$\left.\begin{array}{l} tg\,b = tg\,a\,\cos C, \\ \cos b\,\sin c = \sin a\,\cos B, \\ tg\,c = tg\,a\,\cos B, \\ \cos c\,\sin b = \sin a\,\cos C, \end{array}\right\}$ aus (4),

$\left.\begin{array}{l} \cos a\,\sin B = \cos b\,\cos C, \\ \cos a\,\sin C = \cos c\,\cos B, \\ \cos b\,\sin C = \cos B, \\ \cos c\,\sin B = \cos C, \end{array}\right\}$ aus (6),

$1 = tg\,B\,tg\,C\,\cos a$ aus (7).

Aus den Gleichungen $cotg\,B = cotg\,b\,\sin c$ und $cotg\,C = cotg\,c\,\sin b$, folgt, weil $\sin b$ und $\sin c$ positiv sind, dass wenn $B < 90°$ auch $b < 90°$; wenn $B > 90°$ auch $b > 90°$ und umgekehrt. Eben so verhalten sich C und c; man hat also:

$B \gtreqless 90°$ auch $b \gtreqless 90°$, $C \gtreqless 90°$ auch $c \gtreqless 90°$.

Diese Beziehungen folgen übrigens auch aus §. 10. Ist $B < 90°$, so ist, da $A = 90°$, $A + B < 180°$, also $a + b < 180°$; da ferner $B < A$, so ist auch $b < a$, also muss nothwendig $b < 90°$, da sonst, wegen $a > b$, $a + b > 180°$ wäre. Ist $B = 90°$, so ist $A + B = 180°$, also $a + b = 180°$, und da $A = B$, so ist auch $a = b$, also $a = b = 90°$; ist identisch $B > 90°$, so ist $A + B > 180°$, also $a + b > 180°$, und da $B > A$, so ist auch $b > a$, mithin $b > 90°$, da für $b \leqq 90°$, und $a < b$, $a + b < 180°$ wäre. In derselben Weise findet man die Beziehung zwischen C und c.

Aus der Gleichung $\cos a = \cos b \cos c$ folgt, dass $a < 90°$ seyn wird, wenn b und c beide $< 90°$ oder beide $> 90°$ sind; a wird $= 90°$ seyn, wenn b oder c es ist; endlich $a > 90°$, wenn eine der Seiten b und c grösser, die andere kleiner als $90°$ ist.

II. Sey $A = 90°$, $B = 90°$. Nach §. 10 ist alsdann auch $a = b$, also da $A + B = 180°$, mithin auch $a + b = 180°$, ist $a = b = 90°$. Da ferner die Gleichungen in I immer noch gelten, wenn nur $B = 90°$ gesetzt wird, so ist jetzt

$$\cos c = \cos C, \quad \sin c = \sin C,$$

also $c = C$, wobei jedoch C (wie c) willkürlich bleibt. Man wird sich, wenn man diesen Fall durch Zeichnung darstellen will, leicht überzeugen, dass die Spitze C der so genannte Pol des durch AB gehenden grössten Kugelkreises ist, d. h. derjenige Punkt, der von letzterm Kreise nach allen Richtungen um $90°$ absteht.

Von den Gleichungen in I sind keine beizubehalten, als die eben angegebenen, da für $A = B = a = b = 90°$ alle andern identisch erfüllt sind.

III. Ist $A = B = C = 90°$, so folgt aus II, dass auch $a = b = c = 90°$ ist.

IV. Sey $a = 90°$, so hat man:

$$\left.\begin{array}{l} tg\,b\,tg\,c\,\cos A = -1, \\ \cos b = \sin c \cos B, \\ \cos c = \sin b \cos C. \end{array}\right\} \text{aus (1).} \qquad \left.\begin{array}{l} \cos b = -tg\,C\,\cot g\,A, \\ \cot g\,b = \sin C \cot g\,B, \\ \cos c = -tg\,B\,\cot g\,A, \\ \cot g\,c = \sin B \cot g\,C. \end{array}\right\} \text{aus (5).}$$

$$\left.\begin{array}{l} \sin B = \sin b \sin A, \\ \sin C = \sin c \sin A. \end{array}\right\} \text{aus (3).} \qquad \left.\begin{array}{l} \cos b \sin A = \cos B \sin C, \\ \cos c \sin A = \cos C \sin B, \end{array}\right\} \text{aus (6).}$$

$$\left.\begin{array}{l} \cos b \cos C = -\sin c \cos A, \\ \cos B \cos c = -\sin b \cos A, \end{array}\right\} \text{aus (4).} \qquad \cos A = -\cos B \cos C, \quad \text{aus (7).}$$

Aus $\cos b = \sin c \cos B$, $\cos c = \sin b \cos C$ folgt wie in I, dass wenn

$$b \leqq 90° \text{ auch } B \leqq 90°, \quad c \leqq 90° \text{ auch } C \leqq 90°$$

und umgekehrt sey, welche Beziehungen übrigens auch aus §. 10 unmittelbar abgeleitet werden können.

V. Sey $a = b = 90°$, so ist nach §. 10 auch $A = B = 90°$ und man hat den Fall II; dessgleichen III, wenn $a = b = c = 90°$.

VI. Sey $A = 90°$, $a = 90°$. Aus (1) folgt jetzt:
$$0 = \cos b \cos c,$$
d. h. entweder $\cos b = 0$, oder $\cos c = 0$, mithin entweder $b = 90°$, oder $c = 90°$. Ist nun $b = 90°$, so ist nach Nr. 5 auch $B = 90°$ und $C = c$; ist $c = 90°$, so ist auch $C = 90°$ und $B = b$. Also wird jetzt das Dreieck nothwendig zwei rechte Winkel haben, mithin der Fall II oder V eintreten.

Zweiter Abschnitt.
Auflösung der sphärischen Dreiecke.

§. 12.
Drei Seiten gegeben.

In einem sphärischen Dreieck sind die drei Seiten a, b, c gegeben; man soll die drei Winkel A, B, C desselben berechnen.

(Diese Aufgabe ist offenbar identisch mit der: aus den bekannten Kantenwinkeln einer dreiseitigen Ecke die ihnen entgegen stehenden Flächenwinkel zu berechnen. Aehnliches gilt für die folgenden Fälle.)

Die Rechnung wird nach den Formeln (2) in §. 6 zu führen seyn, worin die Werthe $tg \frac{1}{2} A$, $tg \frac{1}{2} B$, $tg \frac{1}{2} C$ im Allgemeinen das sicherste Resultat geben. Wenn man jedoch will, so kann man ganz unmittelbar die Formeln (1) anwenden. Man hat
$$\cos a = \cos b \cos c + \sin b \sin c \cos A.$$

Man bestimme nun den Winkel α so dass
$$tg \alpha = \frac{\cos b \cos c}{\sin a}, \quad \cos b \cos c = \sin a \, tg \alpha,$$
so ist

$$\cos A = \frac{\cos a - \cos b \cos c}{\sin b \sin c} = \frac{\cos a - \sin a \, tg\,\alpha}{\sin b \sin c}$$
$$= \frac{\cos a \cos \alpha - \sin a \sin \alpha}{\sin b \sin c \cdot \cos \alpha} = \frac{\cos(\alpha + a)}{\sin b \sin c \cos \alpha}.$$

Eben so wenn

$$tg\,\beta = \frac{\cos a \cos c}{\sin b}, \quad tg\,\gamma = \frac{\cos a \cos b}{\sin c}:$$

$$\cos B = \frac{\cos(\beta + b)}{\sin a \sin c \cos \beta}, \quad \cos C = \frac{\cos(\gamma + c)}{\sin a \sin b \cos \gamma}.$$

Ist eine der gegebenen Seiten z. B. $a = 90°$, so hat man zur Bestimmung der Winkel nach §. 11, IV:

$$\cos B = \frac{\cos b}{\sin c}, \quad \cos C = \frac{\cos c}{\sin b}, \quad \cos A = -\cot g\,b \cot g\,c,$$

oder dieselben Formeln wie vorhin. Wir wollen nun einige Beispiele berechnen.

1) $a = 72°14'26''$, $b = 110°18'20''$, $c = 48°50'42''$.

$$s = \tfrac{1}{2}(a+b+c) = 115°41'44''.$$

$s-a = 43°27'28''$, $s-b = 5°23'24''$, $s-c = 66°51'2''$

$log\,sin(s-b) = 8{\cdot}9728253$	$log\,sin(s-a) = 9{\cdot}8374524$
$log\,sin(s-c) = 9{\cdot}9635435$	$log\,sin(s-c) = 9{\cdot}9635435$
$E\,log\,sin\,s = 0{\cdot}0452218$	$E\,log\,sin\,s = 0{\cdot}0452218$
$E\,log\,sin(s-a) = 0{\cdot}1625476$	$E\,log\,sin(s-b) = 1{\cdot}0271747$
$19{\cdot}1441382$	$20{\cdot}8733924$
$log\,tg\,\tfrac{1}{2}A = 9{\cdot}5720691,$	$log\,tg\,\tfrac{1}{2}B = 10{\cdot}4366962,$
$\tfrac{1}{2}A = 20°28'15{\cdot}8''$	$\tfrac{1}{2}B = 69°54'17{\cdot}8''$
$A = 40°56'31{\cdot}7''$	$B = 139°48'35{\cdot}6''$

$$log\,sin(s-a) = 9{\cdot}8374524$$
$$log\,sin(s-b) = 8{\cdot}9728253$$
$$E\,log\,sin\,s = 0{\cdot}04552218$$
$$E\,log\,sin(s-c) = 0{\cdot}0364565$$
$$18{\cdot}8919560$$

$$log\,tg\,\tfrac{1}{2}C = 9{\cdot}4459780$$
$$\tfrac{1}{2}C = 15°36'6{\cdot}7''$$
$$C = 31°12'13{\cdot}5''.$$

2) $a = 90°$, $b = 133°0'18''$, $c = 122°0'43''$ (§. 11).

$log\, cos\, b = 9\cdot 8338239\, (-),\qquad log\, cos\, c = 9\cdot 7243545\, (-),$
$E\, log\, sin\, c = 0\cdot 0716361 \qquad\quad E\, log\, sin\, b = 0\cdot 1359078$
$\overline{log\, cos\, B = 9\cdot 9054600\, (-)} \quad\ \overline{log\, cos\, C = 9\cdot 8602623\, (-)}.$
$\qquad B = 143°33'0\cdot 7''. \qquad\qquad C = 136°27'30''.$

$log\, cotg\, b = 9\cdot 9697319\, (-)$
$log\, cotg\, c = 9\cdot 7959906\, (-)$
$\overline{log\, cos\, A = 9\cdot 7658225\, (-)}$
$\qquad A = 125°40'0\cdot 9''.$ *

3) $a = 90°$, $b = 90°$, $c = 87°24'36''$.

$s = \tfrac{1}{2}(a + b + c) = 133°42'18''.$

$s - a = 43°42'18''$, $s - b = 43°42'18''$, $s - c = 46°17'42''.$

$log\, sin\, (s - b) = 9\cdot 8394438 \qquad log\, sin\, (s - a) = 9\cdot 8394438$
$log\, sin\, (s - c) = 9\cdot 8490823 \qquad log\, sin\, (s - c) = 9\cdot 8590823$
$E\, log\, sin\, s = 0\cdot 1409177 \qquad\quad E\, log\, sin\, s = 0\cdot 1409177$
$\underline{E\, log\, sin\, (s - a) = 0\cdot 1605562} \quad \underline{E\, log\, sin\, (s - b) = 0\cdot 1605562}$
$\qquad\qquad 20\cdot 0000000 \qquad\qquad\qquad\qquad 20\cdot 0000000$

$log\, tg\, \tfrac{1}{2}A = 10\cdot 0000000 \qquad log\, tg\, \tfrac{1}{2}B = 10\cdot 0000000$
$\tfrac{1}{2}A = 45°, \qquad\qquad\qquad\qquad \tfrac{1}{2}B = 45°.$
$A = 90°. \qquad\qquad\qquad\qquad B = 90°.$

$log\, sin\, (s - a) = 9\cdot 8394438$
$log\, sin\, (s - b) = 9\cdot 8394438$
$E\, log\, sin\, s = 0\cdot 1409177$
$\underline{E\, log\, sin\, (s - c) = 0\cdot 1409177}$
$\qquad\qquad 19\cdot 9607230$

$log\, tg\, \tfrac{1}{2}C = 9\cdot 9803615$
$\tfrac{1}{2}C = 43°42'18''$
$C = 87°24'36''$ (§. 11, III).

Zur Uebung legen wir vor:

$\begin{cases} a = 47°45'39'',\ b = 69°49'19'',\ c = 80°17'36'', \\ A = 48°24'56'',\ B = 71°29'46'',\ C = 95°13'26''. \end{cases}$

$\begin{cases} a = 120°55'35'',\ b = 85°36'50'',\ c = 59°55'10'', \\ A = 129°47'56'',\ B = 63°15'12'',\ C = 50°48'20''. \end{cases}$

---

* $cos\, B = \dfrac{cos\, b}{sin\, c}$, $cos\, C = \dfrac{cos\, c}{sin\, b}$; $cos\, A = -\, cos\, B\, cos\, C = -\, cotg\, b\, cotg\, c.$

Zur Kontrole der richtigen Rechnung wird man etwa die Formeln (9) in §. 9 oder auch (3) in §. 6 benützen können.

§. 13.
Drei Winkel gegeben.

In einem sphärischen Dreiecke sind alle Winkel gegeben; man soll die drei Seiten berechnen.

Für diesen Fall dienen die Formeln (8) in §. 8. Ist einer der Winkel, z. B. A ein rechter, so kann man sich derselben Formeln oder der in §. 11, I aufgestellten bedienen.

1) $A = 59°4'25''$, $B = 94°23'10''$, $C = 120°4'50''$.

$$S = \tfrac{1}{2}(A+B+C) = 136°46'12{\cdot}5''$$

$S - A = 77°41'47{\cdot}5''$, $S - B = 42°23'2{\cdot}5''$, $S - C = 16°41'22{\cdot}5''$.

$log\,cos\,S = 9{\cdot}8624961$	$log\,cos\,S = 9{\cdot}8624961$
$log\,cos(S - A) = 9{\cdot}3285622$	$log\,cos(S - B) = 9{\cdot}8684348$
$E\,log\,cos(S - B) = 0{\cdot}1315652$	$E\,log\,cos(S - A) = 0{\cdot}6714378$
$E\,log\,cos(S - C) = 0{\cdot}0186913$	$E\,log\,cos(S - C) = 0{\cdot}0186913$
$\overline{19{\cdot}3413148}$	$\overline{20{\cdot}4210600}$
$log\,tg\,\tfrac{1}{2}a = 9{\cdot}6706574$	$log\,tg\,\tfrac{1}{2}b = 10{\cdot}2105300$
$\tfrac{1}{2}a = 25°6'1{\cdot}60''$	$\tfrac{1}{2}b = 58°22'24{\cdot}43''$
$a = 50°12'3{\cdot}2''$	$b = 116°44'48{\cdot}9''$

$$log\,cos\,S = 9{\cdot}8624961$$
$$log\,cos(S - C) = 9{\cdot}9813087$$
$$E\,log\,cos(S - A) = 0{\cdot}6714378$$
$$E\,log\,cos(S - B) = 0{\cdot}1315652$$
$$\overline{20{\cdot}6468078}$$

$$log\,tg\,\tfrac{1}{2}c = 10{\cdot}3234039$$
$$\tfrac{1}{2}c = 64°35'50{\cdot}18''$$
$$c = 129°11'40{\cdot}3''.$$

2) $A = 90°$, $B = 63°15'12''$, $C = 135°33'39''$.

$log\,cos\,B = 9{\cdot}6532574$	$log\,cos\,C = 9{\cdot}8536947\ (-)$
$E\,log\,sin\,C = 0{\cdot}1548079$	$E\,log\,sin\,B = 0{\cdot}0491460$
$log\,cos\,b = \overline{9{\cdot}8080653}$	$log\,cos\,c = \overline{9{\cdot}9028407}\ (-)$
$b = 50°0'5''$	$c = 143°5'10{\cdot}6$

$$log\,cotg\,B = 9{\cdot}7024034$$
$$log\,cotg\,C = 10{\cdot}0085027\ (-)$$
$$log\,cos\,a = 9{\cdot}7109061\ (-)$$
$$a = 120°55'34''.$$

Zur Uebung legen wir vor:

$\{A = 40°56'31{\cdot}8'',\ B = 139°48'35{\cdot}4'',\ C = 31°12'13{\cdot}5'',$
$\phantom{\{}a = 72°14'26'',\ b = 110°18'20'',\ c = 48°50'42''.$

$\{A = 90°,\ B = 50°2'1'',\ C = 92°8'23'',$
$\phantom{\{}a = 91°47'40'',\ b = 50°0'0'',\ c = 92°47'32''.$

Auch hier könnte man durch Einführung von Hilfswinkeln die Aufgabe lösen. Man hat nämlich:

$$cos\,a = \frac{cos\,A + cos\,B\,cos\,C}{sin\,B\,sin\,C};$$

man bestimme nun α aus

$$tg\,\alpha = \frac{cos\,B\,cos\,C}{sin\,A},$$

so ist

$$cos\,a = \frac{cos\,A + sin\,A\,tg\,\alpha}{sin\,B\,sin\,C} = \frac{cos\,(A - \alpha)}{sin\,b\,sin\,C\,cos\,\alpha}.$$

Eben so wenn

$$tg\,\beta = \frac{cos\,A\,cos\,C}{sin\,B},\quad tg\,\gamma = \frac{cos\,A\,cos\,B}{sin\,C}:$$

$$cos\,b = \frac{cos\,(B - \beta)}{sin\,A\,sin\,C\,cos\,\beta},\quad cos\,c = \frac{cos\,(C - \gamma)}{sin\,A\,sin\,B\,cos\,\gamma}.$$

§. 14.

Zwei Seiten und der von ihnen gebildete Winkel gegeben.

In einem sphärischen Dreiecke sind gegeben zwei Seiten b, c nebst dem von ihnen gebildeten Winkel A; es sollen die übrigen Stücke gefunden werden.

Aus den Formeln (10) in §. 9:

$$tg\tfrac{1}{2}(B+C) = \frac{cos\tfrac{1}{2}(b-c)}{cos\tfrac{1}{2}(b+c)}\,cotg\tfrac{1}{2}A,\quad tg\tfrac{1}{2}(B-C) = \frac{sin\tfrac{1}{2}(b-c)}{sin\tfrac{1}{2}(b+c)}\,cotg\tfrac{1}{2}A,$$

folgt $\tfrac{1}{2}(B + C)$ und $\tfrac{1}{2}(B - C)$, woraus dann B und C erhalten werden.

Die fehlende Seite a kann man aus einer der folgenden Formeln, die aus (9) und (10) sich ergeben, ableiten:

$$\cos\tfrac{1}{2}a = \frac{\cos\tfrac{1}{2}(b-c)}{\sin\tfrac{1}{2}(B+C)}\cos\tfrac{1}{2}A = \frac{\cos\tfrac{1}{2}(b+c)}{\cos\tfrac{1}{2}(B+C)}\sin\tfrac{1}{2}A,$$

$$\sin\tfrac{1}{2}a = \frac{\sin\tfrac{1}{2}(b-c)}{\sin\tfrac{1}{2}(B-C)}\cos\tfrac{1}{2}A = \frac{\sin\tfrac{1}{2}(b+c)}{\cos\tfrac{1}{2}(B-C)}\sin\tfrac{1}{2}A,$$

$$tg\tfrac{1}{2}a = tg\tfrac{1}{2}(b+c)\frac{\cos\tfrac{1}{2}(B+C)}{\cos\tfrac{1}{2}(B-C)} = tg\tfrac{1}{2}(b-c)\frac{\sin\tfrac{1}{2}(B+C)}{\sin\tfrac{1}{2}(B-C)}.$$

Für $b+c=180°$ ist auch (§. 10) $B+C=180°$, $\tfrac{1}{2}(B+C)=90°$, so dass man blos $\tfrac{1}{2}(B-C)$ zu berechnen hat (wobei $b>c$ vorausgesetzt wurde.) Für $b=c$ ist auch $B=C$, also $B+C=2B$, $B-C=0$. Die erste Formel gibt in diesem Falle B. [§. 10, Formel (11)].

Ist $A=90°$, so kann man immerhin in derselben Weise verfahren, oder auch die Formeln des §. 11 anwenden:

$$\cos a = \cos b \cos c, \quad cotg\, C = \sin b\, cotg\, c, \quad cotg\, B = \sin c\, cotg\, b.$$

Will man im allgemeinen Fall a unmittelbar erhalten, so hat man nach (1):

$$\cos a = \cos b \cos c + \sin b \sin c \cos A.$$

Man bestimme nun α durch die Gleichung

$$tg\,\alpha = tg\, b \cos A, \quad \sin b \cos A = \cos b\, tg\,\alpha,$$

so ist

$$\cos a = \cos b \cos c + \sin c \cos b\, tg\,\alpha = \frac{\cos b}{\cos\alpha}(\cos c \cos\alpha + \sin c \sin\alpha)$$
$$= \frac{\cos b \cos(c-\alpha)}{\cos\alpha}.$$

Man kann noch eine zweite Hilfsformel zur Bestimmung von a in folgender Weise aufstellen:

$$\cos a = \cos b \cos c + \sin b \sin c \cos A$$
$$= \cos b \cos c + \sin b \sin c (1 - 2\sin^2\tfrac{1}{2}A)$$
$$= \cos b \cos c + \sin b \sin c - 2\sin b \sin c \sin^2\tfrac{1}{2}A$$
$$= \cos(b-c) - 2\sin b \sin c \sin^2\tfrac{1}{2}A.$$

Also

$$1 - 2\sin^2\tfrac{1}{2}a = 1 - 2\sin^2\tfrac{1}{2}(b-c) - 2\sin b \sin c \sin^2\tfrac{1}{2}A$$
$$\sin^2\tfrac{1}{2}a = \sin^2\tfrac{1}{2}(b-c) + \sin b \sin c \sin^2\tfrac{1}{2}A.$$

Man bestimme nun φ so, dass

$$tg\,\varphi = \frac{sin\tfrac{1}{2}A\sqrt{sin\,b\,sin\,c}}{sin\tfrac{1}{2}(b-c)},\quad sin\,b\,sin\,c\,sin^2\tfrac{1}{2}A = sin^2\tfrac{1}{2}(b-c)\,tg^2\varphi,$$

so ist

$$sin^2\tfrac{1}{2}a = sin^2\tfrac{1}{2}(b-c)\,[1 + tg^2\varphi] = \frac{sin^2\tfrac{1}{2}(b-c)}{cos^2\varphi},$$

$$sin\tfrac{1}{2}a = \frac{sin\tfrac{1}{2}(b-c)}{cos\,\varphi},$$

wenn φ zwischen 0 und 180° gewählt ist, in welchem Falle $cos\,\varphi$ und $sin\tfrac{1}{2}(b-c)$ dasselbe Zeichen haben. Für $b = c$ wäre einfach $sin^2\tfrac{1}{2}a = sin^2 b\,sin^2\tfrac{1}{2}A$; $sin\tfrac{1}{2}a = sin\,b\,sin\tfrac{1}{2}A$, wie sich auch aus

$$sin\tfrac{1}{2}a = \frac{sin\tfrac{1}{2}(b+c)}{cos\tfrac{1}{2}(B-C)}\,sin\tfrac{1}{2}A\text{ für }b=c,\text{ also }B=C\text{ findet.}$$

Auch die zwei Winkel B und C könnten vermittelst Hilfswinkel berechnet werden. Man hat nämlich nach (5):

$$cotg\,B = \frac{cotg\,b\,sin\,c - cos\,c\,cos\,A}{sin\,A},\quad cotg\,C = \frac{cotg\,c\,sin\,b - cos\,b\,cos\,A}{sin\,A}.$$

Man bestimme nun β und γ (zwischen 0 und 180°) durch die Gleichungen:

$$tg\,\beta = cos\,A\,tg\,b,\quad tg\,\gamma = cos\,A\,tg\,c,$$

also

$$cotg\,b = cos\,A\,cotg\,\beta,\quad cotg\,c = cos\,A\,cotg\,\gamma,$$

so erhält man

$$cotg\,B = \frac{cotg\,A\,sin(c-\beta)}{sin\,\beta},\quad cotg\,C = \frac{cotg\,A\,sin(b-\gamma)}{sin\,\gamma}.$$

$b = 140°7'56''$, $c = 91°47'40''$, $A = 129°57'59''$, also $\tfrac{1}{2}(b+c) = 115°57'48''$, $\tfrac{1}{2}(b-c) = 24°10'8''$, $\tfrac{1}{2}A = 64°58'56{\cdot}5''$.

$log\,cos\tfrac{1}{2}(b-c) = 9{\cdot}9601579$ $log\,sin\tfrac{1}{2}(b-c) = 9{\cdot}6121772$
$log\,cotg\tfrac{1}{2}A = 9{\cdot}6690051$ $log\,cotg\tfrac{1}{2}A = 9{\cdot}6690051$
$E\,log\,cos\tfrac{1}{2}(b+c) = 0{\cdot}3587283(-)$ $E\,log\,sin\tfrac{1}{2}(b+c) = 0{\cdot}0462044$
$log\,tg\tfrac{1}{2}(B+C) = \overline{9{\cdot}9878913(-)}$ $log\,tg\tfrac{1}{2}(B-C) = \overline{9{\cdot}3273867}$
$\tfrac{1}{2}(B+C) = 135°47'55{\cdot}2''$ $\tfrac{1}{2}(B-C) = 11°59'51{\cdot}5''$

$$\log tg\tfrac{1}{2}(b-c) = 9\cdot6520192$$
$$\log \sin\tfrac{1}{2}(B+C) = 9\cdot8433460$$
$$E \log \sin\tfrac{1}{2}(B-C) = 0\cdot6822053$$
$$\log tg\tfrac{1}{2}a = 10\cdot1775705$$
$$\tfrac{1}{2}a = 56°23'59\cdot8''$$
$$a = 112°47'59\cdot6''$$
$$\tfrac{1}{2}(B+C) = 135°47'55\cdot2''$$
$$\tfrac{1}{2}(B-C) = 11°59'51\cdot5''$$
durch Addition: $B = 147°47'46\cdot7''$
durch Subtraktion: $C = 123°48'3\cdot7''$.

Zur Uebung mögen dienen:

$\begin{cases} b = 116°44'49'', & c = 129°11'40'', & A = 59°4'25'', \\ B = 94°23'10'', & C = 120°4'50'', & a = 50°12'4''. \end{cases}$

$\begin{cases} b = 129°57'59'', & c = 87°51'37'', & A = 88°12'20'', \\ B = 130°0'0'', & C = 87°12'28'', & a = 90°. \end{cases}$

$\begin{cases} b = 50°0'0'', & c = 92°47'32'', & A = 90°, \\ B = 50°2'1'', & C = 92°8'23'', & a = 91°47'40''. \end{cases}$

§. 15.

Eine Seite und die anliegenden Winkel gegeben.

In einem sphärischen Dreiecke sind gegeben eine Seite a und die zwei an ihr liegenden Winkel B, C; man soll die übrigen Stücke berechnen.

Aus §. 9 hat man, wenn $B > C$,

$$tg\tfrac{1}{2}(b+c) = \frac{\cos\tfrac{1}{2}(B-C)}{\cos\tfrac{1}{2}(B+C)} tg\tfrac{1}{2}a, \quad tg\tfrac{1}{2}(b-c) = \frac{\sin\tfrac{1}{2}(B-C)}{\sin\tfrac{1}{2}(B+C)} tg\tfrac{1}{2}a;$$

hieraus erhält man $\tfrac{1}{2}(b+c)$, $\tfrac{1}{2}(b-c)$, also b und c; der Winkel A ergibt sich dann nach (9) in §. 9; wenn man dort $\cos\tfrac{1}{2}A$, $\sin\tfrac{1}{2}A$ oder $tg\tfrac{1}{2}A$ bestimmt.

Man kann den fehlenden Winkel A übrigens auch unmittelbar finden.

Aus (7) folgt:
$$\cos A = -\cos B \cos C + \sin B \sin C \cos a;$$
man bestimme nun den Winkel φ so dass

so ist
$$tg\,\varphi = tg\,B\cos a, \quad \sin B \cos a = \cos B\,tg\,\varphi,$$
$$\cos A = -\cos B \cos C + \sin C \cos B\,tg\,\varphi = \frac{\cos B}{\cos \varphi}(\sin C \sin \varphi - \cos C \cos \varphi)$$
$$= -\frac{\cos B \cos(\varphi + C)}{\cos \varphi}.$$

Die Seiten b und c lassen sich ebenfalls in anderer Weise finden. Aus (5) folgt:
$$cotg\,b = \frac{\cos a \cos C + \sin C \cot g\,B}{\sin a}, \quad cotg\,c = \frac{\cos a \cos B + \sin B \cot g\,C}{\sin a};$$
man bestimme also die Winkel α, β derart, dass
$$tg\,\alpha = \frac{cotg\,B}{\cos a}, \quad tg\,\beta = \frac{cotg\,C}{\cos a},$$
so ist
$$cotg\,b = \frac{cotg\,a \cos(C - \alpha)}{\cos \alpha}, \quad cotg\,c = \frac{cotg\,a \cos(B - \beta)}{\cos \beta}.$$

Ist $a = 90°$, so hat man nach §. 11, IV:
$$cotg\,b = \sin C \cot g\,B, \quad cotg\,c = \sin B \cot g\,C, \quad \cos A = -\cos B \cos C.$$

Für $B = C$ ist auch $b = c$ und also:
$$tg\,b = \frac{tg\,\tfrac{1}{2}a}{\cos B},$$
woraus b (und also auch c) folgt.

Da die Rechnung ganz der in §. 14 ähnlich ist, so mögen blos Beispiele zur Uebung vorgelegt werden.

$$\begin{cases} a = 120°55'35'', & B = 63°15'12'', & C = 50°48'20'', \\ A = 129°47'56'', & b = 85°36'50'', & c = 59°55'10''. \end{cases}$$
$$\begin{cases} a = 90°, & B = 143°33', & C = 136°27'30'', \\ A = 125°40', & b = 133°0'18'', & c = 122°0'43''. \end{cases}$$

§. 16.
Zwei Seiten und ein entgegen stehender Winkel gegeben.

In einem sphärischen Dreiecke sind zwei Seiten und ein Winkel gegeben, welch letzterer einer der gegebenen Seiten entgegen steht, also a, b, A; man soll die übrigen Stücke des Dreiecks daraus berechnen.

Man hat zunächst nach (3):

$$\sin B = \frac{\sin b \sin A}{\sin a}.$$

Aus dieser Formel ergeben sich zwei Werthe von B, wovon der eine zwischen 0 und 90°, der andere zwischen 90° und 180° liegt (vergl. erste Abthlg. §. 32). Wir müssen hiebei nun folgende drei Fälle unterscheiden:

I. $a + b < 180°$, also auch $A + B < 180°$. (§. 10.)

1) $A < 90°$
$\begin{cases} a<b, \text{ also auch } A<B, \text{ mithin B spitz oder stumpf,} \\ \qquad \text{(zweideutig),} \\ a=b, \text{ also auch } A=B, \text{ mithin } B<90°, \text{ (unzweideutig),} \\ a>b, \quad„ \quad „ \quad A>B, \quad„ \quad B<90°, \qquad „ \end{cases}$

2) $A = 90°$
$\begin{cases} a<b, \text{also auch} A<B, \text{ist unmögl., da sonst} A+B>180°, \\ a=b, \quad„ \quad„ \quad A=B, „ \quad„ \quad„ \quad„ \quad A+B=180°, \\ a>b, \quad„ \quad„ \quad A>B, \text{ mithin } B<90° \text{ (unzweideutig).} \end{cases}$

3) $A > 90°$
$\begin{cases} a<b, \text{also auch} A<B, \text{ist unmögl., da sonst} A+B>180°, \\ a=b, \quad„ \quad„ \quad A=B, „ \quad„ \quad„ \quad„ \quad A+B>180°, \\ a>b, \quad„ \quad„ \quad A>B, \text{ also } B>90° \text{ (unzweideutig).} \end{cases}$

II. $a + b = 180°$, also auch $A + B = 180°$.

1) $A < 90°$
$\begin{cases} a<b, \text{ also auch } A<B, \text{ also B nur stumpf, damit } A+B \\ \qquad = 180° \text{ (unzweideutig),} \\ a=b, \text{also auch} A=B, \text{ist unmögl., da sonst} A+B<180°, \\ a>b, \quad„ \quad„ \quad A>B, „ \quad„ \quad„ \quad„ \quad A+B<180°, \end{cases}$

2) $A = 90°$
$\begin{cases} a<b, \text{ also auch } A<B, \text{unmögl., da sonst } A+B>180°, \\ a=b, \quad„ \quad„ \quad A=B, \text{ also } B=90° \text{ (unzweideutig),} \\ a>b, \quad„ \quad„ \quad A>B, \text{unmögl., da sonst } A+B<180°. \end{cases}$

3) $A > 90°$
$\begin{cases} a<b, \text{also auch} A<B, \text{unmöglich, da sonst} A+B>180°, \\ a=b, \quad„ \quad„ \quad A=B, \quad „ \quad, „ \quad„ \quad A+B>180°, \\ a>b, \quad„ \quad„ \quad A>B, \text{mithin B blos} <90° \text{ (unzweidtg.).} \end{cases}$

III. $a + b > 180°$, also auch $A + B > 180°$.

1) $A < 90°$
$\begin{cases} a<b, \text{ also auch } A<B, \text{ also } B>90° \text{ (unzweideutig),} \\ a=b, \quad„ \quad„ \quad A=B, \text{unmögl., da sonst } A+B<180°. \\ a>b, \quad„ \quad„ \quad A>B, \quad„ \quad„ \quad„ \quad A+B<180°, \end{cases}$

2) $A = 90°$ $\begin{cases} a<b, \text{ also auch } A<B, B>90° \text{ (unzweideutig)}, \\ a=b, \quad \text{„} \quad \text{„} \quad A=B, \text{ unmögl., da sonst } A+B=180°, \\ a>b, \quad \text{„} \quad \text{„} \quad A>B, \quad \text{„} \quad \text{,} \quad \text{„} \quad \text{„} \quad A+B<180°, \end{cases}$

3) $A > 90°$ $\begin{cases} a<b, \quad \text{„} \quad \text{„} \quad A<B, B>90° \text{ (unzweideutig)}, \\ a=b, \quad \text{„} \quad \text{„} \quad A=B, B>90° \quad \text{„} \\ a>b, \quad \text{„} \quad \text{„} \quad A>B, B \text{ kann beide Werthe haben (zweideutig)}. \end{cases}$

Mithin hat man zweideutige Fälle nur, wenn zugleich: $a+b < 180°$, $A < 90°$, $a < b$; oder $a+b > 180°$, $A > 90°$, $a > b$.

In diesem Falle ist aber die Auflösung nothwendig zweifach. Aus

$$sin\, B = \frac{sin\, b\, sin\, A}{sin\, a}$$

folgt für $A < 90°$, $a < b$, $a + b < 180°$, nothwendig ein spitzer Winkel B, der grösser ist als A, also ein stumpfer, kleiner als $180° - A$, mithin beträgt der stumpfe Winkel B mit dem Winkel A noch nicht $180°$.

Für $A > 90°$, $a > b$, $a + b > 180°$ folgt für B ein stumpfer Winkel, kleiner als A, also ein spitzer grösser als $180° - A$, mithin beträgt der spitze Winkel B mit dem Winkel A mehr als $180°$.

Natürlich kann es sich ereignen, dass bei beliebig gewählten Angaben ein Dreieck unmöglich wird (vergl. erste Abthlg. §. 32). Es wird dies geschehen, wenn $sin\, B > 1$ ausfällt.

Hat man B berechnet, so kennt man jetzt in dem Dreiecke: a, b, A, B und findet c, C aus den Formeln (10) des §. 9. Sind beide Werthe von B zulässig gewesen, so erhält man natürlich auch zwei Dreiecke zur Berechnung.

Sey z. B. $a = 37° 48' 20''$, $b = 50° 32' 40''$, $A = 40° 36' 50''$.

$$log\, sin\, b = 9{\cdot}8876835$$
$$log\, sin\, A = 9{\cdot}8135531$$
$$E\, log\, sin\, a = 0{\cdot}2125511$$
$$log\, sin\, B = \overline{9{\cdot}9137877}$$
$$B = \begin{cases} 55° 4' 47{\cdot}4'' \\ 124° 55' 12{\cdot}6''. \end{cases}$$

Es gibt also in diesem Falle zwei Dreiecke, in denen a, b, A dieselben Werthe haben.

Für das erstere ist nun:

$\frac{1}{2}(b+a)=44°10'30''$, $\frac{1}{2}(b-a)=6°22'10''$, $\frac{1}{2}(B-A)=7°13'58·7''$,
$\frac{1}{2}(B+A)=47°50'48·7''$

$log\,sin\frac{1}{2}(b+a)=9·8431407$	$log\,sin\frac{1}{2}(B+A)=9·8700255$
$log\,tg\frac{1}{2}(B-A)=9·1035098$	$log\,tg\frac{1}{2}(b-a)=9·0477731$
$E\,log\,sin\frac{1}{2}(b-a)=\overline{0·9549160}$	$E\,log\,sin\frac{1}{2}(B-A)=\overline{0·8999600}$
$log\,cotg\frac{1}{2}C=9·9015665$	$log\,tg\frac{1}{2}c=9·8177586$
$\frac{1}{2}C=51°26'17·53''$	$\frac{1}{2}c=33°18'59·8''$
$C=102°52'35·1''$	$c=66°37'59·6''$

Für das zweite ist:

$\frac{1}{2}(b+a)=44°10'30''$, $\frac{1}{2}(b-a)=6°22'10''$, $\frac{1}{2}(B-A)=42°9'11·3''$,
$\frac{1}{2}(B+A)=82°46'1·3''$

$log\,sin\frac{1}{2}(b+a)=9·8431407$	$log\,cos\frac{1}{2}(B+A)=9·1000400$
$log\,tg\frac{1}{2}(B-A)=9·9567711$	$log\,tg\frac{1}{2}(b+a)=9·9874915$
$E\,log\,sin\frac{1}{2}(b-a)=\overline{0·9549160}$	$E\,log\,cos\frac{1}{2}(B-A)=\overline{0·1299746}$
$log\,cotg\frac{1}{2}C=10·7548278$	$log\,tg\frac{1}{2}c=9·2175061$
$\frac{1}{2}C=9°58'27''$	$\frac{1}{2}c=9°22'11·5''$
$C=19°56'54''$	$c=18°44'23''$

§. 17.
Zwei Winkel und eine entgegen stehende Seite gegeben.

In einem sphärischen Dreieck sind gegeben eine Seite a, ein ihr anliegender Winkel B, und der ihr gegenüber stehende A; die übrigen Stücke desselben zu bestimmen.

Man hat
$$sin\,b = \frac{sin\,a\,sin\,B}{sin\,A}.$$

Hieraus folgen wieder zwei Werthe von b, und man muss, wie in §. 16 folgende Fälle unterscheiden:

I. $A+B < 180°$, also auch $a+b < 180°$. (§. 10).

1) $a < 90°$ $\begin{cases} A<B \text{, also auch } a<b \text{, mithin kann b beide Werthe haben} \\ \quad\text{(zweideutig),} \\ A=B \text{, also auch } a=b \text{, mithin } b<90° \text{ (unzweideutig),} \\ A>B, \quad„\quad„\quad a>b, \quad„\quad b<90° \quad „ \end{cases}$

2) $a=90°$ $\begin{cases} A<B, \text{ also auch } a<b, \text{ unmöglich, da sonst } a+b>180°, \\ A=B, \quad„\quad„\quad a=b, \quad„\quad„\quad„\quad a+b=180°, \\ A>B, \quad„\quad„\quad a>b, b<90° \text{ (unzweideutig)}. \end{cases}$

3) $a>90°$ $\begin{cases} A<B, \text{ also auch } a<b, \text{ unmöglich, da sonst } a+b>180°, \\ A=B, \quad„\quad„\quad a=b, \quad„\quad„\quad„\quad a+b>180°, \\ A>B, \quad„\quad„\quad a>b, b<90° \text{ (unzweideutig)}. \end{cases}$

II. $A+B=180°$, also auch $a+b=180°$.

1) $a<90°$ $\begin{cases} A<B, \text{ also auch } a<b, \text{ also } b>90°, \text{ damit } a+b=180° \\ \quad\text{(unzweideutig)}, \\ A=B, \text{ also auch } a=b, \text{ unmöglich, da sonst } a+b<180°, \\ A>B, \quad„\quad„\quad a>b, \quad„\quad„\quad„\quad a+b<180°. \end{cases}$

2) $a=90°$ $\begin{cases} A<B, \quad„\quad„\quad a<b, \quad„\quad„\quad„\quad a+b>180°, \\ A=B, \quad„\quad„\quad a=b, b=90° \text{ (unzweideutig)}, \\ A>B, \quad„\quad„\quad a>b, \text{ unmöglich, da sonst } a+b<180°. \end{cases}$

3) $a>90°$ $\begin{cases} A<B, \quad„\quad„\quad a<b, \quad„\quad„\quad„\quad a+b>180°, \\ A=B, \quad„\quad„\quad a=b, \quad„\quad„\quad„\quad a+b>180°, \\ A>B, \quad„\quad„\quad a>b, b<90° \text{ (unzweideutig)}. \end{cases}$

III. $A+B>180°$, $a+b>180°$.

1) $a<90°$ $\begin{cases} A<B, \text{ also auch } a<b, b>90°, \text{ da sonst } a+b \text{ nicht } >180° \\ \quad\text{(unzweideutig)}, \\ A=B, \text{ also auch } a=b, \text{ unmöglich, da sonst } a+b<180°, \\ A>B, \quad„\quad„\quad a>b, \quad„\quad„\quad„\quad a+b<180°. \end{cases}$

2) $a=90°$ $\begin{cases} A<B, \text{ also auch } a<b, b>90° \text{ (unzweideutig)}, \\ A=B, \quad„\quad„\quad a=b, \text{ unmöglich, da sonst } a+b=180°, \\ A>B, \quad„\quad„\quad a>b, \quad„\quad„\quad„\quad a+b<180°, \end{cases}$

3) $a>90°$ $\begin{cases} A<B, \quad„\quad„\quad a<b, b>90° \text{ (unzweideutig)}, \\ A=B, \quad„\quad„\quad a=b, b>90° \text{ (unzweideutig)}, \\ A>B, \quad„\quad„\quad a>b, b \text{ kann beide Werthe haben (zwei-} \\ \quad\text{deutig)}. \end{cases}$

Zweideutige Fälle treten also nur dann ein, wenn gleichzeitig: $A+B<180°$, $A<B$, $a<90°$; $A+B>180°$, $A>B$, $a>90°$.

Dass aber diese Fälle wirklich zweideutig sind, ergibt sich wie in §1. 6.

§. 18.
Rechtwinkliges Dreieck.

Die in den §§. 12—17 behandelten Fälle umfassen die vollständige Auflösung der sphärischen Dreiecke. Wir haben das rechtwinklige Dreieck keineswegs davon abgesondert, da dasselbe natürlich unter die allgemeine Regel fallen muss, wobei wir freilich meistens diesen besondern Fall noch besonders erörtert haben.

Will man die Fälle des rechtwinkligen Dreiecks speziell zusammengestellt sehen, so kann man sich folgende Tabelle machen:

Sey A der rechte Winkel, also a die Hypothenuse, b, c, die Katheten, so hat man:

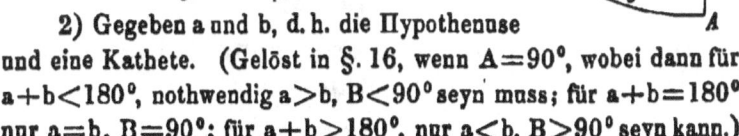

Fig. 60.

1) Gegeben b, c d. h. die beiden Katheten. (Allgemein gelöst in §. 14.)

$$cos\,a = cos\,b\,cos\,c,\quad cotg\,C = cotg\,c\,sin\,b,$$
$$cotg\,B = cotg\,b\,sin\,c.$$

2) Gegeben a und b, d. h. die Hypothenuse und eine Kathete. (Gelöst in §. 16, wenn $A=90°$, wobei dann für $a+b<180°$, nothwendig $a>b$, $B<90°$ seyn muss; für $a+b=180°$ nur $a=b$, $B=90°$; für $a+b>180°$, nur $a<b$, $B>90°$ seyn kann.)

$$cos\,c = \frac{cos\,a}{cos\,b},\quad cos\,C = cotg\,a\,tg\,b,\quad sin\,B = \frac{sin\,b}{sin\,a}.$$

($B \lesseqgtr 90°$, wenn $b \lesseqgtr 90°$, §. 11).

3) Gegeben B, C d. h. die beiden andern Winkel. (Gelöst in §. 13).

$$cos\,a = cotg\,B\,cotg\,C,\quad cos\,c = \frac{cos\,C}{sin\,B},\quad cos\,b = \frac{cos\,B}{sin\,C}.$$

4) Gegeben b, C, d. h. eine Kathete und der ihr anliegende Winkel. (Gelöst in §. 15.)

$$cos\,B = cos\,b\,sin\,C,\quad tg\,a = \frac{tg\,b}{cos\,C},\quad cotg\,c = \frac{cotg\,C}{sin\,b}.$$

5) Gegeben a, B, d. h. die Hypothenuse und einer der an ihr liegenden Winkel. (Allgemein gelöst in §. 17, wo $A=90°$. Für $B<90°$, also $A+B<180°$, also $A>B$, ist dort, wenn $a<90°$, auch $b<90°$; wenn $a=90°$, $b<90°$; wenn $a>90°$, $b<90°$. Für $B=90°$, also $A=B$ kann nur $a=b=90°$ seyn. Für $B>90°$, also

A+B>180°, und A<B, ist wenn a<90°, b>90°; wenn a=90°, b>90°; wenn a>90°, b>90°).

$cotg\, C = tg\, B \cos a$, $tg\, c = tg\, a \cos B$, $\sin b = \sin a \sin B$.
(b ⪌ 90°, wenn B ⪌ 90°).

6) Gegeben b, B d. h. eine Kathete und der ihr entgegen stehende Winkel. (Gelöst in §. 17, wenn man dort die Buchstaben, a, b und A, B vertauscht. Da dann A=90°, also wenn A+B<180° seyn soll, B<90°, mithin B<A, so wird, wenn b<90°, a zwei Werthe haben und b aber nur <90° seyn dürfen; für B=90°, also A+B=180°, B=A, kann nur b=a=90° seyn; für B>90°, also A+B>180°, B>A, kann nur b>90° seyn, und a hat zwei Werthe).

$$\sin a = \frac{\sin b}{\sin B}, \quad \cos c = tg\, b \cot g\, a, \quad tg = tg\, a \cos B.$$

a ist absolut zweideutig, ausser wenn b = B.

§. 19.
Allgemeine Beziehungen im sphärischen Dreieck. Uebersicht der bisherigen Ergebnisse.

I. Hat man ein wirkliches Dreieck vor sich, und will gewisse fehlende Stücke aus gewissen gemessenen berechnen, so wird dies natürlich nach dem Obigen keiner weitern Schwierigkeit unterliegen, und man wird auch von vorn herein versichert seyn, dass das so berechnete Dreieck wirklich bestehe. Denn die gemessenen Stücke sind — der Annahme nach — aus einem wirklichen Dreiecke entnommen und sind in genügender Zahl, um das Dreieck zu bestimmen; die berechneten Stücke sind aus Gleichungen gefunden worden, welche jedenfalls richtig sind, und denen die Stücke des vorhandenen Dreiecks genügen; man wird also natürlich nichts Anderes erhalten können, als eben diese wirklich bestehenden Stücke.

Da man in den Anwendungen es begreiflicher Weise nur mit wirklich bestehenden sphärischen Dreiecken zu thun haben kann, so versteht sich ganz von selbst, dass man die in diesem Abschnitte aus einander gesetzten Auflösungsmethoden ohne weitere Bedenklichkeit wird gebrauchen dürfen.

II. Wählt man jedoch die Angaben, nach denen gerechnet

werden soll, beliebig, so muss man natürlich auf die Fundamentalbeziehungen achten, die wir früher aufgestellt haben. Sie sind:

1) In jedem sphärischen Dreiecke sind zwei Seiten zusammen grösser als die dritte. (§. 2, I.)

2) Die drei Seiten eines sphärischen Dreiecks sind zusammen kleiner als 360°. (§. 2, IV.)

3) Jede Seite eines sphärischen Dreiecks ist kleiner als 180°.

4) In jedem spärischen Dreiecke sind die drei Winkel zusammen grösser als 180°. (§. 2, V.)

5) Dieselben drei Winkel sind aber zusammen kleiner als 540°. (§. 2, III.)

6) Die Differenz zwischen der Summe zweier Winkel und dem dritten Winkel liegt zwischen — 180° und 180°. (§. 2, V.)

7) Jeder Winkel eines sphärischen Dreiecks ist kleiner als 180° (§. 5, I).

8) Dem grössern Winkel eines sphärischen Dreiecks steht die grössere Seite, und der grössern Seite der grössere Winkel entgegen (§. 10).

9) Sind zwei Winkel eines spärischen Dreiecks zusammen grösser, oder gleich, oder kleiner als 180°, so ist die Summe der entgegen stehenden Seiten ebenfalls grösser, oder gleich, oder kleiner als 180°. (§. 10.)

10) Ist die Summe zweier Seiten eines sphärischen Dreiecks grösser, oder gleich, oder kleiner als 180°, so ist die Summe der entgegen stehenden Winkel eben so beschaffen. (§. 10.)

11) Sind Seiten (Winkel) einander gleich, so sind es auch die entgegen stehenden Winkel (Seiten). Ein gleichseitiges sphärisches Dreieck ist also auch ein gleichwinkliges und umgekehrt. (§. 10.)

12) In einem rechtwinklig sphärischen Dreiecke werden jede Kathete und der ihr entgegen stehende Winkel zugleich grösser, oder gleich, oder kleiner als 90° seyn. (§. 11, I.)

13) Hat ein sphärisches Dreieck zwei rechte Winkel, so sind auch die entgegen stehenden Seiten gleich 90°. (§. 11, II.)

14) Hat ein sphärisches Dreieck eine Seite = 90°, so wird jede

andere Seite und der ihr entgegen stehende Winkel zugleich grösser, oder gleich, oder kleiner als 90° seyn. (§. 11, IV.)

III. Dies sind die Beziehungen, die man im Auge haben muss, wenn man Angaben machen will, die wirklichen Dreiecken entsprechen. Verletzt man aber diese Beziehungen nicht, so kann man frei wählen. Also:

a) wenn man die drei Seiten eines Dreiecks beliebig wählt, so jedoch, dass die Sätze 1—3 nicht verletzt sind, so kann man daraus immer ein sphärisches Dreieck konstruiren,

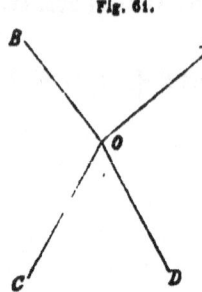

Fig. 61.

also auch berechnen. Seyen AOB, BOC, AOD drei Winkel, die den obigen Bedingungen entsprechen; man drehe nun BOC um OB, AOD um AO, so werden zwei Kegelflächen entstehen, die sich schneiden werden, so dass also die Durchschnittslinie die dritte Kante der zu bildenden Ecke ist, wenn OB, OA die zwei andern sind. Allerdings schneiden sich die zwei Kegelflächen zweimal, so dass zwei dreiseitige Ecken zu entstehen scheinen; da dieselben aber gleiche Kantenwinkel haben, so haben sie auch gleiche Flächenwinkel (§. 12), und sind also nicht verschieden, wenn sie gleich nicht zur Deckung gebracht werden können. Die Konstruktion der Ecke ist aber auch Konstruktion des Dreiecks.

b) Wählt man die Winkel beliebig, aber so, dass die Sätze 4—6 nicht verletzt sind, so kann man immer damit ein sphärisches Dreieck (körperliche Ecke) konstruiren.

Sind A, B, C die drei Winkel; 180°—A, 180°—B, 180°—C ihre Ergänzungen zu 180°, so werden letztere drei als Seiten betrachtet, den Sätzen 1—3 genügen (§.2, III, V). Man kann also mit ihnen als Seiten ein sphärisches Dreieck konstruiren; also gibt es ein sphärisches Dreieck, dessen Winkel A, B, C sind (§.2, II).

c) Wählt man zwei Seiten so, dass der Satz 3 nicht verletzt ist, und einen Winkel so, dass der Satz 7 nicht verletzt ist, so kann man, wenn erstere zwei den letztern bilden sollen, damit immer ein Dreieck konstruiren.

Der Nachweis dieses Satzes ist höchst einfach. Wären in obiger Figur BOA, BOC die gegebenen Seiten, so drehe man BOC um BO, bis AOB und BOC mit einander den gegebenen Winkel machen; alsdann bildet OC in seiner neuen Lage die dritte Kante; AO, OB die beiden andern.

d) Wählt man zwei Winkel so, dass Satz 7, und eine Seite so, dass Satz 3 nicht verletzt ist, so kann man damit, wenn erstere an letzterer anliegen sollen, immer ein sphärisches Dreieck bilden.

Vermittelst des Satzes in §. 2, II wird diese Behauptung aus c) gerechtfertigt.

e) Wählt man zwei Seiten und einen Winkel, der der einen Seite entgegenstehen soll, ohne dass die Sätze 3, 7, 14 verletzt sind, so wird man damit höchstens zwei Dreiecke construiren können.

Seyen in obiger Figur AOB, BOC die zwei Seiten, der an OA liegende, also BOC entgegen stehende Winkel gegeben. Durch OA lege man eine Ebene, die mit AOB den gegebenen Winkel mache; um OB beschreibe man, indem man BOC um OB dreht, eine Kegelfläche, so wird dieselbe die fragliche, oberhalb der Papierebene (d. h. der Ebene BOA) befindliche Ebene entweder gar nicht schneiden, oder in einer Geraden, oder in zwei Geraden, oder in einer Geraden berühren; diese Geraden sind dann aber die dritte Kante. Also wird man etweder gar keine Ecke (sphärisches Dreieck), oder eine, oder zwei Ecken erhalten können.

f) Wählt man zwei Winkel und eine Seite, die einem Winkel entgegen stehen soll, ohne die Sätze 3, 7, 12 zu verletzen, so kann man damit höchstens zwei sphärische Dreiecke konstruiren. Die Rechtfertigung dieser Behauptung ergibt sich aus e) nach §. 2, II.

Es ist nicht schwer zu übersehen, dass diese Konstruktionen auch unmittelbar auf die oben aufgestellten Sätze 1—14 führen würden; wir wollen uns jedoch, da dies für uns weniger von Interesse ist, dabei nicht aufhalten, indem wir dem Leser überlassen, sich den konstruktiven Beweis jener Sätze aus Obigem abzuleiten.

Dritter Abschnitt.
Berechnung der Fläche des sphärischen Dreiecks.

§. 20.

I. Wir haben seither den Halbmesser der Kugel nie beachtet, wie dies auch ganz in der Ordnung war, da die aufgestellten Beziehungen ja im Grunde doch nur Beziehungen zwischen Kanten- und Flächenwinkeln dreiseitiger körperlicher Ecken sind. Wenn wir aber von der **Fläche** eines sphärischen Dreiecks sprechen, so ist von vorn herein klar, dass es auf den Werth des Halbmessers hiebei wesentlich ankommt. Wir werden unter **Fläche des sphärischen Dreiecks** nun denjenigen Theil der Kugelfläche verstehen, der von den drei Bögen, welche das Dreieck bilden, und von denen jeder kleiner ist als der halbe Umfang des grössten Kreises der Kugel, umschlossen ist. Um dieselbe aber berechnen zu können, müssen wir zuerst auf einen stereometrischen Satz zurückkommen.

Es folgt ganz unmittelbar aus §. 12, dass wenn in zwei sphärischen Dreiecken die drei Seiten gegenseitig gleich sind, auch die diesen Seiten entgegen stehenden Winkel einander gleich seyn werden, so wie aus §. 13 der umgekehrte Satz sich ergibt. Die Gleichheit der Seiten (§. 1) zieht natürlich auch die Gleichheit der Bögen, welche das Dreieck bilden, nach sich. Zwei sphärische Dreiecke nun, deren Seiten und Winkel gegenseitig gleich sind, können eine solche Lage haben, dass sie einander decken können, oder auch nicht. Das Erstere ist leicht einzusehen; vom Letztern wird man sich die klarste Vorstellung machen, wenn man sich in die drei Eckpunkte eines sphärischen Dreiecks die drei Kugelhalbmesser gezogen denkt, diese dann rückwärts verlängert, bis sie die Kugel wieder treffen und durch die so erhaltenen Eckpunkte ein Dreieck legt. Das letztere hat mit dem erstern offenbar gleiche Seiten, wird aber mit demselben nicht zur Deckung gebracht werden können.

II. Zwei sphärische Dreiecke auf derselben Kugel, welche sich decken, haben natürlich gleiche Fläche; aber auch zwei Dreiecke, die sich nicht decken, wenn nur die Seiten beider gleich sind, haben ebenfalls gleiche Fläche (wobei wir dieselben sogleich in die vorhin angegebene Lage versetzt denken). Dieser letzte Satz wird in folgender Weise bewiesen werden können.

Sey ABC ein sphärisches Dreieck, OA, OB, OC die drei vom Kugelmittelpunkt O aus gezogenen Halbmesser, welche, rückwärts verlängert, die Kugel wieder in A', B', C' treffen. Das Kugeldreieck A'B'C' hat nun mit ABC gleiche Seiten, kann aber nicht mit ihm zur Deckung gebracht werden. Denken wir uns die Sehnen AB, AC, BC, so wie A'B', A'C', B'C' gezogen, so wird auch

Sehne AB = A'B', AC = A'C', BC = B'C'

seyn, also werden die zwei um die (Sehnen-) Dreiecke ABC, A'B'C' gezogenen Kreise gleiche Halbmesser haben (erste Abth. §. 33). Diese Kreise liegen auf der Kugeloberfläche, indem sie nichts Anderes sind, als die Durchschnitte der Ebenen ABC, A'B'C' mit der Kugelfläche. Die von denselben umschlossenen Theile der Kugelfläche können aber, wie leicht ersichtlich, zur Deckung gebracht werden, sind folglich gleich gross. Zwischen den Bögen AB, AC, BC und dem um ABC beschriebenen kleinen Kreise der Kugel liegen zweieckige Flächenstücke, welche mit den entsprechenden zwischen A'B', A'C', B'C' und dem um A'B'C'

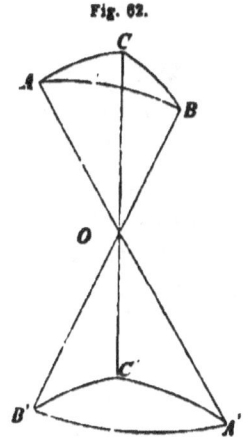

Fig. 62.

beschriebenen kleinen Kugelkreise liegenden zur Deckung gebracht werden können. So z. B. das zwischen AB und dem kleinen Kreisbogen AB liegende, mit dem zwischen A'B' und dem kleinen Kreisbogen A'B' liegenden. Zu dem Ende lege man nämlich A' auf B, B' auf A, also A'B' auf BA, was immer möglich ist, da AB=A'B'; alsdann wird der kleine Kreisbogen A'B' auf den kleinen Kreisbogen BA fallen, welche zwei ebenfalls gleich gross sind, so dass die Flächenstücke sich decken. Die genannten Flächenstücke sind also ihrem Inhalte nach gleich gross, und da die ganzen von den kleinen Kreisen umspannten Kugelstücke es auch sind, so ergibt sich ganz unmittelbar die Gleichheit der Flächeninhalte der Dreiecke ABC und A'B'C'.*

---

* Zwei solche Dreiecke nennt man **symmetrische Dreiecke**. Die ebenen

III. Seyen ferner ABD, ACD zwei Halbkreise grösster Kugelkreise, also A und D zwei Endpunkte desselben Durchmessers, so bildet die Figur ABDCA ein sphärisches Zweieck, und dessen Fläche ist offenbar in der Kugelfläche so oft enthalten, als der Winkel BAC in 360°. Bezeichnet man den Winkel BAC mit A, und drückt ihn in Graden aus, so hat man folglich, wenn r den Kugelhalbmesser bezeichnet:

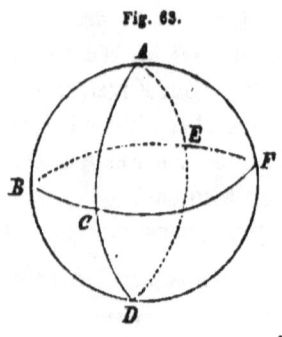

Fig. 63.

$$\text{Zweieck ABDCA} = \frac{4 r^2 \pi A}{360}.$$

IV. Sey nun ABC ein sphärisches Dreieck, dessen Seiten sämmtlich zu ganzen Kreisen verlängert seyen, so werden diese Kreise sich in den Punkten D, E und F nochmals durchschneiden. Die von BCFEB umspannte Halbkugel, auf der A liegt, enthält die Dreiecke ABC, AEF, ACF, ABE. Nun ist aber leicht zu sehen, dass die Dreiecke BCD und AEF gleiche Fläche haben, indem E in demselben Durchmesser mit C, F in demselben mit B, A in demselben mit D liegt, was nach dem Obigen die Gleichheit der Flächen bedingt. Somit ist

$$\text{ABC} + \text{AEF} = \text{Zweieck ABDCA} = \frac{4 r^2 \pi A}{360}.$$

Dreiecke ABC, A'B'C' können zur Deckung gebracht werden, so dass A' auf A, B' auf B, C' auf C zu liegen kommt. Um dies zu bewerkstelligen, lässt man das ebene Dreieck A'B'C' zuerst eine halbe Umdrehung um eine auf seiner Ebene senkrechte Axe machen und bringt es dann parallel mit sich selbst auf ABC. Alsdann aber wenden die sphärischen Dreiecke ihre erhabenen Seiten nach verschiedenen Richtungen, können sich daher nicht decken.

Es lässt sich aber auch unmittelbar einsehen, dass diese sphärischen Dreiecke gleiche Fläche haben müssen. Man denke sich zu dem Ende die Fläche des Dreiecks ABC (des sphärischen) in lauter unendlich kleine dreiseitige Figuren getheilt, so wird man dieselben als eben ansehen dürfen. Durch die drei Eckpunkte eines solchen Dreiecks ziehe man die Durchmesser, so bildet sich auf dem sphärischen Dreieck A'B'C' ein unendlich kleines Dreieck, das ebenfalls als eben darf angesehen werden, und das mit dem ersten (auf ABC) zur Deckung gebracht werden kann. Demnach bestehen die Dreiecke ABC, A'B'C' aus gleichen Flächenelementen, sind mithin selbst gleich gross.

Ferner

$$ABC + BAE = \text{Zweieck } CBEAC = \frac{4r^2\pi C}{360},$$

$$ABC + ACF = \text{Zweieck } ABCFA = \frac{4r^2\pi B}{360},$$

und da

$$ABC + AEF + ACF + ABE = 2r^2\pi,$$

so hat man, wenn man obige drei Gleichungen addirt:

$$2\,ABC + 2r^2\pi = 4r^2\pi\left(\frac{A+B+C}{360}\right),$$

$$2\,ABC = 4r^2\pi\left(\frac{A+B+C}{360} - \tfrac{1}{2}\right) = 4r^2\pi\left(\frac{A+B+C-180}{360}\right)$$

$$ABC = 4r^2\pi\left(\frac{A+B+C-180}{720}\right),$$

d. h. die Fläche des Dreiecks ABC verhält sich zur Kugelfläche, wie sich der Ueberschuss der drei Winkel des Dreiecks über 180° verhält zu 720°.

Diesen Ueberschuss pflegt man den sphärischen Exzess zu nennen und hat also, wenn er mit E bezeichnet wird:

$$\text{Fläche des Dreiecks} = \frac{r^2\pi E^{\circ}}{180} = \frac{r^2\pi E'}{180 \cdot 60} = \frac{r^2\pi E''}{180 \cdot 60 \cdot 60},$$

je nachdem E in Graden, oder Minuten, oder Sekunden gegeben ist. Offenbar kann man kurzweg schreiben (erste Abthlg. §. 18):

$$\text{Fläche des Dreiecks} = r^2 arc\,E. \qquad (12)$$

Da man durch grösste Kreise ein jedes sphärische Vieleck in sphärische Dreiecke zerlegen kann, so ist es leicht, den Ausdruck für die Fläche desselben zu finden.*

---

* Ist s die Summe aller Winkel des Vielecks, n die Anzahl seiner Seiten, von denen aber keine die andere schneidet, so ist die Fläche des Vielecks

$$= 4r^2\pi\left(\frac{s - (n-2)\,180}{720}\right),$$

wenn s in Graden gegeben ist.

Man hat hierauf einen Beweis des so genannten Eulerschen Satzes von den Polyedern gegründet. Sey nämlich ein solcher vorgelegt, der eine Anzahl E von Ecken, S von Seitenflächen, K von Kanten habe, so ist E + S = K + 2. Denn

§. 21.
Berechnung des sphärischen Exzesses.

Wie aus der Formel (12) hervorgeht, handelt es sich, um die Fläche des Dreiecks bestimmen zu können, um die Berechnung des sphärischen Exzesses. Wir wollen zu dem Ende einige Formeln aufstellen, welche dazu dienen können, E zu bestimmen. Gemäss §. 2 schwankt übrigens E zwischen 0 und 360°.

I. Man hat
$$A+B+C-180° = E, \quad A+B+C = 180°+E, \quad \tfrac{1}{2}(A+B+C) = 90°+\frac{E}{2}.$$

$$\cos\tfrac{1}{2}(A+B+C) = -\sin\frac{E}{2}, \quad \sin\tfrac{1}{2}(A+B+C) = \cos\frac{E}{2}.$$

Daraus folgt unmittelbar:
$$\sin\frac{E}{2} = -\cos\tfrac{1}{2}(A+B+C) = -\cos\tfrac{1}{2}(A+B)\cos\tfrac{1}{2}C + \sin\tfrac{1}{2}(A+B)\sin\tfrac{1}{2}C$$

$$= -\frac{\cos\tfrac{1}{2}(a+b)\sin\tfrac{1}{2}C\cos\tfrac{1}{2}C}{\cos\tfrac{1}{2}c} + \frac{\cos\tfrac{1}{2}(a-b)\sin\tfrac{1}{2}C\cos\tfrac{1}{2}C}{\cos\tfrac{1}{2}c} \quad (§.9)$$

---

man denke sich im Innern des Polyeders einen Punkt, von dem aus man in alle Ecken Gerade ziehe; beschreibe dann nun denselben Punkt mit dem (beliebig grossen) Halbmesser r einer Kugel, an der die Geraden enden; verbinde endlich alle diese Endpunkte durch grösste Kreise, so erhält man auf der Kugel eine Anzahl Vielecke. Wir setzen voraus, dass die Seiten der Vielecke sich nicht durchkreuzen, dass vielmehr ein Vieleck unmittelbar sich an das andere anlegt, und nur von solchen Polyedern gilt unser Satz als bewiesen. Alsdann erfüllen alle Vielecke, der Anzahl nach S, die Kugel. Berechnet man nach obiger Formel die Flächen der einzelnen Vielecke, so ist ihre Summe $= 4r^2\pi$. Die Summe aber ist auch

$$= 4r^2\pi\left(\frac{Q-(n_1+n_2+\ldots-2S)180}{720}\right),$$

wo Q die Summe aller Winkel aller Vielecke ist, welche offenbar $E \cdot 360°$ beträgt; $n_1+n_2+\ldots$ ist die doppelte Anzahl aller Seiten (da jede zweimal gezählt ist), also $= 2K$, so dass

$$4r^2\pi = 4r^2\pi\left(\frac{E \cdot 360 - (2K-2S)180}{720}\right), \quad 4 = 2E-2K+2S, \quad E+S = K+2.$$

$$= \frac{\sin\tfrac{1}{2}C\cos\tfrac{1}{2}C}{\cos\tfrac{1}{2}c}\left[\cos\tfrac{1}{2}(a-b) - \cos\tfrac{1}{2}(a+b)\right]$$

$$= \frac{\sin\tfrac{1}{2}C\cos\tfrac{1}{2}C}{\cos\tfrac{1}{2}c}\cdot 2\sin\tfrac{1}{2}a\sin\tfrac{1}{2}b \quad \text{(erste Abthlg. §. 16)}$$

$$= \frac{\sin C\sin\tfrac{1}{2}a\cos\tfrac{1}{2}a\sin\tfrac{1}{2}b\cos\tfrac{1}{2}b}{\cos\tfrac{1}{2}c\cos\tfrac{1}{2}a\cos\tfrac{1}{2}b}$$

$$= \frac{\tfrac{1}{2}\sin a\cdot\tfrac{1}{2}\sin b\cdot\sin C}{\cos\tfrac{1}{2}a\cos\tfrac{1}{2}b\cos\tfrac{1}{2}c} \quad \text{(eben daselbst),}$$

d. h. nach §. 6:

$$\sin\frac{E}{2} = \tfrac{1}{2}\frac{\sqrt{\sin s\sin(s-a)\sin(s-b)\sin(s-c)}}{\cos\tfrac{1}{2}a\cos\tfrac{1}{2}b\cos\tfrac{1}{2}c}. \quad (13)$$

Ferner

$$\cos\frac{E}{2} = \sin\tfrac{1}{2}(A+B+C) = \sin\tfrac{1}{2}(A+B)\cos\tfrac{1}{2}C + \cos\tfrac{1}{2}(A+B)\sin\tfrac{1}{2}C$$

$$= \frac{\cos\tfrac{1}{2}(a-b)\cos^2\tfrac{1}{2}C}{\cos\tfrac{1}{2}c} + \frac{\cos\tfrac{1}{2}(a+b)\sin^2\tfrac{1}{2}C}{\cos\tfrac{1}{2}c} \quad \text{(§. 9)}$$

$$= \frac{\cos\tfrac{1}{2}(a-b)\cdot\sin s\cdot\sin(s-c) + \cos\tfrac{1}{2}(a+b)\cdot\sin(s-a)\sin(s-b)}{\cos\tfrac{1}{2}c\cdot\sin a\sin b} \text{(§. 6)}$$

$$= \frac{\cos\tfrac{1}{2}(a-b)[\tfrac{1}{2}\cos c - \tfrac{1}{2}\cos(2s-c)] + \cos\tfrac{1}{2}(a+b)[\tfrac{1}{2}\cos(a-b)}{\cos\tfrac{1}{2}c\sin a\sin b}$$

$$\qquad -\tfrac{1}{2}\cos(2s-a-b)] \quad \text{[erste Abthlg. §. 16, Formeln (24)]}$$

$$= \frac{\begin{aligned}&\cos\tfrac{1}{2}(a-b)\cos c - \cos\tfrac{1}{2}(a-b)\cos(a+b) + \cos\tfrac{1}{2}(a+b)\cdot\\&\cos(a-b) - \cos\tfrac{1}{2}(a+b)\cos c\end{aligned}}{2\cos\tfrac{1}{2}c\sin a\sin b}$$

$$= \frac{\begin{aligned}&\cos c[\cos\tfrac{1}{2}(a-b)-\cos\tfrac{1}{2}(a+b)] - \cos\tfrac{1}{2}(a-b)[2\cos^2\tfrac{1}{2}(a+b)-1]\\&+\cos\tfrac{1}{2}(a+b)[2\cos^2\tfrac{1}{2}(a-b)-1],\quad\text{[erste Abthlg. §.16 (23)]}\end{aligned}}{2\cos\tfrac{1}{2}c\sin a\sin b}$$

$$= \frac{\begin{aligned}&2\cos c\sin\tfrac{1}{2}a\sin\tfrac{1}{2}b - 2\cos\tfrac{1}{2}(a-b)\cos\tfrac{1}{2}(a+b)[\cos\tfrac{1}{2}(a+b)\\&-\cos\tfrac{1}{2}(a-b)] + \cos\tfrac{1}{2}(a-b) - \cos\tfrac{1}{2}(a+b)\end{aligned}}{2\cos\tfrac{1}{2}c\sin a\sin b}$$

$$= \frac{2\cos c\sin\tfrac{1}{2}a\sin\tfrac{1}{2}b + [\cos a + \cos b]\cdot 2\sin\tfrac{1}{2}a\sin\tfrac{1}{2}b + 2\sin\tfrac{1}{2}a\sin\tfrac{1}{2}b}{2\cos\tfrac{1}{2}c\cdot 2\sin\tfrac{1}{2}a\cos\tfrac{1}{2}a\cdot 2\sin\tfrac{1}{2}b\cos\tfrac{1}{2}b}$$

$$= \frac{\cos c + \cos a + \cos b + 1}{4\cos\tfrac{1}{2}c\cos\tfrac{1}{2}a\cos\tfrac{1}{2}b},$$

oder wenn man $cos\, c = 2cos^2 \tfrac{1}{2}c - 1$ u. s. w. setzt:

$$cos\frac{E}{2} = \frac{cos\,a + cos\,b + cos\,c + 1}{4cos\tfrac{1}{2}a\,cos\tfrac{1}{2}b\,cos\tfrac{1}{2}c} = \frac{cos^2\tfrac{1}{2}a + cos^2\tfrac{1}{2}b + cos^2\tfrac{1}{2}c - 1}{2cos\tfrac{1}{2}a\,cos\tfrac{1}{2}b\,cos\tfrac{1}{2}c}. \quad (14)$$

Nach §. 16 der ersten Abtheilung ist, wenn man die Formeln (13) und (14) beachtet:

$$tg\tfrac{1}{4}E = \frac{1 - cos\dfrac{E}{2}}{sin\dfrac{E}{2}} = \frac{2cos\tfrac{1}{2}a\,cos\tfrac{1}{2}b\,cos\tfrac{1}{2}c - cos^2\tfrac{1}{2}a - cos^2\tfrac{1}{2}b - cos^2\tfrac{1}{2}c + 1}{\sqrt{sin\,s\,sin(s-a)\,sin(s-b)\,sin(s-c)}}$$

$$= \frac{(1 - cos^2\tfrac{1}{2}a)(1 - cos^2\tfrac{1}{2}b) - (cos\tfrac{1}{2}a\,cos\tfrac{1}{2}b - cos\tfrac{1}{2}c)^2}{\sqrt{sin\,s\,sin(s-a)\,sin(s-b)\,sin\,s-c}}$$

$$= \frac{sin^2\tfrac{1}{2}a\,sin^2\tfrac{1}{2}b - (cos\tfrac{1}{2}a\,cos\tfrac{1}{2}b - cos\tfrac{1}{2}c)^2}{\sqrt{sin\,s\,sin(s-a)\,sin(s-b)\,sin(s-c)}}$$

$$= \frac{[sin\tfrac{1}{2}a\,sin\tfrac{1}{2}b + cos\tfrac{1}{2}a\,cos\tfrac{1}{2}b - cos\tfrac{1}{2}c]\,[sin\tfrac{1}{2}a\,sin\tfrac{1}{2}b - cos\tfrac{1}{2}a\,cos\tfrac{1}{2}b + cos\tfrac{1}{2}c]}{\sqrt{sin\,s\,sin(s-a)\,sin(s-b)\,sin(s-c)}},\; [\text{da } M^2 - N^2 = (M+N)(M-N)]$$

$$= \frac{[cos\tfrac{1}{2}(a-b) - cos\tfrac{1}{2}c]\,[cos\tfrac{1}{2}c - cos\tfrac{1}{2}(a+b)]}{\sqrt{sin\,s\,sin(s-a)\,sin(s-b)\,sin\,s-c)}}$$

$$= \frac{2sin\left(\dfrac{a-b+c}{4}\right)sin\left(\dfrac{c+b-a}{4}\right)\cdot 2sin\left(\dfrac{a+b+c}{4}\right)\cdot sin\left(\dfrac{a+b-c}{4}\right)}{\sqrt{sin\,s\,sin(s-a)\,sin(s-b)\,sin(s-c)}}$$

$$= 4\frac{sin\left(\dfrac{s-b}{2}\right)sin\left(\dfrac{s-a}{2}\right)sin\dfrac{s}{2}\,sin\left(\dfrac{s-c}{2}\right)}{\sqrt{sin\,s\,sin(s-a)\,sin(s-b)\,sin(s-c)}}$$

$$= 4\sqrt{\frac{sin^2\dfrac{s}{2}\cdot sin^2\dfrac{s-a}{2}\cdot sin^2\dfrac{s-b}{2}\cdot sin^2\dfrac{s-c}{2}}{16\,sin\dfrac{s}{2}cos\dfrac{s}{2}\cdot sin\dfrac{s-a}{2}cos\dfrac{s-a}{2}\cdot sin\dfrac{s-b}{2}cos\dfrac{s-b}{2}\cdot sin\dfrac{s-c}{2}cos\dfrac{s-c}{2}}}$$

d. h.

$$tg\tfrac{1}{4}E = \sqrt{tg\dfrac{s}{2}\,tg\dfrac{s-a}{2}\,tg\dfrac{s-b}{2}\,tg\dfrac{s-c}{2}}. \quad (15)$$

II. Man hat ferner:

$$cotg\frac{E}{2} = -tg\tfrac{1}{2}(A+B+C) = -\frac{tg\tfrac{1}{2}(A+B)+tg\tfrac{1}{2}C}{1-tg\tfrac{1}{2}(A+B)tg\tfrac{1}{2}C}$$

$$= -\frac{\cos\tfrac{1}{2}(a-b)\,cotg\tfrac{1}{2}C + \cos\tfrac{1}{2}(a+b)\,tg\tfrac{1}{2}C}{\cos\tfrac{1}{2}(a+b) - \cos\tfrac{1}{2}(a-b)\,tg\tfrac{1}{2}C\,cotg\tfrac{1}{2}C} \quad (\S.\,9)$$

$$= \frac{\cos\tfrac{1}{2}(a-b)\,cotg\tfrac{1}{2}C + \cos\tfrac{1}{2}(a+b)\,tg\tfrac{1}{2}C}{\cos\tfrac{1}{2}(a-b) - \cos\tfrac{1}{2}(a+b)}$$

$$= \frac{\cos\tfrac{1}{2}(a-b)\cos^2\tfrac{1}{2}C + \cos\tfrac{1}{2}(a+b)\sin^2\tfrac{1}{2}C}{2\sin\tfrac{1}{2}C\cos\tfrac{1}{2}C \cdot \sin\tfrac{a}{2}\cdot\sin\tfrac{b}{2}}$$

$$= \frac{\cos\tfrac{1}{2}(a-b) + [\cos\tfrac{1}{2}(a+b) - \cos\tfrac{1}{2}(a-b)]\sin^2\tfrac{1}{2}C}{\sin C \sin\tfrac{a}{2}\sin\tfrac{b}{2}}$$

$$= \frac{\cos\tfrac{1}{2}(a-b) - 2\sin\tfrac{a}{2}\sin\tfrac{b}{2}\sin^2\tfrac{1}{2}C}{\sin C \sin\tfrac{a}{2}\sin\tfrac{b}{2}}$$

$$= \frac{\cos\tfrac{1}{2}(a-b)}{\sin C \sin\tfrac{a}{2}\sin\tfrac{b}{2}} - \frac{2\sin^2\tfrac{1}{2}C}{\sin C} = \frac{\cos\tfrac{1}{2}(a-b)}{\sin C \sin\tfrac{a}{2}\sin\tfrac{b}{2}} - tg\tfrac{1}{2}C.$$

Da auch

$$\frac{\cos\tfrac{1}{2}(a-b)}{\sin C \sin\tfrac{a}{2}\sin\tfrac{b}{2}} = \frac{\cos\tfrac{1}{2}a\cos\tfrac{1}{2}b + \sin\tfrac{1}{2}a\sin\tfrac{1}{2}b}{\sin C \sin\tfrac{a}{2}\sin\tfrac{b}{2}} = \frac{cotg\tfrac{a}{2}\,cotg\tfrac{b}{2}}{\sin C} + \frac{1}{\sin C},$$

und

$$\frac{1}{\sin C} - tg\tfrac{1}{2}C = \frac{1}{2\sin\tfrac{C}{2}\cos\tfrac{C}{2}} - \frac{\sin\tfrac{C}{2}}{\cos\tfrac{C}{2}} = \frac{1 - 2\sin^2\tfrac{C}{2}}{2\sin\tfrac{C}{2}\cos\tfrac{C}{2}} = \frac{\cos C}{\sin C} = cotg\, C,$$

so hat man

$$cotg\frac{E}{2} = \frac{\cos\tfrac{1}{2}(a-b)}{\sin C \sin\tfrac{a}{2}\sin\tfrac{b}{2}} - tg\tfrac{1}{2}C = \frac{cotg\tfrac{a}{2}\,cotg\tfrac{b}{2}}{\sin C} + cotg\,C. \quad (16)$$

III. Da endlich

$$A+B+C=180°+E, \quad A=180°+E-(B+C),$$
so hat man
$$\cos A = \cos(180°+E-(B+C))],$$
also (§. 15):
$$\cos[180°+E-(B+C)] = -\frac{\cos B \cos(\varphi+C)}{\cos\varphi}, \quad (17)$$
wenn
$$tg\,\varphi = tg\,B\cos a$$
ist. Da $180°+E-(B+C)$ zwischen 0 und 180° liegt, so bestimmt (17) diesen Winkel. Uebrigens kann man auch schreiben:
$$\cos(B+C-E) = \frac{\cos B \cos(\varphi+C)}{\cos\varphi} \quad (17')$$
und es liegt $B+C-E$ zwischen 0 und 180°.

Die Formeln (13), (14), (15) geben E aus den drei Seiten, und zwar (15) ganz unzweifelhaft, da $\tfrac{1}{4}E$ zwischen 0 und 90° liegt; die (14) dessgleichen, da $\tfrac{1}{2}E$ zwischen 0 und 180° liegt; die Formel (13) kann jedoch zwei Werthe von $\tfrac{1}{2}E$ geben, und wenn man sie anwenden will, muss man vorher wissen, ob $\tfrac{1}{2}E$ zwischen 0 und 90°, oder zwischen 90° und 180° liegt. Die Formel (16) gibt $\dfrac{E}{2}$ unzweifelhaft aus zwei Seiten und dem von ihnen gebildeten Winkel, während (17') E ebenfalls genau aus einer Seite und den zwei anliegenden Winkeln gibt.

§. 22.
Auflösung einiger Aufgaben.

Wir wollen hier noch einige Aufgaben beifügen, deren Lösung sich aus dem Vorstehenden unmittelbar ergibt.

I. Man kennt die Fläche F eines sphärischen Dreiecks, so wie zwei seiner Winkel, das Dreieck soll bestimmt werden.

Sind B und C die gegebenen Winkel, r der Halbmesser der Kugel, A der dritte Winkel und E der sphärische Exzess, so ist
$$A+B+C = 180°+E, \quad E = A+B+C-180°,$$
also nach (12) in §. 20:
$$arc(A+B+C-180°) = \frac{F}{r^2},$$
woraus in Sekunden:

$$A = 180° - (B+C) + \frac{F}{r^2} \frac{180 \cdot 60 \cdot 60}{\pi},$$

wenn auch $180° - (B+C)$ in Sekunden gegeben wird. Jetzt kennt man A und kann nach §. 13 das Dreieck bestimmen.

II. Man kennt die Fläche F nebst zwei Seiten a, b; das Dreieck soll bestimmt werden.

Nach (12) ist
$$arc\, E = \frac{F}{r^2},$$
woraus E folgt. In (16) hat man nun:
$$cotg \frac{E}{2} = \frac{cotg \frac{a}{2}\, cotg \frac{b}{2}}{sin\, C} + cotg\, C,$$
woraus
$$sin\, C\, cotg \frac{E}{2} - cos\, C = cotg \frac{a}{2}\, cotg \frac{b}{2},$$
$$sin\, C\, cos \frac{E}{2} - cos\, C\, sin \frac{E}{2} = cotg \frac{a}{2}\, cotg \frac{b}{2}\, sin \frac{E}{2},$$
$$sin(C - \frac{E}{2}) = cotg \frac{a}{2}\, cotg \frac{b}{2}\, sin \frac{E}{2}.$$

Da nun $\frac{E}{2} < 180°$, so ist die zweite Seite dieser Gleichung positiv und also $C - \frac{E}{2}$ positiv und kleiner als $180°$. Im Allgemeinen sind zwei Werthe von $C - \frac{E}{2}$ möglich, wovon der eine unter $90°$, der andere über $90°$ ist. Fällt dabei C noch unter $180°$ aus, so sind beide Werthe zulässig.

III. Man soll ein sphärisches Dreieck ABC durch einen Bogen vom Punkte A aus halbiren.

Sey D der Punkt, in welchem der halbirende Bogen die Seite BC trifft; in dem Dreiecke ABD kennt man nun die Seite $AB = c$, den Winkel B und die Fläche F = der halben Fläche des Dreiecks ABC.

Ist also E der sphärische Exzess dieses Dreiecks, berechnet aus der Gleichung $arc\, E = \frac{F}{r^2}$, so hat man nach (16):

$$\cotg\frac{E}{2} = \frac{\cotg\frac{c}{2}\cotg\tfrac{1}{2}BD}{\sin B} + \cotg B,$$

$$\cotg\tfrac{1}{2}BD = \frac{\cotg\frac{E}{2} - \cotg B}{\cotg\frac{c}{2}}\sin B = \frac{\sin(B-\frac{E}{2})\,tg\frac{c}{2}}{\sin\frac{E}{2}},$$

wodurch ½ BD also auch BD (in Winkelmaass) gefunden wird.

Vierter Abschnitt.

Vergleichung der sphärischen Dreiecke, deren Seiten klein sind im Verhältniss zum Halbmesser der Kugel, mit ebenen Dreiecken.

§. 23.

Wir wollen annehmen, die Grössen a, b, c bedeuten die Längen der Bögen BC, AC, AB, und es sey r der Halbmesser der Kugel, den wir so gross annehmen, dass die Quotienten $\frac{a}{r}, \frac{b}{r}, \frac{c}{r}$ klein genug seyen, um ihre sechsten und höhern Potenzen vernachlässigen zu können (wobei wir also alle diejenigen Grössen weglassen, die r^6 im Nenner haben, während der Zähler aus a, b, c besteht). Seyen ferner A, B, C die Winkel des sphärischen Dreiecks; A', B', C' die Winkel eines ebenen Dreiecks, dessen Seiten gleich a, b, c seyen; F die Fläche dieses ebenen Dreiecks.

Fig. 64.

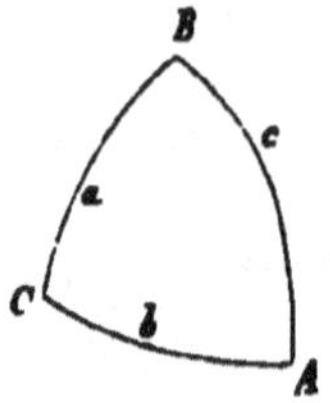

Unter den gemachten Voraussetzungen hat man nach §. 20 der ersten Abtheilung in dem Ausdruck (§. 6, II)

$$\sin C = \frac{2\sqrt{\sin s \, \sin(s-a) \, \sin(s-b) \, \sin(s-c)}}{\sin a \, \sin b}$$

zu setzen:

mit ebenen Dreiecken, welche dieselben Seiten haben.

$$sin\, s = \frac{s}{r} - \frac{1}{6}\left(\frac{s}{r}\right)^3 + \frac{1}{120}\left(\frac{s}{r}\right)^5, \; sin(s-a) = \frac{s-a}{r} - \frac{1}{6}\left(\frac{s-a}{r}\right)^3$$
$$+ \frac{1}{120}\left(\frac{s-a}{r}\right)^5, \ldots\ldots, \; sin\, b = \frac{b}{r} - \frac{1}{6}\left(\frac{b}{r}\right)^3 + \frac{1}{120}\left(\frac{b}{r}\right)^5,$$

und erhält:

$$sin\, C = 2\frac{\sqrt{\begin{array}{c}\frac{s}{r}\left[1-\frac{1}{6}\left(\frac{s}{r}\right)^2+\frac{1}{120}\left(\frac{s}{r}\right)^4\right]\frac{s-a}{r}\left[1-\frac{1}{6}\left(\frac{s-a}{r}\right)^2+\right.\\ \left.+\frac{1}{120}\left(\frac{s-a}{r}\right)^4\right]\frac{s-b}{r}\left[1-\frac{1}{6}\left(\frac{s-b}{r}\right)^2+\frac{1}{120}\left(\frac{s-b}{r}\right)^4\right]\\ \frac{s-c}{r}\left[1-\frac{1}{6}\left(\frac{s-c}{r}\right)^2+\frac{1}{120}\left(\frac{s-c}{r}\right)^4\right]\end{array}}}{\frac{a}{r}\left[1-\frac{1}{6}\left(\frac{a}{r}\right)^2+\frac{1}{120}\left(\frac{a}{r}\right)^4\right]\frac{b}{r}\left[1-\frac{1}{6}\left(\frac{b}{r}\right)^2+\frac{1}{120}\left(\frac{b}{r}\right)^4\right]}.$$

Multiplizirt man und lässt Alles weg, was r^6 in den Nenner erhält, so hat man hieraus:

$$sin\, C = \frac{2\sqrt{s(s-a)(s-b)(s-c)}}{ab} \times$$

$$\frac{\sqrt{1 - \frac{s^2+(s-a)^2+(s-b)^2+(s-c)^2}{6r^2} + \frac{s^4+(s-a)^4+(s-b)^4+(s-c)^4}{120 r^4}}}{1 - \frac{a^2+b^2}{6r^2} + \frac{a^4+b^4}{120 r^4} + \frac{a^2 b^2}{36 r^4}}$$

$$= \frac{2F}{ab} \cdot \frac{\sqrt{1 - \frac{s^2+(s-a)^2+(s-b)^2+(s-c)^2}{6r^2} + \frac{s^4+(s-a)^4+(s-b)^4+(s-c)^4}{120 r^4} + \frac{s^2(s-a)^2 + s^2(s-b)^2 + s^2(s-c)^2 + (s-a)^2(s-b)^2 + (s-a)^2(s-c)^2 + (s-b)^2(s-c)^2}{36 r^4}}}{1 - \frac{a^2+b^2}{6r^2} + \frac{a^4+b^4}{120 r^4} + \frac{a^2 b^2}{36 r^4}}$$

(erste Abthlg. §. 33, I). Nun ist im Allgemeinen:

$$\sqrt{1 - \frac{\alpha}{r^2} + \frac{\beta}{r^4}} = 1 - \frac{1}{2}\frac{\alpha}{r^2} + \frac{\frac{1}{2}\beta - \frac{1}{8}\alpha^2}{r^4}; \; *$$

---

* Man findet dieses in folgender Weise. Sey

$$\sqrt{1 - \frac{\alpha}{r^2} + \frac{\beta}{r^4}} = 1 + \frac{x}{r^2} + \frac{y}{r^4},$$

17*

demnach ist der obige Zähler mit dem Quadratwurzelzeichen gleich:

$$1 - \frac{s^2 + (s-a)^2 + (s-b)^2 + (s-c)^2}{12r^2}$$

$$+ \frac{s^4 + (s-a)^4 + (s-b)^4 + (s-c)^4}{240r^4}$$

$$+ \frac{\begin{cases} s^2(s-a)^2 + s^2(s-b)^2 + s^2(s-c)^2 + (s-a)^2(s-b)^2 \\ + (s-a)^2(s-c)^2 + (s-b)^2(s-c)^2 \end{cases}}{72r^4}$$

$$- \frac{\begin{cases} s^4 + (s-a)^4 + (s-b)^4 + (s-c)^4 + 2s^2(s-a)^2 + 2s^2(s-b)^2 \\ + 2s^2(s-c)^2 + 2(s-a)^2(s-b)^2 + 2(s-a)^2(s-c)^2 + 2(s-b)^2(s-c)^2 \end{cases}}{288r^4}$$

$$= 1 - \frac{s^2 + (s-a)^2 + (s-b)^2 + (s-c)^2}{12r^2}$$

$$+ \frac{\begin{cases} s^4 + (s-a)^4 + (s-b)^4 + (s-c)^4 + 10[s^2(s-a)^2 + s^2(s-b)^2 \\ + s^2(s-c)^2 + (s-a)^2(s-b)^2 + (s-a)^2(s-c)^2 + (s-b)^2(s-c)^2] \end{cases}}{1440r^4}$$

$$= 1 - \frac{s^2 + (s-a)^2 + (s-b)^2 + (s-c)^2}{12r^2}$$

$$+ \frac{\begin{cases} [s^2+(s-a)^2+(s-b)^2+(s-c)^2]^2 + 8[s^2(s-a)^2 + s^2(s-b)^2 \\ + s^2(s-c)^2 + (s-a)^2(s-b)^2 + (s-a)^2(s-c)^2 + (s-b)^2(s-c)^2] \end{cases}}{1440r^4}.$$

Nun ist

$$s = \tfrac{1}{2}(a+b+c), \quad s-a = \tfrac{1}{2}(-a+b+c), \quad s-b = \tfrac{1}{2}(a-b+c),$$
$$s-c = \tfrac{1}{2}(a+b-c);$$

hieraus folgt:

$$s^2 + (s-a)^2 + (s-b)^2 + (s-c)^2 = a^2 + b^2 + c^2.$$

---

so hat man, wenn man quadrirt, und obige Einschränkung beachtet, d. h. alle Grössen, die r^6 in den Nenner erhalten, weglässt:

$$1 - \frac{\alpha}{r^2} + \frac{\beta}{r^4} = 1 + \frac{2x}{r^2} + \frac{2y}{r^4} + \frac{x^2}{r^4},$$

mithin:
$$2x = -\alpha, \quad 2y + x^2 = \beta,$$

d. h.
$$x = -\tfrac{1}{2}\alpha, \quad 2y = \beta - x^2 = \beta - \tfrac{1}{4}\alpha^2, \quad y = \tfrac{1}{2}\beta - \tfrac{1}{8}\alpha^2,$$

welches die im Texte angegebenen Werthe sind.

Ferner nach §. 27, II der ersten Abtheilung:
$$s(s-a) = bc\cos^2\frac{A'}{2}, \ s(s-b) = ac\cos^2\frac{B'}{2}, \ s(s-c) = ab\cos^2\frac{C'}{2},$$
$$(s-a)(s-b) = ab\sin^2\frac{C'}{2}, \ (s-a)(s-c) = ac\sin^2\frac{B'}{2},$$
$$(s-b)(s-c) = bc\sin^2\frac{A'}{2};$$

hieraus:
$$s^2(s-a)^2 + s^2(s-b)^2 + s^2(s-c)^2 + (s-a)^2(s-b)^2 + (s-a)^2 \times$$
$$(s-c)^2 + (s-b)^2(s-c)^2 = b^2c^2[\cos^4\frac{A'}{2} + \sin^4\frac{A'}{2}] +$$
$$a^2c^2[\cos^4\frac{B'}{2} + \sin^4\frac{B'}{2}] + a^2b^2[\cos^4\frac{C'}{2} + \sin^4\frac{C'}{2}].$$

Nun ist (erste Abthlg. §. 16, I):
$$\cos^4\frac{A'}{2} + \sin^4\frac{A'}{2} = \left(\frac{1+\cos A'}{2}\right)^2 + \left(\frac{1-\cos A'}{2}\right)^2 = \frac{1+\cos^2 A'}{2};$$

mithin letztere Grösse gleich
$$\frac{b^2c^2}{2} + \frac{a^2c^2}{2} + \frac{a^2b^2}{2} + \frac{b^2c^2\cos^2 A' + a^2c^2\cos^2 B' + a^2b^2\cos^2 C'}{2}$$
$$= \frac{a^2b^2 + a^2c^2 + b^2c^2}{2}$$
$$+ \frac{\left(\frac{b^2+c^2-a^2}{2}\right)^2 + \left(\frac{a^2+c^2-b^2}{2}\right)^2 + \left(\frac{a^2+b^2-c^2}{2}\right)^2}{2} \quad \text{(1. Abth. §. 27, I)}$$
$$= \frac{4(a^2b^2+a^2c^2+b^2c^2) + 3(a^4+b^4+c^4) - 2(a^2b^2+a^2c^2+b^2c^2)}{8}$$
$$= \frac{2(a^2b^2+a^2c^2+b^2c^2) + 3(a^4+b^4+c^4)}{8}.$$

Die durch $1440\,r^4$ dividirte Grösse ist also:
$$(a^2+b^2+c^2)^2 + 2(a^2b^2+a^2c^2+b^2c^2) + 3(a^4+b^4+c^4)$$
$$= 4[a^4+b^4+c^4+a^2b^2+a^2c^2+b^2c^2],$$

mithin endlich:
$$\sin C = \frac{2F}{ab}\left\{\frac{1 - \frac{a^2+b^2+c^2}{12r^2} + \frac{a^4+b^4+c^4+a^2b^2+a^2c^2+b^2c^2}{360r^4}}{1 - \frac{a^2+b^2}{6r^2} + \frac{a^4+b^4}{120r^4} + \frac{a^2b^2}{36r^4}}\right\}.$$

Dividirt man mit dem Nenner noch in den Zähler und vernachlässigt wie oben, so erhält man:

$$sin\, C = \frac{2F}{ab}[1 + \frac{a^2+b^2-c^2}{12\,r^2} + \frac{3(a^4+b^4)+c^4+a^2b^2-4(a^2c^2+b^2c^2)}{360\,r^4}]^*$$

als Endwerth von $sin\, C$.

Nun ist (erste Abthlg. §. 33, I):

$$\frac{2F}{ab} = sin\, C',$$

also hat man

$$sin\, C = sin\, C' + \frac{2F}{ab}\left(\frac{a^2+b^2-c^2}{12\,r^2}\right.$$
$$\left. + \frac{3(a^4+b^4)+c^4+a^2b^2-4(a^2c^2+b^2c^2)}{360\,r^4}\right),$$

$$sin\, C - sin\, C' = \frac{2F}{ab}\left(\frac{a^2+b^2-c^2}{12\,r^2} + \frac{3(a^4+b^4)+c^4+a^2b^2-4(a^2c^2+b^2c^2)}{360\,r^4}\right).$$

Daraus ergibt sich, dass C und C' nicht viel verschieden sind.**

---

* Die Division von $1 - \frac{\alpha}{r^2} + \frac{\beta}{r^4}$ durch $1 - \frac{\alpha'}{r^2} + \frac{\beta'}{r^4}$ gibt: $1 + \frac{\alpha'-\alpha}{r^2}$
$+ \frac{\alpha'(\alpha'-\alpha)+\beta-\beta'}{r^4}$. Hier ist:

$$\alpha = \frac{a^2+b^2+c^2}{12},\; \beta = \frac{a^4+b^4+c^4+a^2b^2+a^2c^2+b^2c^2}{360},\; \alpha' = \frac{a^2+b^2}{6}$$

$$\beta' = \frac{a^4+b^4}{120} + \frac{a^2b^2}{36};$$

setzt man diese Werthe ein, so ist

$$\alpha' - \alpha = \frac{a^2+b^2-c^2}{12},\; \alpha'(\alpha'-\alpha) = \frac{(a^2+b^2)^2-(a^2+b^2)c^2}{72},$$

$$\beta - \beta' = \frac{c^4 - 2(a^4+b^4) - 9a^2b^2 + a^2c^2 + b^2c^2}{360},$$

$$\alpha'(\alpha'-\alpha) + \beta - \beta' = \frac{5(a^4+2a^2b^2+b^4) - 5(a^2c^2+b^2c^2) + c^4 - 2(a^4+b^4)}{360}$$
$$ \frac{-9a^2b^2 + a^2c^2 + b^2c^2}{}$$

$$= \frac{3(a^4+b^4)+c^4+a^2b^2-4(a^2c^2+b^2c^2)}{360}.$$

** Aus der ungefähren Gleichheit von $sin\, C$ und $sin\, C'$ folgt allerdings nur, dass entweder $C = C'$ oder $C + C' = 180^\circ$; da man aber aus den Werthen von $sin\,\tfrac{1}{2}C$ und $sin\,\tfrac{1}{2}C'$ in §. 6 und §. 27, II der ersten Abtheilung ebenfalls schliesst, dass ungefähr $sin\,\tfrac{1}{2}C = sin\,\tfrac{1}{2}C'$, so ist die oben angegebene Schlussweise gerechtfertigt, die übrigens einer Beanstandung kaum unterliegen wird.

mit ebenen Dreiecken, welche dieselben Seiten haben.   263

Man wird also $C - C'$ als nur wenig Sekunden (in der Regel) betragend ansehen. Wir setzen demnach

$$C = C' + x, \quad arc\, x = \frac{u}{r^2} + \frac{v}{r^4},$$

wo u und v zwei unbekannte Grössen sind. Diese Annahme ist nach dem Obigen gerechtfertigt, und wird sich nochmals durch das Endresultat rechtfertigen. Es folgt hieraus:

$$arc^2 x = \frac{u^2}{r^4}, \quad arc^3 x = 0, \quad \cos x = 1 - \tfrac{1}{2} arc^2 x \ldots = 1 - \tfrac{1}{2}\frac{u^2}{r^4},$$

$$\sin x = arc\, x - \tfrac{1}{6} arc^3 x \ldots = \frac{u}{r^2} + \frac{v}{r^4},$$

wenn man, wie immer, die Grössen mit r^6 im Nenner weglässt.

Mithin

$$\sin C = \sin(C' + x) = \sin C' \cos x + \cos C' \sin x = \sin C' \left[1 - \tfrac{1}{2}\frac{u^2}{r^4}\right]$$
$$+ \cos C' \left(\frac{u}{r^2} + \frac{v}{r^4}\right),$$

d. h.

$$\sin C - \sin C' = -\frac{u^2}{2 r^4} \sin C' + \cos C' \left(\frac{u}{r^2} + \frac{v}{r^4}\right)$$
$$= \frac{2F}{ab}\left(\frac{a^2 + b^2 - c^2}{12 r^2} + \frac{3(a^4 + b^4) + c^4 + a^2 b^2 - 4(a^2 c^2 + b^2 c^2)}{360 r^4}\right)$$

und also zur Bestimmung von u, v (wenn man die Grössen beiderseits gleichsetzt, die dieselbe Potenz von r im Nenner haben):

$$u \cos C' = \frac{2F}{ab} \cdot \frac{a^2 + b^2 - c^2}{12}, \quad -\frac{u^2}{2}\sin C' + v \cos C'$$
$$= \frac{2F}{ab} \cdot \frac{3(a^4 + b^4) + c^4 + a^2 b^2 - 4(a^2 c^2 + b^2 c^2)}{360},$$

d. h. da $a^2 + b^2 - c^2 = 2ab \cos C'$, also

$$\frac{2F}{ab} \cdot \frac{a^2 + b^2 - c^2}{12} = \frac{F \cos C'}{3}:$$

$$u = \frac{F}{3}, \quad (u^2 = \frac{F^2}{9}),$$

$$v \cos C' = \frac{2F}{ab} \cdot \frac{3(a^4 + b^4) + c^4 + a^2 b^2 - 4(a^2 c^2 + b^2 c^2)}{360} + \frac{F^2}{18} \sin C'$$

d. h.
$$v\cos C' = \sin C'\left(\frac{3(a^4+b^4)+c^4+a^2b^2-4(a^2c^2+b^2c^2)+20F^2}{360}\right).$$

Aber
$$F^2 = \frac{1}{16}(a+b+c)(a+b-c)(a-b+c)(-a+b+c)$$
$$= \frac{1}{16}(2a^2b^2+2a^2c^2+2b^2c^2-a^4-b^4-c^4),$$

also
$$v\cos C' = \sin C'\left(\frac{7(a^4+b^4)-c^4+14a^2b^2-6(a^2c^2+b^2c^2)}{1440}\right)$$
$$= \sin C'\frac{(a^2+b^2-c^2)(7a^2+7b^2+c^2)}{1440}$$
$$= \frac{2ab\cos C'\sin C'(7a^2+7b^2+c^2)}{1440},$$
$$v = \frac{2ab\sin C'(7a^2+7b^2+c^2)}{1440} = \frac{4F(7a^2+7b^2+c^2)}{1440}$$
$$= \frac{F(7a^2+7b^2+c^2)}{360}.$$

Demnach
$$arc\, x = \frac{F}{3r^2} + \frac{F(7a^2+7b^2+c^2)}{360\,r^4},$$

also wenn wieder $\dfrac{180 \cdot 60 \cdot 60}{\pi} = \varrho$, so hat man in Sekunden:
$$C - C' = \frac{F\varrho}{3r^2}\left[1 + \frac{7a^2+7b^2+c^2}{120r^2}\right],$$

d. h. man hat folgendes Gleichungssystem:
$$\left.\begin{aligned}
A - A' &= \frac{F}{3r^2}\varrho\left[1+\frac{7b^2+7c^2+a^2}{120r^2}\right], \\
B - B' &= \frac{F}{3r^2}\varrho\left[1+\frac{7a^2+7c^2+b^2}{120r^2}\right], \\
C - C' &= \frac{F}{3r^2}\varrho\left[1+\frac{7a^2+7b^2+c^2}{120r^2}\right].
\end{aligned}\right\} \quad (18)$$

Addirt man diese Gleichungen, beachtet dass $A'+B'+C'=180°$, $A+B+C=180°+E$ (§. 20), so hat man in Sekunden:

$$E = \frac{F}{r^2} \varrho \left[1 + \frac{a^2 + b^2 + c^2}{24 r^2}\right]. \qquad (19)$$

Würde man schon die mit r^4 dividirten Glieder vernachlässigen, so hätte man:

$$\left. \begin{array}{l} E = \dfrac{F}{r^2} \varrho, \; A = A' + \tfrac{1}{3}E, \; B = B' + \tfrac{1}{3}E, \; C = C' + \tfrac{1}{3}E, \\[4pt] A' = A - \tfrac{1}{3}E, \; B' = B - \tfrac{1}{3}E, \; C' = C - \tfrac{1}{3}E, \end{array} \right\} \qquad (20)$$

d. h. unter dieser Voraussetzung wird das sphärische Dreieck wie ein ebenes angesehen, also auch berechnet werden können, wenn man zuerst jeden Winkel des sphärischen Dreiecks um den dritten Theil des sphärischen Exzesses vermindert.* Dieser Satz rührt von Legendre her und trägt seinen Namen.

Ist F_1 die Fläche des sphärischen Dreiecks, so ist nach §. 20 $F_1 = r^2 \, arc \, E$, also

$$F_1 = F \left(1 + \frac{a^2 + b^2 + c^2}{24 r^2}\right), \qquad (21)$$

welche Formel denselben Grad der Genauigkeit hat, wie (20).

§. 24.
Benützung des Legendre'schen Satzes.

I. Der in den Formeln (20) ausgesprochene Legendre'sche Satz ist von der grössten Wichtigkeit für die Anwendungen. Er zeigt nämlich, wie man, statt ein sphärisches Dreieck zu berechnen, ein ebenes berechnen kann. Da in der Regel letztere Rechnung weit kürzer ist, so ist dadurch natürlich eine grosse Erleichterung für den Rechner erzielt.

Wir wollen nun die einzelnen Fälle, wie sie vorkommen können, betrachten, und dabei sogleich annehmen, dass a, b, c oder die

---

* Genau gesprochen, heisst der Satz so: Wenn ein sphärisches Dreieck, dessen Seiten klein sind im Verhältniss zum Halbmesser der Kugel, mit einem ebenen Dreiecke gleich lange Seiten hat, so sind die Winkel des ersten gleich den entsprechenden des zweiten, wenn jeder der letztern um den dritten Theil des sphärischen Exzesses vermehrt wird.

Seiten des sphärischen Dreiecks, in Längenmaass, natürlich demselben wie r oder der Kugelhalbmesser, gegeben seyen.

1) Kennt man die drei Seiten a, b, c des sphärischen Dreiecks (in Längenmaass), welches Dreieck wir natürlich von der hier betrachteten Beschaffenheit voraussetzen, so berechne man zuerst (nach §.31 der ersten Abtheilung) die drei Winkel A', B', C' eines ebenen Dreiecks, dessen drei Seiten a, b, c sind. Alsdann findet man die drei Winkel des sphärischen Dreiecks aus den Formeln:

$$s = \frac{a+b+c}{2}, \quad F = \sqrt{s(s-a)(s-b)(s-c)}, \quad E = \frac{F}{r^2}\varrho;$$

$$A = A' + \tfrac{1}{3}E, \quad B = B' + \tfrac{1}{3}E, \quad C = C' + \tfrac{1}{3}E,$$

wo E in Sekunden gegeben ist.

2) Kennt man zwei Seiten a, b nebst dem Winkel C, den sie bilden, so hätte man zuerst F nach der Formel $F = \tfrac{1}{2}ab\,sin\,C'$ (erste Abth. §.33, I) zu berechnen. Dazu aber gehört die Kenntniss des Winkels C', der nach (20) durch die Formel

$$C' = C - \frac{F}{3r^2}\varrho$$

gegeben ist, wenn $\frac{F}{3r^2}\varrho$ Sekunden angibt. Setzt man aber diesen Werth von C' in den von F, so ergibt sich

$$E = \frac{F}{r^2}\varrho = \tfrac{1}{2}\frac{ab\varrho}{r^2}\,sin[C - \frac{F}{3r^2}\varrho] = \tfrac{1}{2}\frac{ab\varrho}{r^2}[sin\,C\,cos\frac{F}{3r^2}\varrho - cos\,C\,sin\frac{F}{3r^2}\varrho].$$

Da man hier diejenigen Grössen vernachlässigt, welche r^4 im Nenner haben, so ist

$$cos\frac{F}{3r^2}\varrho = 1, \quad sin\frac{F}{3r^2}\varrho = \frac{F}{3r^2},$$

also

$$E = \tfrac{1}{2}\frac{ab}{r^2}[sin\,C - cos\,C\,\frac{F}{3r^2}]\varrho = \tfrac{1}{2}\frac{ab\,sin\,C}{r^2}\varrho,$$

da $\tfrac{1}{2}\frac{ab\,cos\,C\cdot F}{3r^4}$ zu vernachlässigen ist. Somit berechnet man E nach der Formel

$$E = \tfrac{1}{2} \frac{ab \sin C}{r^2} \varrho,$$

berechnet ferner das ebene Dreieck, das die Seiten a, b, nebst dem von ihnen gebildeten Winkel $C - \tfrac{1}{3}E$ hat (erste Abthlg. §. 30); sind dann A', B' die zwei andern Winkel, c die dritte Seite; so ist auch c die dritte Seite des sphärischen Dreiecks, $A' + \tfrac{1}{3}E$, $B' + \tfrac{1}{3}E$ die zwei andern Winkel.

3) Man kennt eine Seite c nebst den zwei anliegenden Winkeln A und B. Alsdann ist (erste Abthlg. §. 33, I):

$$F = \frac{c^2 \sin A' \sin B'}{2 \sin (A' + B')}.$$

Nun ist

$$A' = A - \tfrac{1}{3}E = A - \frac{F\varrho}{3r^2}, \quad B' = B - \frac{F\varrho}{3r^2},$$

also

$$\frac{\sin A' \sin B'}{\sin (A' + B')} = \frac{\sin(A - \frac{F\varrho}{3r^2}) \sin(B - \frac{F\varrho}{3r^2})}{\sin(A + B - \frac{2F\varrho}{3r^2})},$$

mithin

$$E = \frac{F}{r^2}\varrho = \frac{c^2}{2r^2}\varrho \, \frac{\sin(A - \frac{F\varrho}{3r^2}) \sin(B - \frac{F\varrho}{3r^2})}{\sin(A + B - \frac{2F\varrho}{3r^2})}$$

$$= \frac{\varrho c^2}{2r^2} \, \frac{(\sin A - \cos A \cdot \frac{F}{3r^2})(\sin B - \cos B \cdot \frac{F}{3r^2})}{\sin(A+B) - \cos(A+B) \cdot \frac{2F}{3r^2}}$$

$$= \frac{\varrho c^2}{2r^2} \left[\frac{\sin A \sin B - \sin(A+B) \cdot \frac{F}{3r^2}}{\sin(A+B) - \cos(A+B) \cdot \frac{F}{3r^2}} \right] = \frac{\varrho c^2}{2r^2} \, \frac{\sin A \sin B}{\sin(A+B)},$$

wenn man die Division vollzieht und auf die seither festgehaltene Beschränkung achtet. Also wird man jetzt E nach der Formel

$$E = \frac{\varrho c^2}{2r^2} \, \frac{\sin A \sin B}{\sin(A+B)}$$

berechnen; dann ein ebenes Dreieck auflösen, in dem c eine Seite, $A - \tfrac{1}{3}E$, $B - \tfrac{1}{3}E$ die anliegenden Winkel sind, und so den dritten

Winkel C', nebst den zwei andern Seiten a, b erhalten (erste Abthlg. §. 29); letztere sind die Längen der zwei fehlenden Seiten des sphärischen Dreiecks; der fehlende Winkel ist $C' + \frac{1}{3}E$.

4) In den Anwendungen liegt die Aufgabe gemeinhin so, dass man eine Seite c nebst den zwei anliegenden Winkeln wie in Nr. 3, oder nebst allen drei Winkeln A, B, C kennt. In letzterem Falle wird man übrigens den sphärischen Exzess nicht geradezu aus der Gleichung $A + B + C - 180° = E$ ableiten können, da A, B, C als aus der Beobachtung genommen, mit den unvermeidlichen Beobachtungsfehlern (erste Abthlg. §. 49) behaftet sind. In diesem Falle wird man A, B, C zuerst auf 180° ausgleichen, d. h. wenn $A + B + C = 180° + \alpha$, von A, B, C die Grösse $\frac{1}{3}\alpha$ abziehen, und nun mit diesen drei Winkeln und der Seite c nach §. 33, I der ersten Abtheilung die Grösse F berechnen. Der sphärische Exzess ergibt sich dann nach der Formel (20). Einer weitern Rechnung müssen allerdings noch ausgleichende Rechnungen vorausgehen, über die wir uns hier nicht weiter verbreiten können. (Vergl. §. 30.)

Fällt die nach den gegebenen Formeln berechnete Grösse E dermassen klein aus, dass sie nicht mehr beachtet werden kann, so ist das Dreieck geradezu als ein ebenes anzusehen.

II. Wir wollen nun an einem besondern Falle zeigen, in wie weit man berechtigt ist, den Legendreschen Satz anzuwenden. Aus Gleichung (16) in §. 21 folgt, dass für $C = 90°$, die Grösse E ihren Maximumwerth erreicht; setzen wir also in Nr. 2: $C = 90°$ und nehmen an, es sey

$$a = b = \frac{r\pi}{180},$$

d. h. die Seiten des sphärischen Dreiecks umfassen einen Grad (den 360. Theil des Umfangs des grössten Kreises).

Nach §. 10, I hat man hier

$$tg A = \frac{cotg\, 45°}{cos\, a} = tg B, \quad tg \tfrac{1}{2} c = tg\, a \cdot cos\, A.$$

$log\, cotg\, 45° = 10{\cdot}0000000000$	$log\, tg\, 1° = 8{\cdot}2419214687$
$E\, log\, cos\, 1° = 0{\cdot}0000661503$	$log\, cos\, A = 9{\cdot}8494519245$
$log\, tg\, A = \overline{10{\cdot}0000661503}$	$log\, tg\, \tfrac{1}{2} c = \overline{8{\cdot}0913733932}$
$A = B = 45° 0' 15{\cdot}7080''$	$\tfrac{1}{2} c = 0° 42' 25{\cdot}51979''$
	$c = 1° 24' 51{\cdot}03958''.$

Nach §. 33 der ersten Abtheilung und dem Vorstehenden ist nun:
$$E = \tfrac{1}{2}\frac{ab\sin C}{r^2}\varrho = \frac{ab\varrho}{2r^2},$$
d. h.
$$E = \left(\frac{\pi}{180}\right)^2 \frac{\varrho}{2} = \frac{180 \cdot 60 \cdot 60}{2\pi}\left(\frac{\pi}{180}\right)^2 = \frac{60 \cdot 60 \cdot \pi}{360} = 10\pi = 31\cdot 41593''$$
also hätte man $\tfrac{1}{3}E = 10\cdot 47197''$, mithin ein Dreieck zu berechnen, für welches
$$a = \frac{\pi r}{180} = b, \quad C' = 89°59'49\cdot 52803''.$$

Da nun $A' = B'$, so ist $A' = B' = 90° - \tfrac{1}{2}C' = 45°0'5\cdot 23599''$; ferner (erste Abth. §. 26, II):
$$c = 2a\sin\tfrac{1}{2}C' = \frac{r\pi}{90}\sin 44°59'54\cdot 76401''$$

$$\begin{aligned}\log \pi &= 0\cdot 4971498726\\ \log\sin\tfrac{1}{2}C' &= 9\cdot 8494739774\\ E\log 90 &= 8\cdot 0457574905\\ \hline \log\tfrac{c}{r} &= 8\cdot 3923813405 - 10.\end{aligned}$$

Also muss jetzt
$$A = A' + \tfrac{1}{3}E = 45°0'15\cdot 70796'' = B$$
seyn. Man sieht zunächst, dass A und B die obigen Werthe haben, wenigstens bis auf $0\cdot 0001''$. Was den obigen Werth von c anbelangt, so wird er in Winkelmaass (c'') leicht erhalten werden vermittelst der Gleichung:
$$c'' = \frac{c}{r} \cdot \frac{180 \cdot 60 \cdot 60}{\pi}.$$

$$\begin{aligned}\log\tfrac{c}{r} &= 8\cdot 3923813405\\ \log 180 &= 2\cdot 2552725051\\ \log 3600 &= 3\cdot 5563025008\\ E\log\pi &= 9\cdot 5028501274\\ \hline &3\cdot 7068064738\end{aligned}$$

$$c'' = 5091\cdot 03958'' = 1°24'51\cdot 03958'',$$

so dass, wie man sieht, beide Werthe vollkommen zusammenstimmen. Ein Grad beträgt auf der Erde ungefähr 15 Meilen; sind also die Seiten von Dreiecken auf der Erde von dieser Länge, so kann man ohne irgend ein Bedenken den Legendreschen Satz anwenden.

§. 25.

Berechnung der Fläche eines rechtwinkligen sphärischen Trapezes im Allgemeinen, und unter den Voraussetzungen des §. 23.

I. ABCD sey ein sphärisches Trapez, in welchem AC und BD senkrecht auf AB stehen (natürlich sind alle Seiten Bögen grösster Kugelkreise); man kennt die Längen von $AB=a$, $AC=b$, $BD=c$ und soll die Fläche des Trapezes ABDC berechnen.

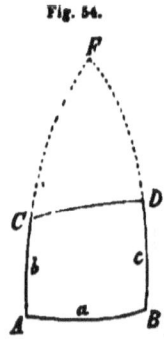

Fig. 54.

Seyen A, B, C, D die vier Winkel des Vierecks, so sind also $A=B=90°$, $A+B=180°$. Man verlängere die Bögen AC, BD bis sie sich in F schneiden und sey F der Winkel an F in dem Dreiecke ABF. Da man die absoluten Längen von AB, AC, BD kennt, so kann man sie leicht in Winkelmaass verwandeln.*

Wir wollen sie, der Kürze wegen, immer mit a, b, c bezeichnen. Die Fläche des Dreiecks ABF ist nach §. 20:

$r^2 arc\, E$, wo $E = A+B+F-180° = F$;

die des Dreiecks CDF ist:

$r^2 arc\, E'$, wo $E' = 180°-C+180°-D+F-180° = 180° - (C+D)+F$,

indem die Winkel an C und D in CDF gleich $180°-C$, $180°-D$ sind. Daraus folgt

Trapez $ABCD = r^2 arc\,(E-E') = r^2 arc\,(C+D-180°)$.

Nun sind aber die Seiten AF, BF gleich $90°$ (§. 11, II); also $CF = 90°-b$, $DF = 90°-c$, mithin [§. 9, (10)]:

---

* Die diesen Bögen zugehörigen Mittelpunktswinkel sind $\frac{a}{r}\varrho$, $\frac{b}{r}\varrho$, $\frac{c}{r}\varrho$, wenn sie in Sekunden ausgedrückt werden, wo wieder $\varrho = \frac{180.60.60}{\pi} = 206264\cdot 8''$ ist.

$$tg\tfrac{1}{2}[180°-C+180°-D]=\frac{cos\tfrac{1}{2}(CF-DF)}{cos\tfrac{1}{2}(CF+DF)}cotg\tfrac{1}{2}F,$$

also da (§. 11, II) F = a:

$$tg[180°-\tfrac{1}{2}(C+D)]=\frac{cos\tfrac{1}{2}(c-b)}{cos\tfrac{1}{2}[180°-(b+c)]}cotg\tfrac{1}{2}a,$$

d. h.

$$tg\tfrac{1}{2}(C+D)=-\frac{cos\tfrac{1}{2}(c-b)}{sin\tfrac{1}{2}(b+c)}cotg\tfrac{1}{2}a,$$

oder

$$cotg\tfrac{1}{2}(C+D-180°)=-tg\tfrac{1}{2}(C+D)=\frac{cos\tfrac{1}{2}(c-b)}{sin\tfrac{1}{2}(b+c)}cotg\tfrac{1}{2}a,$$

$$tg\tfrac{1}{2}(C+D-180°)=\frac{sin\tfrac{1}{2}(b+c)}{cos\tfrac{1}{2}(c-b)}tg\tfrac{1}{2}a,$$

d. h. man hat als Fläche des Trapezes:

$$r^2 arc\,\alpha,\text{ wo }tg\tfrac{1}{2}\alpha=\frac{sin\tfrac{1}{2}(b+c)}{cos\tfrac{1}{2}(c-b)}tg\tfrac{1}{2}a. \quad (22)$$

II. Gesetzt nun, es seyen b, c, a so klein, dass man die über die vierte hinausgehenden Potenzen von $\tfrac{a}{r}, \ldots$ vernachlässigen könne, so ist (erste Abthlg. §. 20):

$$sin\tfrac{1}{2}(b+c)=\frac{b+c}{2r}-\tfrac{1}{6}\left(\frac{b+c}{2r}\right)^3,\; cos\tfrac{1}{2}(c-b)=1-\tfrac{1}{2}\left(\frac{c-b}{2r}\right)^2,$$

$$tg\tfrac{1}{2}a=\frac{a}{2r}+\tfrac{1}{3}\left(\frac{a}{2r}\right)^{3*},$$

also

---

* Man hat allgemein $tg\,\beta=\dfrac{sin\,\beta}{cos\,\beta}=\dfrac{\dfrac{\beta}{r}-\dfrac{1}{6}\left(\dfrac{\beta}{r}\right)^3+\dfrac{1}{120}\left(\dfrac{\beta}{r}\right)^5}{1-\dfrac{1}{2}\left(\dfrac{\beta}{r}\right)^2+\dfrac{1}{24}\left(\dfrac{\beta}{r}\right)^4}$, woraus

durch Division und Vernachlässigung von $\left(\dfrac{\beta}{r}\right)^6$ folgt:

$$tg\,\beta=\frac{\beta}{r}+\frac{1}{3}\left(\frac{\beta}{r}\right)^3+\frac{2}{15}\left(\frac{\beta}{r}\right)^5,$$

woraus dann der Ausdruck im Texte sich ergibt.

$$\frac{sin\frac{1}{2}(b+c)}{cos\frac{1}{2}(c-b)}tg\frac{1}{2}a = \frac{\frac{b+c}{2r}[1-\frac{1}{24}\frac{(b+c)^2}{r^2}]}{1-\frac{1}{8}\frac{(c-b)^2}{r^2}}(1+\frac{1}{12}\frac{a^2}{r^2})\frac{a}{2r} =$$

$$= \frac{a(b+c)}{4r^2}[1-\frac{1}{24}\frac{(b+c)^2}{r^2}+\frac{1}{8}\frac{(c-b)^2}{r^2}](1+\frac{1}{12}\frac{a^2}{r^2})$$

$$= \frac{a(b+c)}{4r^2}[1-\frac{1}{24}\frac{(b+c)^2}{r^2}+\frac{1}{8}\frac{(c-b)^2}{r^2}+\frac{1}{12}\frac{a^2}{r^2}]$$

$$= \frac{a(b+c)}{4r^2}[1+\frac{3c^2-6bc+3b^2+2a^2-b^2-2bc-c^2}{24r^2}]$$

$$= \frac{a(b+c)}{4r^2}[1+\frac{2a^2+2b^2+2c^2-8bc}{24r^2}]$$

$$= \frac{a(b+c)}{4r^2}[1+\frac{a^2+b^2+c^2-4bc}{12r^2}].$$

Da hiernach α selbst ziemlich klein, so ist

$$tg\frac{\alpha}{2} = \frac{1}{2}arc\,\alpha + \frac{1}{3}arc^3\left(\frac{\alpha}{2}\right) = \frac{1}{2}arc\,\alpha + \frac{1}{24}arc^3\alpha,$$

also

$$\frac{1}{2}arc\,\alpha + \frac{1}{24}arc^3\alpha = \frac{a(b+c)}{4r^2}[1+\frac{a^2+b^2+c^2-4bc}{12r^2}].$$

Als genäherten Werth von $\frac{1}{2}arc\,\alpha$ erhält man hieraus $\frac{a(b+c)}{4r^2}$, und da die dritte Potenz hievon schon r^6 im Nenner enthält, so wird man $arc^3\alpha$ nicht mehr zu beachten haben. Also ist

$$arc\,\alpha = \frac{a(b+c)}{2r^2}[1+\frac{a^2+b^2+c^2-4bc}{12r^2}],$$

d. h.

Trapez ABCD $= \frac{a(b+c)}{2}[1+\frac{a^2+b^2+c^2-4bc}{12r^2}].$ (23)

Die Formel (23) hat denselben Grad der Genauigkeit, wie (21) in §. 23. Ist (23) nicht mehr genau genug, so gibt (22) natürlich grössere Schärfe. Man wird beachten, dass $\frac{a(b+c)}{2}$ die Fläche des Trapezes ist, wenn es geradezu als geradlinig angesehen wird; $\frac{a^2+b^2+c^2-4bc}{12r^2}$ bildet den Korrektionsfaktor dieser Rechnung.

Sey z. B. a $= 15869{\cdot}5$, b $= 7310{\cdot}3$, c $= 317{\cdot}9$ (Toisen) so ist b + c $= 7628{\cdot}2$; ferner sey $\log r = 6{\cdot}5141498$, dann

$\dfrac{a^2}{12\,r^2} = 0{\cdot}000001966281$

$\dfrac{b^2}{12\,r^2} = 0{\cdot}000000417243$

$\dfrac{c^2}{12\,r^2} = 0{\cdot}000000000789$ $\qquad \dfrac{a\,(b+c)}{2} = 60527859{\cdot}95$,

$\overline{0{\cdot}000002384313}$ Trapez $= 60527859{\cdot}95 \cdot 1{\cdot}000002311735$

$\dfrac{4\,b\,c}{12\,r^2} = 0{\cdot}000000072578$ $\qquad\qquad\quad = 60527999{\cdot}9$ (Quadrattoisen).

$\overline{0{\cdot}000002311735}$

$1 + \dfrac{a^2 + b^2 + c^2 - 4\,b\,c}{12\,r^2} = 1{\cdot}000002311735.$

Fünfter Abschnitt.
Geometrische, praktische und astronomische Aufgaben.

§. 26.
Geometrische Aufgaben.

Wir wollen in diesem Abschnitte eine Reihe von Aufgaben lösen, die wir, wie die Ueberschrift sagt, aus dem rein geometrischen Gebiete, dem der praktischen Feldmesskunst und dem der Astronomie entlehnen. Dabei gilt aber dieselbe Bemerkung, die dem entsprechenden sechsten Abschnitt der ersten Abtheilung vorausgeschickt wurde.

Fig. 66.

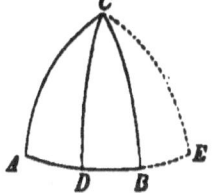

I. Man soll von dem Eckpunkte C aus auf die Seite AB einen senkrechten Bogen CD ziehen.

Wir haben uns hiebei vor Allem die Frage zu stellen, ob (wie die Figur meint) die Senkrechte CD in das Dreieck, oder ausserhalb desselben falle. Fällt aber CD in das Dreieck, liegt also D zwischen A und B, so sind die Dreiecke ADC und BDC in D rechtwinklig. Daraus folgt nach §. 11, dass wenn die Seite CD $\lessgtr$ 90° ist, auch die Winkel A und B $\lessgtr$ 90° seyn müssen. Hieraus ergibt sich sofort, dass wenn die (bekannten) Winkel A und B nicht beide spitz, oder beide stumpf sind, auch CD nicht in das Dreieck fallen kann. Sind aber die Winkel A und B entweder beide $<90°$, oder beide $>90°$, so fällt CD nothwendig in das Dreieck ABC. Denn wäre GE die Senkrechte, so müssten die Winkel CBE und CAE beide spitz oder beide stumpf sein, was mit der Annahme unvereinbar ist. (Sind A und B gleich 90°, so ist jeder Bogen eines grössten Kreises, der durch C geht, auf AB senkrecht.) Zur Bestimmung von D hat man alsdann (§. 11, I)

$$tg\,AD = tg\,AC.\cos A, \; tg\,DB = tg\,BC.\cos B,$$

während

$$\sin CD = \sin AC . \sin A.$$

Diese Formel liefert zwei Werthe von CD, wovon der eine $<90°$, der andere $>90°$. Ersterer gilt, wenn A und B spitz, letzterer wenn diese beiden Winkel stumpf sind. (Der andere Werth deutet den Bogen an, der mit CD einen Halbkreis ausmacht, und auf der Verlängerung von AB senkrecht steht.)

Fällt die Senkrechte ausserhalb des Dreiecks, etwa in E, so hat man

$$tg\,AE = tg\,AC.\cos A, \; tg\,BE = -tg\,BC.\cos B,$$
$$\sin CE = \sin AC . \sin A,$$

so dass für ihre Länge dieselbe Formel gilt, wie vorhin. Was die beiden Werthe von CE anbelangt, die hieraus folgen, so wird man CE $<90°$ wählen, wenn der Winkel B $>90°$; dagegen muss CE $>90°$ gesetzt werden, wenn B $<90°$. (CE ist die eine der zwei Senkrechten.)

Man wird leicht übersehen, dass die so eben gestellte und gelöste Aufgabe mit der zusammenfällt, von einem Punkte einer Kante einer dreiseitigen körperlichen Ecke auf die entgegen stehende Seitenfläche eine Senkrechte zu ziehen, oder auch durch eben diese Kante eine Ebene zu legen, welche senkrecht steht auf der entgegen stehenden Seitenfläche. Betrachtet man nämlich die Spitze der Ecke als Mittelpunkt einer Kugel, und sind A, B, C die drei Punkte auf der Oberfläche dieser Kugel, in der die Kanten dieselbe schneiden, so ist die durch CD gelegte

Ebene eines grössten Kreises die gesuchte Ebene. Der gefundene Winkel CD ist dann die Neigung der durch C gehenden Kante gegen die entgegen stehende Seitenfläche.

Ist O der Kugelmittelpunkt und man zieht OA, OB, die rückwärts in OA', OB' verlängert werden, so ergibt sich aus den obigen Untersuchungen offenbar Folgendes: der Fusspunkt der von einem Punkte der Kante OC auf die Ebene der zwei andern Kanten gefällten senkrechten Geraden fällt in den Winkel AOB, wenn die Flächenwinkel an OA und OB spitz sind (CD fällt innerhalb des Dreiecks und ist spitz); er fällt in den Winkel A'OB', wenn diese beiden Flächenwinkel stumpf sind (CD fällt in das Dreieck und ist stumpf, die spitze Senkrechte fällt also in ihre Verlängerung); er fällt in den Winkel BOA', wenn der Flächenwinkel an OB stumpf, der an OA spitz ist (die spitze Senkrechte CE fällt ausserhalb des Dreiecks auf die Seite des stumpfen Winkels); endlich fällt er in den Winkel AOB', wenn der Flächenwinkel an OA stumpf, der an OB spitz ist. Ist der Flächenwinkel an $OA = 90°$, und der an $OB < 90°$, so fällt der Fusspunkt in OA, ist er $> 90°$ in OA'; ist der Flächenwinkel an $OB = 90°$, so fällt der Fusspunkt in OB oder OB', je nachdem der Flächenwinkel an $OA \lesseqgtr 90°$; sind endlich die beiden Flächenwinkel an OA und $OB = 90°$, so fällt der Fusspunkt in O, d. h. die Kante OC steht senkrecht auf der Ebene der beiden andern Kanten.

Für den Fall, dass in unserer Figur $A = B = 90°$, ist auch $AC = BC = 90°$ (§.11), also hätte man $tg\, AC = \infty$, $\cos A = 0$, mithin $tg\, AD = \infty \cdot 0$, d. h. AD bleibt unbestimmt, wie natürlich, da in diesem Falle jeder von C aus auf AB gezogene Bogen (eines grössten Kreises) senkrecht auf AB steht, also der Fusspunkt desselben willkürlich angenommen werden kann.

II. In einem Parallelepiped AE kennt man die Längen dreier in einem Punkte zusammen stossender Kanten $AB = a$, $AC = b$, $AD = c$, so wie die Winkel, welche dieselben mit einander bilden, $CAB = \alpha$, $CAD = \beta$, $BAD = \gamma$. Man soll das Parallelepiped berechnen.

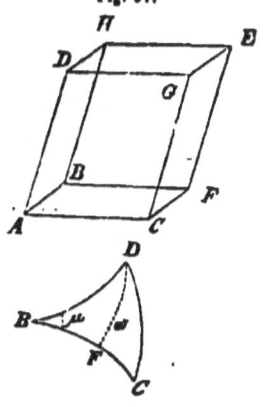

Fig. 67.

Da man in jeder der drei in A zusammen stossenden Seitenflächen, welche Parallelogramme sind, zwei Seiten und den eingeschlossenen Winkel kennt, so sind diese Seitenflächen vollständig bekannt; desgleichen also auch ihr Flächeninhalt und der Inhalt der Oberfläche des Parallelepipeds.

Die drei Kanten AC, AB, AD bilden eine dreiseitige körperliche Ecke, in der die Kantenwinkel gegeben sind; die Neigungswinkel der Seitenflächen gegen einander sind also die Winkel eines sphärischen Dreiecks, dessen Seiten α, β, γ sind, und zwar stehen diese letztern den Neigungswinkeln an AD, AB, AC entgegen. Die Bestimmung derselben geschieht mithin nach §. 12.

Die Neigungswinkel der Kanten AC, AB, AD gegen die Ebenen ABD, CAD, BAC sind nichts Anderes, als die nach I berechneten Perpendikel von den Eckpunkten des sphärischen Dreiecks auf die entgegen stehenden Seiten, und zwar ist die Neigung von AD gegen BAC das auf die Seite α gefällte Perpendikel u. s. w.

Sey nun ω die Neigung von AD gegen BAC, so ist die Höhe des Parallelepipeds $= c \sin \omega$, und da der Inhalt der Grundfläche $= ab \sin \alpha$, so ist der Kubikinhalt des Parallelepipeds $= abc \sin \alpha \sin \omega$. Bezeichnet man den an AB liegenden Flächenwinkel mit μ, so ist nach I:

$$\sin \omega = \sin \mu . \sin \gamma,$$

also ist der Inhalt des Parallelepipeds:

$$abc \sin \alpha \sin \gamma \sin \mu = 2 abc \sqrt{\sin s \sin(s-\alpha) \sin(s-\beta) \sin(s-\gamma)},$$

wobei $s = \frac{1}{2}(\alpha + \beta + \gamma)$ ist (§. 6, II).

In derselben Weise verfährt man, wenn man den Inhalt eines dreiseitigen Prismas oder einer dreiseitigen Pyramide aus den drei zusammen stossenden Kanten und ihren Neigungswinkeln zu finden hat. Die Hälfte obiger Grösse gibt den Inhalt des Prismas; der 6. Theil den der Pyramide.

III. Durch die drei Eckpunkte A, B, C eines sphärischen Dreiecks wird eine Ebene gelegt, welche die Kugel in einem Kreise schneidet; man soll den Halbmesser und Mittelpunkt desselben bestimmen.

Sey O der Kugelmittelpunkt, E der gesuchte Mittelpunkt, so ist EA $=$ EB $=$ EC der gesuchte Halbmesser, und zugleich der Halbmesser des um das ebene Dreieck ABC beschriebenen Kreises. Ferner ist Winkel EOA $=$ EOB $=$ EOC, und wenn r der Halbmesser der Kugel, so sind die Seiten des ebenen Dreiecks (erste Abthlg. §. 26, II) $= 2r \sin \frac{1}{2} a$, $2r \sin \frac{1}{2} b$, $2r \sin \frac{1}{2} c$; ist also F die Fläche dieses Dreiecks, so ist (erste Abthlg. §. 33, IV):

$$EA = \frac{2 r^3 \sin \frac{1}{2} a \sin \frac{1}{2} b \sin \frac{1}{2} c}{F}.$$

Die Gerade EO steht senkrecht auf der Ebene ABC und kann als Höhe der Pyramide ABCO angesehen werden, deren Inhalt also $= \frac{EO.F}{3}$ ist; da aber die Kanten OA, OB, OC gleich r sind, und AOB = c, BOC = a, AOC = b, so ist nach II dieselbe Grösse auch $= \frac{1}{3} r^2 \sqrt{\sin s \sin(s-a)\sin(s-b)\sin(s-c)}$, wo $s = \frac{1}{2}(a+b+c)$. Also ist

$$EO = \frac{r^2}{F}\sqrt{\sin s \sin(s-a)\sin(s-b)\sin(s-c)},$$

und

$$tg\,AOE = \frac{AE}{OE} = \frac{2\sin\frac{1}{2}a\sin\frac{1}{2}b\sin\frac{1}{2}c}{\sqrt{\sin s \sin(s-a)\sin(s-b)\sin(s-c)}},$$

aus welcher Formel AOE ($< 90°$) sich ergibt. Dann hat man übrigens auch

$$EA = r\sin AOE,\quad EO = r\cos AOE,$$

wodurch EA und EO bequemer gefunden werden.

§. 27.

Reduktion auf den Horizont. Horizontalsonnenuhr.

I. Der Winkel BCA liegt nicht in der durch C gehenden Horizontalebene; man soll seine Projektion B'CA' auf diese Ebene bestimmen, wenn man die Winkel BCB', ACA' kennt, welche seine Seiten mit derselben machen.

Denken wir uns in C eine Senkrechte auf den Horizont errichtet und betrachten dieselbe, so wie CA, CB, (die Seiten des gemessenen Winkels) als Kanten einer dreiseitigen körperlichen Ecke; dessgleichen diese Senkrechte und die Projektionen CB', CA' als Kanten einer zweiten körperlichen

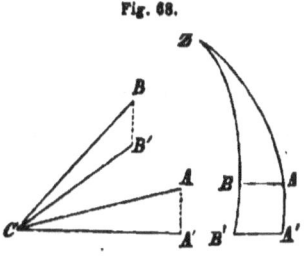

Fig. 68.

Ecke: so werden die diesen Ecken entsprechenden sphärischen Dreiecke ZBA, ZB'A' in Z denselben Winkel haben; da ferner ZB' = ZA' = 90°, so ist (§. 11, V) der Winkel bei Z gleich B'CA'. In dem Dreiecke ZBA kennt man nun:

die Seite ZB = 90° − BCB'; ZA = 90° − ACA' und BA = BCA,

man kann also den Winkel Z (§. 12) berechnen, und erhält somit B'CA'.

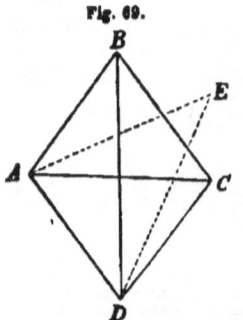

Fig. 69.

II. Die drei Punkte A, B, C liegen in einer Horizontalebene, D ist über diese Ebene erhaben. In D misst man die Winkel ADB, BDC, ADC, in A die Winkel DAC, BAD nebst der Seite AB; man soll die Entfernungen der vier Punkte gegen einander bestimmen.

In der dreiseitigen körperlichen Ecke, deren Spitze D ist, kennt man die drei Kantenwinkel, findet also die drei Flächenwinkel (§. 12); in der dreiseitigen körperlichen Ecke, deren Spitze A ist, kennt man nun die zwei Kantenwinkel DAC, BAD und den an AD liegenden Neigungswinkel der Ebenen CAD, BAD, der in der vorigen Ecke dem Winkel BDC entgegen stand. Dieser Winkel wird von den bekannten Kantenwinkeln gebildet; die Auflösung dieser Ecke geschieht also nach §. 14. In dem Dreiecke DAB kennt man jetzt eine Seite AB und die zwei Winkel ADB, BAD, und es wird also nach §. 29 der ersten Abtheilung berechnet; in CAD kennt man nunmehr AD, DAC, ADC, das Dreieck ist also bekannt; in BAC kennt man AB, AC, BAC, dasselbe ist also ebenfalls bekannt (erste Abthlg. §. 30); in BCD endlich kennt man alle drei Seiten. Die sämmtlichen vorkommenden Längen können mithin berechnet werden.

Man wird beachten, dass wir die Bedingung, A, B, C liegen in derselben Horizontalebene, weiter gar nicht beachtet haben; sie ist auch wirklich überflüssig, und wird nur dann nothwendig, wenn man die horizontale Entfernung des Punktes D von A, B, C (die so genannte geodätische Entfernung, vergl. erste Abthlg. §. 45) d. h. die Entfernung der Projektion des Punktes D auf die durch A, B, C gelegte Ebene von A, B, C kennen will.

Sey E die Projektion von D auf die Ebene ABC, so wird der Winkel DAE nach §. 26, II und I gefunden werden, woraus dann leicht $AE = AD \cos DAE$ folgt. Da man nun auch $DE = DA \sin DAE$ hat, so findet man in DBE, worin DE, DB und $DEB = 90°$ bekannt sind, BE; eben so ergibt sich CE aus DEC.

III. Man soll eine Horizontalsonnenuhr konstruiren.

In dem Punkte A der Erdoberfläche, wo die Sonnenuhr konstruirt werden soll, errichte man einen Stab, der parallel sey der Weltaxe,* der also mit einer durch A gehenden Horizontalebene einen Winkel mache, gleich der geographischen Breite des Ortes A (erste Abthlg. §. 45) oder gleich der Höhe ** des Nordpols über

---

* Das Himmelsgewölbe scheint sich jeden Tag um eine Axe zu drehen, die durch den Mittelpunkt der Erde geht; diese Axe fällt zusammen mit der kleinen Axe der Ellipse, um welche letztere sich drehen muss, damit sie die mathematische Erdoberfläche erzeuge (erste Abthlg. §. 45). Diese Axe heisst die Weltaxe; sie trifft das Himmelsgewölbe in zwei Punkten, welche Pole heissen, von denen für uns nur der eine, der Nordpol, sichtbar ist. Die Ebene, welche durch den Mittelpunkt der Erde gehend, auf der Weltaxe senkrecht steht, schneidet die Himmelskugel im Aequator. (Vergl. erste Abthlg. §. 42, 3 und §. 45.)

** In §. 42 Nr. 3 der ersten Abtheilung wurde bereits die Bedeutung des Zeniths erörtert. Ist A ein Punkt der Erdoberfläche, und errichten wir in demselben eine Senkrechte auf diese Fläche (wie sie etwa durch die Richtung des Bleiloths angegeben wird), so wird dieselbe, bis an das Himmelsgewölbe verlängert, letzteres in demjenigen Punkte treffen, den man das Zenith von A nennt, so dass dasselbe also den senkrecht über A befindlichen Punkt des Himmels darstellt. Eine Ebene, welche durch A senkrecht auf die Richtung jener nach dem Zenith gezogenen Geraden gelegt wird, bildet den scheinbaren Horizont von A, der also Himmel und Erde zu scheiden scheint. Der wahre Horizont von A geht, mit

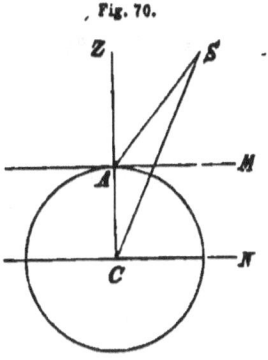

Fig. 70.

dem scheinbaren parallel, durch den Mittelpunkt der Erde, den wir uns zugleich als Mittelpunkt der Himmelskugel denken müssen. Denken wir uns nun durch das Zenith von A und einen Stern S einen Bogen grössten Kreises am Himmelsgewölbe gezogen und verlängern ihn, bis er den (wahren) Horizont trifft, so heisst der Bogen zwischen Stern und Horizont (d. h. der von ihm umspannte Winkel am Mittelpunkt der Erde) die Höhe des Sterns. Dies ist die wahre (oder geozentrische) Höhe; messen kann man nur den Winkel, den die Linie AS mit dem scheinbaren Horizont AM macht, d. h. den Winkel SAM. Betrachten wir nun die Erde als eine Kugel, was genau genug ist, so wird sich aber der Winkel SCN aus dem Winkel SAM leicht berechnen lassen. Es ist nämlich

$$SAZ = SCZ + ASC,$$

d. h. $\quad 90° - SAM = 90° - SCN + ASC,$

$$SCN = SAM + ASC.$$

dem Horizont. Bescheint nun die Sonne diesen Stab, so wirft er einen Schatten, welch letzterer auf einem getheilten, horizontal liegenden Kreis, dessen Mittelpunkt A ist, die betreffende Zeit anzeigt.

Um den Kreis einzutheilen, bemerke man, dass die Zeit von einer Mitternacht zur andern in 24 gleiche Theile, Stunden, getheilt wird, so dass die 12. Stunde auf Mittag, d. h. auf die Zeit fällt, in welcher die Sonne durch den Meridian von A geht (durch den Himmelskreis, der durch Pol und Zenith geht). Nehmen wir nun an, die Sonne bewege sich am Himmel mit gleichförmiger Geschwindigkeit,* so werden in jeder Stunde von ihr gleich grosse Bögen zurückgelegt werden. Verbindet man den Ort der Sonne in einem gewissen Augenblicke mit dem Nordpol durch einen Bogen grössten Kreises (des Stunden- oder Deklinationskreises), so heisst der Winkel, den dieser Bogen mit dem Meridian am Pole macht,

---

Was ASC (die Parallaxe) anbelangt, so hat man

$$\sin ASC : \sin SAC = AC : CS,$$

$$\sin ASC = \frac{AC}{CS} \sin SAZ = \frac{AC}{CS} \cos SAM.$$

CS ist die Entfernung des Sterns vom Mittelpunkte der Erde, AC der Erdhalbmesser. Bei den Fixsternen ist nun immer CS ungeheuer gross im Verhältniss zu AC, so dass der Bruch $\frac{AC}{CS}$ verschwindend klein ist; dasselbe gilt also auch von $\sin ASC$, also von ASC, d. h. man wird haben

$$SCN = SAM,$$

so dass mithin der wahre und scheinbare Horizont nicht unterschieden werden können, wenn es sich um Fixsterne handelt. Es kommt dies offenbar darauf zurück, die Erde selbst als einen Punkt zu betrachten, im Verhältniss zur unendlichen Entfernung der Fixsterne.

Der Winkel SAZ ist also die Zenithdistanz des Sterns S für A (eigentlich ist es SCZ, beide aber fallen zusammen); Zenithdistanz und Höhe betragen zusammen 90°. Die Höhe des Pols ist also der geographischen Breite, d. h. der Zenithdistanz des Aequators gleich.

* Die (scheinbare) Bewegung der Sonne am Himmel geschieht nicht ganz gleichförmig (§. 28, I), und wenn sie auch gleichförmig wäre, so wäre sie in einem Tage nicht gleich der Zeit, in der das Himmelsgewölbe einmal sich dreht, des so genannten Sterntages (§. 28, VI). Für jetzt wollen wir aber hievon absehen, da ohnehin der hier betrachtete Tag ein „Sonnentag" ist.

der Stundenwinkel, der beiderseitig vom südlichen Theile des Meridians von West gegen Ost und von Ost gegen West gerechnet wird, und zwar jeweils bis 180°, welch letzterer Werth Mitternacht entspricht, während 0 der Stundenwinkel für Mittag ist. Da die Sonne sich gleichförmig bewegt, so wird der Stundenwinkel der Zeit proportional zu- oder abnehmen, und zwar für jede Stunde um 15°. Für jeden Zeitmoment ist es somit sehr leicht, den Stundenwinkel zu erhalten; für die Zeit t Stunden vor oder nach Mittag ist er $15t°$.

Sey nun der Stundenwinkel $= \varphi°$ (also die Zeit $= \frac{\varphi}{15}$ vor oder nach Mittag), so wird der Stab AB einen Schatten AE werfen, welche beide Linien in derjenigen Ebene sich befinden, die durch die Sonne und den Stab AB in A geht; ist AM die Richtung des Meridians auf der Erde, so werden die drei Linien AB, AM, AE die Kanten einer körperlichen Ecke seyn, in der BAM = Polhöhe (= geographische Breite =) α; der Winkel der zwei Ebenen EBA, MAB ist nichts Anderes als der Stundenwinkel φ, während der der Ebenen BMA, MAE gleich 90° ist. Man hat also (§. 11, I):

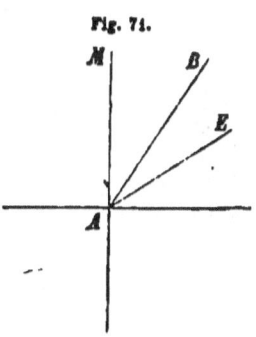

Fig. 71.

$$cotg\, \varphi = cotg\, \text{MAE} . sin\, \alpha, \quad tg\, \text{MAE} = tg\, \varphi\, sin\, \alpha.$$

Hieraus folgt MAE, also kann man AE konstruiren, und wenn dann der Schatten auf AE fällt, so wird der Stundenwinkel der Sonne $= \varphi°$, also die Zeit $\frac{\varphi}{15}$ seyn. Man zeichnet also, wenn man blos ganze Stunden angeben will, auf der durch A gehenden Ebene eine Reihe gerader Linien, die mit AM Winkel machen, deren Tangenten sind: $tg\, 15°\, sin\, \alpha,\ tg\, 30°\, sin\, \alpha,\ tg\, 45°\, sin\, \alpha,\ \ldots$ und wenn der Schatten des Stabs auf diese Linien fällt, so ist es 1, 2, 3, ... oder 11, 10, 9, ... Uhr.

Man kann dies Alles jedoch durch folgende Konstruktion erreichen, die wir noch angeben wollen, da der Gegenstand nicht ohne Interesse ist.

Fig. 72.

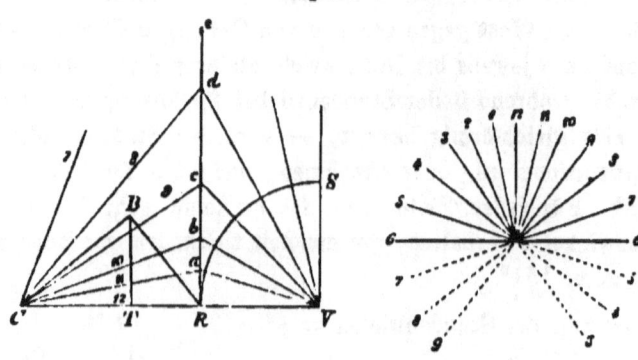

Sey CBT ein rechtwinkliges Dreieck, in welchem BCT gleich der geographischen Breite des betreffenden Ortes ist; man verlängere CT ganz beliebig, ziehe BR auf CB senkrecht, bis sie CT in R trifft, ziehe Re senkrecht auf CR, und mache RV = BR; ziehe endlich mit VR um V einen Viertelkreis, den man in 6 gleiche Theile theilt, wenn man blos Stunden auftragen will, in 12, wenn halbe Stunden u. s. w. Durch die Theilpunkte ziehe man Halbmesser, bis sie Re in a, b, c, ... schneiden, endlich verbinde man C mit a, b, c, so werden, wenn CR die Richtung des Meridians angibt, Ca, Cb, Cc,.. die Stundenlinien für 1, 2, 3, ... oder 11, 10, 9, ... seyn. Man erhält in dieser Weise die Eintheilung für 12—6 nach Mittag, und 6—12 vor Mittag, verlängert man aber die Stundenlinien für 5, 4, ... nach Mittag rückwärts, so erhält man die für 5, 4, ... vor Mittag, und eben so, wenn man die für 7, 8, ... vor Mittag rückwärts verlängert, die für 7, 8, ... nach Mittag.

Dass man bei dieser Konstruktion richtig verfahren ist, kann leicht bewiesen werden. Sey z. B. RVc=φ (hier 45°), BCT=α, CB = r, so ist BT = $r \sin\alpha$, TBR = α, BR = RV = $\dfrac{BT}{\cos\alpha}$ = $r\, tg\, \alpha$, also Rc = RV $tg\,\varphi$ = $r\, tg\,\alpha\, tg\,\varphi$, CR = $\dfrac{CB}{\cos\alpha}$ = $\dfrac{r}{\cos\alpha}$, also tg cCR = $\dfrac{cR}{CR}$ = $r\, tg\,\alpha\, tg\,\varphi\, \dfrac{\cos\alpha}{r}$ = $tg\,\varphi \sin\alpha$, d. h. cCR ist der nach obiger Formel bestimmte Winkel für den Stundenwinkel φ.

Dass die Rückwärtsverlängerung ebenfalls richtig ist, kann man leicht einsehen. Für 5 Uhr nach Mittag macht die Schattenlinie mit CR einen Winkel, dessen Tangente $= tg\, 75° \sin \alpha$; für 5 Uhr vor Mittag dagegen einen andern, dessen Tangente $= tg\, 105° \sin \alpha = -tg\, 75° \sin \alpha$; diese zwei Winkel betragen mithin zusammen 180°.

Legt man jetzt CR in den Meridian (die Mittagslinie) und stellt dann das Dreieck CBT vertikal auf, so wird CB die Schatten werfende Kante seyn können.

Hiezu bedarf es allerdings der Kenntniss der Richtung der Mittagslinie an der Stelle, in der die Sonnenuhr soll errichtet werden. In §. 29 werden wir eine Reihe astronomischer Aufgaben, betreffend die Bestimmung der geographischen Breite, lösen, aus denen dann auch sehr leicht die Richtung der Mittagslinie (Meridian) gefolgert werden kann. Da man aber nicht immer diese astronomischen Hilfsmittel anwenden kann oder will, so wird es nothwendig, wenigstens nahezu die Richtung der Mittagslinie leichter bestimmen zu können. Zu dem Ende errichte man in dem Punkte C, d. h. in dem Punkte, in welchem der Schatten werfende Stab soll errichtet werden, einen senkrechten Stab von beliebiger Länge, und beschreibe um C als Mittelpunkt eine Reihe Kreise auf der horizontalen Ebene. Man beobachte nun die Länge des Schattens des Stabes, was mittelst der Kreise leicht geschehen kann, vor und nach dem Mittage; der Moment, da der Stab den kürzesten Schatten wirft, ist als der wahre Mittag anzusehen und die Schattenlinie ist die Mittagslinie. Am besten wird man sie finden, wenn man gleiche Schattenlängen vor und nach Mittag sucht und den Winkel der entsprechenden Schattenlinien halbirt. Dabei ist freilich vorausgesetzt, dass die Sonne um Mittag (d. h. wenn sie durch den Meridian geht) ihren höchsten Stand am Himmel erreicht, was wahr wäre, wenn ihre Deklination im Laufe eines Tages sich nicht ändern würde. Für die Zeit um den 23. Juli oder 23. Dezember ist dies nahezu der Fall, so dass man diese Tage am sichersten zur obigen Bestimmung wählen wird. Da ferner der Endpunkt des Schattens nicht bequem beobachtet werden kann, so wird man besser thun, am obern Ende des Stabes eine metallene Platte mit einer kleinen Oeffnung anzubringen und den Lichtpunkt, der hiedurch entsteht, als Endpunkt zu wählen.

§. 28.

Tageslänge. Dauer des längsten Tages. Dämmerung.

I. Man soll die Länge des Tages für einen bestimmten Punkt der Erdoberfläche und für einen bestimmten Tag finden, d. h. berechnen, wie lange die Sonne an diesem Tage über dem Horizonte des fraglichen Ortes bleibt.

Ehe wir diese Aufgabe lösen, müssen wir noch einige Erklärungen vorausgehen lassen. Wir haben bereits mehrfach gesagt, dass das Himmelsgewölbe, an dem die Sonne sich befindet, sich gleichförmig um die Weltaxe dreht (zu drehen scheint, was übrigens hier gleichgiltig ist), so dass also auch die Sonne mit diesem Gewölbe sich drehen wird. Wäre die Sonne nun fest, so würde ihre Bewegung gleichförmig und parallel dem Aequator, d. h. in einer Ebene vor sich gehen, die senkrecht auf der Weltaxe steht. Die Sonne hat aber, neben dieser allgemeinen Umwälzung, eine eigene Bewegung am Himmel, die der Richtung der täglichen Bewegung entgegen gesetzt ist, nämlich von West gegen Ost geht. In Folge dieser eigenen Bewegung durchläuft sie während eines Jahres am Himmel einen grössten Kreis, der unter einem Winkel von $23°27'28''$ den Aequator in zwei Punkten durchschneidet, welche der **Frühlings-** und **Herbstpunkt** heissen. Die Bewegung der Sonne in ihrer eigenen Bahn geschieht übrigens nicht ganz gleichförmig. Wegen dieser Bewegung ändert die Sonne ihren Abstand vom Aequator fortwährend, welcher Abstand offenbar gemessen wird durch den Bogen eines grössten Kreises, den man durch Sonne und Pol, also senkrecht auf den Aequator legt; dieser Abstand, d. h. das Stück zwischen Sonne und Aequator heisst die **Deklination der Sonne** (woher auch der Name **Deklinationskreis** für jenen Kreis rührt). Da man die Bewegung der Sonne kennt, so kennt man also auch ihre Deklination für jeden Tag und weiss, um wie viel sie sich im Laufe eines Tages ändert. Dies, in Verbindung noch mit der ungleichförmigen Bewegung der Sonne in ihrer Bahn, macht, dass die Zeit von einem Meridiandurchgang derselben bis zum andern nicht immer dieselbe ist. Daraus folgt, dass die Tage, welche eben diesem Zeitabschnitte gleich sind, ungleich lang wären, wenn sie blos nach der Sonnenuhr (§. 27, III) gemessen würden. Da man solche ungleich lange Tage für die Pendeluhren nicht brauchen kann, so hat man alle Tage als gleich lang angenommen, und dadurch eine **mittlere Zeit** erhalten, von der die eigentliche Sonnenzeit, wie die Sonnenuhr sie gibt, abweicht, so dass der Meridiandurchgang der Sonne bald vor, bald nach 12 Uhr Statt findet.

Die Sonne geht auf oder unter, wenn ihre Zenithdistanz $= 90°$ ist, so dass also ihre Höhe $= 0$ ist. Kennt man den Stundenwinkel (§. 27, III) der Sonne für den Augenblick ihres

Aufgangs oder Niedergangs, so lässt sich daraus unmittelbar auf die betreffende Zeit, und also auf die Tageslänge schliessen.

Stelle nun S die Sonne vor, Z das Zenith, P den Nordpol, also BZA den Meridian, AB den Horizont, so ist in dem Dreieck ZSP: ZP die Zenithdistanz des Pols $= 90°$ minus der geographischen Breite, ZS die Zenithdistanz der Sonne, ZPS der Stundenwinkel, PS$=90°$ minus der Deklination der Sonne.

Fig. 73.

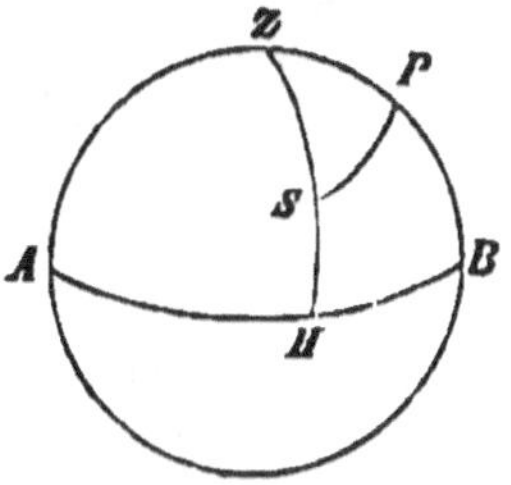

Bezeichnet man also für einen bestimmten Zeitpunkt die Deklination der Sonne mit δ, mit b die geographische Breite, mit z die Zenithdistanz der Sonne, mit s den Stundenwinkel derselben, so hat man:

$$cos\, z = cos\,(90°- b)\,cos\,(90°- \delta) + sin\,(90°- b)\,sin\,(90°- \delta)\,cos\, s,$$

wobei δ negativ wäre, wenn sich die Sonne südlich vom Aequator befände; d. h. man hat:

$$cos\, z = sin\, b\, sin\, \delta + cos\, b\, cos\, \delta\, cos\, s.$$

Allerdings geht die Sonne auf oder unter, wenn $z = 90°$; allein die Strahlenbrechung macht, dass die Sonne immer etwas höher zu stehen scheint, als sie wirklich steht, so dass man sie also bereits sieht, ehe sie über den Horizont gelangt ist; diese Erhöhung beträgt etwa 33′, was wir mit ε bezeichnen wollen, so dass also die Zenithdistanz $= 90° + \varepsilon$ seyn wird, wenn die Sonne auf- oder untergeht. Was ferner die Deklination anbelangt, so kennt man sie nur für den Mittag des betreffenden Ortes, d. h. für den Augenblick des Meridiandurchganges; sie ist also beim Auf- und Untergang davon verschieden. In der Zeit vom Aufgang bis Mittag, oder von letzterem bis Untergang wird man annehmen dürfen, die Deklination ändere sich gleichförmig und wir wollen annehmen, sie wachse, und zwar um n′′ in 24 Stunden, oder wenn s um 360° wächst. Ist nun δ die für den Mittag (des betreffenden Ortes) berechnete Deklination der Sonne, so wird für den Augenblick des Aufgangs, dem der Stundenwinkel s entspricht, dieselbe $\delta - \dfrac{n\,s}{360}$ betragen, wenn s in Graden gegeben ist; für den Augenblick des Untergangs, dem der Stundenwinkel s' entspreche, wird sie $\delta + \dfrac{n\,s'}{360}$ ausmachen. Bestimmt man also s und s' aus den Gleichungen

$$cos(90^\circ + \varepsilon) = sin\,b\; sin\,(\delta - \tfrac{n\,s}{360}) + cos\,b\; cos\,(\delta - \tfrac{n\,s}{360})\;cos\,s,$$

$$cos(90^\circ + \varepsilon) = sin\,b\; sin\,(\delta + \tfrac{n\,s'}{360}) + cos\,b\; cos\,(\delta + \tfrac{n\,s'}{360})\;cos\,s',$$

d. h. aus

$$\left.\begin{array}{l} cos\,s = -\dfrac{sin\,\varepsilon + sin\,b\; sin\,(\delta - \tfrac{n\,s}{360})}{cos\,b\; cos\,(\delta - \tfrac{n\,s}{360})}, \\[2ex] cos\,s' = -\dfrac{sin\,\varepsilon + sin\,b\; sin\,(\delta + \tfrac{n\,s'}{360})}{cos\,b\; cos\,(\delta + \tfrac{n\,s'}{360})}, \end{array}\right\} \text{(a)}$$

so wird man die Stundenwinkel für den Aufgang und Untergang der Sonne, und daraus dann die Tageslänge erhalten.

Um s oder s' aus den Gleichungen (a) ermitteln zu können, wird man in den zweiten Seiten zuerst n gleich 0 setzen, d. h. s und s' $(= s)$ aus

$$cos\,s\;(= cos\,s') = -\dfrac{sin\,\varepsilon + sin\,b\; sin\,\delta}{cos\,b\; cos\,\delta} \qquad \text{(a')}$$

bestimmen, sodann diesen Werth für s (und s') in die zweiten Seiten der Gleichungen (a) einsetzen, und nun genauere Werthe für diese Stundenwinkel finden. Wollte man sich dabei noch nicht beruhigen, so könnte man diese neuen Werthe abermals in die zweiten Seiten von (a) einsetzen und noch genauere Werthe von s und s' damit erhalten. Bei der Kleinheit von $\dfrac{n\,s}{360}$ und $\dfrac{n\,s'}{360}$ wird aber dieses Verfahren nicht nothwendig werden.

Nähme die Deklination der Sonne ab, so wäre natürlich n negativ zu setzen.

Sey $b = 51^\circ 31' 47''$, $\delta = 15^\circ 4' 15''$, $n = 18' 2''$, $\varepsilon = 33'$. Also zuerst nach (a') s zu berechnen, woraus $s = 110^\circ 47' 7''$; mithin $\dfrac{n\,s}{360} = 18' 2'' \dfrac{110^\circ 47' 7''}{360 . 60 . 60} = 5' 30''$, also

$$cos\, s = -\frac{sin\, 33' + sin\, 51°31'47'' sin(15°4'15'' - 5'30'')}{cos\, 51°31'47'' cos(15°4'15'' - 5'30'')},$$

$$cos\, s' = -\frac{sin\, 33' + sin\, 51°31'47'' sin(15°4'15'' + 5'30'')}{cos\, 51°31'47'' cos(15°4'15'' + 5'30'')},$$

woraus $s = 110°39'8''$, $s' = 110°55'6''$.

Verwandelt man diese Stundenwinkel in Zeit (15° auf die Stunde), so erhält man:

Aufgang der Sonne vor Mittag 7 Stunden 22 Min. 36 Sek.,
Untergang „ „ nach „ 7 „ 23 „ 40 „ .

Die Tageslänge also betrug 14 Stunden 46 Minuten 16 Sekunden. Die Zeit des Sonnenaufgangs wäre sonach 12—7 Stunden 22 Min. 36 Sek. = 4 Stund. 37 Min. 24 Sek.; allein es ist dies nicht mittlere Zeit, wie die Penduluhren sie zeigen, sondern wahre Zeit, wie sie von den Sonnenuhren angegeben wird. Da an dem betreffenden Tage die mittlere Zeit um 3 Min. 3 Sek. hinter der wahren zurück war, so zeigte die Uhr bei Sonnenaufgang 4 Uhr 34 Min. 21 Sek., bei Sonnenuntergang 7 Uhr 20 Min. 37 Sek.

Die Summe $s + s'$, um die es sich handelt, wenn man nur die Tageslänge zu finden wünscht, kann übrigens einfacher erhalten werden. Da nämlich $\frac{ns}{360}$ immer klein ist, so wird man nahezu setzen können: $cos\frac{ns}{360} = 1$, $sin\frac{ns}{360} = arc\frac{ns}{360}$, so dass

$$sin(\delta - \frac{ns}{360}) = sin\,\delta - cos\,\delta\, arc\frac{ns}{360},$$

$$cos(\delta - \frac{ns}{360}) = cos\,\delta + sin\,\delta\, arc\frac{ns}{360},$$

$$sin(\delta + \frac{ns}{360}) = sin\,\delta + cos\,\delta\, arc\frac{ns}{360},$$

$$cos(\delta + \frac{ns}{360}) = cos\,\delta - sin\,\delta\, arc\frac{ns}{360},$$

Mithin, wenn man $arc^2\frac{ns}{360}$ vernachlässigt:

$$\cos s = -\frac{sin\,s + sin\,\delta\,sin\,b - cos\,\delta\,sin\,b\,arc\,\frac{n\,s}{360}}{cos\,b\,cos\,\delta + cos\,b\,sin\,\delta\,arc\,\frac{n\,s}{360}}$$

$$= -[sin\,s + sin\,\delta\,sin\,b - cos\,\delta\,sin\,b\,arc\,\tfrac{n\,s}{360}]\,\frac{cos\,b\,cos\,\delta - cos\,b\,sin\,\delta\,arc\,\tfrac{n\,s}{360}}{cos^2 b\,cos^2 \delta}$$

$$= -\frac{sin\,s + sin\,\delta\,sin\,b - cos\,\delta\,sin\,b\,arc\,\tfrac{n\,s}{360}}{cos\,b\,cos\,\delta}$$

$$+[sin\,s + sin\,\delta\,sin\,b]\frac{cos\,b\,sin\,\delta}{cos^2 b\,cos^2 \delta}\,arc\,\frac{n\,s}{360}$$

$$= -\frac{sin\,s + sin\,\delta\,sin\,b}{cos\,b\,cos\,\delta} + tg\,b\,arc\,\frac{n\,s}{360} + \frac{sin\,s + sin\,\delta\,sin\,b}{cos\,b\,cos\,\delta}\,tg\,\delta\,arc\,\frac{n\,s}{360}.$$

Ist also
$$-\frac{sin\,s + sin\,\delta\,sin\,b}{cos\,b\,cos\,\delta} = \mu,$$

so ist
$$cos\,s = \mu + (tg\,b - \mu\,tg\,\delta)\,arc\,\frac{n\,s}{360}.$$

Eben so
$$cos\,s' = \mu - (tg\,b - \mu\,tg\,\delta)\,arc\,\frac{n\,s}{360},$$

woraus
$$cos\,s + cos\,s' = 2\mu, \quad cos\,s\,cos\,s' = \mu^2,$$

wenn man immer $arc^2\,\frac{n\,s}{360}$ vernachlässigt. μ liegt also zwischen -1 und $+1$. Aber (erste Abthlg. §. 16):

$$cos\,\frac{s+s'}{2} = cos\,\tfrac{1}{2}s\,cos\,\tfrac{1}{2}s' - sin\,\tfrac{1}{2}s\,sin\,\tfrac{1}{2}s' = \tfrac{1}{2}\sqrt{(1+cos\,s)(1+cos\,s')}$$
$$- \tfrac{1}{2}\sqrt{(1-cos\,s)(1-cos\,s')}$$
$$= \tfrac{1}{2}\sqrt{1 + cos\,s + cos\,s' + cos\,s\,cos\,s'} - \tfrac{1}{2}\sqrt{1 - cos\,s - cos\,s' + cos\,s\,cos\,s'}$$
$$= \tfrac{1}{2}\sqrt{1 + 2\mu + \mu^2} - \tfrac{1}{2}\sqrt{1 - 2\mu + \mu^2} = \tfrac{1}{2}(1+\mu) - \tfrac{1}{2}(1-\mu) = \mu.$$

Bestimmt man also φ aus
$$cos\,\varphi = \mu = -\frac{sin\,s + sin\,\delta\,sin\,b}{cos\,b\,cos\,\delta},$$

so ist

Orte, deren längster Tag 24 oder mehr Stunden beträgt.   289

$$\frac{s+s'}{2}=\varphi, \quad s+s'=2\varphi.$$

In unserm obigen Beispiele war $\varphi=110°47'7''$, also $s+s'=221°34'14''$, mithin Tageslänge $= \dfrac{221\text{ Stund. }34\text{ Min. }14\text{ Sek.}}{15} = $ 14 Stund. 46 Min. $16\tfrac{14}{15}$ Sek.

„Aus der obigen Formel ergibt sich sofort, dass für einen bestimmten Ort die Tageslänge am grössten ist, wenn φ, d. h. δ es ist, wobei wir δ positiv denken, also das Sommerhalbjahr betrachten. Dann ist übrigens $\varphi > 90°$, also die Tageslänge immer mehr als 12 Stunden. Der grösste Werth von δ ist $23°27'28''$, was zur Zeit der Sommersonnenwende eintrifft.

II. Man soll diejenigen Orte der Erde bestimmen, deren längster Tag 24 oder mehr Stunden beträgt.

Wir haben in der vorigen Aufgabe die Länge des Tages für einen bestimmten Ort und zu einer bestimmten Zeit zu finden gelehrt. Fällt nun (bei Orten auf der nördlichen Erdhälfte und) bei der grössten Deklination der Sonne, welche $23°27'28''$ beträgt, die Summe $s+s'$ gleich $360°$ aus, so wird die Sonne am längsten Tage gerade 24 Stunden über dem Horizonte bleiben. Da dann $\varphi=180°$, $\cos\varphi=-1$, so ist $\mu=-1$, also, wenn α der Winkel der Sonnenbahn mit dem Aequator $(23°27'28'')$: *

$$\frac{\sin s + \sin\alpha \sin b}{\cos b \cos\alpha}=1,$$

woraus dann b oder die geographische Breite zu suchen ist.

Vernachlässigt man s, d. h. die Strahlenbrechung, so hat man:

$$tg\,\alpha\, tg\,b = 1, \quad tg\,b = \cot g\,\alpha, \quad b = 90° - \alpha,$$

d. h. diejenigen Orte, welche unter $66°32'32''$ Breite liegen, haben am längsten Tage (23. Juni) die Sonne 24 Stunden über dem Horizonte. (Polarkreise).

Wird s nicht vernachlässigt, so ist

---

* Ist die Deklination der Sonne am grössten, so ist dieselbe in einem Abstande $= 90°$ vom Durchschnitt ihrer Bahn mit dem Aequator, und der Deklinationskreis trifft letztern eben so in einem Abstande $= 90°$ von jenem Punkte. Also ist (§. 11, V) die Deklination $=$ Winkel der Sonnenbahn mit dem Aequator.

$$sin\, s = cos\, b\, cos\, \alpha - sin\, \alpha\, sin\, b = cos\, (b+\alpha),$$

d. h.
$$b + \alpha = 90^0 - s, \quad b = 90^0 - (\alpha + s).$$

Für Orte, die noch mehr nördlich liegen, ist $b > 90^0 - (\alpha + s)$, also dann $\frac{sin\, s + sin\, \alpha\, sin\, b}{cos\, b\, cos\, \alpha} > 1$, d. h. $s + s' = 2\varphi$ kann nicht mehr bestimmt werden, oder mit andern Worten, zur Zeit unseres längsten Tages geht dort die Sonne gar nicht mehr unter.

III. Man soll für Orte, welche nördlicher liegen als die, deren Breite $90^0 - (\alpha + s)$ beträgt, die Dauer des längsten Tages bestimmen.

Derselbe dauert von dem Augenblicke an, da die Sonne zum letzten Male aufgeht, bis zu dem, da sie das erste Mal wieder untergeht, d. h. von dem Augenblick an, da der Stundenwinkel s (in I) $= 180^0$ ist, bis zu dem, da s' wieder 180^0 wird. Man muss also haben:

$$cos\,(90^0 + s) = sin\, b\, sin\,(\delta - \frac{n.180}{360}) + cos\, b\, cos\,(\delta - \frac{n.180}{360})\, cos\, 180^0,$$

$$cos\,(90^0 + s) = sin\, b\, (sin\, \delta' - \frac{n'.180}{360}) + cos\, b\, cos\,(\delta' - \frac{n'.180}{360})\, cos\, 180^0,$$

wenn δ, δ' die (zu bestimmenden) Deklinationen der Sonne bei den Meridiandurchgängen zu Anfang und Ende, n, n' die Zu- und Abnahme der Deklination in 24 Stunden bedeuten (wo im Anfang die Deklination zu-, am Ende abnimmt). Vernachlässigt man übrigens diese Grössen, so hat man:

$$-sin\, s = sin\, b\, sin\, \delta - cos\, b\, cos\, \delta = -cos\,(b + \delta),$$
$$b + \delta = 90^0 - s, \quad \delta = 90^0 - (b + s);$$
$$-sin\, s = sin\, b\, sin\, \delta' - cos\, b\, cos\, \delta' = -cos\,(b + \delta'),$$
$$b + \delta' = 90^0 - s, \quad \delta' = 90^0 - (b + s),$$

d. h. die Sonne geht zum letzten Male auf, wenn ihre Deklination $= 90^0 - (b + s)$, und geht unter, wenn dieselbe wieder so gross geworden ist. Die Zeit, die dazwischen verfliesst, ist die Dauer des längsten Tages.

IV. Alles Gesagte bezieht sich auf den Mittelpunkt der Sonne. Da die Sonnenscheibe am Himmel eine Ausdehnung von ungefähr

32' hat, so wird es sich auf den nördlichen (obern) Rand beziehen, wenn man statt s setzt $s + 16'$ und auf den untern, wenn man für s setzt $s — 16'$. Denn soll der obere Rand der Sonne am Horizonte erscheinen, so ist es gerade dasselbe, als wenn man sich den Mittelpunkt durch die Lichtbrechung um 16' erhoben denken würde und liesse den Mittelpunkt erscheinen u. s. w. Die Grössen δ und α beziehen sich immer nur auf den Mittelpunkt.

Will man also in II den Ort finden, für den zur Zeit der Sommersonnenwende (23. Juni) während 24 Stunden beständig wenigstens ein Theil der Sonne über dem Horizonte ist, so dass also um Mitternacht der obere Rand noch bemerkt wird, und erst die folgende Mitternacht wieder untertaucht, so findet man

$$b = 90° - (\alpha + s + 16').$$

Eben so wäre in III unter denselben Voraussetzungen

$$\delta = 90° - (b + s + 16').$$

Will man für Orte, die einen längsten Tag $>$ 24 Stunden haben, die Dauer der längsten Nacht bestimmen, so hat man die Zeit zu ermitteln, die verfliesst von dem Augenblicke, da der Stundenwinkel beim Aufgange der Sonne $= 0$ ist, bis zu dem, wo er es beim Untergange ist. Bezieht man Alles auf den obern Rand, so ist also

$$\cos(90° + s + 16') = \sin b \sin \delta + \cos b \cos \delta = \cos(b - d),$$
$$b - \delta = 90° + s + 16', \quad \delta = -(90° + s + 16' - b).$$

Wenn also die Deklination der Sonne $= -(90° + s + 16' - b)$ (also südlich) geworden ist, erscheint zum letzten Male für Orte, deren Breite b ist, der obere Rand der Sonne am Horizonte, und sie haben Nacht, bis wieder die Deklination diese Grösse erlangt hat.

V. Ehe die Sonne aufgeht, oder nachdem sie untergegangen ist, erscheint, durch Zurückwerfung des Lichtes in der Luft, Helle, welche man **Dämmerung** zu nennen pflegt.

Die Erfahrung hat gelehrt, dass wenn (Morgens) in Folge der Dämmerung die kleinsten Sterne aufhören sichtbar zu seyn, die Sonne noch ungefähr 18° unter dem Horizont sich befindet, während man ohne Licht noch Gedrucktes zu lesen vermag, wenn sie sich ungefähr $6\frac{1}{4}°$ unter dem Horizont befindet. Um zu ermitteln, wie lange an einem bestimmten Orte die Dämmerung dauere, wird man, wie in I den Stundenwinkel s_1 für den Fall bestimmen, dass die Zenithdistanz der Sonne 108° beträgt (oder 96¼° für den zweiten Fall), so wie s_2 für die Zenithdistanz 90° (wenn man die Lichtbrechung hier ausser Acht lässt, da es bei diesen Rechnungen auf ausserordentliche Genauigkeit nicht ankommen kann); der Unterschied $s_1 - s_2$, in Zeit verwandelt, gibt die Dauer der Dämmerung. Ist also δ die Deklination der Sonne, b die Breite des Ortes, so ist

$$cos\, s_1 = \frac{cos\, 108° - sin\,\delta\, sin\, b}{cos\,\delta\, cos\, b}, \quad cos\, s_2 = -\frac{sin\,\delta\, sin\, b}{cos\,\delta\, cos\, b} = -tg\,\delta\, tg\, b,$$

wenn man die Aenderung in der Deklination unbeachtet lässt. Zieht man hieraus s_1, s_2, so ist $\frac{s_1 - s_2}{15}$ = Dauer der (Morgen- oder Abend-) Dämmerung.

Ist der Ort auf der Erde so gelegen, dass um Mitternacht die Zenithdistanz der Sonne nicht mehr als 108° beträgt, so tritt die **immer während e Dämmerung** ein, indem alsdann Abend- und Morgendämmerung unmittelbar in einander übergehen. Will man für einen Ort der Erde den Tag bestimmen, an dem dies zuerst Statt findet, so hat man δ aus der Gleichung:

$$cos\, 108° = sin\,\delta\, sin\, b + cos\,\delta\, cos\, b\, cos\, 180° = -cos(\delta + b)$$

zu bestimmen, d. h. man hat

$$108° = 180° - (\delta + b), \quad \delta = 72° - b.$$

An dem Tage, an welchem die Deklination der Sonne $= 72° - b$ ist, wird also immer während Dämmerung eintreten, und jeden Tag sich wiederholen, bis die Deklination der Sonne wieder $72° - b$ geworden.

VI. Man wird nun auch leicht einsehen, in welcher Weise die hier noch etwa zu stellenden Aufgaben dieser Art zu lösen wären, so wie ganz in derselben Weise in Bezug auf Auf- und Untergang eines Sterns verfahren werden kann. Ist der Stern ein Fixstern, d. h. ändert er seinen Ort am Himmel nicht, so wird die Deklination desselben immer dieselbe bleiben; der Stundenwinkel, durch Division mit 15 in Zeit verwandelt, wird aber dann **Sternzeit** angeben, d. h. eine Stunde wird der 24. Theil des Zeitraums seyn, innerhalb dessen der Sternenhimmel seine Umdrehung einmal vollendet. Diese Zeit ist verschieden von mittlerer Sonnenzeit (I), und es sind 24 Stunden Sternenzeit = 23 St. 56 M. 4·1 Sek. mittlere Sonnenzeit, und 24 Stunden mittlere Sonnenzeit = 24 St. 3 M. 56·6 Sek. Sternzeit.

VII. Die Deklination der Sonne, die wir im Vorstehenden für jeden Tag als bekannt angenommen haben, wird aus den astronomischen Tafeln entnommen; diese letztern sind aber für einen gewissen Ort (z. B. Berlin oder Wien) berechnet, so dass sie für jeden Tag eines Jahres die Deklination der Sonne im Augenblick, da sie den Meridian jenes Ortes durchschreitet, angeben. Gesetzt aber man wolle für einen Ort, dessen Lage auf der Erde bekannt sey, die Deklination der Sonne für den Augenblick finden, da sie den Meridian des letztern Ortes passirt, und dazu etwa die für Berlin berechneten Tafeln („Berliner astronomisches Jahrbuch") benützen, so muss man zuerst die Lage des neuen Ortes A in Bezug auf Berlin feststellen. Zu dem Ende bestimmt man den Winkel, den der Berliner Meridian und der des Ortes A (die beide sich im Pole durchschneiden) mit einander machen, welchen Winkel wir hier von 0 bis 180° östlich und von 0 bis 180° westlich zählen wollen und die geographische Länge des Ortes A in Bezug auf Berlin nennen. Da die Sonne in 24 Stunden (Sonnenzeit) 360° der Länge durchläuft, so wird sie in jeder Stunde 15° durchlaufen, und wenn nun A östlich (westlich) von Berlin, und zwar um $t°$, liegt, so wird die Sonne $\frac{t}{15}$ Stunden früher (später) durch seinen Meridian gehen, d. h. der Mittag von A wird $\frac{t}{15}$ Stunden früher (später) eintreten, als der von Berlin. Man kann also leicht berechnen, welche Zeit in Berlin es ist, wenn der Mittag in A eintritt, und da man die Aenderung der Sonne in 24 Stunden aus den Tafeln entnehmen kann, so wird sich nach §. 53 der ersten Abtheilung die Deklination der Sonne für den Mittag in A finden lassen.

Sey z. B. A in 28°45' westlicher Länge von Berlin, und man will die Deklination der Sonne für seinen Mittag am 13. August haben. Die Berliner Tafeln geben; 13. August 14°46'37·5", 14. August 14°28'17·0", 15. August 14°9'42·7".

Da A 28° 45' westlich von Berlin liegt, so tritt der Mittag um $\frac{28 \text{ St. } 45 \text{ M.}}{15} = 1 \text{ St. } 55 \text{ M.}$ später ein als in Berlin, d. h. in letzterer Stadt ist es alsdann 1 Uhr 55 M., für welche Zeit man die Declination der Sonne zu suchen hat.

		I. Diff.	II. Diff.
13. Aug.	14° 46' 37·5"		
		− 18' 20·5"	
14. Aug.	14° 28' 17·0"		− 13·8".
		− 18' 34·3"	
15. Aug.	14° 9' 42·7"		

$y_1 = 14°46'37·5''$, $\varDelta y_1 = -18'20·5''$, $\varDelta^2 y_1 = -13·8''$, $h = 24$,

$$x - x_1 = 1\tfrac{11}{12}, \quad \frac{x - x_1}{h} = \alpha = \frac{23}{288},$$

mithin in der Formel (h) (§. 53 der ersten Abthlg.):

$$B = -18'20·5'' - \tfrac{1}{2}(\tfrac{23}{288} - 1)13·8'' = -18'14·2'',$$
$$\alpha B = -1'27·4'', \quad y = 14°45'10·1'',$$

d. h. die gesuchte Declination ist 14°45'10·1" (für den Mittag von A).

§. 29.

Astronomische Bestimmung der geographischen Breite.

Im Vorstehenden haben wir die geographische Breite des Beobachtungsortes als bekannt vorausgesetzt. Wir wollen desshalb einige Methoden betrachten, nach denen man dieselbe auf astronomischem Wege bestimmen kann. Die meisten kommen auf Höhenmessungen von Fixsternen zurück, deren unveränderliche Lage am Himmel bekannt ist; die Declination, überhaupt die Lage der Fixsterne am Himmel, ist zwar selbst etwas veränderlich, in den astronomischen Jahrbüchern ist jedoch hierauf schon Rücksicht genommen. Bei Höhenmessungen muss die Strahlenbrechung (Refraktion), die den Stern erhöht, also die Zenithdistanz verkleinert, vorher abgezogen werden, ehe man die Rechnung beginnt. *

---

* Die besten Tafeln zur Berechnung der astronomischen Refraktion sind die von Bessel in „Tabulae Regiomontanae etc." S. 538 ff. gegebenen, die auch in Sammlung von Hilfstafeln. Herausgegeben im Jahre 1822 von H. C. Schumacher. Neu herausgegeben und vermehrt von G. H. L. Warnstorff. Altona. 1845." S. 30 ff. abgedruckt und zum Gebrauch erläutert sind.

Die einfachste Bestimmungsweise der geographischen Breite ist allerdings die, dass man bei einem Sterne, der nicht untergeht, also nahe am Nordpole sich befindet, die Höhe (Zenithdistanz) misst, wenn er den Meridian passirt. Da dies in 24 Stunden zweimal geschieht, so erhält man zwei Höhen, und da beide Male der Stern gleich weit vom Pole absteht, so gibt die halbe Summe beider Höhen die Höhe des Pols, oder die geographische Breite.

Nicht immer kann oder will man aber diese Methode anwenden und man hat desshalb andere erfunden, von denen wir eine oder die andere näher betrachten wollen.

I. Ein Stern, dessen Deklination δ genau bekannt ist, wurde zu zwei verschiedenen Zeiten östlich vom Meridian beobachtet und seine Höhen h, h' über dem Horizonte, so wie die Zwischenzeit t (nach Sternzeit) gemessen; man soll hieraus die geographische Breite φ des Beobachtungsortes ermitteln.

Den Stundenwinkel des Sterns rechnen wir wie in §. 27, III angegeben. Ist derselbe für einen gewissen Augenblick s, h die Höhe des Sterns, δ seine Deklination, so hat man (§. 28, I, wo $z = 90° - h$):

$$\sin h = \sin \varphi \sin \delta + \cos \varphi \cos \delta \cos s.$$

Ist t die Zwischenzeit der Beobachtungen, so beträgt die Verminderung des (immer noch östlichen) Stundenwinkels τ, wenn τ die in Winkel verwandelte Zeit t ist (15° auf 1 Stunde gerechnet). Demnach, wenn s der Stundenwinkel des Sterns zur Zeit der ersten Beobachtung ist, hat man:

$$\sin h = \sin \varphi \sin \delta + \cos \varphi \cos \delta \cos s,$$
$$\sin h' = \sin \varphi \sin \delta + \cos \varphi \cos \delta \cos(s - \tau),$$

woraus φ (und s) zu bestimmen ist.

Subtrahirt und addirt man beide Gleichungen, so ergibt sich:

$$\cos \frac{h'+h}{2} \sin \frac{h'-h}{2} = \cos \varphi \cos \delta \sin(s - \tfrac{1}{2}\tau) \sin \tfrac{1}{2}\tau$$

$$\sin \frac{h'+h}{2} \cos \frac{h'-h}{2} = \sin \varphi \sin \delta + \cos \varphi \cos \delta \cos(s - \tfrac{1}{2}\tau) \cos \tfrac{1}{2}\tau,$$

d. h.

$$\cos \varphi \sin(s - \tfrac{1}{2}\tau) = a, \quad \cos \varphi \cos(s - \tfrac{1}{2}\tau) = b - c \sin \varphi,$$

wenn

$$a = \frac{\cos\frac{1}{2}(h'+h)\sin\frac{1}{2}(h'-h)}{\cos\delta\sin\frac{1}{2}\tau}, \quad b = \frac{\sin\frac{1}{2}(h'+h)\cos\frac{1}{2}(h'-h)}{\cos\delta\cos\frac{1}{2}\tau},$$

$$c = \frac{tg\,\delta}{\cos\frac{1}{2}\tau}.$$

Durch Quadriren und Addiren erhält man daraus

$$\cos^2\varphi = a^2 + b^2 - 2bc\sin\varphi + c^2\sin^2\varphi.$$

d. h.

$$1 - (a^2 + b^2) = (1+c^2)\sin^2\varphi - 2bc\sin\varphi,$$

$$\sin\varphi = \frac{bc \pm \sqrt{1-a^2-b^2+c^2-a^2c^2}}{1+c^2},$$

aus welcher Gleichung zwei Werthe von φ folgen, die (wie bei φ vorausgesetzt) zwischen $-90°$ und $+90°$ liegen. Welcher der zwei zu wählen ist, wird im gegebenen Falle leicht zu entscheiden seyn. Ist φ bekannt, so ergibt sich s durch Auflösung des sphärischen Dreiecks, dessen Seiten $90°-h$, $90°-\varphi$, $90°-\delta$ sind, und wo s (ZPS) der Seite $90°-h$ (ZS) entgegen steht.

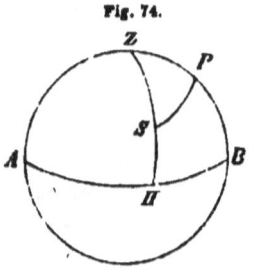

Fig. 74.

Der Werth von $\sin\varphi$ ist übrigens auch

$$\sin\varphi = \frac{bc \pm \sqrt{(1-a^2)(1+c^2)-b^2}}{1+c^2},$$

Aus dieser Formel folgt, dass $a^2 < 1$ seyn muss, da sonst $\sin\varphi$ unmöglich wäre; wir können also immer einen Winkel ξ zwischen 0 und $180°$ bestimmen, so dass

$$\cos\xi = a, \quad 1-a^2 = \sin^2\xi.$$

Setzt man dann noch $c = tg\,\zeta$, wo auch ζ zwischen 0 und $180°$ seyn soll, so ist

$$\sin\varphi = (b\,tg\,\zeta \pm \sqrt{\frac{\sin^2\xi}{\cos^2\zeta} - b^2})\cos^2\zeta = b\sin\zeta\cos\zeta$$

$$\pm \cos\zeta\sqrt{\sin^2\xi - b^2\cos^2\zeta},$$

da eben $\sqrt{\cos^2\zeta}$ auch $= \pm\cos\zeta$. Setzt man nun, da offenbar $\sin^2\xi > b^2\cos^2\zeta$ seyn muss: $b\cos\zeta = \sin\xi\cos\psi$, so ist

$$\sin\varphi = b\sin\zeta\cos\zeta \pm \cos\zeta\sqrt{\sin^2\xi\sin^2\psi} = b\sin\zeta\cos\zeta \pm \cos\zeta\sin\xi\sin\psi$$

$$= \sin\xi\cos\psi\sin\zeta \pm \cos\zeta\sin\xi\sin\psi = \sin\xi\sin(\zeta\pm\psi).$$

Beispiel.

Die Auflösung unserer Aufgabe ist mithin durch das folgende Formelsystem gegeben:

$$\cos\xi = \frac{\cos\tfrac{1}{2}(h'+h)\sin\tfrac{1}{2}(h'-h)}{\cos\delta\sin\tfrac{1}{2}\tau}, \quad tg\,\zeta = \frac{tg\,\delta}{\cos\tfrac{1}{2}\tau},$$

$$\cos\psi = \frac{\sin\tfrac{1}{2}(h'+h)\cos\tfrac{1}{2}(h'-h)\cos\zeta}{\cos\delta\cos\tfrac{1}{2}\tau\sin\xi}, \quad \sin\varphi = \sin\xi\sin(\zeta\pm\psi),$$

wo ξ, ζ, ψ zwischen 0 und 180° liegen.

Ein Beispiel mag zur Erläuterung dienen. Die Angaben sind:

$\delta = -2°14'9''$, $h = 26°33'21·0''$, $h' = 36°41'11·8''$,

$t = 2$ St. 35 M. $46·5$ Sek.

Daraus

$\tau = 38°56'37·5''$, $\tfrac{1}{2}\tau = 19°28'18·7''$, $\tfrac{1}{2}(h'+h) = 31°37'16·4''$,

$\tfrac{1}{2}(h'-h) = 5°3'55·4''$.

$\log\cos\tfrac{1}{2}(h'+h) = 9·9302014$	$\log\sin\tfrac{1}{2}(h'+h) = 9·7195810$
$\log\sin\tfrac{1}{2}(h'-h) = 8·9459242$	$\log\cos\tfrac{1}{2}(h'-h) = 9·9983006$
$E\log\cos\delta = 0·0003307$	$\log\cos\zeta = 9·9996279(-)$
$E\log\sin\tfrac{1}{2}\tau = 0·4771075$	$E\log\cos\delta = 0·0003307$
$\log\cos\xi = 9·3535638$	$E\log\cos\tfrac{1}{2}\tau = 0·0255779$
$\xi = 76°57'17·9''$	$E\log\sin\xi = 0·0113550$
$\log\sin\xi = 9·9886450$	$\log\cos\psi = \overline{9·7547731}(-)$
$\log tg\,\delta = 8·5915373(-)$	$\psi = 124°38'58·5''$
$E\log\cos\tfrac{1}{2}\tau = 0·0255779$	$\zeta+\psi = 302°16'41·8''$
$\log tg\,\zeta = \overline{8·6171152}(-)$	$\zeta-\psi = 52°58'44·8''$
$\zeta = 177°37'43·3''$	
$\log\cos\zeta = 9·9996279(-)$	
$\log\sin\xi = 9·9886450$	$\log\sin\xi = 9·9886450$
$\log\sin(\zeta+\psi) = 9·9270953(-)$	$\log\sin(\zeta-\psi) = \underline{9·9022292}$
$\log\sin\varphi_1 = \overline{9·9157403}(-)$	$\log\sin\varphi_2 = 9·8908742$
$\varphi_1 = -55°27'5''$ *	$\varphi_2 = 51°3'38·2''$.

---

* Man wird leicht bemerken, dass unsere Formeln auch noch gelten, wenn der Beobachtungsort auf der südlichen Erdhälfte sich befindet, in welchem Falle φ negativ wäre. Die Deklination muss natürlich dabei gegen den Nordpol als Positiv gerechnet werden.

Da der Beobachtungsort auf der nördlichen Erdhälfte lag, so gilt blos der zweite Werth von φ.

Wir haben oben angenommen, beide Beobachtungen geschehen östlich vom Meridian. Es sind aber offenbar noch folgende Fälle denkbar:

1) Die erste Beobachtung geschieht östlich, die zweite westlich vom Meridian. Jetzt tritt an die Stelle von $s-\tau$ die Grösse $\tau-s$, da der zweite Stundenwinkel westlich ist; da aber $cos(s-\tau) = cos(\tau-s)$, so bleiben alle Gleichungen ungeändert.

2) Beide Beobachtungen sind westlich vom Meridian. Jetzt ist s ein westlicher Stundenwinkel und statt $s-\tau$ zu setzen $s+\tau$, also blos $-\tau$ für τ, so dass

$$cos\xi = \frac{cos\tfrac{1}{2}(h+h')\,sin\tfrac{1}{2}(h-h')}{cos\delta\,sin\tfrac{1}{2}\tau},\quad tg\zeta = \frac{tg\delta}{cos\tfrac{1}{2}\tau},$$

$$cos\psi = \frac{sin\tfrac{1}{2}(h+h')\,cos\tfrac{1}{2}(h-h')\,cos\zeta}{cos\delta\,cos\tfrac{1}{2}\tau\,sin\xi},$$

$$sin\varphi = sin\xi\,sin(\zeta\pm\psi).$$

3) Die erste ist westlich, die zweite wieder östlich. Jetzt ist s wieder ein westlicher Stundenwinkel und für $s-\tau$ kommt $360°-(s+\tau)$; da aber $cos[360°-(s+\tau)] = cos(s+\tau)$, so ist die Auflösung dieselbe, wie in Nr. 2.

Im Falle 1 kann $h' = h$ sein; alsdann wäre $cos\xi = 0$, $\xi = 90°$, und

$$tg\zeta = \frac{tg\delta}{cos\tfrac{1}{2}\tau},\quad cos\psi = \frac{sin h\,cos\zeta}{cos\delta\,cos\tfrac{1}{2}\tau},\quad sin\varphi = sin(\zeta\pm\psi).$$

Im Falle 3 wäre ebenfalls $h' = h$ möglich, und man erhält dann dieselben Formeln.

II. Der Winkel am Zenith Z, den der Höhenkreis ZH und der Meridian AZB mit einander machen, heisst das Azimuth des Sterns S. Wir wollen dasselbe von Norden durch Osten nach Süden bis 180°, und von Norden durch Westen nach Süden ebenfalls bis 180° rechnen; alsdann ist der Winkel PZS in dem Dreiecke SZP das Azimuth von S. Das Azimuth wird offenbar vermittelst des Horizontalkreises eines Theodoliten gemessen, wenn man mit dem Höhenkreise die Höhe des Sterns beobachtet.

Zwei Sterne, deren Deklinationen bekannt sind (δ, δ') wurden auf der östlichen Seite des Meridians in gleicher Höhe (h) beobachtet und der Unterschied ihrer Azimuthe * (a) gemessen. Man soll die geographische Breite des Beobachtungsortes (nebst erstem Azimuthe) daraus bestimmen.

In Bezug auf die Richtung, nach welcher der Unterschied zweier Azimuthe gemessen wird, wollen wir immer annehmen, dass man von der ersten zur zweiten Beobachtung übergehe, indem man den Höhenkreis in der Richtung Nord-Ost-Süd-West dreht. Alsdann sey α das Azimuth von S, d. h. bei der ersten Beobachtung, a der so gemessene Unterschied, so ist das Azimuth von S', d. h. der zweiten Beobachtung $=$ S'ZP, entweder $= \alpha + $ a im ersten Falle der Fig. 75, oder $\alpha + $ a $- 360°$ im zweiten, da für diesen Fall SZS' $= 360° - $ a und S'ZP $=$ SZP $-$ SZS' ist. **

Fig. 75.

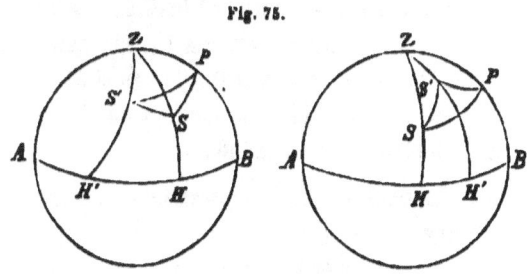

In den Dreiecken ZPS, ZPS' hat man

$sin \delta = sin h \, sin \varphi + cos h \, cos \varphi \, cos \alpha$,

$sin \delta' = sin h \, sin \varphi + cos h \, cos \varphi \, cos (\alpha + $ a$)$,

---

* Der Unterschied der Azimuthe wird, wenn man mittelst eines Theodoliten, der einen Höhenkreis hat, beobachtet, auf dem horizontalen Kreise geradezu abgelesen. Die direkte Beobachtung eines Azimuthes setzt die Kenntniss der Meridiansrichtung auf der Erde voraus; umgekehrt aber wird auch die Kenntniss eines Azimuthes diese Meridiansrichtung geben. Nun werden wir in den folgenden Auflösungen jeweils das Azimuth bestimmen, oder doch leicht bestimmen können, so dass damit zugleich auch die Aufgabe gelöst ist, die Richtung des Meridians in dem Beobachtungsorte zu bestimmen. Kennt man diese einmal, so lassen sich dann leicht auch direkte Azimuthe messen, was einer weitern Erläuterung wohl nicht mehr bedarf.

** Die Azimuthal-Unterschiede gehen bis 360°. Die zwei Fälle der Figur unterscheiden sich durch die Lage der Sterne am Himmelsgewölbe. Es ist übrigens SH $=$ S'H' gedacht und bei der zweiten Beobachtung der Stundenwinkel kleiner als bei der ersten.

welche Formeln allgemein gelten, da $cos(\alpha+a-360°)=cos(\alpha+a)$. Vergleicht man dies mit I (wo δ und h zu tauschen sind), so hat man

$$cos\xi = \frac{cos\frac{1}{2}(\delta+\delta')sin\frac{1}{2}(\delta-\delta')}{cos\,h\,sin\frac{1}{2}a}, \; tg\zeta = \frac{tg\,h}{cos\frac{1}{2}a},$$

$$cos\psi = \frac{sin\frac{1}{2}(\delta+\delta')cos\frac{1}{2}(\delta-\delta')cos\zeta}{cos\,h\,cos\frac{1}{2}a\,sin\xi}, \; sin\varphi = sin\xi\,sin(\zeta\pm\psi).$$

Wir haben in unserer Ableitung beide Beobachtungen östlich vom Meridian vorausgesetzt. Wie in I ergeben sich aber noch folgende Fälle:

1) Die eine Beobachtung östlich, die zweite westlich vom Meridian. Jetzt ist das erste Azimuth (α) östlich, das zweite westlich; der Unterschied sey wieder a, gemessen, wie bereits angegeben. Das zweite Azimuth ist jetzt immer $360° - (a+\alpha)$, wie man leicht sieht, da a + der Summe beider Azimuthe $= 360°$ seyn muss. Die obigen Formeln bleiben also ungeändert.

2) Beide Beobachtungen sind westlich vom Meridian. Das erste Azimuth sey wieder α, a der wie bereits angegeben gemessene Unterschied, so ist das zweite $= \alpha - a$ oder $\alpha - a + 360°$, so dass in obigen Formeln blos $-a$ für a zu setzen ist.

3) Die erste Beobachtung westlich, die zweite wieder östlich vom Meridian. Die Azimuthe (erstes westlich, zweites östlich) sind α und $a - \alpha$; da aber $cos(a-\alpha) = cos(\alpha-a)$, gilt jetzt dieselbe Auflösung wie in Nr. 2.

III. Aus drei, auf der östlichen Seite des Meridians gemessenen Höhen h, h', h'' desselben Fixsterns, so wie den gemessenen Zwischenzeiten, die Breite des Beobachtungsortes (nebst Deklination des Sterns und Stundenwinkel der ersten Beobachtung) zu bestimmen.

Ist wieder φ die Breite des Beobachtungsortes, δ die (unbekannte) Deklination, s der (unbekannte) Stundenwinkel der ersten Beobachtung, τ, τ' die in Winkel verwandelte Zwischenzeit zwischen der ersten und zweiten, ersten und dritten Beobachtung, so hat man wie in I:

desselben unbekannten Sternes und den gemessenen Zwischenzeiten.

$$sin\, h\ = sin\, \varphi\, sin\, \delta + cos\, \varphi\, cos\, \delta\, cos\, s,$$
$$sin\, h' = sin\, \varphi\, sin\, \delta + cos\, \varphi\, cos\, \delta\, cos\, (s-\tau),$$
$$sin\, h''= sin\, \varphi\, sin\, \delta + cos\, \varphi\, cos\, \delta\, cos\, (s-\tau').$$

Hieraus ergibt sich durch Subtraktion:
$$cos\frac{h'+h}{2}\, sin\frac{h'-h}{2} = cos\, \varphi\, cos\, \delta\, sin\, (s-\tfrac{1}{2}\tau)\, sin\tfrac{1}{2}\tau,$$
$$cos\frac{h''+h}{2}\, sin\frac{h''-h}{2} = cos\, \varphi\, cos\, \delta\, sin\, (s-\tfrac{1}{2}\tau')\, sin\tfrac{1}{2}\tau',$$

woraus durch Division:
$$\frac{cos\dfrac{h'+h}{2}\, sin\dfrac{h'-h}{2}}{cos\dfrac{h''+h}{2}\, sin\dfrac{h''-h}{2}} = \frac{sin\, (s-\tfrac{1}{2}\tau)\, sin\tfrac{1}{2}\tau}{sin\, (s-\tfrac{1}{2}\tau')\, sin\tfrac{1}{2}\tau'},$$

d. h.
$$\frac{sin\, (s-\tfrac{1}{2}\tau)}{sin\, (s-\tfrac{1}{2}\tau')} = \frac{cos\dfrac{h'+h}{2}\, sin\dfrac{h'-h}{2}\, sin\tfrac{1}{2}\tau'}{cos\dfrac{h''+h}{2}\, sin\dfrac{h''-h}{2}\, sin\tfrac{1}{2}\tau} = a,$$

also
$$sin\, (s-\tfrac{1}{2}\tau) = a\, sin\, (s-\tfrac{1}{2}\tau'), \quad sin\, s\, cos\tfrac{1}{2}\tau - cos\, s\, sin\tfrac{1}{2}\tau = a\, sin\, s\, cos\tfrac{1}{2}\tau'$$
$$- a\, cos\, s\, sin\tfrac{1}{2}\tau',$$

woraus, nachdem man mit $cos\, s$ dividirt:
$$tg\, s\, (cos\tfrac{1}{2}\tau - a\, cos\tfrac{1}{2}\tau') = sin\tfrac{1}{2}\tau - a\, sin\tfrac{1}{2}\tau',$$
$$tg\, s = \frac{sin\tfrac{1}{2}\tau - a\, sin\tfrac{1}{2}\tau'}{cos\tfrac{1}{2}\tau - a\, cos\tfrac{1}{2}\tau'}.$$

Da s zwischen 0 und 180° liegt, so bestimmt diese Formel s ganz unzweideutig. Will man jedoch, behufs logarithmischer Rechnung, eine bequemere Formel haben, so ist:
$$\frac{sin\, (s-\tfrac{1}{2}\tau') + sin\, (s-\tfrac{1}{2}\tau)}{sin\, (s-\tfrac{1}{2}\tau') - sin\, (s-\tfrac{1}{2}\tau)} = \frac{1+a}{1-a},$$
$$\frac{sin[s-\tfrac{1}{4}(\tau'+\tau)]\, cos\tfrac{1}{4}(\tau-\tau')}{cos[s-\tfrac{1}{4}(\tau'+\tau)]\, sin\tfrac{1}{4}(\tau-\tau')} = \frac{1+a}{1-a}.$$

Setzt man nun
$$a = tg\, \psi = \frac{cos\tfrac{1}{2}(h'+h)\, sin\tfrac{1}{2}(h'-h)\, sin\tfrac{1}{2}\tau'}{cos\tfrac{1}{2}(h''+h)\, sin\tfrac{1}{2}(h''-h)\, sin\tfrac{1}{2}\tau},$$

also
$$\frac{1+a}{1-a} = \frac{1+tg\,\psi}{1-tg\,\psi} = tg\,(\psi+45°),$$

so ist
$$tg\,[s-\tfrac{1}{2}(\tau+\tau')]\,cotg\tfrac{1}{2}(\tau-\tau') = tg\,(\psi+45°),$$
$$tg\,[s-\tfrac{1}{2}(\tau+\tau')] = -tg\tfrac{1}{2}(\tau'-\tau)\,tg\,(\psi+45°). \quad \text{(a)}$$

Da $s-\tfrac{1}{2}(\tau+\tau')$ zwischen $0°$ und $180°$* liegt, so bestimmt diese Gleichung $s-\tfrac{1}{2}(\tau+\tau')$, also auch s. Nunmehr ist

$$\cos\varphi\cos\delta = \frac{\cos\dfrac{h+h'}{2}\sin\dfrac{h'-h}{2}}{\sin(s-\tfrac{1}{2}\tau)\sin\tfrac{1}{2}\tau},$$

und ferner
$$\sin h = \sin\varphi\sin\delta + \cos\varphi\cos\delta\,(1 - 2\sin^2\tfrac{s}{2})$$
$$= \sin\varphi\sin\delta + \cos\varphi\cos\delta\,(2\cos^2\tfrac{s}{2} - 1),$$

d. h.
$$\sin h = \cos(\varphi-\delta) - \frac{2\cos\dfrac{h+h'}{2}\sin\dfrac{h'-h}{2}}{\sin(s-\tfrac{1}{2}\tau)\sin\tfrac{1}{2}\tau}\sin^2\tfrac{s}{2},$$
$$= -\cos(\varphi+\delta) + \frac{2\cos\dfrac{h+h'}{2}\sin\dfrac{h'-h}{2}}{\sin(s-\tfrac{1}{2}\tau)\sin\tfrac{1}{2}\tau}\cos^2\tfrac{s}{2}.$$

Hieraus folgt
$$\cos(\varphi-\delta) = \sin h + \frac{2\cos\dfrac{h+h'}{2}\sin\dfrac{h'-h}{2}\sin^2\tfrac{s}{2}}{\sin(s-\tfrac{1}{2}\tau)\sin\tfrac{1}{2}\tau},$$
$$\cos(\varphi+\delta) = -\sin h + \frac{2\cos\dfrac{h+h'}{2}\sin\dfrac{h'-h}{2}\cos^2\tfrac{s}{2}}{\sin(s-\tfrac{1}{2}\tau)\sin\tfrac{1}{2}\tau}.$$

Man bestimme nun ξ so dass

$$tg\,\xi = \sin\tfrac{s}{2}\sqrt{\frac{2\cos\dfrac{h'+h}{2}\sin\dfrac{h'-h}{2}}{\sin h\,\sin(s-\tfrac{1}{2}\tau)\sin\tfrac{1}{2}\tau}}$$
$$= \sin\tfrac{s}{2}\sqrt{\frac{2\cos\dfrac{h''+h}{2}\sin\dfrac{h''-h}{2}}{\sin h\,\sin(s-\tfrac{1}{2}\tau')\sin\tfrac{1}{2}\tau'}},$$

---

* Da $s<180°$, so ist natürlich $s-\tfrac{1}{2}(\tau+\tau')<180°$; dann sind $s-\tau$, $s-\tau'$ positiv, also auch $2s-(\tau+\tau')>0$, $s-\tfrac{1}{2}(\tau+\tau')>0$, und mithin in stärkerem Masse $s-\tfrac{1}{4}(\tau+\tau')>0$.

was immer möglich ist, da $h'' > h' > h$ seyn wird. Alsdann ist

$$\left.\begin{aligned}
\cos(\varphi-\delta) &= \sin h + \sin h\, tg^2\xi = \frac{\sin h}{\cos^2\xi}, \\
\cos(\varphi+\delta) &= -\sin h + \sin h\, tg^2\xi\, cotg^2\frac{s}{2} \\
&= \sin h\left(tg^2\xi\, cotg^2\frac{s}{2} - 1\right) \\
&= \sin h\,\frac{\sin^2\xi\cos^2\frac{s}{2} - \cos^2\xi\sin^2\frac{s}{2}}{\cos^2\xi\sin^2\frac{s}{2}} \\
&= \sin h\,\frac{\sin\left(\xi+\frac{s}{2}\right)\sin\left(\xi-\frac{s}{2}\right)}{\cos^2\xi\sin^2\frac{s}{2}}.
\end{aligned}\right\} \text{(b)}$$

Sind γ, γ' zwischen $0°$ und $180°$ liegende Werthe von $\varphi-\delta$, $\varphi+\delta$, die hieraus folgen, so hat man, da $\varphi \pm \delta$ positiv oder negativ seyn können, nie aber $180°$ übersteigen:

$$\begin{cases}\varphi-\delta=\gamma, \\ \varphi+\delta=\gamma',\end{cases} \begin{cases}\varphi-\delta=\gamma, \\ \varphi+\delta=-\gamma',\end{cases} \begin{cases}\varphi-\delta=-\gamma, \\ \varphi+\delta=\gamma',\end{cases} \begin{cases}\varphi-\delta=-\gamma, \\ \varphi+\delta=-\gamma',\end{cases}$$

d. h.

$$\begin{cases}\varphi=\tfrac{1}{2}(\gamma+\gamma'), \\ \delta=\tfrac{1}{2}(\gamma'-\gamma),\end{cases} \begin{cases}\varphi=\tfrac{1}{2}(\gamma-\gamma'), \\ \delta=-\tfrac{1}{2}(\gamma'+\gamma),\end{cases} \begin{cases}\varphi=\tfrac{1}{2}(\gamma'-\gamma), \\ \delta=\tfrac{1}{2}(\gamma'+\gamma),\end{cases} \begin{cases}\varphi=-\tfrac{1}{2}(\gamma'+\gamma), \\ \delta=\tfrac{1}{2}(\gamma=\gamma').\end{cases}$$

Da sich nun in der Wirklichkeit leicht wird entscheiden lassen, ob $\varphi = \pm\tfrac{1}{2}(\gamma+\gamma')$, oder $= \pm\tfrac{1}{2}(\gamma'-\gamma)$, so geben die (b) die genaue Lösung unserer Aufgabe.

Man hat also:

$$tg\,\psi = \frac{\cos\tfrac{1}{2}(h'+h)\sin\tfrac{1}{2}(h'-h)\sin\tfrac{1}{2}\tau'}{\cos\tfrac{1}{2}(h''+h)\sin\tfrac{1}{2}(h''-h)\sin\tfrac{1}{2}\tau},$$

$$tg[s-\tfrac{1}{2}(\tau+\tau')] = -tg\tfrac{1}{2}(\tau'-\tau)\,tg(\psi+45°),$$

$$tg\,\xi = \sin\frac{s}{2}\sqrt{\frac{2\cos\tfrac{1}{2}(h'+h)\sin\tfrac{1}{2}(h'-h)}{\sin h\sin(s-\tfrac{1}{2}\tau)\sin\tfrac{1}{2}\tau}},$$

$$\cos(\varphi-\delta) = \frac{\sin h}{\cos^2\xi},\quad \cos(\varphi+\delta) = \frac{\sin h\sin\left(\xi+\frac{s}{2}\right)\sin\left(\xi-\frac{s}{2}\right)}{\cos^2\xi\sin^2\frac{s}{2}}.$$

Im Vorstehenden wurde vorausgesetzt, dass alle drei Beobachtungen östlich vom Meridian gemacht wurden. Es sind aber noch folgende Fälle möglich:

1) Die zwei ersten östlich, die dritte westlich. Für $s-\tau'$ hat man nunmehr $\tau'-s$, so dass die Grundgleichungen dieselben bleiben. Dasselbe gilt für die Formeln (b). Was (a) betrifft, so sey λ der zwischen 0 und 180° liegende Winkel für den

$$tg\,\lambda = -tg\tfrac{1}{2}(\tau'-\tau)\,tg\,(\psi+45°),$$

so ist (erste Abthlg. §.11)

$$s - \tfrac{1}{2}(\tau+\tau') = \lambda + n.180°,$$

wo n eine positive oder negative ganze Zahl ist. Demnach

$$s = \lambda + \tfrac{1}{2}(\tau+\tau') + n.180°,$$

und man hat die ganze Zahl n so zu wählen, dass s zwischen 0 und 180° fällt, was offenbar nur einen einzigen Werth für n gibt. (Wäre z. B. $\lambda = 135°$, $\tfrac{1}{2}(\tau+\tau') = 76°30'$, so wäre $\lambda + \tfrac{1}{2}(\tau+\tau') = 211°30'$ also müsse $n = -1$ d. h. $s = 211°30' - 180° = 31°30'$ seyn.) *

2) Die erste östlich, die zwei andern westlich. Für $s-\tau$, $s-\tau'$ sind zu setzen $\tau-s$, $\tau'-s$, so dass die Grundgleichungen dieselben bleiben. Für (a) gilt dasselbe wie so eben unter Nr. 1.

3) Alle drei westlich. Jetzt treten $s+\tau$, $s+\tau'$ an die Stelle von $s-\tau$, $s-\tau'$, so dass also $-\tau$, $-\tau'$ für τ, τ' zu setzen sind. Man hat demnach:

$$tg\,\psi = \frac{\cos\dfrac{h+h'}{2}\,sin\dfrac{h-h'}{2}\,sin\tfrac{1}{2}\tau'}{\cos\dfrac{h+h''}{2}\,sin\dfrac{h-h''}{2}\,sin\tfrac{1}{2}\tau},$$

$$tg\,[s+\tfrac{1}{2}(\tau'+\tau)] = tg\tfrac{1}{2}(\tau'-\tau)\,tg\,(\psi+45°),$$

$$tg\,\xi = sin\frac{s}{2}\sqrt{\frac{2\cos\dfrac{h+h'}{2}\,sin\dfrac{h-h'}{2}}{sin\,h\,sin(s+\tfrac{1}{2}\tau)\,sin\tfrac{1}{2}\tau}}$$

$$= sin\frac{s}{2}\sqrt{\frac{2\cos\dfrac{h+h''}{2}\,sin\dfrac{h-h''}{2}}{sin\,h\,sin(s+\tfrac{1}{2}\tau')\,sin\tfrac{1}{2}\tau'}}.$$

---

* Dasselbe Resultat fände sich, wenn man λ aus obiger Formel negativ nähme, nämlich $= -45°$, wodurch $s = \lambda + \tfrac{1}{2}(\tau+\tau) = 31°30'$ würde.

Die (b) bleiben ungeändert.

4) Die zwei ersten westlich, die dritte östlich. In Nr. 3 tritt $360° - (s + \tau')$ an die Stelle von $s + \tau'$, so dass Alles bleibt, wie so eben. Der Werth von s wird in ähnlicher Weise bestimmt, wie in Nr. 1.

5) Die erste westlich, die zwei andern östlich. Die Auflösung in Nr. 3 bleibt auch hier.

Im Falle Nr. 1 könnte $h = h''$, oder $h' = h''$ seyn. Für $h = h''$ ist in obigen Formeln offenbar
$$\cos\varphi \cos\delta \sin(s - \tfrac{1}{2}\tau') \sin\tfrac{1}{2}\tau' = 0,$$
also da nicht $\cos\varphi$, $\cos\delta$, $\sin\tfrac{1}{2}\tau'$ Null sind, ist $\sin(s - \tfrac{1}{2}\tau') = 0$, d. h. $s = \tfrac{1}{2}\tau'$, so dass s ganz direkt bestimmt ist, und man der Formel (a) nicht weiter bedarf. Zur Bestimmung von $tg\,\xi$ wählt man nun den ersten Werth. — Für $h' = h''$ hätte man $s = \tfrac{1}{2}(\tau + \tau')$, oder man könnte die Formeln des Textes geradezu anwenden.

Im Falle Nr. 2 könnte $h = h'$, oder $h = h''$ seyn. Für $h = h'$ wäre $s = \tfrac{1}{2}\tau$ und man würde zur Bestimmung von $tg\,\xi$ den zweiten Werth wählen; für $h = h''$ wäre $s = \tfrac{1}{2}\tau'$ und für $tg\,\xi$ hätte man den ersten Werth zu nehmen.

Für Nr. 4 könnte $h = h''$, oder $h' = h''$ seyn. Da jetzt für $h = h''$ (und $-\tau'$ statt τ'):
$$\cos\varphi \cos\delta \sin(s + \tfrac{1}{2}\tau') \sin\tfrac{1}{2}\tau' = 0,$$
so ist $\sin(s + \tfrac{1}{2}\tau') = 0$, also $s + \tfrac{1}{2}\tau' = 180°$, mithin $s = 180° - \tfrac{1}{2}\tau'$. Uebrigens wäre jetzt auch $\psi = 90°$, wodurch man dasselbe erhalten würde. Der Fall $h' = h''$ kann geradezu durch unsere Formeln erledigt werden; übrigens ist dann $s = 180° - \frac{\tau + \tau'}{2}$.

Für Nr. 5 könnte $h = h'$, oder $h = h''$ seyn. Wenn $h = h'$, so ist $s = 180° - \tfrac{1}{2}\tau$; wenn $h = h''$: $s = 180° - \tfrac{1}{2}\tau'$. Das Uebrige ist wie so eben.

IV. Aus drei auf der östlichen Seite des Meridians gemessenen Höhen desselben Sterns, so wie den gemessenen Unterschieden der Azimuthe soll die Breite des Beobachtungsortes (nebst Deklination des Sterns und erstem Azimuthe) berechnet werden.

Seyen h, h', h'' die drei beobachteten Höhen,[*] δ die Deklination des Sterns, α das erste Azimuth, und man habe die Azimuthdifferenzen so gemessen (Nr. II), dass man von der ersten zur zweiten, und von der ersten zur dritten Lage in der Drehungsrichtung Ost-Süd-West-Nord fortgeschritten ist; dieselben seyen a, a', so hat man wie in II:

---

[*] Welche Höhen natürlich vorerst um die Strahlenbrechung zu corrigiren (erniedrigen) sind; dieselbe hängt übrigens blos von dem Zustande der Atmosphäre und der Höhe ab.

$$\sin\delta = \sin h \sin\varphi + \cos h \cos\varphi \cos\alpha,$$
$$\sin\delta = \sin h' \sin\varphi + \cos h' \cos\varphi \cos(\alpha+a),$$
$$\sin\delta = \sin h'' \sin\varphi + \cos h'' \cos\varphi \cos(\alpha+a'),$$

woraus φ, δ, α zu bestimmen sind (a und a' sind positiv, können aber von 0° bis 360° gehen). Durch Subtraktion folgt aus diesen Gleichungen:

$$0 = \sin\varphi(\sin h - \sin h') + \cos\varphi[\cos h \cos\alpha - \cos h' \cos(\alpha+a)],$$
$$0 = \sin\varphi(\sin h - \sin h'') + \cos\varphi[\cos h \cos\alpha - \cos h'' \cos(\alpha+a')].$$

Nun ist (erste Abthlg. §. 16):

$$\sin h - \sin h' = 2\cos\tfrac{1}{2}(h+h')\sin\tfrac{1}{2}(h-h'),$$
$$\sin h - \sin h'' = 2\cos\tfrac{1}{2}(h+h'')\sin\tfrac{1}{2}(h-h'');$$
$$\cos h \cos\alpha - \cos h'\cos(\alpha+a) = \tfrac{1}{2}(\cos h - \cos h')[\cos\alpha + \cos(\alpha+a)]$$
$$+ \tfrac{1}{2}(\cos h + \cos h')[\cos\alpha - \cos(\alpha+a)]$$
$$= 2\sin\tfrac{1}{2}(h+h')\sin\tfrac{1}{2}(h'-h)\cos(\alpha+\tfrac{1}{2}a)\cos\tfrac{1}{2}a$$
$$+ 2\cos\tfrac{1}{2}(h+h')\cos\tfrac{1}{2}(h'-h)\sin(\alpha+\tfrac{1}{2}a)\sin\tfrac{1}{2}a,$$
$$\cos h \cos\alpha - \cos h''\cos(\alpha+a') = 2\sin\tfrac{1}{2}(h+h'')\sin\tfrac{1}{2}(h''-h) \times$$
$$\cos(\alpha+\tfrac{1}{2}a')\cos\tfrac{1}{2}a' + 2\cos\tfrac{1}{2}(h+h'')\cos\tfrac{1}{2}(h''-h)\sin(\alpha+\tfrac{1}{2}a')\sin\tfrac{1}{2}a',$$

folglich, indem man zugleich durch $\cos\varphi$ dividirt:

$$0 = \cos\tfrac{1}{2}(h+h')\sin\tfrac{1}{2}(h-h')\,tg\,\varphi + \sin\tfrac{1}{2}(h+h')\sin\tfrac{1}{2}(h'-h) \times$$
$$\cos(\alpha+\tfrac{1}{2}a)\cos\tfrac{1}{2}a + \cos\tfrac{1}{2}(h+h')\cos\tfrac{1}{2}(h'-h)\sin(\alpha+\tfrac{1}{2}a)\sin\tfrac{1}{2}a,$$
$$0 = \cos\tfrac{1}{2}(h+h'')\sin\tfrac{1}{2}(h-h'')\,tg\,\varphi + \sin\tfrac{1}{2}(h+h'')\sin\tfrac{1}{2}(h''-h) \times$$
$$\cos(\alpha+\tfrac{1}{2}a')\cos\tfrac{1}{2}a' + \cos\tfrac{1}{2}(h+h'')\cos\tfrac{1}{2}(h''-h)\sin(\alpha+\tfrac{1}{2}a')\sin\tfrac{1}{2}a',$$

woraus für $tg\,\varphi$ zwei Werthe folgen. Setzt man

$$tg\,\psi = tg\tfrac{1}{2}a\,cotg\tfrac{1}{2}(h'-h)\,cotg\tfrac{1}{2}(h'+h),$$
$$tg\,\psi' = tg\tfrac{1}{2}a'\,cotg\tfrac{1}{2}(h''-h)\,cotg\tfrac{1}{2}(h''+h),$$

so hat man:

$$tg\,\varphi = tg\tfrac{1}{2}(h+h')\cos(\alpha+\tfrac{1}{2}a)\cos\tfrac{1}{2}a + cotg\tfrac{1}{2}(h'-h)\sin(\alpha+\tfrac{1}{2}a)\sin\tfrac{1}{2}a$$
$$= tg\tfrac{1}{2}(h+h')\cos(\alpha+\tfrac{1}{2}a)\cos\tfrac{1}{2}a + tg\,\psi\,tg\tfrac{1}{2}(h+h')\cos\tfrac{1}{2}a\sin(\alpha+\tfrac{1}{2}a)$$
$$= tg\tfrac{1}{2}(h+h')\cos\tfrac{1}{2}a[\cos(\alpha+\tfrac{1}{2}a) + \sin(\alpha+\tfrac{1}{2}a)\,tg\,\psi]$$
$$= \frac{tg\tfrac{1}{2}(h+h')\cos\tfrac{1}{2}a\cos(\alpha+\tfrac{1}{2}a-\psi)}{\cos\psi},$$

und eben so

$$tg\,\varphi = \frac{tg\tfrac{1}{2}(h+h'')\cos\tfrac{1}{2}a'\cos(\alpha+\tfrac{1}{2}a'-\psi')}{\cos\psi'}.$$

Ganz eben so erhielte man übrigens auch

desselben unbekannten Sterns und den gemessenen Azimuthdifferenzen.

$$tg\,\varphi = sin\tfrac{1}{2}a\,cotg\tfrac{1}{2}(h' - h)\,cos(\alpha + \tfrac{1}{2}a)\,cotg\,\psi +$$
$$+ cotg\tfrac{1}{2}(h' - h)\,sin(\alpha + \tfrac{1}{2}a)\,sin\tfrac{1}{2}a$$
$$= \frac{sin\tfrac{1}{2}a\,cotg\tfrac{1}{2}(h' - h)\,cos(\alpha + \tfrac{1}{2}a - \psi)}{sin\,\psi},$$
$$tg\,\varphi = \frac{sin\tfrac{1}{2}a'\,cotg\tfrac{1}{2}(h'' - h)\,cos(\alpha + \tfrac{1}{2}a' - \psi')}{sin\,\psi'}.$$

Demnach:
$$\frac{cos(\alpha + \tfrac{1}{2}a - \psi)}{cos(\alpha + \tfrac{1}{2}a' - \psi')} = \frac{tg\tfrac{1}{2}(h + h'')\,cos\tfrac{1}{2}a'\,cos\,\psi}{tg\tfrac{1}{2}(h + h')\,cos\tfrac{1}{2}a\,cos\,\psi'}$$
$$= \frac{cotg\tfrac{1}{2}(h'' - h)\,sin\tfrac{1}{2}a'\,sin\,\psi}{cotg\tfrac{1}{2}(h' - h)\,sin\tfrac{1}{2}a\,sin\,\psi'}.$$

Setzt man die zweite Seite $= \Lambda$, so erhält man hieraus, indem man zu 1 addirt, oder von 1 subtrahirt, und die Resultate dividirt

$$\frac{cos(\alpha + \tfrac{1}{2}a' - \psi') + cos(\alpha + \tfrac{1}{2}a - \psi)}{cos(\alpha + \tfrac{1}{2}a' - \psi') - cos(\alpha + \tfrac{1}{2}a - \psi)} = \frac{1 + \Lambda}{1 - \Lambda},$$

d. h. (erste Abthlg. §. 16):

$$\frac{cos[\alpha + \tfrac{1}{4}(a + a') - \tfrac{1}{2}(\psi + \psi')]\,cos[\tfrac{1}{4}(a - a') + \tfrac{1}{2}(\psi' - \psi)]}{sin[\alpha + \tfrac{1}{4}(a + a') - \tfrac{1}{2}(\psi + \psi')]\,sin[\tfrac{1}{4}(a - a') + \tfrac{1}{2}(\psi' - \psi)]} = \frac{1 + \Lambda}{1 - \Lambda}.$$

Also wenn
$$tg\,\xi = \Lambda,\ \frac{1 + \Lambda}{1 - \Lambda} = tg(\xi + 45°) = cotg(45° - \xi):$$
$$cotg[\alpha + \tfrac{1}{4}(a + a') - \tfrac{1}{2}(\psi + \psi')]\,cotg[\tfrac{1}{4}(a - a') + \tfrac{1}{2}(\psi' - \psi)]$$
$$= tg(\xi + 45°),$$
$$tg[\alpha + \tfrac{1}{4}(a + a') - \tfrac{1}{2}(\psi + \psi')] = cotg(\xi + 45°)\,cotg[\tfrac{1}{4}(a - a')$$
$$+ \tfrac{1}{2}(\psi' - \psi)].$$

Sey nun λ der zwischen 0 und 180° liegende Werth von $\alpha + \tfrac{1}{4}(a + a') - \tfrac{1}{2}(\psi + \psi')$, der hieraus folgt, so ist allgemein (§. 11 der ersten Abthlg.):

$$\alpha + \tfrac{1}{4}(a + a') - \tfrac{1}{2}(\psi + \psi') = \lambda + n.180°,$$

wo n eine positive oder negative ganze Zahl ist. Man hat also

$$\alpha = \lambda + n.180° + \tfrac{1}{2}(\psi + \psi') - \tfrac{1}{4}(a + a'),$$

und da α zwischen 0 und 180° liegt, so hat n einen einzigen, immer leicht zu bestimmenden Werth. Kennt man nun α, so gibt $tg\,\varphi$ den Werth von φ, und δ wird sodann aus den ersten Gleichungen gefunden.

Zur Auflösung der Aufgabe hat man also:

$$tg\,\psi = tg\tfrac{1}{2}a\,cotg\tfrac{1}{2}(h'-h)\,cotg\tfrac{1}{2}(h+h'),$$

$$tg\,\psi' = tg\tfrac{1}{2}a'\,cotg\tfrac{1}{2}(h''-h)\,cotg\tfrac{1}{2}(h+h''),$$

$$tg\,\xi = \frac{tg\tfrac{1}{2}(h+h'')\,cos\tfrac{1}{2}a'\,cos\,\psi}{tg\tfrac{1}{2}(h+h')\,cos\tfrac{1}{2}a\,cos\,\psi'} = \frac{tg\tfrac{1}{2}(h'-h)\,sin\tfrac{1}{2}a'\,sin\,\psi}{tg\tfrac{1}{2}(h''-h)\,sin\tfrac{1}{2}a\,sin\,\psi'},$$

$$tg\,\lambda = cotg\,(\xi+45°)\,cotg\,[\tfrac{1}{2}(a-a') + \tfrac{1}{2}(\psi'-\psi)],$$

$$\alpha = \lambda - \tfrac{1}{2}(a+a') + \tfrac{1}{2}(\psi+\psi') + n\cdot 180°,$$

$$tg\,\varphi = \frac{tg\tfrac{1}{2}(h+h')\,cos\tfrac{1}{2}a\,cos\,(\alpha+\tfrac{1}{2}a-\psi)}{cos\,\psi}$$

$$= \frac{cotg\tfrac{1}{2}(h'-h)\,sin\tfrac{1}{2}a\,cos\,(\alpha+\tfrac{1}{2}a-\psi)}{sin\,\psi}$$

$$= \frac{tg\tfrac{1}{2}(h+h'')\,cos\tfrac{1}{2}a'\,cos\,(\alpha+\tfrac{1}{2}a'-\psi')}{cos\,\psi'}$$

$$= \frac{cotg\tfrac{1}{2}(h''-h)\,sin\tfrac{1}{2}a'\,cos\,(\alpha+\tfrac{1}{2}a'-\psi')}{sin\,\psi'}.$$

Im Vorstehenden wurden alle drei Beobachtungen als östlich vom Meridian angestellt angenommen.

Wie in III hat man jedoch noch folgende Fälle zu betrachten:

1) Die zwei ersten östlich, die dritte westlich. Schreibt man wieder vor, dass man bei Messung der Azimuthdifferenzen zwischen erster und zweiter, erster und dritter Beobachtung die Drehungsrichtung Ost-Süd-West-Nord einhalten müsse, so sey α das erste (östliche) Azimuth; alsdann ist $\alpha + a$ oder $\alpha + a - 360°$ das zweite, $360° - (\alpha + a')$ das dritte. Die obigen Gleichungen bleiben also ungeändert.

2) Die erste östlich, die zwei andern westlich. Das erste (östliche) Azimuth sey α, so sind die andern $360° - (\alpha+a)$, $360° - (\alpha+a')$ (beide westlich), also bleiben ebenfalls die obigen Gleichungen ungeändert. a, a' sind in demselben Sinne, wie oben, gerechnet.

3) Alle drei sind westlich. Die (westlichen) Azimuthe sind: α für die erste Beobachtung; $\alpha = a$, oder $360° + \alpha - a$ für die zweite; $\alpha - a'$ oder $360° + \alpha - a'$ für die dritte. Also treten $-a$, $-a'$ an die Stelle von a, a', d. h. man hat:

$$tg\,\psi = tg\tfrac{1}{2}a\,cotg\tfrac{1}{2}(h-h')\,cotg\tfrac{1}{2}(h+h'),$$

$$tg\,\psi' = tg\tfrac{1}{2}a'\,cotg\tfrac{1}{2}(h-h'')\,cotg\tfrac{1}{2}(h+h''),$$

$$tg\,\xi = \frac{tg\tfrac{1}{2}(h+h'')\cos\tfrac{1}{2}a'\cos\psi}{tg\tfrac{1}{2}(h+h')\cos\tfrac{1}{2}a\cos\psi'} = \frac{tg\tfrac{1}{2}(h-h')\sin\tfrac{1}{2}a'\sin\psi}{tg\tfrac{1}{2}(h-h'')\sin\tfrac{1}{2}a\sin\psi'},$$

$$tg\,\lambda = cotg\,(\xi + 45°)\,cotg\,[\tfrac{1}{2}(a'-a) + \tfrac{1}{2}(\psi'-\psi)],$$

$$\alpha = \lambda + \tfrac{1}{2}(a+a') + \tfrac{1}{2}(\psi+\psi') + n\,.\,180°,$$

$$tg\,\varphi = \frac{tg\tfrac{1}{2}(h+h')\cos\tfrac{1}{2}a\cos(\alpha - \tfrac{1}{2}a - \psi)}{\cos\psi}$$

$$= \frac{cotg\tfrac{1}{2}(h-h')\sin\tfrac{1}{2}a\cos(\alpha - \tfrac{1}{2}a - \psi)}{\sin\psi}$$

$$= \frac{tg\tfrac{1}{2}(h+h'')\cos\tfrac{1}{2}a'\cos(\alpha - \tfrac{1}{2}a' - \psi')}{\cos\psi'}$$

$$= \frac{cotg\tfrac{1}{2}(h-h'')\sin\tfrac{1}{2}a'\cos(\alpha - \tfrac{1}{2}a' - \psi')}{\sin\psi'}.$$

4) Die zwei ersten westlich, die dritte östlich. Die Azimuthe sind α; $\alpha - a$ oder $360° + \alpha - a$ das zweite; $a' - \alpha$ das dritte. Die Formeln in Nr. 3 bleiben also ungeändert.

5) Die erste westlich, die andern zwei östlich. Die Azimuthe sind α, $a - \alpha$, $a' - \alpha$, also bleiben wieder die Formeln in Nr. 3.

V. Drei Sterne, deren Lagen am Himmelsgewölbe bekannt sind, wurden in derselben, weiter nicht bekannten Höhe beobachtet, so wie die Zwischenzeiten ihrer Beobachtungen gemessen.

Da die Lagen der Sterne bekannt sind, so kennt man nicht nur ihre Declinationen δ, δ', δ'', sondern auch die Winkel am Pol, welche ihre Declinationskreise (Stundenkreise) mit einander machen. Gesetzt nun, die Declinationskreise zweier Sterne machen mit einander den Winkel β, so wird, wenn s der Stundenwinkel des einen Sterns ist, der des andern zu gleicher Zeit $s + \beta$ seyn, wenn letzterer östlich vom ersten steht auf der östlichen Seite des Meridians; zu einer Zeit t später, wird er also $s + \beta \pm 15\,t$ seyn. Aus diesen Andeutungen wird man leicht entnehmen, wie man immer die Unterschiede der Stundenwinkel der drei Sterne für die drei Beobachtungen angeben kann; sie seyen τ, τ', so hat man jetzt:

$$\sin h = \sin \delta \sin \varphi + \cos \delta \cos \varphi \cos s,$$
$$\sin h = \sin \delta' \sin \varphi + \cos \delta' \cos \varphi \cos (s + \tau),$$
$$\sin h = \sin \delta'' \sin \varphi + \cos \delta'' \cos \varphi \cos (s + \tau').$$

Vergleicht man dies mit IV., so erhält man sofort:
$$tg\, \psi = tg\tfrac{1}{2}\tau \, cotg \tfrac{1}{2}(\delta' - \delta) cotg \tfrac{1}{2}(\delta' + \delta),$$
$$tg\, \psi' = tg\tfrac{1}{2}\tau' \, cotg \tfrac{1}{2}(\delta'' - \delta) cotg \tfrac{1}{2}(\delta'' + \delta),$$
$$tg\, \xi = \frac{tg\tfrac{1}{2}(\delta + \delta'') \cos \tfrac{1}{2}\tau' \cos \psi}{tg\tfrac{1}{2}(\delta + \delta') \cos \tfrac{1}{2}\tau \cos \psi'} = \frac{tg\tfrac{1}{2}(\delta' - \delta) \sin \tfrac{1}{2}\tau' \sin \psi}{tg\tfrac{1}{2}(\delta'' - \delta) \sin \tfrac{1}{2}\tau \sin \psi'},$$
$$tg\, \lambda = cotg (45^0 + \xi) \, cotg [\tfrac{1}{2}(\tau - \tau') + \tfrac{1}{2}(\psi' - \psi)],$$
$$s = \lambda - \tfrac{1}{2}(\tau + \tau') + \tfrac{1}{2}(\psi + \psi') + n.180^0,$$
$$tg\, \varphi = \frac{tg\tfrac{1}{2}(\delta + \delta') \cos\tfrac{1}{2}\tau \cos(s + \tfrac{1}{2}\tau - \psi)}{\cos \psi}$$
$$= \frac{tg\tfrac{1}{2}(\delta + \delta'') \cos\tfrac{1}{2}\tau' \cos(s + \tfrac{1}{2}\tau' - \psi')}{\cos \psi'}$$
$$= \frac{cotg\tfrac{1}{2}(\delta' - \delta) \sin\tfrac{1}{2}\tau \cos(s + \tfrac{1}{2}\tau - \psi)}{\sin \psi}$$
$$= \frac{cotg\tfrac{1}{2}(\delta'' - \delta) \sin\tfrac{1}{2}\tau' \cos(s + \tfrac{1}{2}\tau' - \psi')}{\sin \psi'}.$$

Als Zahlenbeispiel wollen wir das folgende (von Gauss in der monatlichen Correspondenz 18. Band, S. 289 gegebene) beifügen.

Die beobachteten Sterne waren: α Andromeda (östlich vom Meridian), α kleiner Bär, α Leyer; die Zeitunterschiede (Sternzeit): 14 Min. 4 Sek. $= 3^0 31'$, und 31 M. 55 S. $= 7^0 58' 45''$; der Winkel der Stundenkreise der zwei ersten Sterne ist $14^0 7' 50{\cdot}55''$ östlich, des ersten und letzten $82^0 1' 5{\cdot}55''$ westlich; die Deklinationen der drei Sterne sind: $28^0 2' 14{\cdot}8''$, $88^0 17' 5{\cdot}7''$, $38^0 37' 6{\cdot}6''$. Also:
$$\tau = +14^0 7' 50{\cdot}55'' - 3^0 31' = +10^0 36' 50{\cdot}55'',\ \tau' = -82^0 1' 5{\cdot}55''$$
$$- 7^0 58' 45'' = -89^0 59' 50{\cdot}55'',$$
$$\delta = 28^0 2' 14{\cdot}8'',\ \delta' = 88^0 17' 5{\cdot}7'',\ \delta'' = 38^0 37' 6{\cdot}6'',$$

woraus:
$$\tfrac{1}{2}(\delta' - \delta) = 30^0 7' 25{\cdot}45''\quad \tfrac{1}{2}(\delta' + \delta) = 58^0 9' 40{\cdot}25'',$$
$$\tfrac{1}{2}(\delta'' - \delta) = 5^0 17' 25{\cdot}9'',\ \tfrac{1}{2}(\delta'' + \delta) = 33^0 19' 40{\cdot}7'',$$
$$\tfrac{1}{2}\tau = 5^0 18' 28{\cdot}27'',\ \tfrac{1}{2}\tau' = -44^0 59' 55{\cdot}27''.$$

Drei bekannte Sterne in gleicher unbekannter Höhe u. Azimuthdifferenzen. 311

$$\log tg\tfrac{1}{2}\tau = 8{\cdot}9679725$$
$$\log cotg\tfrac{1}{2}(\delta'-\delta) = 0{\cdot}2363974$$
$$\log cotg\tfrac{1}{2}(\delta'+\delta) = 9{\cdot}7930670$$
$$\overline{\log tg\,\psi = 8{\cdot}9974369}$$
$$\psi = 5°40'37{\cdot}95''$$
$$\log tg\tfrac{1}{2}(\delta''+\delta) = 9{\cdot}8179461$$
$$\log cos\tfrac{1}{2}\tau' = 9{\cdot}8494950$$
$$\log cos\,\psi = 9{\cdot}9978645$$
$$E\log tg\tfrac{1}{2}(\delta'+\delta) = 0{\cdot}7930670(-)$$
$$E\log cos\tfrac{1}{2}\tau = 0{\cdot}0018655$$
$$E\log cos\,\psi' = 1{\cdot}2162246(-)$$
$$\overline{\log tg\,\xi = 0{\cdot}6764627(-)}$$
$$\xi = 101°53'41{\cdot}29''$$
$$45°+\xi = 146°53'41{\cdot}29''.$$

$$\log tg\tfrac{1}{2}\tau' = 9{\cdot}9999801(-)$$
$$\log cotg\tfrac{1}{2}(\delta''-\delta) = 1{\cdot}0333869$$
$$\log cotg\tfrac{1}{2}(\delta''+\delta) = 0{\cdot}1820539$$
$$\overline{\log tg\,\psi' = 1{\cdot}2154209(-)}$$
$$\psi' = 93°29'4{\cdot}93''$$
$$\tfrac{1}{2}(\tau-\tau')+\tfrac{1}{2}(\psi'-\psi)$$
$$= 69°3'23{\cdot}76'' = \gamma$$
$$\log cotg(45°+\xi)$$
$$= 0{\cdot}1857383(-)$$
$$\log cotg\,\gamma = 9{\cdot}5828937$$
$$\overline{\log tg\,\lambda = 9{\cdot}7686320(-)}$$
$$\lambda = 149°35'14{\cdot}71''$$
$$\lambda - \tfrac{1}{2}(\tau+\tau')+\tfrac{1}{2}(\psi+\psi')$$
$$= 219°0'51{\cdot}14'',$$
$$n = -1,$$
$$s = 39°0'51{\cdot}14''.$$
$$s+\tfrac{1}{2}\tau-\psi = 38°38'38{\cdot}46''.$$

$$\log tg\tfrac{1}{2}(\delta'+\delta) = 0{\cdot}2069330$$
$$\log cos\tfrac{1}{2}\tau = 9{\cdot}9981344$$
$$\log cos(s+\tfrac{1}{2}\tau-\psi) = 9{\cdot}8926738$$
$$E\log cos\,\psi = 0{\cdot}0021354$$
$$\overline{\log tg\,\varphi = 0{\cdot}0998766}$$
$$\varphi = 51°31'51{\cdot}45''.$$

Die hier angegebenen Sternörter sind die scheinbaren vom 27. Aug. 1808, als dem Tage der Beobachtung; sie ändern sich mit der Zeit nach bekannten Gesetzen, so dass zu verschiedenen Zeiten dieselben auch verschieden sind. Unsere Formeln verlangen natürlich die Kenntniss dieser scheinbaren Sternörter, welche letztere in dem „Berliner astronomischen Jahrbuch" für alle Tage des Jahres gegeben sind. Die Deklinationen sind dort geradezu angegeben; was die Winkel der Deklinationskreise anbelangt, so ist in den Tafeln die gerade Aufsteigung jedes Sternes angegeben, d. h. der Winkel, den der Deklinationskreis des Sterns und der des Frühlingspunktes (§. 28, I) am Pole mit einander machen. Dieselbe wird von Westen gegen Osten von 0° bis 360° (gewöhnlich von $0^h = 0$ Stunde bis 24^h) gezählt.

VI. Drei Sterne, deren Deklinationen (δ, δ', δ'') bekannt sind, wurden in gleicher, jedoch nicht weiter bekannter Höhe beobachtet, und die Unterschiede ihrer Azimuthe gemessen.*

---

* Um diese Beobachtungen anzustellen, bedarf man eines Theodoliten, der

Mit Beachtung des früher Gesagten wird man bei den vielen hier möglichen Fällen die Winkel a, a' (positiv oder negativ zu nehmen) angeben können, so dass

$$sin\, \delta = sin\, h\, sin\, \varphi + cos\, h\, cos\, \varphi\, cos\, \alpha,$$
$$sin\, \delta' = sin\, h\, sin\, \varphi + cos\, h\, cos\, \varphi\, cos\, (\alpha + a),$$
$$sin\, \delta'' = sin\, h\, sin\, \varphi + cos\, h\, cos\, \varphi\, cos\, (\alpha + a').$$

Daraus folgt wie in III:

$$tg\, \psi = \frac{cos\tfrac{1}{2}(\delta+\delta')\, sin\tfrac{1}{2}(\delta'-\delta)\, sin\tfrac{1}{2}a'}{cos\tfrac{1}{2}(\delta+\delta'')\, sin\tfrac{1}{2}(\delta''-\delta)\, sin\tfrac{1}{2}a},$$

$$tg\, \lambda = tg\tfrac{1}{2}(a'-a)\, tg(\psi+45°),\quad \alpha = \lambda - \tfrac{1}{2}(a'+a) + n.180°,$$

$$tg\, \xi = sin\frac{\alpha}{2}\sqrt{\frac{2\, cos\tfrac{1}{2}(\delta+\delta')\, sin\tfrac{1}{2}(\delta-\delta')}{sin\, \delta\, sin(\alpha+\tfrac{1}{2}a)\, sin\tfrac{1}{2}a}},$$

$$cos(\varphi-h)=\frac{sin\, \delta}{cos^2\xi},\quad cos(\varphi+h)=\frac{sin\, \delta\, sin(\xi+\tfrac{\alpha}{2})\, sin(\xi-\tfrac{\alpha}{2})}{cos^2\xi\, sin^2\tfrac{\alpha}{2}};$$

ergeben sich hieraus γ, γ' für $\varphi-h$, $\varphi+h$, so ist $\varphi = \pm\tfrac{1}{2}(\gamma+\gamma')$ oder $=\pm\tfrac{1}{2}(\gamma'-\gamma)$.

VII. Zwei Sterne, deren Lagen am Himmelsgewölbe bekannt sind, wurden zu verschiedenen Zeiten in verschiedenen Höhen über dem Horizonte beobachtet. Man soll hieraus die Breite des Beobachtungsortes finden.

Seyen δ, δ' die bekannten Declinationen; h', h' die ebenfalls bekannten Höhen der beiden Sterne; s der Stundenwinkel des ersten Sterns bei der Beobachtung, so wird man aus der bekannten Lage beider Sterne und der Zwischenzeit der Beobachtungen die Grösse τ finden können, so dass $s+\tau$ der Stundenwinkel bei der zweiten Beobachtung ist. Man hat nun:

---

einen Höhenkreis hat, welcher übrigens nicht einmal eingetheilt zu seyn braucht. Man stellt das Fernrohr auf einer gewissen Höhe fest, die eben der Höhe der drei Sterne entspricht und beobachtet sodann die Azimuthdifferenzen.

Ist α ein östliches Azimuth, also der erste Stern, dessen Declination δ ist, östlich vom Meridian beobachtet, so sind die im Texte angegebenen Formeln geradezu anwendbar, vorausgesetzt, dass man die Azimuthdifferenzen in der in II angegebenen Weise rechnet. Ist dagegen α ein westliches Azimuth, so hat man — a, — a' an die Stelle von a, a' zu setzen.

$$\sin h = \sin \delta \sin \varphi + \cos \delta \cos \varphi \cos s,$$
$$\sin h' = \sin \delta' \sin \varphi + \cos \delta' \cos \varphi \cos (s+\tau), \quad \} \text{ (a)}$$

aus welchen Gleichungen φ und s gesucht werden.

Aus der ersten dieser Gleichungen folgt:
$$\sin^2 h = \sin^2 \delta \sin^2 \varphi + 2 \sin \delta \cos \delta \sin \varphi \cos \varphi \cos s + \cos^2 \delta \cos^2 \varphi \cos^2 s,$$
und hieraus:
$$1 - \cos^2 h = (1 - \cos^2 \delta) \sin^2 \varphi + 2 \sin \delta \cos \delta \sin \varphi \cos \varphi \cos s$$
$$+ \cos^2 \varphi \cos^2 s (1 - \sin^2 \delta),$$
d. h.
$$1 - \cos^2 h = \sin^2 \varphi - \cos^2 \delta \sin^2 \varphi + 2 \sin \delta \cos \delta \sin \varphi \cos \varphi \cos s$$
$$+ \cos^2 \varphi \cos^2 s - \cos^2 \varphi \cos^2 s \sin^2 \delta,$$
$$1 - \cos^2 h = \sin^2 \varphi - \cos^2 \delta \sin^2 \varphi + 2 \sin \delta \cos \delta \sin \varphi \cos \varphi \cos s$$
$$+ \cos^2 \varphi (1 - \sin^2 s) - \cos^2 \varphi \cos^2 s \sin^2 \delta,$$
woraus leicht:
$$\cos^2 h = \cos^2 \delta \sin^2 \varphi - 2 \sin \delta \cos \delta \sin \varphi \cos \varphi \cos s$$
$$+ \cos^2 \varphi \cos^2 s \sin^2 \delta + \cos^2 \varphi \sin^2 s$$
$$= (\cos \delta \sin \varphi - \cos \varphi \sin \delta \cos s)^2 + (\cos \varphi \sin s)^2,$$
oder
$$\left(\frac{\cos \delta \sin \varphi - \cos \varphi \sin \delta \cos s}{\cos h} \right)^2 + \left(\frac{\cos \varphi \sin s}{\cos h} \right)^2 = 1.$$

Hieraus schliesst man, dass ein Winkel ψ möglich ist, so dass
$$\frac{\cos \delta \sin \varphi - \cos \varphi \sin \delta \cos s}{\cos h} = \cos \psi, \quad \frac{\cos \varphi \sin s}{\cos h} = \sin \psi. \quad \text{(b)}$$

Die beiden ersten Gleichungen in (a) und (b) sind nun:
$$\sin \delta \sin \varphi + \cos \delta \cos s \cos \varphi = \sin h,$$
$$\cos \delta \sin \varphi - \cos \varphi \cos s \sin \delta = \cos \psi \cos h;$$
zieht man aus denselben die Grössen $\sin \varphi$ und $\cos \varphi \cos s$, so ergibt sich:
$$\sin \varphi = \sin h \sin \delta + \cos \psi \cos h \cos \delta, \quad \}$$
$$\cos \varphi \cos s = \sin h \cos \delta - \cos \psi \cos h \sin \delta. \quad \} \text{ (c)}$$

Die zweite Gleichung (a) ist
$$\sin h' = \sin \delta' \sin \varphi + \cos \delta' \cos \tau \cos \varphi \cos s + \cos \delta' \sin \tau \cos \varphi \sin s,$$
also wenn man beachtet, dass nach (b) $\cos \varphi \sin s = \cos h \sin \psi$, und aus (c) die Werthe von $\sin \varphi$ und $\cos \varphi \cos s$ einsetzt:

$$\sin h' = \sin h \sin \delta \sin \delta' + \cos \psi \cos h \cos \delta \cos \delta' \cos \tau + \sin h \cos \delta \cos \delta' \cos \tau$$
$$- \cos \psi \cos h \sin \delta \cos \delta' \cos \tau - \cos \delta' \sin \tau \cos h \sin \psi,$$

d. h.

$$\sin h' - \sin h \sin \delta \sin \delta' - \sin h \cos \delta \cos \delta' \cos \tau =$$
$$\cos \psi \cos h (\cos \delta \sin \delta' - \cos \delta' \sin \delta \cos \tau) - \cos \delta' \sin \tau \cos h \sin \psi.$$

Man bestimme nun den Winkel ξ so dass

$$cotg\, \xi = \frac{\cos \delta \sin \delta' - \cos \delta' \sin \delta \cos \tau}{\cos \delta' \sin \tau},$$

so erhält man:

$$\frac{\sin h' - \sin h \sin \delta \sin \delta' - \sin h \cos \delta \cos \delta' \cos \tau}{\cos h} = \frac{\cos \delta' \sin \tau \cos (\xi + \psi)}{\sin \xi}$$

oder

$$\cos(\xi + \psi) = \frac{\sin \xi (\sin h' - \sin h \sin \delta \sin \delta' - \sin h \cos \delta \cos \delta' \cos \tau)}{\cos h \cos \delta' \sin \tau}, \quad (d)$$

woraus, bei bekanntem ξ, nunmehr ψ erhalten wird.

Aus der zweiten (b) und der zweiten (c) folgt nun:

$$tg\, s = \frac{\cos h \sin \psi}{\sin h \cos \delta - \cos h \sin \delta \cos \psi}; \quad (e)$$

und dann folgt φ aus (c), wozu man s nicht nöthig hat, oder aus der zweiten (b) und der ersten (c):

$$tg\, \varphi = \frac{\sin s (\sin h \sin \delta + \cos h \cos \delta \cos \psi)}{\cos h \sin \psi}. \quad (f)$$

Will man die Rechnung etwas bequemer einrichten, so bestimme man einen Winkel μ so dass

$$tg\, \mu = \frac{tg\, \delta'}{\cos \tau}, \quad (\sin \delta' = \cos \delta' \cos \tau\, tg\, \mu),$$

so ist

$$cotg\, \xi = \frac{\cos \delta \cos \delta' \cos \tau\, tg\, \mu - \cos \delta' \sin \delta \cos \tau}{\cos \delta' \sin \tau}$$
$$= cotg\, \tau (\cos \delta\, tg\, \mu - \sin \delta) = \frac{cotg\, \tau \sin(\mu - \delta)}{\cos \mu}.$$

Macht man ferner

$$tg\, \zeta = \frac{tg\, h}{\cos \psi}, \quad (\sin h = \cos h \cos \psi\, tg\, \zeta),$$

so ist

$$\sin h \cos\delta - \cos h \sin\delta \cos\psi = \cos\delta \cos h \cos\psi \, tg\,\zeta - \cos h \sin\delta \cos\psi$$
$$= \frac{\cos h \cos\psi \sin(\zeta-\delta)}{\cos\zeta},$$
$$tg\,s = \frac{tg\,\psi \cos\zeta}{\sin(\zeta-\delta)}, \qquad .(e')$$

und

$$\sin h \sin\delta + \cos h \cos\delta \cos\psi = \cos h \cos\psi \, tg\,\zeta \sin\delta + \cos h \cos\delta \cos\psi$$
$$= \frac{\cos h \cos\psi \cos(\zeta-\delta)}{\cos\zeta},$$
$$tg\,\varphi = \frac{\sin s \cos(\zeta-\delta) \cot g\,\psi}{\cos\zeta},$$

oder da $\cot g\,\psi = \frac{\cos\zeta \cot g\,s}{\sin(\zeta-\delta)}$:

$$tg\,\varphi = \cot g\,(\zeta-\delta)\cos s. \qquad (f')$$

Uebrigens ist auch nach (c)

$$\sin\varphi = \cos h \cos\psi\, tg\,\zeta \sin\delta + \cos\psi \cos h \cos\delta = \frac{\cos h \cos\psi \cos(\zeta-\delta)}{\cos\zeta}$$
$$= \frac{\sin h \cos(\zeta-\delta)}{\sin\zeta}, \qquad (g)$$

da man $\cos h \cos\psi = \sin h \cot g\,\zeta$ hat.

Eben so ist

$$\sin h \sin\delta \sin\delta' + \sin h \cos\delta \cos\delta' \cos\tau = \sin h [\sin\delta \cos\delta' \cos\tau \, tg\,\mu$$
$$+ \cos\delta \cos\delta' \cos\tau]$$
$$= \frac{\sin h \cos\delta' \cos\tau \cos(\mu-\delta)}{\cos\mu},$$

also

$$\cos(\xi+\psi) = [\sin h' - \frac{\sin h \cos\delta' \cos\tau \cos(\mu-\delta)}{\cos\mu}] \frac{\sin\xi}{\cos h \cos\delta' \sin\tau}$$

und wenn man endlich

$$tg\,\eta = \frac{\sin h \cos\delta' \cos\tau \cos(\mu-\delta)}{\cos h' \cos\mu}$$

setzt, so ist

$$\cos(\xi+\psi) = \frac{\sin\xi}{\cos h}\left(\frac{\sin h' - \cos h' \, tg\,\eta}{\cos\delta' \sin\tau}\right) = \frac{\sin\xi \sin(h'-\eta)}{\cos h \cos\eta \cos\delta' \sin\tau}.$$

Zur Auflösung unserer Aufgabe hat man also:

$$tg\,\mu = \frac{tg\,\delta'}{\cos\tau}, \quad tg\,\xi = \frac{\cos\mu\,tg\,\tau}{\sin(\mu-\delta)}, \quad tg\,\eta = \frac{\sin h\cos\delta'\cos\tau\cos(\mu-\delta)}{\cos h'\cos\mu},$$

$$\cos(\xi+\psi) = \frac{\sin\xi\sin(h'-\eta)}{\cos h\cos\eta\cos\delta'\sin\tau}, \quad tg\,\zeta = \frac{tg\,h}{\cos\psi},$$

$$\sin\varphi = \frac{\sin h\cos(\zeta-\delta)}{\sin\zeta},$$

und wenn man s will:

$$tg\,s = \frac{tg\,\psi\cos\zeta}{\sin(\zeta-\delta)}, \quad tg\,\varphi = \cos s\,cotg(\zeta-\delta).$$

Die Winkel μ, ξ, η, ζ sind zwischen 0 und 180° zu wählen; was $\xi+\psi$ anbelangt, so gibt es zunächst einen zwischen 0 und 180° liegenden Werth ω für $\xi+\psi$, aber $\xi+\psi=-\omega$ wäre eben so zulässig, so dass ψ doppelwerthig erscheint, eben so also auch ζ und φ. Welcher der beiden Werthe von φ zu wählen ist, lehrt die Ansicht der Aufgabe.

Als Beispiel wählen wir das folgende: Am 19. Sept. 1830 wurden beobachtet: Arcturus in 16°40′33·5″, Athair in 49°6′3·7″ Höhe; der Zeitunterschied betrug 19 M. 18·36 Sek. (= 4°49′35·4″). Die Deklinationen sind 20°4′23·6″ und 8°26′0·0″; Arcturus war westlich vom Meridian und der Winkel beider Stundenkreise 83°39′13·7″ östlich.

Hier ist also h=16°40′33·5″, h′=49°6′3·7″, δ=20°4′23·6″, δ'=8°26′, $\tau=-83°39'13\cdot7''+4°49'35\cdot4''=-78°49'38\cdot3''$.

$log\,tg\,\delta' = 9\cdot1710289$
$E\,log\,\cos\tau = 0\cdot7127205$
$log\,tg\,\mu = 9\cdot8837494$
$\mu = 37°25'17\cdot7''$
$\mu-\delta = 17°20'54\cdot1''$

$log\,\sin h = 9\cdot4578196$
$log\,\cos\delta' = 9\cdot9952785$
$log\,\cos\tau = 9\cdot2872795$
$log\,\cos(\mu-\delta) = 9\cdot9797802$
$E\,log\,\cos h' = 0\cdot1839395$
$E\,log\,\cos\mu = 0\cdot1000779$
$log\,tg\,\eta = 9\cdot0041752$
$\eta = 5°45'50\cdot6''$
$h'-\eta = 43°20'13\cdot1''$

$log\,\cos\mu = 9\cdot8999221$
$log\,tg\,\tau = 10\cdot7044107(-)$
$E\,log\,\sin(\mu-\delta) = 0\cdot5255206(-)$
$log\,tg\,\xi = 11\cdot1298534(-)$
$\xi = 94°14'27\cdot9''$

$log\,\sin\xi = 9\cdot9988091$
$log\,\sin(h'-\eta) = 9\cdot8364925$
$E\,log\,\cos h = 0\cdot0186604$
$E\,log\,\cos\eta = 0\cdot0022013$
$E\,log\,\cos\delta' = 0\cdot0047214$
$E\,log\,\sin\tau = 0\cdot0083098(-)$
$log\,\cos(\xi+\psi) = 9\cdot8691945(-)$
$\xi+\psi = 137°43'34\cdot1''$
$\xi = 94°14'27\cdot9$
$\psi = 43°29'\ 6\cdot2$

$log\, tg\, \mathrm{h} = 9{\cdot}4764799$
$E\, log\, cos\, \psi = 0{\cdot}1393302$
$\overline{log\, tg\, \zeta = 9{\cdot}6158101}$
$\zeta = 22°26'2{\cdot}8''$
$\zeta - \delta = 2°21'39{\cdot}2''$
$log\, tg\, \psi = 9{\cdot}9770232$
$log\, cos\, \zeta = 9{\cdot}9659219$
$E\, log\, sin\, (\zeta - \delta) = 1{\cdot}3851699$
$\overline{log\, tg\, s = 11{\cdot}3280150}$
$s = 87°18'35{\cdot}2''$

$log\, sin\, \mathrm{h} = 9{\cdot}4578196$
$log\, cos\, (\zeta - \delta) = 9{\cdot}9996312$
$\overline{E\, log\, sin\, \zeta = 0{\cdot}4183679}$
$log\, sin\, \varphi = 9{\cdot}8758187$
$\varphi = 48°42'14{\cdot}0''$

$log\, cos\, s = 8{\cdot}6715059$
$log\, cotg\, (\zeta - \delta) = 11{\cdot}3848013$
$\overline{log\, tg\, \varphi = 10{\cdot}0563072}$
$\varphi = 48°42'14{\cdot}0''$.

Mit demselben Recht hätte man auch $\xi + \varphi = -137°43'34{\cdot}1''$ setzen dürfen und dann gefunden $\psi = -231°58'2{\cdot}0''$, $\zeta = 154°4'14{\cdot}6''$, $\zeta - \delta = 133°59'51{\cdot}0''$, $\varphi = -27°7'12{\cdot}1''$.

VIII. Aus zwei gemessenen Höhen (h, h') desselben Sterns, dessen Deklination δ bekannt ist, so wie aus dem gemessenen Unterschiede der Azimuthe (II) des Sterns bei beiden Beobachtungen die Breite des Beobachtungsortes (nebst dem Azimuthe der ersten Beobachtung) zu finden. (Beide Beobachtungen östlich vom Meridian.) Ist a der Unterschied beider Azimuthe, so hat man (Fig. 76)

$$sin\, \delta = sin\, \mathrm{h}\, sin\, \varphi + cos\, \mathrm{h}\, cos\, \varphi\, cos\, \alpha,$$
$$sin\, \delta = sin\, \mathrm{h}'\, sin\, \varphi + cos\, \mathrm{h}'\, cos\, \varphi\, cos\, (\alpha + \mathrm{a}),$$

woraus φ und α zu bestimmen sind.

Vergleicht man mit VII, so ergibt sich folgende Auflösung:

$$tg\, \mu = \frac{tg\, \mathrm{h}'}{cos\, \mathrm{a}}, \quad tg\, \xi = \frac{cos\, \mu\, tg\, \mathrm{a}}{sin\, (\mu - \mathrm{h})}, \quad tg\, \eta = \frac{tg\, \delta\, cos\, \mathrm{h}'\, cos\, \mathrm{a}\, cos\, (\mu - \mathrm{h})}{cos\, \mu},$$

$$cos\, (\xi + \psi) = \frac{sin\, \xi\, sin\, (\delta - \eta)}{cos\, \delta\, cos\, \eta\, cos\, \mathrm{h}'\, sin\, \mathrm{a}}, \quad tg\, \zeta = \frac{tg\, \delta}{cos\, \psi},$$

$$sin\, \varphi = \frac{sin\, \delta\, cos\, (\zeta - \mathrm{h})}{sin\, \zeta},$$

$$tg\, \alpha = \frac{tg\, \psi\, cos\, \zeta}{sin\, (\zeta - \mathrm{h})}, \quad tg\, \varphi = cos\, \alpha\, cotg\, (\zeta - \mathrm{h}),$$

worin wegen der Winkel μ, ξ, η, ζ, ψ, φ dieselbe Bemerkung gilt, wie in VII.

1) Geschieht die erste Beobachtung auf der östlichen, die zweite auf der westlichen Seite und ist α das erste (östliche)

318 Höhen zweier bekannter Sterne und Azimuthunterschied.

Azimuth, so ist das zweite (westliche) $360° - (\alpha + a)$, also bleibt obige Auflösung.

2) Sind beide Beobachtungen westlich, so sind die (westlichen) Azimuthe: α; $\alpha = a$ oder $360° + \alpha - a$, so dass $-a$ an die Stelle von a tritt.

3) Ist die erste westlich, die zweite östlich, so gilt dasselbe wie in Nr. 2.

Wollte man die angegebene analytische Auflösung nicht benützen, so kann man eine rein trigonometrische an deren Stelle setzen. In dem Dreieck ZSS,

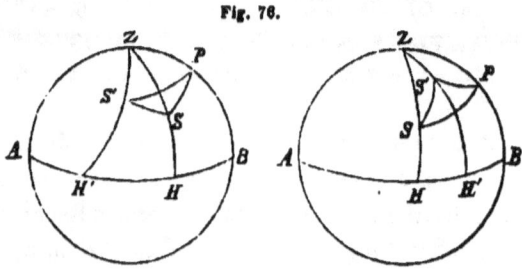

Fig. 76.

kennt man $ZS = 90° - h$, $ZS' = 90° - h'$, $SZS' = a$, kann also dasselbe vollständig berechnen, d. h. SS' nebst ZSS' finden. In PSS' kennt man jetzt $SP = S'P = 90° - \delta$, SS', kann also den Winkel $PSS' = PS'S$ erhalten; alsdann ist $ZSP = PSS' \mp ZSS'$, woraus das Dreieck ZSP aufgelöst werden kann. Man sieht, dass eine doppelte Auflösung theoretisch möglich ist, wie dies auch in der analytischen Auflösung liegt.

IX. Zwei Sterne, deren Deklinationen bekannt sind, wurden in verschiedenen Höhen h und h' über dem Horizonte beobachtet, so wie der Unterschied ihrer Azimuthe gemessen. Man soll die Breite des Beobachtungsortes bestimmen.

Man hat hier

$$\sin \delta = \sin h \sin \varphi + \cos h \cos \varphi \cos \alpha,$$
$$\sin \delta' = \sin h' \sin \varphi + \cos h' \cos (\alpha + a),$$

worin a bekannt ist (vergl. Nr. II), und woraus φ und α zu ermitteln sind. Vergleicht man mit VII, so erhält man unmittelbar folgende Lösung:

$$tg \mu = \frac{tg\, h'}{\cos a},\ tg\, \xi = \frac{\cos \mu\, tg\, a}{\sin (\mu - h)},\ tg\, \eta = \frac{\sin \delta \cos h' \cos a \cos (\mu - h)}{\cos \delta' \cos \mu},$$

$$cos(\xi+\psi) = \frac{sin \xi sin(\delta'-\eta)}{cos \delta cos \eta \, cos h' sin a}, \quad tg \zeta = \frac{tg \delta}{cos \psi},$$

$$sin \varphi = \frac{sin \delta cos(\zeta - h)}{sin \zeta},$$

$$tg \alpha = \frac{tg \psi cos \zeta}{sin(\zeta - h)}, \quad tg \varphi = cos \alpha \, cotg(\zeta - h).$$

In Bezug auf die Winkel gilt dieselbe Bemerkung wie zu VII.

X. Man beobachtet an einer nach Sternzeit gehenden Uhr die Zeitpunkte, in denen derselbe Stern, dessen Lage am Himmelsgewölbe bekannt ist, durch denselben Höhenkreis, und zwar zuerst auf der östlichen, dann auf der westlichen Seite des Meridians, geht. Man soll hieraus die Breite des Beobachtungsortes ermitteln.

Da man die Lage des Sterns S am Himmelsgewölbe kennt, so kennt man mithin seine Deklination δ, so wie seine gerade Aufsteigung. Daraus ergibt sich der Stundenwinkel s der ersten und s' der zweiten Beobachtung.* Man kennt also in dem Dreiecke ZSP: den Winkel ZPS=s, PS = $90° - \delta$, und sucht ZP = $90° - \varphi$, wobei wir das (östliche) Azimuth SZP mit α bezeichnen wollen. Ist α' das (westliche) Azimuth für die zweite Beobachtung, so ist offenbar $\alpha + \alpha' = 180°$, und man hat (§. 7, Formel 5):

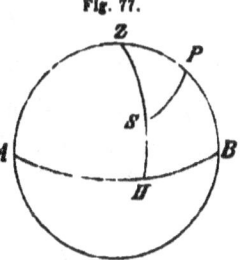

Fig. 77.

$$cotg(90°-\delta) sin(90°-\varphi) = cos(90°-\varphi) cos s + sin s \, cotg \alpha,$$

d. h.

---

* Sey z. B. die gerade Aufsteigung des Sterns 197°25'30", die Sternzeiten der Beobachtungen: 9^h 5' 12" und 16^h 17' 38" (die Sternuhren von 0 bis 24^h gerechnet). Da die Uhr 0^h zeigt, wenn der Frühlingspunkt durch den Meridian geht, so ist derselbe bei der ersten Beobachtung also bereits vor 9^h 5' 12" durch den Meridian gegangen, d. h. er befindet sich 136° 18' (= 9^h 5'12" $\times$ 15) westlich von demselben. Der Stern S steht aber 197°25'30" östlich vom Frühlingspunkt, mithin befindet er sich noch 61°7'30" östlich vom Meridian, d. h. s = 61°7'30". Bei der zweiten Beobachtung war der Frühlingspunkt bereits vor 16^h 17' 38" durch den Meridian gegangen, er befand sich also 224°24'30" westlich, d. h. eigentlich wieder 115° 35' 30" östlich vom Meridian. Der Stern S befand sich mithin 244°24'30" - 197°25'30" = 46°59' westlich vom Meridian, oder s' = 46°59'.

$$\cot g\, \alpha = \frac{tg\,\delta\cos\varphi - \sin\varphi\cos s}{\sin s},$$

$$\cot g\, \alpha' = \frac{tg\,\delta\cos\varphi - \sin\varphi\cos s'}{\sin s'},$$

und da $\cot g\, \alpha' = -\cot g\, \alpha$:

$$\frac{tg\,\delta\cos\varphi - \sin\varphi\cos s'}{\sin s'} = -\frac{tg\,\delta\cos\varphi - \sin\varphi\cos s}{\sin s}$$

oder, wie leicht ersichtlich:

$$tg\,\delta\sin s - tg\,\varphi\cos s'\sin s = -tg\,\delta\sin s' + tg\,\varphi\cos s\sin s',$$

$$tg\,\varphi = \frac{tg\,\delta(\sin s + \sin s')}{\cos s\sin s' + \cos s'\sin s} = \frac{tg\,\delta(\sin s' + \sin s)}{\sin(s' + s)}$$

$$= \frac{2\sin\tfrac{1}{2}(s'+s)\cos\tfrac{1}{2}(s'-s)}{2\sin\tfrac{1}{2}(s'+s)\cos\tfrac{1}{2}(s'+s)}\,tg\,\delta,$$

mithin

$$tg\,\varphi = \frac{\cos\tfrac{1}{2}(s'-s)}{\cos\tfrac{1}{2}(s'+s)}\,tg\,\delta,$$

woraus φ gefunden wird.

Wir haben hiemit die wichtigsten Methoden zur Bestimmung der geographischen Breite eines Ortes angegeben. Von denselben verlangen: I und VII eine genaue astronomische Uhr, ein Sternverzeichniss und einen genauen Höhenkreis; III eine Uhr und einen Höhenkreis; II, VIII und IX ein Sternverzeichniss, einen Höhenkreis und einen Azimuthalkreis (Theodolit mit Höhenkreis); IV einen Höhenkreis und Azimuthalkreis; V und X eine Uhr und ein Sternverzeichniss; VI ein Sternverzeichniss und einen Azimuthalkreis. Je nachdem man also über das eine oder das andere dieser Hilfsmittel verfügen kann, wird man die eine oder andere dieser Methoden wählen. Für Geodäten, die in der Regel gute Theodoliten besitzen, und ein Sternverzeichniss sich leicht verschaffen können, empfiehlt sich vorzugsweise VI;* daneben dann II, IV, VIII, IX.

Zur Bestimmung der Lage des Beobachtungsortes ist übrigens noch die Ermittlung der geographischen Länge (§. 28, VII) in Bezug auf einen bestimmten Ort nothwendig. Dieselbe kommt

---

* Diese Methode rührt von Grunert her.

durchweg auf die Ermittlung des Zeitunterschieds zurück. Kennt man ein Ereigniss, das zu derselben Zeit für die Orte A und B eintritt (eine Mondsfinsterniss, Pulversignale u. s. w.), und bestimmt in A und B nach den dort regulirten Uhren die Zeitpunkte der Erscheinung, so kennt man den Zeitunterschied, woraus die geographische Länge dann geschlossen wird. Signale an Drähten elektrischer Telegraphen dienen offenbar zu demselben Zwecke; eine nach Berliner Zeit (z. B.) gehende Uhr und die Beobachtung des Mittags an einem Orte B nach dieser Uhr gibt ebenfalls den Zeitunterschied zwischen B und Berlin u. s. f.

Bei Beobachtungen auf dem Meere, bei denen man nicht die Erhebung eines Gestirns über den Horizont des Beobachtungsortes messen kann, tritt neben der Korrektion wegen der Refraktion noch die wegen der Depression des Meereshorizontes hinzu, deren Bestimmung sich in der dritten Aufgabe des §. 47 der ersten Abtheilung befindet.

Sechster Abschnitt.
Anwendung der sphärischen Trigonometrie auf Geodäsie.

§. 30.
Berechnung eines Dreiecksnetzes.

I. Wie in §. 48 der ersten Abtheilung angegeben worden, überzieht man bei grössern Vermessungen den zu vermessenden Landstrich mit einem Dreiecksnetze, dessen Winkel gemessen werden nebst einer Seite (Basis) des Netzes, woraus dann die übrigen Seiten zu berechnen sind.

Die höhere Mathematik lehrt nun, dass man eine zwischen zwei Parallelkreisen (Schnitten des Erdellipsoids parallel mit dem Aequator) liegende (schmale) Erdzone, deren mittlere geographische Breite β ist, ansehen kann, als Theil einer Kugelfläche, deren Halbmesser r durch die Formel

$$r = \frac{b}{1 - e^2 \sin^2 \beta}$$

gefunden wird, wo b die halbe Erdaxe und $e = \sqrt{1 - \frac{b^2}{a^2}}$, wenn a der Halbmesser des Aequators ist.*

Zur bequemern Berechnung von r hat man die Formeln:
$$cos\varphi = \frac{b}{a}, \quad sin\theta = sin\varphi\, sin\beta, \quad r = \frac{b}{cos^2\theta}.$$

Wählt man den Meter zur Maasseinheit, so ist

$log\, a = 6{\cdot}8046434637, \quad log\, b = 6{\cdot}8031892839,$

$log\, cos\varphi = 9{\cdot}9985458202, \quad log\, sin\varphi = 8{\cdot}9122052079.$

Berechnet man hiemit r, so hat man:

für 0° geographische Breite, $log\, r = 6{\cdot}8031893,$
„ 10° „ „ , $= 6{\cdot}8032766,$
„ 20° „ „ , $= 6{\cdot}8035285,$
„ 30° „ „ , $= 6{\cdot}8039145,$
„ 35° „ „ , $= 6{\cdot}8041439,$
„ 40° „ „ , $= 6{\cdot}8043886,$
„ 45° „ „ , $= 6{\cdot}8046410,$
„ 46° „ „ , $= 6{\cdot}8046918,$
„ 47° „ „ , $= 6{\cdot}8047424,$
„ 48° „ „ , $= 6{\cdot}8047930,$
„ 49° „ „ , $= 6{\cdot}8048434,$
„ 50° „ „ , $= 6{\cdot}8048936,$
„ 51° „ „ , $= 6{\cdot}8049434,$
„ 52° „ „ , $= 6{\cdot}8049928,$
„ 53° „ „ , $= 6{\cdot}8050418,$
„ 54° „ „ , $= 6{\cdot}8050906,$
„ 55° „ „ , $= 6{\cdot}8051386,$
„ 60° „ „ , $= 6{\cdot}8053687.$

II. Bei der Berechnung der einzelnen Dreiecke, selbst der allergrössten, wird man nun den in §. 23 bewiesenen Legendreschen Satz immer anwenden, dieselben also berechnen wie ebene Dreiecke deren Seiten eben so lang sind als die Seiten (Bögen) der geodätischen Dreiecke und deren Winkel gleich sind den um den dritten

---

* Dieser Satz findet sich bewiesen in meiner Schrift über die „Abbildung krummer Oberflächen auf einander." (Braunschweig, Vieweg. 1858.)

Theil des sphärischen Exzesses verminderten Winkeln der letztern. Die Berechnung des sphärischen Exzesses geschieht nach den in §, 24 aufgestellten Vorschriften, wobei wir nochmals bemerken, dass der in der dortigen Nr. 4 betrachtete Fall, da man alle Winkel und eine Seite des geodätischen Dreiecks kennt, gerade der meist vorkommende ist. Man gleicht zuerst, wie dort angegeben, die Winkel auf 180° aus und berechnet das Dreieck alsdann wie ein ebenes, das die drei so erhaltenen Winkel und die gegebene Seite hat; die gefundenen beiden andern Seiten sind die Seiten des Dreiecks. * Will man dann den sphärischen Exzess noch kennen, so wird man ihn, wie dort angegeben, berechnen können. Man bedarf des Werthes desselben bei der endgiltigen Ausgleichung der gemessenen Winkel im ganzen Dreiecksnetze, deren Darstellung jedoch hier nicht gegeben werden kann, da sie in ein anderes Gebiet gehört. **

Der Werth des Kugelhalbmessers ist übrigens hier nur bei Berechnung des sphärischen Exzesses nothwendig, und da dabei fünfstellige Logarithmen immer genügen, so sieht man aus obigen Werthen von r leicht, dass man r für eine bedeutende Ausdehnung des Netzes in die Breite ungeändert lassen kann. Würde allerdings das Netz sich über gar zu viele Breitengrade ausdehnen, so müsste man verschiedene Werthe von r benützen; allein in diesem Falle trennt man gewöhnlich das ganze Netz in einige einzelne ab, die man für sich berechnet, da ohnehin bei gar zu grossen Netzen die Ausgleichungsrechnung äusserst beschwerlich wäre.

Wir haben bereits in §. 24, II an einem speziellen Beispiele gezeigt,

---

* Sind A, B, C die Werthe der drei Winkel, wie sie durch Messung gefunden worden, E der sphärische Exzess, so sollte $A+B+C = 180° + E$ sein; ist nun $A+B+C = 180° + \alpha$, so ist $E - \alpha$ die Summe der Beobachtungsfehler in den drei Winkeln. Da man, wenigstens für die hier ins Auge zu fassenden Zwecke genau genug, annehmen muss, dass die drei Winkel gleich scharf beobachtet wurden, so wird in jedem der Fehler $\frac{1}{3}(E - \alpha)$ begangen worden sein, d. h. ihre wahren Werthe sollen $A + \frac{1}{3}(E - \alpha)$, $B + \frac{1}{3}(E - \alpha)$, $C + \frac{1}{3}(E - \alpha)$ sein; zieht man dann von jedem $\frac{1}{3} E$ ab, um die Winkel des ebenen Dreiecks zu erhalten, so hat man $A - \frac{1}{3}\alpha$, $B - \frac{1}{3}\alpha$, $C - \frac{1}{3}\alpha$, wie in §. 24 angegeben.

** Diese Ausgleichung habe ich ausführlich dargestellt in meiner Schrift: „Ausgleichung der Beobachtungsfehler nach der Methode der kleinsten Quadratsummen." (Braunschweig, Vieweg. 1857.)

dass der Legendresche Satz selbst bei sehr grossen Seiten die Rechnung mit aller nur wünschbaren Schärfe führen lehrt; es möchte jedoch nicht ohne Interesse seyn, sich die Frage zu stellen, wie gross die Seiten seyn dürfen, damit der Fehler im Winkel nicht 0·001 Sekunde betrage, d. h. damit, wenn man gemäss den Formeln (20) in §. 23 zuerst die ebenen Winkel A', B', C' berechnet und dann die sphärischen daraus schliesst, der Fehler nicht 0·001 Sek. betrage. Nach den Formeln (18) des §. 23 muss also

$$\frac{F}{3r^2}\varrho\frac{7b^2+7c^2+a^2}{120r^2} \lessgtr 0\cdot 001$$

seyn. Macht man hier $a = b = c$, was offenbar den möglich grössten Werth liefert, so ist

$$F = \frac{a^2\sqrt{3}}{4}, \text{ also } \frac{15a^4\sqrt{3}\varrho}{1440r^4} \lessgtr 0\cdot 001.$$

Setzt man diese Grösse geradezu $= 0\cdot 001$, so ist

$$\left(\frac{a}{r}\right)^4 = \frac{1440 \cdot 0\cdot 001}{15\varrho\sqrt{3}} = \frac{1\cdot 44}{15\varrho\sqrt{3}}, \frac{a}{r} = \sqrt[4]{\frac{1\cdot 44}{15\varrho\sqrt{3}}},$$

$$\frac{r}{a} = \sqrt[4]{\frac{15\varrho\sqrt{3}}{1\cdot 44}}.$$

Nun ist

$$log\, 15 = 1\cdot 17609$$
$$log\, \varrho = 5\cdot 31442$$
$$log\, \sqrt{3} = 0\cdot 23856$$
$$E\, log\, 1\cdot 44 = 9\cdot 84164$$
$$\overline{6\cdot 57071}$$

$$log\, \frac{r}{a} = 1\cdot 64268$$

$$\frac{r}{a} = 43\cdot 92$$

d. h. $\frac{a}{r}$ ist kleiner als $\frac{1}{43\cdot 9}$, oder es dürfen die Seiten ungefähr $= \frac{1}{44}$ des Halbmessers sein, bis der Fehler 0·001 Sekunde in den Winkeln beträgt.

Da bei 45° Breite $log\, r = 6\cdot 80464$, so ist alsdann $log\, a = 5\cdot 16196$, $a = 145200$ Meter, was einer Länge von über 16 Meilen gleichkommt. Es stimmt dies auch zusammen mit dem in §. 24, II Gefundenen.

III. Sollen nun in einem geodätischen Dreiecksnetze, in dem eine Seite gemessen wurde, und in welchem in jedem einzelnen Dreiecke zwei Winkel oder alle drei gemessen worden (letzteres in der Regel), die Seiten berechnet werden, so wird man zunächst in dem Dreiecke, in dem die gemessene Seite liegt, nach §. 24 Nr. 3 oder 4 die übrigen Stücke finden; in dem nächsten Dreiecke, in dem man nun bereits eine Seite kennt, eben so die übrigen Theile erhalten u. s. w. Der sphärische Exzess findet sich in jedem Dreiecke entweder nach §. 24 Nr. 3 schon vor der Berechnung der Seiten, oder nach dem oben Angeführten, wenn nämlich die sämmtlichen drei Winkel gemessen wurden, auch nachträglich, wenn man dies vorzieht. Eine solche Berechnung des Dreiecksnetzes aus den durch Messung erhaltenen Winkeln ist jedoch, wie bereits angeführt, immer nur eine vorläufige, die zur Bestimmung des sphärischen Exzesses dient; ist derselbe für jedes Dreieck bekannt, so muss dann vermittelst der Ausgleichungsrechnung eine Ausgleichung der Winkel des ganzen Netzes Statt finden und die nunmehr erhaltenen Winkel sind als die wahren sphärischen Winkel anzusehen, mit denen die endgiltige Berechnung der Seiten, nach dem Satze des §. 23, durchzuführen ist. Der sphärische Exzess jedes Dreiecks, der dazu nothwendig ist, bleibt derselbe, wie er bereits bekannt war.

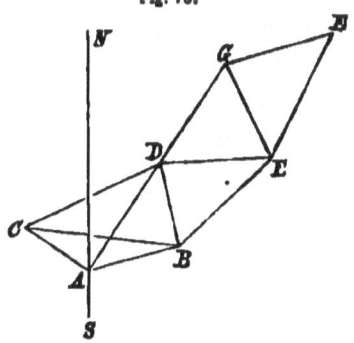

Fig. 78.

Die Berechnung eines kleinen Netzes mag als Beispiel vollkommen genügen. In demselben ist, wenn die Maasse in Toisen angegeben sind, log AB $= 4{\cdot}1949091$, dann in dem Dreiecke:

ABC: A=76°5′31·926″, B=48°30′9·629″, C=55°24′19·269″,
BCD: B=50°59′56·261″, C=78°9′40·220″, D=50°50′25·039″,
ABD: A=49°40′59·912″, B=99°30′5·890″, D=30°48′56·562″,
BDE: B=65°53′6·152″, D=73°31′26·514″, E=40°35′34·067″,
DEG: D=52°49′30·981″, E=60°33′3·421″, G=
EFG: E=51°21′6·323″, F=72°35′12·945″, G=

Bezeichnen wir immer die Fläche des betreffenden ebenen Dreiecks mit $\varDelta$, den sphärischen Excess mit ε, setzen $\log r = 6{\cdot}5152218$ (die geographische Breite ungefähr 53°, und die Maasse Toisen, wobei von dem oben angegebenen Werthe des $\log r$ abgezogen werden muss $0{\cdot}2898200$), so hat man:

Dreieck ABC.

A = 76° 5′ 31·926″	A′ = 76° 5′ 31·651″	$\log AB = 4{\cdot}1949091$
B = 48 30 9·629	B′ = 48 30 9·355	$\log \sin B' = 9{\cdot}8744735$
C = 55 24 19·269	C′ = 55°24 18·994	$E \log \sin C' = 0{\cdot}0845005$
180 0 0·824	180 0 0	$\log AC = \overline{4{\cdot}1538831}$

$$\frac{0{\cdot}824}{3} = 0{\cdot}274$$

$\log AB = 4{\cdot}1949091$
$\log \sin A' = 9{\cdot}9870776$
$E \log \sin C' = 0{\cdot}0845005$
$\log BC = \overline{4{\cdot}2664872}$

$\log AB = 4{\cdot}194909$	$\log \varDelta = 8{\cdot}03484$
$\log AC = 4{\cdot}153883$	$\log \varrho = 5{\cdot}31442$
$\log \sin A' = 9{\cdot}987077$	$E \log r^2 = 6{\cdot}96956 - 10$
$E \log 2 = 9{\cdot}698970$	$\log \varepsilon = \overline{0{\cdot}31882}$
$\log \varDelta = \overline{8{\cdot}034839}$	$\varepsilon = 2{\cdot}084''.$

Dreieck BCD.

B = 50°59′56·261″	B′ = 50°59′55·754″	$\log BC = 4{\cdot}2664872$
C = 78 9 40·220	C′ = 78 9 39·714	$\log \sin C' = 9{\cdot}9906620$
D = 50 50 25·039	D′ = 50 50 24·532	$E \log \sin D' = 0{\cdot}1104814$
180 0 1·520	180 0 0	$\log BD = \overline{4{\cdot}3676306}$

$$\frac{1{\cdot}520}{3} = 0{\cdot}506$$

$\log BC = 4{\cdot}2664872$
$\log \sin B' = 9{\cdot}8904954$
$E \log \sin D' = 0{\cdot}1104814$
$\log CD = \overline{4{\cdot}2674640}$

$\log BC = 4{\cdot}266487$	$\log \varDelta = 8{\cdot}22358$
$\log BD = 4{\cdot}367631$	$\log \varrho = 5{\cdot}31442$
$\log \sin B' = 9{\cdot}890495$	$E \log r^2 = 6{\cdot}96956 - 10$
$E \log 2 = 9{\cdot}698970$	$\log \varepsilon = \overline{0{\cdot}50756}$
$\log \varDelta = \overline{8{\cdot}223583}$	$\varepsilon = 3{\cdot}218''.$

Dreieck ABD.

$A = 49°40' 59{\cdot}912''$ $A' = 49°40' 59{\cdot}124''$ $\log AB = 4{\cdot}1949091$
$B = 99\ 30\ \ 5{\cdot}890$ $B' = 99\ 30\ \ 5{\cdot}102$ $\log \sin A' = 9{\cdot}8822269$
$D = 30\ 48\ 56{\cdot}562$ $D' = 30\ 48\ 55{\cdot}774$ $E\log \sin D' = 0{\cdot}2904965$
$\overline{180\ \ \ 0\ \ \ 2{\cdot}364}$ $\overline{180\ \ \ 0\ \ \ 0}$ $\log BD = 4{\cdot}3676325$

$\dfrac{2{\cdot}364}{3} = 0{\cdot}788$

$\log AB = 4{\cdot}1949091$
$\log \sin B' = 9{\cdot}9940009$
$E\log \sin D' = 0{\cdot}2904965$
$\log AD = \overline{4{\cdot}4794065}$

$\log AB = 4{\cdot}194909$ $\log \varDelta = 8{\cdot}25551$
$\log BD = 4{\cdot}367632$ $\log \varrho = 5{\cdot}31442$
$\log \sin B' = 9{\cdot}994001$ $E \log r^2 = 6{\cdot}96956 - 10$
$E \log 2 = 9{\cdot}698970$ $\log \varepsilon = \overline{0{\cdot}53949}$
$\log \varDelta = \overline{8{\cdot}255512}$ $\varepsilon = 3{\cdot}463''$.

Dreieck BDE.

$B = 65°53'\ \ 6{\cdot}152''$ $B' = 65°53'\ \ 3{\cdot}908''$ $\log BD = 4{\cdot}3676325$
$D = 73\ 31\ 26{\cdot}514$ $D' = 73\ 31\ 24{\cdot}269$ $\log \sin D' = 9{\cdot}9817895$
$E = 40\ 35\ 34{\cdot}067$ $E' = 40\ 35\ 31{\cdot}823$ $E \log \sin E' = 0{\cdot}1866389$
$\overline{180\ \ \ 0\ \ \ 6{\cdot}733}$ $\overline{180\ \ \ 0\ \ \ 0}$ $\log BE = 4{\cdot}5360609$

$\dfrac{6{\cdot}733}{3} = 2{\cdot}244$

$\log BD = 4{\cdot}3676325$
$\log \sin B' = 9{\cdot}9603391$
$E \log \sin E' = 0{\cdot}1866389$
$\log DE = \overline{4{\cdot}5146105}$

$\log BD = 4{\cdot}367632$ $\log \varDelta = 8{\cdot}56300$
$\log BE = 4{\cdot}536061$ $\log \varrho = 5{\cdot}31442$
$\log \sin B' = 9{\cdot}960339$ $E \log r^2 = 6{\cdot}96956 - 10$
$E \log 2 = 9{\cdot}698970$ $\log \varepsilon = \overline{0{\cdot}84698}$
$\log \varDelta = \overline{8{\cdot}563002}$ $\varepsilon = 7{\cdot}030''$.

Dreieck DEG.

$D = 52°49'30.981''$
$E = 60\ 33\ \ \ 3.421$
―――――――――
$\ \ \ \ 113\ 22\ 34.402$

$log DE^2 = 9.02922$
$log\, sin\, D = 9.90134$
$log\, sin\, E = 9.93991$
$log\, \varrho = 5.31442$
$E\, log\, 2 = 9.69897$

$D' = 52°49'28.390''$
$E' = 60\ 33\ \ \ 0.830$
―――――――――
$\ \ \ \ 113\ 22\ 29.220$
$G' = 66\ 37\ 30.780$
$G = 66\ 37\ 33.371$

$E\, log\, r^2 = 6.96956 - 10$
$E\, log\, sin(D+E) = 0.03718$
$log\, \varepsilon = \overline{0.89060}$
$\varepsilon = 7.773''$
$\dfrac{\varepsilon}{3} = 2.591$

$log\, DE = 4.5146105$
$log\, sin\, E' = 9.9399120$
$E\, log\, sin\, G' = 0.0371907$
$log\, DG = \overline{4.4917132}$

$log\, DE = 4.5146105$
$log\, sin\, D' = 9.9013432$
$E\, log\, sin\, G' = 0.0371907$
$log\, EG = \overline{4.4531444}$

Dreieck EFG.

$E = 51°21'\ \ 6.323''$
$F = 72\ 35\ 12.945$
―――――――――
$\ \ \ \ 123\ 56\ 19.268$

$log\, EG^2 = 8.90629$
$log\, sin\, E = 9.89265$
$log\, sin(E+F) = 9.91889$
$log\, \varrho = 5.31442$
$E\, log\, sin\, F = 0.02038$

$E' = 51°21'\ \ 4.569''$
$F' = 72\ 35\ 11.191$
―――――――――
$\ \ \ \ 123\ 56\ 15.760$
$G' = 56\ \ \ 3\ 44.240$
$G = 56\ \ \ 3\ 45.994$

$E\, log\, r^2 = 6.96956 - 10$
$E\, log\, 2 = 9.69897$
$log\, \varepsilon = \overline{0.72116}$
$\varepsilon = 5.262''$
$\dfrac{\varepsilon}{3} = 1.754$

$log\, EG = 4.4531444$
$log\, sin\, E' = 9.8926452$
$E\, log\, sin\, F' = 0.0203744$
$log\, FG = \overline{4.3661640}$

$log\, EG = 4.4531444$
$log\, sin\, G' = 9.1988923$
$E\, log\, sin\, F' = 0.0203744$
$log\, EF = \overline{4.3924111.}$

§. 31.
Berechnung der Polarkoordinaten.

I. Hat man die Seiten und Winkel eines Dreiecksnetzes endgiltig berechnet, so werden in der Regel die Koordinaten der Eckpunkte des Netzes zu berechnen seyn. Dieselben sind entweder Polarkoordinaten oder rechtwinklige Koordinaten. Stellt NS den durch A gehenden Meridian vor, ist B ein Eckpunkt des Netzes, AB die von B nach A gezogene kürzeste Linie, so bilden die Länge AB, nebst dem Winkel NAB, den dieselbe mit dem Meridian NS macht, die Polarkoordinaten von B. Die Entfernung AB ist immer positiv; der Winkel NAB soll von der nördlichen Seite AN des durch A gehenden Meridians durch Osten, Süden, Westen, von 0 bis 360° gerechnet werden; er pflegt auch das Azimuth von AB in A genannt zu werden (vgl. §. 29, II).

Fig. 79.

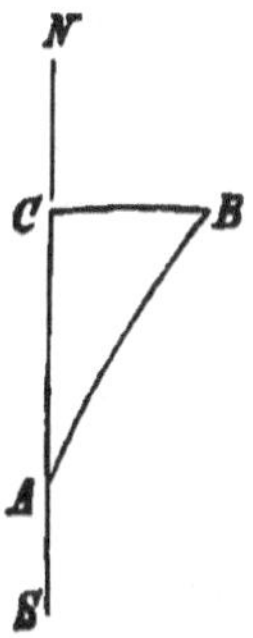

Fällt man von B auf NS die senkrechte kürzeste Linie BC, so pflegen AC und BC die rechtwinkligen Koordinaten von B genannt zu werden; dabei ist BC positiv, wenn B auf der östlichen, negativ, wenn B auf der westlichen Seite des Meridians SN liegt; AC ist positiv oder negativ, je nachdem C nördlich oder südlich von A liegt. A pflegt zuweilen auch der Pol der Koordinaten oder der Anfangspunkt derselben genannt zu werden. (Vgl. meine „ebene Polygonometrie" §. 3.) Nach der in §. 30 schon angeführten Theorie kann man alle diese Grössen als auf einer Kugel vom (allerdings veränderlichen) Halbmesser r liegend ansehen, also die Linien AB, BC, AC als Bögen grösster Kugelkreise betrachten.

Fig. 80.

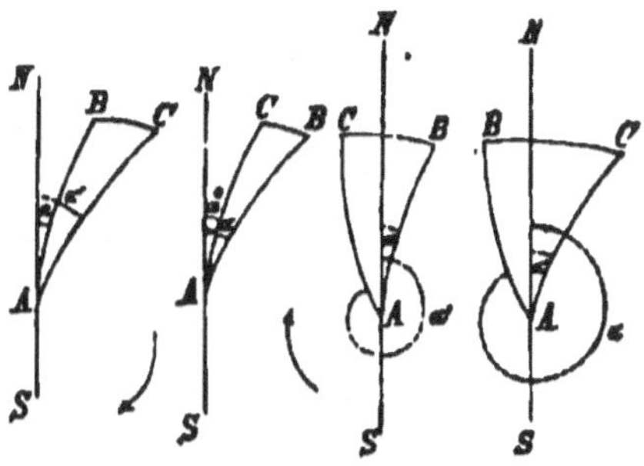

II. Wir wollen nun zunächst die Polarkoordinaten zu berechnen lehren. Die hier zu lösende Aufgabe ist die: aus den bekannten Polarkoordinaten $AB = S$, $NAB = \alpha$ des Punktes B die des Punktes C, nämlich

$AC = S'$, $NAC = \alpha'$, zu finden, wenn man $BC = s$ nebst dem Winkel $ABC = \beta$ kennt, wobei wir den Winkel $BCA = \beta'$ nennen wollen, und natürlich voraussetzen, dass β und β' unter $180°$ seyen.

Sey ε der sphärische Exzess des Dreiecks BAC, der Winkel BAC dieses Dreiecks $= \mu$, so hat man (§. 24, Nr. 2; erste Abthlg. §. 28, II):

$$\left. \begin{array}{l} \varepsilon = \tfrac{1}{2} \dfrac{S.s.\sin\beta}{r^2} \varrho, \\ S' \sin\tfrac{1}{2}(\beta'-\mu) = (S-s)\cos\tfrac{1}{2}(\beta-\tfrac{1}{2}\varepsilon), \\ S' \cos\tfrac{1}{2}(\beta'-\mu) = (S+s)\sin\tfrac{1}{2}(\beta-\tfrac{1}{2}\varepsilon), \\ \beta + \beta' + \mu = 180° + \varepsilon. \end{array} \right\} \quad (24)$$

Hieraus folgt

$$tg\tfrac{1}{2}(\beta'-\mu) = \dfrac{S-s}{S+s} cotg\tfrac{1}{2}(\beta - \tfrac{1}{2}\varepsilon),$$

und da $\tfrac{1}{2}(\beta'-\mu)$ seinem Werthe nach nicht über $90°$ seyn kann, so folgt hieraus $\tfrac{1}{2}(\beta'-\mu)$ ganz unzweideutig (wäre die zweite Seite negativ, so läge $\tfrac{1}{2}(\beta'-\mu)$ zwischen 0 und $-90°$), und da auch $\tfrac{1}{2}(\beta'+\mu) = 90° - \tfrac{1}{2}\beta + \tfrac{1}{2}\varepsilon$, so kennt man β', μ; S' findet sich dann aus einer der obigen Gleichungen sehr leicht. Nun ist aber, wenn $\alpha' - \alpha$ unter $180°$ ist (positiv oder negativ):

$$\mu = \alpha' - \alpha \text{ oder } = \alpha - \alpha';$$

ist $\alpha' - \alpha$ über $180°$ (positiv oder negativ), so hat man

$$\mu = 360° + \alpha - \alpha' \text{ oder } = 360° + \alpha' - \alpha.$$

Welcher der vier Fälle Statt findet, ist in der Praxis immer unschwer zu entscheiden. Dazu dienen folgende Regeln:

1) Stellt man sich in B und dreht sich in dem Sinne Nord-Ost-Süd-West von der Seite AB gegen BC, so wird, wenn der so durchlaufene Winkel grösser als $180°$ ist, seyn

$$\mu = \alpha' - \alpha, \text{ oder } \mu = \alpha' - \alpha + 360°,$$

also

$$\alpha' = \alpha + \mu, \text{ oder } \alpha' = \alpha + \mu - 360°,$$

wobei der erste Fall gilt, wenn $\alpha + \mu < 360°$, der zweite, wenn $\alpha + \mu > 360°$.

2) Stellt man sich in B und dreht sich in derselben Richtung, so ist, wenn der also durchlaufene Winkel ABC kleiner als $180°$ ist:

d. h.
$$\mu = \alpha - \alpha', \text{ oder } \mu = \alpha - \alpha' + 360°,$$
$$\alpha' = \alpha - \mu, \text{ oder } \alpha' = \alpha - \mu + 360°,$$
wobei die erste Formel gilt, wenn $\alpha - \mu$ positiv, die zweite, wenn $\alpha - \mu$ negativ ausfällt.

Damit jedoch die ganze angegebene Rechnungsweise zulässig sey, dürfen die Längen SS' nicht gar zu gross ausfallen. Auch eine Rechnung nach den eigentlichen Formeln der sphärischen Trigonometrie wäre dann nicht mehr zulässig, da der Kugelhalbmesser nicht derselbe bleibt, wenn die Seiten gar zu gross werden. Doch dürfen sie sicherlich eine Länge von über 30 Meilen erreichen, ohne dass unsere Rechnung einen merklichen Fehler geben wird. In anderem Falle müsste man sich damit helfen, dass man bei gar zu ausgedehntem Netze mehrere Punkte A (Anfangspunkte, Pole) wählte.

Sollen nun nach obigen Formeln die Polarkoordinaten der Eckpunkte berechnet werden, so wird man, wenn die Punkte des Netzes durch 1, 2, ... bezeichnet werden, die Seiten A 1 als Seite des Dreiecksnetzes, so wie den Winkel 1 AN durch unmittelbare Messung kennen, und von den bekannten Polarkoordinaten des Punktes 1 nebst dem aus dem Netze ebenfalls bekannten Winkel A 1 2 und der Seite 1 2 die Polarkoordinaten von 2 nebst dem Winkel A 2 1 berechnen. Aus den an 2 liegenden Winkeln des Netzes, so wie dem Winkel A 2 1 findet man dann leicht den Winkel A 2 3 in dem Dreiecke A 2 3, und kann dann die Polarkoordinaten des Punktes 3 berechnen u. s. w.

Fig. 81.

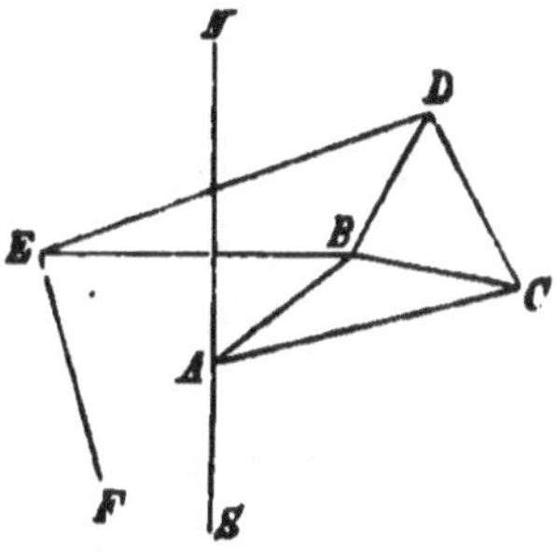

III. Ein, wenigstens angedeutetes Beispiel mag die Sache erläutern. Seyen B, C, D, E, F fünf auf einander folgende Punkte des Netzes; $S_1, S_2, \ldots, S_5$ ihre Entfernungen von A; $\alpha_1, \alpha_2, \ldots, \alpha_5$ die Azimuthe dieser Entfernungen in A; zugleich sey aus der Messung bekannt:

$$log \text{ AB} = 3{\cdot}8923854, \quad log \text{ BC} = 4{\cdot}0551842,$$
$$log \text{ CD} = 4{\cdot}2399134, \quad log \text{ DC} = 4{\cdot}3784931,$$

log EF $= 4\cdot4329387$, NAB $= 57°52'46\cdot78''$,
ABC $= 165°9'11\cdot31''$, BCD $= 75°36'38\cdot10''$,
CDE $= 76°27'35\cdot10''$, DEF $= 123°3'9\cdot89''$,
log r $= 6\cdot51527$, $log \varrho = 5\cdot31442$.

Dreieck ABC.

AB $= S_1$, AC $= S_2$, BC $= s_1$, ABC $= \beta_1$, ACB $= \beta_1'$, BAC $= \mu$,
NAB $= \alpha_1$.

$\varepsilon = \dfrac{S_1 s_1 \sin\beta_1}{2 r^2} \varrho$, $S_2 \sin \tfrac{1}{2}(\beta_1' - \mu) = (S_1 - s_1) \cos\tfrac{1}{2}(\beta_1 - \tfrac{1}{2}\varepsilon)$,

$S_2 \cos\tfrac{1}{2}(\beta_1' - \mu) = (S_1 + s_1) \sin\tfrac{1}{2}(\beta_1 - \tfrac{1}{2}\varepsilon)$.

Daraus folgt

$\beta_1' = 6°2'26\cdot45''$, $\mu = 8°48'22\cdot46''$, $log\, S_2 = 4\cdot2788699$,

$\mu = \alpha_1 - \alpha_2$, $\alpha_2 = \alpha_1 + \mu = 66°41'9\cdot24''$.

Dreieck ACD.

AC $= S_2$, AD $= S_3$, CD $= s_2$, ACD $= \beta_1' + $ BCD $= 81°39'4\cdot55''$
$= \beta_2$, ADC $= \beta_2'$, CAD $= \mu$.

$\varepsilon = \dfrac{S_2 \cdot s_2 \cdot \sin\beta_2}{2 r^2} \varrho$, $S_3 \sin\tfrac{1}{2}(\beta_2' - \mu) = (S_2 - s_2) \cos\tfrac{1}{2}(\beta_2 - \tfrac{1}{2}\varepsilon)$,

$S_3 \cos\tfrac{1}{2}(\beta_2' - \mu) = (S_2 + s_2) \sin\tfrac{1}{2}(\beta_2 - \tfrac{1}{2}\varepsilon)$,

woraus

$\beta_2' = 52°8'40\cdot34''$, $\mu = 46°12'18\cdot26''$, $log\, S_3 = 4\cdot3786585$.

$\mu = \alpha_2 - \alpha_3$, also $\alpha_3 = \alpha_2 - \mu = 20°28'50\cdot98''$.

Dreieck ADE.

AD $= S_3$, AE $= S_4$, DE $= s_3$, ADE $= \beta_3 = $ CDE $- \beta_2' =$
$24°18'54\cdot76''$, AED $= \beta_3'$, DAE $= \mu$.

$\varepsilon = \dfrac{S_3 \cdot s_3 \cdot \sin\beta_3}{2 r^2} \varrho$, $S_4 \sin\tfrac{1}{2}(\beta_3' - \mu) = (S_3 - s_3) \cos\tfrac{1}{2}(\beta_3 - \tfrac{1}{2}\varepsilon)$,

$S_4 \cos\tfrac{1}{2}(\beta_3' - \mu) = (S_3 + s_3) \sin\tfrac{1}{2}(\beta_3 - \tfrac{1}{2}\varepsilon)$,

woraus

$\beta_3' = 77°20'31\cdot96$, $\mu = 78°20'35\cdot54''$, $log\, S_4 = 4\cdot0021809$.

$\mu = \alpha_3 - \alpha_4 + 360°$, $\alpha_4 = \alpha_3 - \mu + 360° = 360° - 57°51'44\cdot56''$
$= 302°8'15\cdot44''$.

Dreieck AEF.

$AE = S_4$, $AF = S_5$, $EF = \varepsilon_4$, $AEF = \beta_4 = DEF - \beta_3' =$
$45°43'37{\cdot}93''$, $AFE = \beta_4'$, $EAF = \mu$.

$$\varepsilon = \frac{S_4 \cdot s_4 \cdot \sin\beta_4}{2\,r^2}\varrho, \; S_4 \sin\tfrac{1}{2}(\beta_4' - \mu) = (S_4 - \varepsilon_4)\cos\tfrac{1}{2}(\beta_4 - \tfrac{1}{2}\varepsilon),$$

$$S_4 \cos\tfrac{1}{2}(\beta_4' - \mu) = (S_4 + \varepsilon_4)\sin\tfrac{1}{2}(\beta_4 - \tfrac{1}{2}\varepsilon),$$

woraus

$\beta_4' = 19°42'41{\cdot}75''$, $\mu = 114°34'42{\cdot}23''$, $log\,S_5 = 4{\cdot}3289897$.

$\mu = \alpha_4 - \alpha_5$, $\alpha_4 - \mu = 187°33'33{\cdot}31'' = \alpha_5$.

§. 32.
Berechnung der rechtwinkligen Koordinaten.

Wenden wir uns nun zur Berechnung rechtwinkliger Koordinaten, so haben wir wieder dieselbe Aufgabe zu lösen, nämlich aus den bekannten Koordinaten des Punktes B die des Punktes C zu finden, wenn man BC nebst dem Winkel DBC kennt.

Fig. 82.

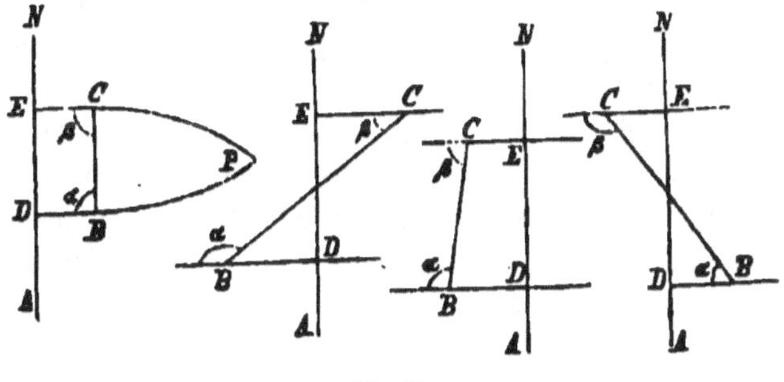

Fig. 83.

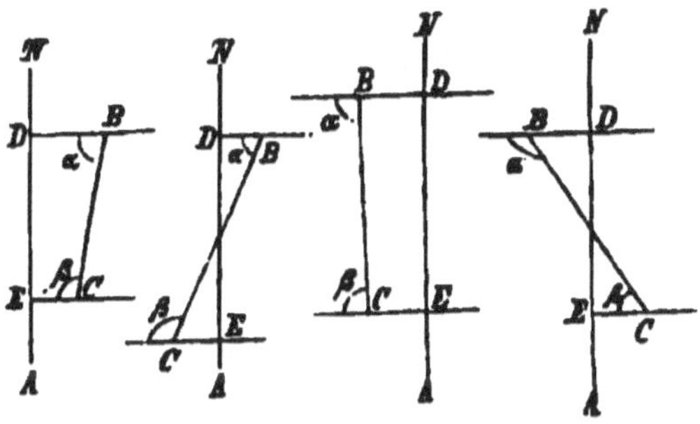

I. Seyen also die Koordinaten von B: AD = M, BD = P (wo die Buchstaben M und P an Meridian und Perpendikel auf denselben erinnern mögen), die von C: AE = M + $\varDelta$M, EC = P + $\varDelta$P, wo also $\varDelta$M, $\varDelta$P die Aenderungen der Koordinaten sind, wenn man von B zu C übergeht. Die Linie DE ist = ± $\varDelta$M, je nachdem AE > oder < AD ist. Die Länge von BC sey s, ferner der Winkel, den BC mit BD macht, und zwar nach der Westseite von BC gerechnet, sey α; der den CB in C mit CE macht, ebenfalls nach der Westseite gerechnet, sey β; den erstern setzen wir als bekannt voraus.

Denken wir uns die Bögen grösster Kreise BD, CE nach der Ostseite des Meridians AN hin verlängert, bis sie sich in P schneiden (was in der Figur nur im ersten Falle geschehen ist, in den andern angedeutet wurde), so erhält man ein sphärisches Dreieck, dessen Bögen PD, PE, DE sind. Da PD und PE auf DE senkrecht stehen, so ist der Winkel P derselbe, wie der Mittelpunktswinkel, der zu DE gehört (§. 11, II), und die zu PE, PD gehörenden Mittelpunktswinkel sind 90°. Betrachten wir nun das sphärische Dreieck PBC, so sind dessen drei Winkel P, 180°−α, 180°−β; sind p, p', m, σ die den Bögen BD, EC, DE, BC zugehörigen Mittelpunktswinkel, wo p, p' positiv oder negativ seyn sollen, je nachdem BD, CE es sind, so sind die Seiten des Dreiecks: 90°−p, 90°−p', σ und der Winkel P = m. Bekannt sind darin: 90°−p, σ als Seiten, 180°−α als Winkel; gesucht 90°−p' als Seite, m, 180°−β als Winkel. Da jedoch hier die Seiten nicht mehr in dem Falle des §. 23 sind, so wird man auch nicht mehr nach den dortigen Formeln verfahren können.

II. Man hat nun (§. 4):

$$cos(90° - p') = cos(90° - p) cos\sigma + sin(90° - p) sin\sigma \times cos(180° - \alpha)$$

d. h.

$$sin\, p' = sin\, p\, cos\, \sigma - cos\, p\, sin\, \sigma\, cos\, \alpha.$$

Die Bögen BD, EC, BC werden immer so beschaffen seyn, dass man füglich $\left(\frac{BD}{r}\right)^4$, ... vernachlässigen kann (§. 23); alsdann ist aber (erste Abth. §. 20), wenn r den Halbmesser der Kugel bedeutet:

$$\sin p = \frac{P}{r} - \tfrac{1}{6}\left(\frac{P}{r}\right)^3, \; \cos p = 1 - \tfrac{1}{2}\left(\frac{P}{r}\right)^2, \; \sin\sigma = \frac{s}{r} - \tfrac{1}{6}\left(\frac{s}{r}\right)^3,$$

$$\cos\sigma = 1 - \tfrac{1}{2}\left(\frac{s}{r}\right)^2, \; \sin p' = \frac{P+\varDelta P}{r} - \tfrac{1}{6}\left(\frac{P+\varDelta P}{r}\right)^3;$$

mithin ist die obige Gleichung:

$$\frac{P+\varDelta P}{r} - \tfrac{1}{6}\left(\frac{P+\varDelta P}{r}\right)^3 = \frac{P}{r}\left[1 - \tfrac{1}{6}\left(\frac{P}{r}\right)^2\right]\left[1 - \tfrac{1}{2}\left(\frac{s}{r}\right)^2\right]$$

$$- \left[1 - \tfrac{1}{2}\left(\frac{P}{r}\right)^2\right]\frac{s}{r}\left[1 - \tfrac{1}{6}\left(\frac{s}{r}\right)^2\right]\cos\alpha,$$

d. h.

$$P + \varDelta P - \tfrac{1}{6}\frac{(P+\varDelta P)^3}{r^2} = P(1 - \tfrac{1}{6}\frac{P^2}{r^2})(1 - \tfrac{1}{2}\frac{s^2}{r^2})$$

$$- s(1 - \tfrac{1}{2}\frac{P^2}{r^2})(1 - \tfrac{1}{6}\frac{s^2}{r^2})\cos\alpha,$$

oder wenn man ebenfalls die durch r^4 dividirten Grössen weglässt:

$$P + \varDelta P - \tfrac{1}{6}\frac{(P+\varDelta P)^3}{r^2} = P - \tfrac{1}{6}\frac{P^3}{r^2} - \tfrac{1}{2}\frac{Ps^2}{r^2} - s\cos\alpha + \tfrac{1}{2}\frac{P^2 s\cos\alpha}{r^2}$$

$$+ \tfrac{1}{6}\frac{s^3\cos\alpha}{r^2},$$

$$\varDelta P = -s\cos\alpha + \tfrac{1}{6}\frac{(P+\varDelta P)^3 - P^3}{r^2} + \tfrac{1}{6}\frac{s^3\cos\alpha}{r^2} + \tfrac{1}{2}\frac{Ps(P\cos\alpha - s)}{r^2}$$

$$= -s\cos\alpha + \tfrac{1}{6}\cdot\frac{3P^2\varDelta P + 3P\varDelta P^2 + \varDelta P^3}{r^2} + \tfrac{1}{6}\frac{s^3\cos\alpha}{r^2}$$

$$+ \tfrac{1}{2}\frac{Ps(P\cos\alpha - s)}{r^2},$$

d. h.

$$\varDelta P = -s\cos\alpha + \tfrac{1}{2}\frac{P^2(\varDelta P + s\cos\alpha)}{r^2} + \tfrac{1}{2}\frac{P(\varDelta P^2 - s^2)}{r^2}$$

$$+ \tfrac{1}{6}\frac{\varDelta P^3 + s^3\cos\alpha}{r^2}. \qquad (a)$$

Hieraus folgt als erster Näherungswerth von $\varDelta P$: $-s\cos\alpha$, und setzt man diesen für $\varDelta P$ auf der zweiten Seite, was gestattet ist, da $\varDelta P = -s\cos\alpha$ bis auf die Glieder mit r^2 im Nenner genau ist, so hat man:

$$\Delta P = -s\cos\alpha - \tfrac{1}{2}\frac{Ps^2\sin^2\alpha}{r^2} + \tfrac{1}{6}\frac{s^3\cos\alpha\sin^2\alpha}{r^2},$$

d. h.

$$\Delta P = -s\cos\alpha - \tfrac{1}{2}(P - \tfrac{1}{3}s\cos\alpha)\frac{s^2\sin^2\alpha}{r^2}, \qquad (b)$$

welche Formel immer eine genügende Näherung geben wird.

III. Um ΔM zu erhalten, bemerken wir, dass in demselben sphärischen Dreieck der Winkel an P die Grösse ΔM (m) misst; nun ist (§. 14):

$$\cot g\, m = \frac{\cot g\,\sigma \sin(90° - p) - \cos(90° - p)\cos(180° - \alpha)}{\sin(180° - \alpha)},$$

$$\sin\alpha \cot g\, m = \cot g\,\sigma \cos p + \sin p \cos\alpha,$$

oder

$$\frac{\sin\alpha}{tg\,m} = \frac{1}{tg\,\sigma}\cos p + \sin p \cos\alpha = \frac{\cos p + \sin p \cos\alpha\, tg\,\sigma}{tg\,\sigma},$$

woraus unmittelbar folgt:

$$tg\, m = \frac{tg\,\sigma . \sin\alpha}{\cos p + \sin p \cos\alpha\, tg\,\sigma}.$$

Ferner, wenn wir DE kurzweg mit ΔM bezeichnen, also auf das Zeichen nicht achten, und wieder Alles weglassen, was r^3 im Nenner hat:

$$tg\, m = \frac{\Delta M}{r} + \tfrac{1}{3}\left(\frac{\Delta M}{r}\right)^3, \quad tg\,\sigma = \frac{s}{r} + \tfrac{1}{3}\left(\frac{s}{r}\right)^3, \quad \cos p = 1 - \frac{P^2}{2r^2},$$

$$\sin p = \frac{P}{r} - \tfrac{1}{6}\frac{P^3}{r^3},\, *$$

also

$$\frac{\Delta M}{r} + \tfrac{1}{3}\frac{\Delta M^3}{r^3} = \frac{\dfrac{s}{r}(1 + \tfrac{1}{3}\dfrac{s^2}{r^2})\sin\alpha}{1 - \tfrac{1}{2}\dfrac{P^2}{r^2} + \dfrac{P}{r}\dfrac{s}{r}(1 - \tfrac{1}{6}\dfrac{P^2}{r^2})(1 + \tfrac{1}{3}\dfrac{s^2}{r^2})\cos\alpha}$$

d. h.

---

* Man hat

$$tg\, m = \frac{\sin m}{\cos m} = \frac{\dfrac{\Delta M}{r} - \tfrac{1}{6}\dfrac{\Delta M^3}{r^3}}{1 - \tfrac{1}{2}\dfrac{\Delta M^2}{r^2}} = \frac{\Delta M}{r} + \tfrac{1}{3}\frac{\Delta M^3}{r^3}.$$

wie durch Division unmittelbar erhalten wird.

$$\varDelta M + \tfrac{1}{3}\frac{\varDelta M^3}{r^2} = s\,\sin\alpha\,\frac{1 + \tfrac{1}{3}\frac{s^2}{r^2}}{1 - \tfrac{1}{2}\frac{P^2}{r^2} + \frac{P\cdot s}{r^2}\cos\alpha}$$

$$= s\,\sin\alpha\,(1 + \tfrac{1}{3}\frac{s^2}{r^2} + \tfrac{1}{2}\frac{P^2}{r^2} - \frac{P\cdot s}{r^2}\cos\alpha),$$

d. h.

$$\varDelta M = s\,\sin\alpha + \tfrac{1}{3}\frac{s^2}{r^2}\sin\alpha + \tfrac{1}{2}\frac{P^2\cdot s\cdot\sin\alpha}{r^2} - \frac{P\cdot s^2\cdot\cos\alpha\sin\alpha}{r^2} - \tfrac{1}{3}\frac{\varDelta M^3}{r^2},$$

woraus als genäherter Werth von $\varDelta M$ sich ergibt:

$$\varDelta M = s\,\sin\alpha;$$

setzt man dies für $\varDelta M$ auf die zweite Seite, so erhält man

$$\varDelta M = s\,\sin\alpha + \tfrac{1}{2}\frac{P^2\cdot s\cdot\sin\alpha}{r^2} - \frac{P\cdot s^2\cos\alpha\sin\alpha}{r^2} + \tfrac{1}{3}\frac{s^3\cdot\sin\alpha\cos^2\alpha}{r^2}$$

$$= s\,\sin\alpha + \frac{P\cdot s\cdot\sin\alpha}{r^2}[\tfrac{1}{2}P - s\cos\alpha] + \tfrac{1}{3}\frac{(s\cos\alpha)^2\cdot s\,\sin\alpha}{r^2}, \quad\text{(c)}$$

welche Formel für die Berechnung bequem ist, da $s\,\sin\alpha$, $s\,\cos\alpha$ ohnehin berechnet werden müssen. Zur Berechnung des Winkels β hat man in demselben Dreiecke (§. 6):

$$\sin(180° - \alpha) : \sin(180° - \beta) = \sin(90° - p') : \sin(90° - p),$$

d. h.

$$\frac{\sin\alpha}{\sin\beta} = \frac{\cos p'}{\cos p},\; \sin\beta = \frac{\sin\alpha\cos p}{\cos p'}.$$

Nun sind $\cos p$, $\cos p'$ von 1 nicht sehr verschieden, also ist nahe $\sin\beta = \sin\alpha$, d. h. entweder $\beta = \alpha$ oder $\beta + \alpha = 180°$; man sieht leicht, das Letzteres das Richtige ist, und setzt desshalb:

$$\beta = 180° - \alpha + \varDelta\alpha,\; \sin\beta = \sin(\alpha - \varDelta\alpha).$$

Dann ist

$$\sin(\alpha - \varDelta\alpha) = \frac{\sin\alpha\cdot(1 - \tfrac{1}{2}\frac{P^2}{r^2})}{1 - \tfrac{1}{2}\frac{(P+\varDelta P)^2}{r^2}} = \sin\alpha[1 - \tfrac{1}{2}\frac{P^2}{r^2} + \tfrac{1}{2}\frac{(P+\varDelta P)^2}{r^2}]$$

$$= \sin\alpha[1 + \frac{P\varDelta P + \tfrac{1}{2}\varDelta P^2}{r^2}],$$

d. h.

$$\frac{\sin\alpha\cos\varDelta\alpha - \cos\alpha\sin\varDelta\alpha}{\sin\alpha} = 1 + \frac{P\varDelta P + \frac{1}{2}\varDelta P^2}{r^2},$$

$$\cos\varDelta\alpha - \cotg\alpha.\sin\varDelta\alpha = 1 + \frac{P\varDelta P + \frac{1}{2}\varDelta P^2}{r^2}.$$

Hieraus folgt, wie natürlich, dass $\varDelta\alpha$ sehr klein ist; setzt man also (erste Abthlg. §. 20):

$$\cos\varDelta\alpha = 1 - \tfrac{1}{2}arc^2\varDelta\alpha, \quad \sin\varDelta\alpha = arc\,\varDelta\alpha - \ldots,$$

so hat man

$$-\cotg\alpha.arc\,\varDelta\alpha - \tfrac{1}{2}arc^2\varDelta\alpha - \ldots = \frac{P\varDelta P + \frac{1}{2}\varDelta P^2}{r^2},$$

woraus folgt, dass $arc\,\varDelta\alpha$ von der Art derjenigen Grössen ist, die r^2 im Nenner haben, so dass $arc^2\varDelta\alpha$, ... vernachlässigt werden muss, man mithin hat:

$$-\cotg\alpha.arc\,\varDelta\alpha = \frac{P\varDelta P + \frac{1}{2}\varDelta P^2}{r^2}, \quad arc\,\varDelta\alpha = -\frac{(P + \frac{1}{2}\varDelta P)\varDelta P.\tg\alpha}{r^2},$$

wo für $\varDelta P$ blos sein angenäherter Werth $-s\cos\alpha$ zu setzen ist woraus man nun erhält:

$$arc\,\varDelta\alpha = \frac{(P - \tfrac{1}{2}s\cos\alpha)\,s\sin\alpha}{r^2},$$

und wenn $\varDelta\alpha$ in Sekunden gesucht wird:

$$\varDelta\alpha = \frac{(P - \tfrac{1}{2}s\cos\alpha)\,s\sin\alpha}{r^2}\varrho. \qquad (d)$$

IV. Stellt man die Formeln (b), (c), (d) zusammen, so hat man zu berechnen:

$$\left.\begin{array}{l} s\cos\alpha = A, \; s\sin\alpha = B, \\[4pt] \varDelta P = -A - \tfrac{1}{2}(P - \tfrac{1}{3}A)\dfrac{B^2}{r^2},\; \varDelta M = B + \dfrac{PB}{r^2}\cdot(\tfrac{1}{2}P - A) \\[4pt] +\tfrac{1}{3}\dfrac{A^2 B}{r^2},\; \varDelta\alpha = \dfrac{(P - \tfrac{1}{2}A)B}{r^2}\varrho,\; \beta = 180^\circ - \alpha + \varDelta\alpha. \end{array}\right\} \quad (25)$$

Die Grösse $\varDelta P$ erhält von selbst das richtige Vorzeichen, so dass die Entfernung des Punktes C vom Meridian (Ordinate) = $P + \varDelta P$ ist; ob aber AE (Abszisse von C) $+ M + \varDelta M$ oder $= M - \varDelta M$ ist, muss besonders entschieden werden.

Was den Winkel β anbelangt, so wird er dazu dienen, für die

Beispiel. 339

nächst folgende Seite des Dreiecksnetzes den Winkel α zu bestimmen, in einer Weise, die ähnlich der in §. 31 ist. Ein Beispiel mag genügen:

s = 25588·16 hess. Klafter, P = — 5674·48, M = 16053·95, α = 150°8′17·027″, geographische Breite 49°30′.

Da ein hessisches Klafter = 2·5 mètres, so ist $\log r$ = 6·80487 — $\log 2·5$ = 6·40693.

$\log s$ = 4·4080390 $\log s$ = 4·4080390
$\log \cos \alpha$ = 9·9381332 (—) $\log \sin \alpha$ = 9·6971524
$\log A$ = $\overline{4·3461722}$ (—) $\log B$ = $\overline{4·1051914}$
A = — 22190·76,   B = 12740·64,

P — $\tfrac{1}{3}$A = 1722·44, $\tfrac{1}{2}$P — A = 19353·52, P — $\tfrac{1}{4}$A = 5420·90;

$\log$(P — $\tfrac{1}{3}$A) = 3·23613 $\log$ P = 3·75392 (—)
$\log$ B² = 8·21038 $\log$ B = 4·10519
E $\log 2$ = 9·69897 $\log$($\tfrac{1}{2}$P — A) = 4·28676
E $\log r^2$ = $\overline{7·18614 - 10}$ E $\log r^2$ = $\overline{7·18614 - 10}$
               8·33162 — 10   9·33201 — 10 (—)
Zahl = 0·0214,   Zahl = — 0·2148,

$\log$ A² = 8·69234
$\log$ B = 4·10519
E $\log 3$ = 9·52288
E $\log r^2$ = $\overline{7·18614 - 10}$
               9·50655 — 10
Zahl = 0·3210,

$\varDelta$P = 22190·76 — 0·02 = 22190·74, $\varDelta$M = 12740·64 — 0·215
 + 0·321 = 12740·75,*

---

* Dieses Beispiel ist nach den Angaben Fischer's (höhere Geodäsie III. S. 131) aus der Grossh. hessischen Vermessung gewählt; die obigen Resultate weichen von den hessischen jedoch bedeutend ab; letztere sind $\varDelta$P = 22205·78, $\varDelta$M = 12714·49. Es rührt dieser keineswegs unbeträchtliche Unterschied von der durch keine Theorie zu rechtfertigenden eigenthümlichen dortigen Annahme von Krümmungshalbmessern her, wonach die drei Seiten eines und desselben sphärischen Dreiecks im Grunde auf dreierlei Kugeln liegen.

$\log B = 4\cdot 10519$
$\log (P - \tfrac{1}{3}A) = 3\cdot 73407$
$\log \varrho = 5\cdot 31442$
$E \log r^2 = 7\cdot 18614 - 10$
$\log \varDelta \alpha = 0\cdot 33982$
$\varDelta \alpha = 2\cdot 187''$,

$\beta = 180^\circ - 150^\circ 8' 17\cdot 027'' + 2\cdot 187'' = 29^\circ 51' 45\cdot 160''$,
$P + \varDelta P = 17516\cdot 26$,
$M + \varDelta M = 28794\cdot 70$.

V. Will man die Koordinaten der auf einander folgenden Eckpunkte eines Netzes (etwa des in §. 31 schon betrachteten) berechnen, so wird man von A ausgehen müssen und dort zuerst haben:

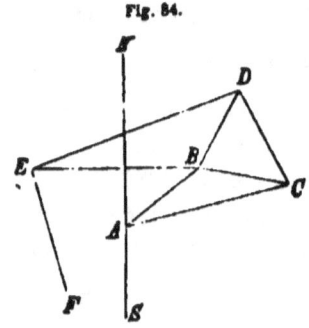

Fig. 84.

$P = 0$, $M = 0$, $\alpha = 90^\circ + BAN$, wenn AB östlich von SN, oder $\alpha = 90^\circ - BAN$, wenn AB westlich von SN liegt; alsdann findet man die Koordinaten von B; aus dem Winkel β, den man gefunden, bestimmt sich für BC dann leicht α^* u. s. w.

Wir bemerken noch, dass wenn das zu berechnende Dreiecksnetz sich durch mehrere Grade der Breite erstrecken sollte, man in den Formeln (25) den Werth von r sich ändern lassen kann, gemäss den in §. 30 gegebenen Regeln, dass aber dann auch die erhaltenen Resultate alle mögliche Schärfe haben, so dass sie gerade so erhalten werden, als wenn man sie nach andern direkten, auf das Erdellipsoid als solches sich beziehenden Formeln ermittelt hätte. Die absolute Länge der Koordinaten P ist dabei gleichgiltig, nur muss sie natürlich immer so

---

* Da nämlich die sämmtlichen um B herum liegenden Winkel des geodätischen Netzes bekannt sind, so wird sich α für BC daraus finden lassen. Denkt man sich von B auf SN eine Senkrechte BH gezogen, so ist (für unsere Figur) nach den frühern Bestimmungen $ABH = \beta$, während das der Seite BC zugehörige α gleich CBH ist. Da aber $CBH = CBA + ABH$, so findet sich dieses α unmittelbar. — Hätte man eben so β für BC nun gefunden und wollte α für CD bestimmen, so würde man von C aus die Senkrechte CJ auf SN ziehen, und es wäre $BCJ = \beta$ (für BC), ferner $DCJ = \alpha$ (für DC) und da $DCJ = DCB + BCJ$, so kennt man also α für CD. — Ist DK die Senkrechte von D auf NS, so ist $EDK = CDK - CDE$, d. h. α (für DE) $= \beta$ (für CD) $-$ CDE, u. s. w.

seyn, dass unsere Annahme (die Vernachlässigung der durch r^4 dividirten Grössen) nicht verletzt wird.

VI. Kennt man die Koordinaten der beiden Punkte B und C, so sind also in den Formeln (25) ausser P auch ΔP und ΔM bekannt, während s und α als unbekannt anzusehen sind. Diese Gleichungen geben nun:

$$s\cos\alpha = -\Delta P - \tfrac{1}{2}(P - \tfrac{1}{3}s\cos\alpha)\frac{s^2\sin^2\alpha}{r^2},$$

$$s\sin\alpha = \Delta M - \frac{P.s.\sin\alpha}{r^2}(\tfrac{1}{2}P - s\cos\alpha) - \tfrac{1}{3}\frac{s^2\cos^2\alpha.s\sin\alpha}{r^2},$$

so dass, wenn man zuerst die Glieder mit r^2 vernachlässigt, man näherungsweise

$$s\cos\alpha = \Delta P, \quad s\sin\alpha = \Delta M$$

erhält. Setzt man diese Werthe in die vorhergehenden Gleichungen ein, so erhält man:

$$s\cos\alpha = -\Delta P - \tfrac{1}{2}(P + \tfrac{1}{3}\Delta P)\frac{(\Delta M)^2}{r^2},$$

$$s\sin\alpha = \Delta M - \frac{P\Delta M}{r^2}(\tfrac{1}{2}P + \Delta P) - \tfrac{1}{3}\frac{(\Delta P)^2 \Delta M}{r^2},$$

woraus s und α sofort sich ergeben. $\Delta\alpha$ findet sich aus

$$\Delta\alpha = \frac{(P + \tfrac{1}{2}\Delta P)\Delta M}{r^2}\varrho,$$

und β aus (25). (ΔM ist blos positiv zu nehmen.)

Man wird diese Auflösung anwenden, wenn man die Koordinaten zweier (auf einander folgenden) Punkte des Netzes kennt, und daraus die eines dritten Punktes bestimmen soll, der mit den zwei ersten verbunden ist. Man wird, da jetzt Alles, was in der vorigen Aufgabe verlangt wurde, bekannt ist, geradezu in der angegebenen Weise verfahren, d. h. von dem zweiten Punkte (B) aus die Koordinaten des dritten (C) berechnen, und zwar nach (25), worin s=BC, P die Ordinate von B, α aber (für BC) aus dem eben berechneten β gefunden wird.

VII. Ausser den Koordinaten werden aus dem Dreiecksnetze auch die geographischen Lagen (Breite und Länge) der einzelnen Dreieckspunkte berechnet; auch diese Rechnung kommt, wenn man will, auf eine Anwendung der sphärischen Trigonometrie zurück, kann jedoch etwas schärfer durch Formeln geführt werden, deren Entwicklung nicht hieher gehören kann. Selbst aber, wenn man die sphärische Trigonometrie anwenden will, muss man eine Anzahl theoretischer Sätze zuvor nachweisen, deren blose Anführung hier doch wohl zu viel Fremdes, nicht Erwiesenes einführen würde. Da ohnehin der Gegenstand recht eigentlich dem Gebiete der höhern Geodäsie angehört, so müssen wir dorthin verweisen.*

Siebenter Abschnitt.
Ueber den Einfluss fehlerhafter Daten auf die durch Rechnung daraus erhaltenen Grössen.

§. 23.
Aufstellung der Grundformeln.

Im siebenten Abschnitt der ersten Abtheilung haben wir für ebene Dreiecke bereits den Einfluss von fehlerhaften Messungen auf die daraus durch Rechnung abgeleiteten Resultate untersucht; dasselbe soll nun hier für sphärische Dreiecke geschehen. Im Grunde ist die hier und in dem so eben angeführten Abschnitte der ersten Abtheilung gelöste Aufgabe die, die (kleinen) Aenderungen zu bestimmen, welche die Resultate erleiden, wenn die Daten (gegebenen Grössen) solche Aenderungen erleiden, und es können eben desshalb die erhaltenen Formeln bei allen Aufgaben dieser Art angewendet werden. Der hier einzuhaltende Gang soll derselbe seyn, wie im betreffenden Abschnitte der ersten Abtheilung. Wir gehen dabei von den Grundformeln (1) aus, nämlich:

$$\left.\begin{array}{l} \cos a = \cos b \cos c + \sin b \sin c \cos A, \\ \cos b = \cos a \cos c + \sin a \sin c \cos B, \\ \cos c = \cos a \cos b + \sin a \sin b \cos C, \end{array}\right\} \quad (a)$$

---

* In der bereits oben angeführten Schrift über die „Abbildung krummer Oberflächen auf einander" habe ich von S. 52 an alle hieher noch gehörigen Hauptaufgaben gelöst, so dass hier auf dieselbe mag verwiesen werden.

Aufstellung der Grundgleichungen. 343

aus denen alle übrigen Formeln abgeleitet sind. Man zieht aus ihnen, indem man wie in §. 49 der ersten Abtheilung verfährt, also

$$\cos(a + \Delta a) = \cos a - \sin a \, arc \, \Delta a,$$
$$\sin(a + \Delta a) = \sin a + \cos a \, arc \, \Delta a, \text{ u. s. w.}$$

setzt, ferner die Produkte $arc \, \Delta b \, arc \, \Delta c$ u. s. w. vernachlässigt;

$$\cos a - \sin a \, arc \, \Delta a = \cos b . \cos c - \cos b \sin c \, arc \, \Delta c$$
$$- \cos c \sin b \, arc \, \Delta b + \sin b \sin c \cos A - \sin b \sin c \sin A \, arc \, \Delta A$$
$$+ \cos b \sin c \cos A \, arc \, \Delta b + \sin b \cos c \cos A \, arc \, \Delta c,$$

$$\cos b - \sin b \, arc \, \Delta b = \cos a \cos c - \cos a \sin c \, arc \, \Delta c$$
$$- \cos c \sin a \, arc \, \Delta a + \sin a \sin c \cos B - \sin a \sin c \sin B \, arc \, \Delta B$$
$$+ \cos a \sin c \cos B \, arc \, \Delta a + \sin a \cos c \cos B \, arc \, \Delta c,$$

$$\cos c - \sin c \, arc \, \Delta c = \cos a \cos b - \sin a \cos b \, arc \, \Delta a$$
$$- \cos a \sin b \, arc \, \Delta b + \sin a \sin b \cos C - \sin a \sin b \sin C \, arc \, \Delta C$$
$$+ \cos a \sin b \cos C \, arc \, \Delta a + \sin a \cos b \cos C \, arc \, \Delta b,$$

d. h. wenn man die Gleichungen (a) beachtet, und, was hier gestattet ist, statt $arc \, \Delta a$ setzt Δa u. s. w., indem ja beiderseitig blos Grössen dieser Art vorkommen:

$$\sin a \, \Delta a = \cos b \sin c \, \Delta c + \cos c \sin b \, \Delta b + \sin b \sin c \sin A \, \Delta A$$
$$- \cos b \sin c \cos A \, \Delta b - \sin b \cos c \cos A \, \Delta c,$$

$$\sin b \, \Delta b = \cos a \sin c \, \Delta c + \cos c \sin a \, \Delta a + \sin a \sin c \sin B \, \Delta B$$
$$- \cos a \sin c \cos B \, \Delta a - \sin a \cos c \cos B \, \Delta c,$$

$$\sin c \, \Delta c = \sin a \cos b \, \Delta a + \cos a \sin b \, \Delta b + \sin a \sin b \sin C \, \Delta C$$
$$- \cos a \sin b \cos C \, \Delta a - \sin a \cos b \cos C \, \Delta b.$$

Beachtet man die Gleichungen (4) in §. 7 und (3) in §. 6, so kann man diese Gleichungen auch schreiben:

$$\sin a \, \Delta a = \sin a \cos B \, \Delta c + \sin a \cos C \, \Delta b + \sin a \sin b \sin C \, \Delta A,$$
$$\sin b \, \Delta b = \sin b \cos A \, \Delta c + \sin b \cos C \, \Delta a + \sin b \sin c \sin A \, \Delta B,$$
$$\sin c \, \Delta c = \sin c \cos A \, \Delta b + \sin c \cos B \, \Delta a + \sin b \sin c \sin A \, \Delta C,$$

d. h.

$$\left. \begin{array}{l} \Delta a = \cos B \, \Delta c + \cos C \, \Delta b + \sin b \sin C \, \Delta A, \\ \Delta b = \cos A \, \Delta c + \cos C \, \Delta a + \sin c \sin A \, \Delta B, \\ \Delta c = \cos A \, \Delta b + \cos B \, \Delta a + \sin a \sin B \, \Delta C, * \end{array} \right\} \quad (26)$$

welche drei Formeln die nöthigen Beziehungen zwischen den sechs

---

* $\sin b \sin A = \sin a \sin B$, wegen §. 6, (3).

Grössen $\varDelta a$, $\varDelta b$, ..., $\varDelta C$ feststellen. Wollte man andere Grundformeln als Ausgangspunkt wählen, so erhielte man Resultate, welche aus (26) sich sofort ableiten liessen. Wir haben nun die einzelnen Fälle besonders zu untersuchen.

§. 34.
Anwendung auf die einzelnen Fälle des sphärischen Dreiecks.

I. Es sind gegeben a, b, c; gesucht A, B, C (§. 12). Aus (26) folgt unmittelbar:

$$\varDelta A = \frac{\varDelta a - \cos B \varDelta c - \cos C \varDelta b}{\sin b \sin C},$$

$$\varDelta B = \frac{\varDelta b - \cos A \varDelta c - \cos C \varDelta a}{\sin c \sin A},$$

$$\varDelta C = \frac{\varDelta c - \cos A \varDelta b - \cos B \varDelta a}{\sin a \sin B},$$

worin folglich für A, B, C die nach §. 12 gefundenen Werthe zu setzen sind. Man sieht hieraus, dass, wenn a, b, c gar zu klein sind, die Berechnung von A, B, C nach §. 12 nicht anzurathen ist, da alsdann $\sin a$, $\sin c$ u. s. w. sehr klein werden, also die Fehler $\varDelta A$, $\varDelta B$, $\varDelta C$ bedeutend ausfallen können. Es kommt dies darauf hinaus, den Legendre'schen Satz anzuwenden (§. 24), statt der Formeln des §. 12.

II. Gegeben A, B, C; gesucht a, b, c (§. 13).

Aus (26) hat man jetzt $\varDelta a$, $\varDelta b$, $\varDelta c$ zu bestimmen. Man hat nun zunächst:

$$\left. \begin{array}{l} \varDelta a - \cos B \varDelta c - \cos C \varDelta b = \sin b \sin C \varDelta A, \\ \varDelta b - \cos A \varDelta c - \cos C \varDelta a = \sin c \sin A \varDelta B, \\ \varDelta c - \cos A \varDelta b - \cos B \varDelta a = \sin a \sin B \varDelta C. \end{array} \right\} \quad \text{(a)}$$

Man multiplizire die zweite dieser Gleichungen mit $\cos C$ und addire sie zur ersten, so ist:

$\varDelta a \sin^2 C - (\cos B + \cos A \cos C) \varDelta c$
$\qquad = \sin b \sin C \varDelta A + \sin c \sin A \cos C \varDelta B,$
$\sin^2 C \varDelta a - \sin A \sin C \cos b \varDelta c$
$\qquad = \sin b \sin C \varDelta A + \sin a \sin C \cos C \varDelta B \quad (\text{§§. 7 u. 6})$
$\sin C \varDelta a - \sin A \cos b \varDelta c$
$\qquad = \sin b \varDelta A + \sin a \cos C \varDelta B. \qquad \text{(b)}$

Eben so multiplizire man die erste (a) mit $\cos A$, die letzte mit $\cos C$ und subtrahire, so ist:

$(\cos A + \cos B \cos C) \varDelta a - (\cos A \cos B + \cos C) \varDelta c$
$= \sin b \sin C \cos A \varDelta A - \sin a \sin B \cos C \varDelta C,$
$\sin B \sin C \cos a \varDelta a - \sin A \sin B \cos c \varDelta c$
$= \sin c \sin B \cos A \varDelta A - \sin a \sin B \cos C \varDelta C,$
$\sin C \cos a \varDelta a - \sin A \cos c \varDelta c$
$= \sin c \cos A \varDelta A - \sin a \cos C \varDelta C.$ \hfill (c)

Aus (b) und (c) ergibt sich nun:

$(\sin A \cos c - \sin A \cos b \cos a) \varDelta c = (\sin b \cos a - \sin c \cos A) \varDelta A$
$\quad + \sin a \cos C \cos a \varDelta B + \sin a \cos C \varDelta C,$
$\sin A (\cos c - \cos a \cos b) \varDelta c = (\sin b \cos a - \sin c \cos A) \varDelta A$
$\quad + \sin a \cos a \cos C \varDelta B + \sin a \cos C \varDelta C,$
$\sin a \sin b \cos C \sin A \varDelta c = \sin a \cos b \cos C \varDelta A$
$\quad + \sin a \cos a \cos C \varDelta B + \sin a \cos C \varDelta C \;(\S.7,4),$
$\sin b \sin A \varDelta c = \cos b \varDelta A + \cos a \varDelta B + \varDelta C,$

d. man hat:

$$\varDelta c = \frac{\varDelta C + \cos a \varDelta B + \cos b \varDelta A}{\sin A \sin b},$$

$$\varDelta b = \frac{\varDelta B + \cos a \varDelta C + \cos c \varDelta A}{\sin C \sin a},$$

$$\varDelta a = \frac{\varDelta a + \cos c \varDelta B + \cos b \varDelta C}{\sin B \sin c},$$

Auch hier gilt dieselbe Bemerkung wie zu I.

III. Gegeben b, c, A; gesucht B, C, a (§. 14).

Aus (26) sind jetzt $\varDelta a$, $\varDelta B$, $\varDelta C$ zu bestimmen. Man hat zu dem Ende:

$\varDelta a = \cos C \varDelta b + \cos B \varDelta c + \sin b \sin C \varDelta A,$
$\cos C \varDelta a + \sin c \sin A \varDelta B = \varDelta b - \cos A \varDelta c,$
$\cos B \varDelta a + \sin a \sin B \varDelta C = \varDelta c - \cos A \varDelta b.$

Aus den zwei letzten Gleichungen folgt, wenn man obigen Werth von $\varDelta a$ einführt:

$\sin c \sin A \varDelta B = \sin^2 C \varDelta b - (\cos A + \cos B \cos C) \varDelta c$
$\quad - \sin b \sin C \cos C \varDelta A,$

$$sin\,a\,sin\,B\varDelta C = sin^2 B\varDelta c - (cos\,A + cos\,B\,cos\,C)\,\varDelta b$$
$$- sin\,b\,sin\,C\,cos\,B\varDelta\Lambda,$$

d. h. (§. 6, 7):

$$sin\,a\,sin\,C\varDelta B = sin^2 C\varDelta b - sin\,B\,sin\,C\,cos\,a\varDelta c,$$
$$- sin\,b\,sin\,C\,cos\,C\varDelta\Lambda,$$
$$sin\,a\,sin\,B\varDelta C = sin^2 B\varDelta c - sin\,B\,sin\,C\,cos\,a\varDelta b$$
$$- sin\,c\,sin\,B\,cos\,B\varDelta a;$$

mithin hat man:

$$\varDelta a = cos\,C\varDelta b + cos\,B\varDelta c + sin\,b\,sin\,C\varDelta\Lambda,$$
$$\varDelta B = \frac{sin\,C}{sin\,a}\varDelta b - sin\,B\,cotg\,a\varDelta c - \frac{sin\,b\,cos\,C}{sin\,a}\varDelta\Lambda,$$
$$\varDelta C = \frac{sin\,B}{sin\,a}\varDelta c - sin\,C\,cotg\,a\varDelta b - \frac{sin\,c\,cos\,B}{sin\,a}\varDelta\Lambda.$$

Auch hier soll a nicht gar zu klein seyn, oder, was auf dasselbe herauskommt, A nicht zu klein.

IV. Gegeben a, B, C; gesucht A, b, c (§. 15).

Jetzt sind $\varDelta b$, $\varDelta c$, $\varDelta A$ aus (26) zu bestimmen. Es ist:

$$cos\,C\varDelta b + cos\,B\varDelta c + sin\,b\,sin\,C\varDelta\Lambda = \varDelta a,$$
$$\varDelta b - cos\,A\varDelta c = cos\,C\varDelta a + sin\,c\,sin\,A\varDelta B,$$
$$\varDelta c - cos\,A\varDelta b = cos\,B\varDelta a + sin\,a\,sin\,B\varDelta C.$$

Aus den zwei letzten Gleichungen folgt zunächst:

$$sin^2 A\varDelta c = (cos\,A\,cos\,C + cos\,B)\,\varDelta a + sin\,c\,sin\,A\,cos\,A\varDelta B$$
$$+ sin\,a\,sin\,B\varDelta C,$$
$$sin^2 A\varDelta b = (cos\,C + cos\,A\,cos\,B)\,\varDelta a + sin\,c\,sin\,A\varDelta B$$
$$+ sin\,a\,sin\,B\,cos\,A\varDelta C,$$

d. h. (§§. 7, 6):

$$sin^2 A\varDelta c = sin\,A\,sin\,C\,cos\,b\varDelta a + sin\,c\,sin\,A\,cos\,A\varDelta B,$$
$$+ sin\,b\,sin\,A\varDelta C,$$
$$sin^2 A\varDelta b = sin\,A\,sin\,B\,cos\,c\varDelta a + sin\,c\,sin\,A\varDelta B$$
$$+ sin\,b\,sin\,A\,cos\,A\varDelta C;$$

$$\varDelta c = \frac{sin\,C\,cos\,b}{sin\,A}\varDelta a + \frac{sin\,c\,cos\,A}{sin\,A}\varDelta B + \frac{sin\,b}{sin\,A}\varDelta C,$$
$$\varDelta b = \frac{sin\,B\,cos\,c}{sin\,A}\varDelta a + \frac{sin\,c}{sin\,A}\varDelta B + \frac{sin\,b\,cos\,A}{sin\,A}\varDelta C.$$

Anwendung auf das sphärische Dreieck. 347

Setzt man diese Werthe in die erste Gleichung, so hat man:

$$\sin b \sin C \varDelta A = \varDelta a \left[1 - \frac{\sin B \cos c \cos C}{\sin A} - \frac{\sin C \cos b \cos B}{\sin A} \right]$$

$$- \varDelta B \left[\frac{\sin c \cos C}{\sin A} + \frac{\sin c \cos A \cos B}{\sin A} \right] - \varDelta C \left[\frac{\sin b \cos A \cos C}{\sin A} \right.$$

$$\left. + \frac{\sin b \cos B}{\sin A} \right].$$

Aber (§. 7):

$\sin A - \sin B \cos c \cos C - \sin C \cos b \cos B = \sin A - \sin B \cos c \times$
$[- \cos A \cos B + \sin A \sin B \cos c] - \cos B [\cos c \sin B \cos A$
$+ \cos B \sin A] = \sin A + \cos A \sin B \cos B \cos c -$
$\sin A \sin^2 B \cos^2 c - \cos A \sin B \cos B \cos c - \cos^2 B \sin A =$
$\sin^2 B \sin A - \sin A \sin^2 B \cos^2 c = \sin A \sin^2 B \sin^2 c,$
$\sin c \cos C + \sin c \cos A \cos B = \sin c \sin A \sin B \cos c,$
$\sin b \cos A \cos C + \sin b \cos B = \sin b \sin A \sin C \cos b,$

also

$\sin b \sin C \varDelta A = \sin^2 B \sin^2 c \varDelta a - \sin c \sin B \cos c \varDelta B$
$\qquad - \sin b \sin C \cos b \varDelta C.$

Daraus folgt endlich:

$$\varDelta b = \frac{\sin B \cos c \varDelta a + \sin c \varDelta B + \sin b \cos A \varDelta C}{\sin A},$$

$$\varDelta c = \frac{\sin C \cos b \varDelta a + \sin c \cos A \varDelta B + \sin b \varDelta C}{\sin A},$$

$\varDelta A = \sin c \sin B \varDelta a - \cos c \varDelta B - \cos b \varDelta C.$ (vgl. III.)

V. Gegeben a, b, A; gesucht c, B, C (§. 16).

Für diesen Fall sind $\varDelta B$, $\varDelta C$, $\varDelta c$ aus (26) zu entwickeln. Nun ist

$\cos B \varDelta c = \varDelta a - \cos C \varDelta b - \sin b \sin C \varDelta A,$
$\cos A \varDelta c + \sin c \sin A \varDelta B = \varDelta b - \cos C \varDelta a,$
$\varDelta c - \sin a \sin B \varDelta C = \cos A \varDelta b + \cos B \varDelta a.$

Setzt man den Werth von $\varDelta c$, wie er aus der ersten Gleichung folgt, in die zwei andern, so ist

$$\sin c \sin A \mathit{\Delta} B = \mathit{\Delta} b \left[1 + \frac{\cos A \cos C}{\cos B} \right] - \mathit{\Delta} a \left[\cos C + \frac{\cos A}{\cos B} \right]$$
$$+ \frac{\sin b \sin C \cos A}{\cos B} \mathit{\Delta} A,$$

$$\sin a \sin B \mathit{\Delta} C = \mathit{\Delta} a \left[\frac{1}{\cos B} - \cos B \right] - \mathit{\Delta} b \left[\cos A + \frac{\cos C}{\cos B} \right]$$
$$- \frac{\sin b \sin C}{\cos B} \mathit{\Delta} A,$$

d. h. (§. 7):
$$\sin c \sin A \mathit{\Delta} B = \frac{\sin A \sin C \cos b}{\cos B} \mathit{\Delta} b - \frac{\sin B \sin C \cos a}{\cos B} \mathit{\Delta} a$$
$$+ \frac{\sin b \sin C \cos A}{\cos B} \mathit{\Delta} A,$$

$$\sin a \sin B \mathit{\Delta} C = \frac{\sin^2 B}{\cos B} \mathit{\Delta} a - \frac{\sin A \sin B \cos c}{\cos B} \mathit{\Delta} b - \frac{\sin b \sin C}{\cos B} \mathit{\Delta} A;$$

so dass jetzt, wenn man die Gleichungen (3) beachtet:

$$\mathit{\Delta} c = \frac{\mathit{\Delta} a - \cos C \mathit{\Delta} b - \sin b \sin C \mathit{\Delta} A}{\cos B},$$

$$\mathit{\Delta} B = tg\, B\, cotg\, b\, \mathit{\Delta} b - tg\, B\, cotg\, a\, \mathit{\Delta} a + tg\, B\, cotg\, A\, \mathit{\Delta} A,$$

$$\mathit{\Delta} C = \frac{tg\, B}{\sin a} \mathit{\Delta} a - \frac{\sin A \cos c}{\sin a \cos B} \mathit{\Delta} b - \frac{\sin c}{\sin a \cos B} \mathit{\Delta} A,$$

so dass also B nicht nahe an 90° ausfallen darf, d. h. da

$$\sin B = \frac{\sin A}{\sin a} \sin b,$$

es darf nicht nahe
$$\sin a = \sin b \sin A$$
seyn.

VI. Gegeben a, A, B; gesucht b, c, C (§. 17).

Aus (26) hat man $\mathit{\Delta} b$, $\mathit{\Delta} c$, $\mathit{\Delta} C$ zu bestimmen. Es ist aber

$$\cos C \mathit{\Delta} b + \cos B \mathit{\Delta} c = \mathit{\Delta} a - \sin b \sin C \mathit{\Delta} A,$$
$$\mathit{\Delta} b - \cos A \mathit{\Delta} c = \cos C \mathit{\Delta} a + \sin c \sin A \mathit{\Delta} B,$$
$$\mathit{\Delta} c - \cos A \mathit{\Delta} b - \sin a \sin B \mathit{\Delta} C = \cos B \mathit{\Delta} a.$$

Die zwei ersten Gleichungen geben:

Anwendung auf das sphärische Dreieck.   349

$$(cos B + cos A cos C) \varDelta b = (cos A + cos B cos C) \varDelta a$$
$$- sin b sin C cos A \varDelta A + sin a sin A cos B \varDelta B,$$
$$(cos B + cos A cos C) \varDelta c = \varDelta a sin^2 C - sin b sin C \varDelta A$$
$$- sin c sin A cos C \varDelta B,$$

d. h. (§. 7):

$$sin A sin C cos b \varDelta b = sin B sin C cos a \varDelta a - sin b sin C cos A \varDelta A$$
$$+ sin a sin C cos B \varDelta B,$$
$$sin A sin C cos b \varDelta c = sin^2 C \varDelta a - sin b sin C \varDelta A$$
$$- sin a sin C cos C \varDelta B.$$

oder

$$\varDelta b = tg b \, cotg a \varDelta a - tg b \, cotg A \varDelta A + tg b \, cotg B \varDelta B,$$
$$\varDelta c = \frac{sin C}{sin A \, cos b} \varDelta a - \frac{tg b}{sin A} \varDelta A - \frac{sin a \, cos C}{sin A \, cos b} \varDelta B.$$

Setzt man diese Werthe in die dritte Gleichung ein, so hat man:

$$sin a sin B \varDelta C = \varDelta a \, [\frac{sin C}{sin A \, cos b} - tg b \, cotg a \, cos A - cos B]$$
$$+ \varDelta A \, [-\frac{tg b}{sin A} + tg b \, cotg A \, cos A]$$
$$+ \varDelta B \, [-\frac{sin a \, cos C}{sin A \, cos b} - tg b \, cotg B \, cos A].$$

Aber es ist

$$\frac{sin C}{sin A \, cos b} - tg b \, cotg a \, cos A - cos B = \frac{sin C}{sin A \, cos b}$$
$$- \frac{sin b \, cos a \, cos A \, sin A}{sin a \, cos b \, sin A} - \frac{cos B \, sin A \, cos b}{sin A \, cos b}$$
$$= \frac{sin C}{sin A \, cos b} - \frac{cos A \, cos a \, sin B}{sin A \, cos b} - \frac{cos B \, sin A \, cos b}{sin A \, cos b} \; (\S. 6)$$
$$= \frac{sin C - cos a \, sin B \, cos A - cos B \, [cos a \, sin B \, cos C + cos B \, sin C]}{sin A \, cos b}$$

[§. 7, Formel (6)]

$$= \frac{sin C - cos a \, sin B \, cos A - cos a \, sin B \, cos B \, cos C - cos^2 B \, sin C}{sin A \, cos b}$$
$$= \frac{sin^2 B \, sin C - cos a \, sin B \, [cos A + cos B \, cos C]}{sin A \, cos b}$$

$$\cdot = \frac{\sin^2 B \sin C - \cos^2 a \sin^2 B \sin C}{\sin A \cos b} = \frac{\sin^2 a \sin^2 B \sin C}{\sin A \cos b}$$

$$= \frac{\sin a \sin^2 B \sin c}{\cos b} \ (\S. 6),$$

$$tg\,b\,cotg\,A\cos A - \frac{tg\,b}{\sin A} = \frac{tg\,b}{\sin A}[\cos^2 A - 1] = -\frac{\sin A \sin b}{\cos b},$$

$$\frac{\sin a \cos C}{\sin A \cos b} + tg\,b\,cotg\,B\,\cos A = \frac{\sin a \cos C + \sin b \, cotg\,B \cos A \sin A}{\sin A \cos b}$$

$$= \frac{\sin a \cos C + \sin a \cos B \cos A}{\sin A \cos b}\ (\S. 6) = \frac{\sin a \sin A \sin B \cos c}{\sin A \cos b} \ (\S.7)$$

$$= \frac{\sin a \sin B \cos c}{\cos b}.$$

Also ist

$$\varDelta b = tg\,b\,cotg\,a\varDelta a - tg\,b\,cotg\,A\varDelta A + tg\,b\,cotg\,B\varDelta B,$$

$$\varDelta c = \frac{\sin C}{\sin A \cos b}\varDelta a - \frac{\sin b}{\sin A \cos b}\varDelta A - \frac{\sin a \cos C}{\sin A \cos b}\varDelta B,$$

$$\varDelta C = \frac{\sin B \sin c}{\cos b}\varDelta a - \frac{1}{\cos b}\varDelta A - \frac{\cos c}{\cos b}\varDelta B.$$

Demnach darf hier nicht b nahe an 90°, d. h. nicht nahe

$$\sin A = \sin a \sin B$$

seyn.

Sind einige der gemessenen (oder überhaupt bekannten) Grössen als fehlerfrei anzusehen, so ist in obigen Formeln der entsprechende Fehler $= 0$ zu setzen. So z. B., wenn in einem Dreiecke A ein rechter Winkel, also sicher bekannt ist, hat man $\varDelta A = 0$ u. s. w. Es ist offenbar höchst einfach, die diesen Fällen entsprechenden Gleichungen aus den obigen abzuleiten, wobei wir uns nicht aufhalten wollen.

§. 35.
Anwendung auf einige Fälle der Astronomie.

Die in §. 34 abgeleiteten Formeln werden zunächst in derselben Weise anzuwenden seyn, wie dies mit den ähnlichen in §. 51 der ersten Abtheilung geschehen ist, worüber wir hier uns wohl nicht weiter mehr zu verbreiten haben. Wir wollen dagegen einige Beispiele, die schon mehr dem Kreise der Anwendungen angehören, hier beifügen.

Stelle S einen Stern vor, P den Nordpol, Z das Zenith des Beobachtungsortes, BPA also den Meridian, AB den Horizont, so ist $ZS = 90° - h$ die Zenithdistanz des Sterns, $ZP = 90° - \varphi$ die Zenithdistanz des Nordpols, $ZPS = s$ der Stundenwinkel, $PZS = \alpha$ das Azimuth, $PS = 90° - \delta$ die Ergänzung (zu 90°) der Sterndeklination.

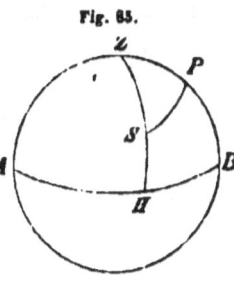

Fig. 85.

Für diese Grössen hat man

$$sin\, h = sin\, \varphi\, sin\, \delta + cos\, \varphi\, cos\, \delta\, cos\, s,$$
$$sin\, \delta = sin\, \varphi\, sin\, h + cos\, \varphi\, cos\, h\, cos\, \alpha.$$

Es sollen nun folgende Fälle betrachtet werden.

L. Seyen h, δ, s bekannt,* und zwar sey δ, als aus Tafeln genommen, fehlerfrei; h, s aber können die Fehler $\varDelta h, \varDelta s$ haben; es soll namentlich der Fehler $\varDelta \varphi$ der aus dem Dreiecke ZPS berechneten geographischen Breite ermittelt werden.

Hier treten die Formeln in V. des §. 34 ein. Dort ist nun $a = 90° - h$, $b = 90° - \delta$, $A = s$, $c = 90° - \varphi$, $B = \alpha$; $\varDelta a = - \varDelta h$, $\varDelta b = 0$, $\varDelta A = \varDelta s$, $\varDelta c = - \varDelta \varphi$, also:

$$-\varDelta \varphi = \frac{-\varDelta h - cos\, \varphi\, sin\, \alpha\, \varDelta s}{cos\, \alpha}, \quad \varDelta \varphi = \frac{\varDelta h}{cos\, \alpha} + cos\, \varphi\, tg\, \alpha\, \varDelta s.$$

Daraus folgt, dass bei unveränderten $\varDelta h, \varDelta s$ der Fehler $\varDelta \varphi$ möglichst klein seyn wird, wenn $\alpha = 0$ oder 180°, d. h. wenn der Stern sich im Meridian befindet. Je kleiner überhaupt α ist, desto

---

* Wie man h durch Beobachtung findet, ist klar. Was s anbelangt, so geben die astronomischen Tafeln die gerade Aufsteigung des Sterns (Anmerkung zu §. 29, V.). Geht eine Uhr nach Sternzeit, so zeigt sie Mittag, wenn der Frühlingspunkt durch den Meridian geht; man weiss also aus der Uhrzeit immer den Stundenwinkel des Frühlingspunktes zu finden, und da man den Winkel kennt, den der Deklinations- (Stunden-) Kreis des Sterns mit dem Deklinationskreis des Frühlingspunkts macht, so ergibt sich daraus ganz leicht der Stundenwinkel des Sterns im Augenblicke der Beobachtung, so dass aus der Uhrzeit der Stundenwinkel gefunden werden kann. Der Fehler $\varDelta s$ rührt also von der Beobachtung der Uhrzeit her, da die gerade Aufsteigung als genau bekannt anzusehen ist.

sicherer wird φ erhalten; für Sterne, die nahe am Pole sich befinden, wird α nie bedeutend werden, daher für diesen Fall solche Sterne sich am besten eignen.

II. Seyen h, δ, α bekannt und zwar wieder δ genau; es soll der Fehler in φ bestimmt werden,

Dieselben Formeln werden abermals zu benützen seyn; nennt man den Winkel PSZ (den parallaktischen Winkel) S, so ist:
$$a = 90°-\delta, \ b = 90°-h, \ A = \alpha, \ c = 90°-\varphi, \ B = s, \ C = S,$$
$$\varDelta a = 0, \ \varDelta b = -\varDelta h, \ \varDelta A = \varDelta \alpha, \ \varDelta c = -\varDelta \varphi,$$
also
$$-\varDelta\varphi = \frac{\cos S \varDelta h - \cos\varphi \sin s \varDelta\alpha}{\cos s}, \quad \varDelta\varphi = -\frac{\cos S}{\cos s}\varDelta h + \cos\varphi \, tg \, s \, \varDelta\alpha.$$

In der Regel wird $\varDelta h > \varDelta \alpha$ seyn, so dass φ am besten erhalten wird, wenn $\dfrac{\cos S}{\cos s}$ nahe $= 0$ ist, d. h. wenn S fast $90°$ wird. Dies ist jedoch nur für Sterne möglich, für die $\delta > \varphi$ ist, da für $S = 90°$ (§. 11):
$$\cos\delta = \cos\varphi \sin\alpha, \quad \sin\alpha = \frac{\cos\delta}{\cos\varphi}$$
seyn muss, so dass $\cos\delta < \cos\varphi$, $\delta > \varphi$ seyn wird. Ist $S = 90°$, so ist (§. 11):
$$\cos s = tg(90°-\delta) \cot g (90°-\varphi) = \cot g \, \delta \, tg \, \varphi,$$
und da $\delta > \varphi$, so ist $tg\,\delta > tg\,\varphi$, also $\cot g\,\delta\,tg\,\varphi < 1$, mithin s möglich. Je mehr δ sich φ nähert, desto mehr geht $\cot g\,\delta\,tg\,\varphi$ gegen 1, also s gegen 0, mithin auch $tg\,s$ gegen 0.

Daraus folgt, dass man für diesen Fall einen Stern wählen wird, dessen Deklination grösser als die gesuchte Polhöhe, doch nicht viel von ihr verschieden ist, und dass man ihn in dem durch die Gleichung
$$\sin\alpha = \frac{\cos\delta}{\cos\varphi}$$
(oder wenn $S = 90°$) bestimmten Azimuth beobachten wird. Alsdann befindet sich der Stern übrigens in seiner grössten Ausweichung.

III. Aus bekanntem δ, φ, h soll der Stundenwinkel s, also die Sternzeit bestimmt werden.

Breite aus Höhe, Deklination und Azimuth.   353

In §. 34, I ist $a = 90° - \delta$, $b = 90° - \varphi$, $c = 90° - h$, $A = \alpha$, $C = s$; $\Delta a = 0$, $\Delta b = -\Delta\varphi$, $\Delta c = -\Delta h$, $\Delta C = \Delta s$, also

$$\Delta s = \frac{-\Delta h + \cos\alpha\, \Delta\varphi}{\cos\varphi \sin\alpha}.$$

Demnach wird der Stundenwinkel am sichersten gefunden, wenn $\alpha = 90°$ (d. h. im ersten Vertikalkreis).

IV. Aus bekanntem δ, φ, h soll das Azimuth α berechnet werden.

In denselben Formeln: $a = 90° - \delta$, $b = 90° - \varphi$, $c = 90° - h$, $A = \alpha$, $B = S$, $C = s$; $\Delta a = 0$; $\Delta b = -\Delta\varphi$, $\Delta c = -\Delta h$, $\Delta A = \Delta\alpha$, also:

$$\Delta\alpha = \frac{\cos S\, \Delta h + \cos s\, \Delta\varphi}{\cos\varphi \sin s},$$

so dass S möglichst nahe an $90°$, aber auch s nicht zu klein seyn soll. Da für $S = 90°$ (§. 11):

$$\sin s = \frac{\cos h}{\cos \varphi}, \quad \sin s \cos \varphi = \cos h,$$

so muss also h möglichst klein seyn. Man wird also Sterne wählen, die zwischen Pol und Zenith durch den Meridian gehen, für welche immer $h < 90°$, und sie in ihrer grössten Ausweichung beobachten ($S = 90°$).

V. Aus bekanntem φ, h, α soll der Stundenwinkel s berechnet werden.

Nach III in §. 34 ist $b = 90° - \varphi$, $c = 90° - h$, $A = \alpha$, $a = 90° - \delta$, $B = S$, $C = s$, $\Delta b = -\Delta\varphi$, $\Delta c = -\Delta h$, $\Delta A = \Delta\alpha$, $\Delta C = \Delta s$, also

$$\Delta s = \frac{-\sin S\, \Delta h + \sin s \sin \delta\, \Delta\varphi - \cos h \cos S\, \Delta\alpha}{\cos \delta}.$$

In der Regel wird $\Delta\varphi = 0$ zu setzen seyn, und Δh überwiegen, so dass man am besten verfahren wird, wenn $S = 0$ oder $180°$, d. h. wenn der Stern im Meridian beobachtet wird. Dann ist übrigens auch $s = 0$ oder $180°$. δ darf jedoch nicht nahe an $90°$ gehen, d. h. Sterne nahe am Pole sind hiezu nicht geeignet; nimmt man Sterne, welche nahe am Zenith durch den Meridian gehen, so ist, für sie h nahe $= 90°$, also hat der Fehler in α keinen bedeutenden Einfluss.

VI. Aus bekanntem s, δ, φ soll α bestimmt werden.

In den Formeln III des §. 34 ist $b = 90° - \delta$, $c = 90° - \varphi$, $A = s$, $B = \alpha$, $C = S$, $a = 90° - h$, $\varDelta b = -\varDelta\delta$, $\varDelta c = -\varDelta\varphi$, $\varDelta A = \varDelta s$, $\varDelta b = \varDelta a$, also

$$\varDelta\alpha = -\frac{\sin S}{\cos h}\varDelta\delta + \sin\alpha\, tg\, h \varDelta\varphi - \frac{\cos\delta\cos S}{\cos h}\varDelta s.$$

In der Regel ist $\varDelta\delta = \varDelta\varphi = 0$, also blos

$$\varDelta\alpha = -\frac{\cos S \cos\delta}{\cos h}\varDelta s.$$

Daraus folgt, dass α am besten erhalten wird, wenn man Sterne nahe am Pole wählt, für welche also δ nahe an 90°; beobachtet man sie im Augenblicke der grössten Ausweichung ($S = 90°$), so ist dies noch um so besser. Immer wird man sich jedoch hüten, h nahe an 90° zu wählen.

§. 36.
Anwendung auf die Aufgaben des §. 29.

In §. 35 haben wir bereits an einigen Beispielen gezeigt, wie man vermittelst der Formeln des §. 34 bestimmen kann, unter welchen Umständen die Beobachtungen anzustellen sind, damit das möglich genauste Resultat erhalten werde. Es ist von selbst verständlich, dass die Gränzen der Fehler der erhaltenen Werthe durch dieselben Formeln gegeben sind. Wir wollen nun noch einige Untersuchungen dieser Art in Bezug auf die wichtigen Aufgaben des §. 29 anstellen.

I. Zu I. in §. 29. Wir wollen δ als fehlerfrei ansehen, dagegen h, h' als mit Fehlern $\varDelta h$, $\varDelta h'$ behaftet betrachten, so dass φ und s die Fehler $\varDelta\varphi$, $\varDelta s$ haben, und τ mit dem Fehler $\varDelta\tau$ behaftet ist. Da

$$\sin h = \sin\delta\sin\varphi + \cos\delta\cos\varphi\cos s,$$
$$\sin h' = \sin\delta\sin\varphi + \cos\delta\cos\varphi\cos(s - \tau),$$

so hat man also (erste Abth. §. 52, III, Note):

$$\cos h\, \varDelta h = \sin\delta\cos\varphi\varDelta\varphi - \cos\delta\sin\varphi\cos s\varDelta\varphi$$
$$- \cos\delta\cos\varphi\sin s\varDelta s,$$
$$\cos h'\,\varDelta h' = \sin\delta\cos\varphi\varDelta\varphi - \cos\delta\sin\varphi\cos(s-\tau)\varDelta\varphi$$
$$- \cos\delta\cos\varphi\sin(s-\tau)(\varDelta s - \varDelta\tau),$$

wenn man statt $arc \Delta h, \ldots$, sogleich $\Delta h \ldots$ setzt, was offenbar gestattet ist. Hieraus hat man $\Delta \varphi$, Δs zu bestimmen.

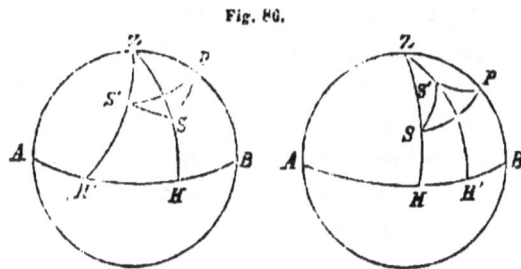

Fig. 80.

Bezeichnet man die zu den Stundenwinkeln s, s—τ gehörigen Azimuthe PZS, PZS' (die leicht berechnet werden können) mit α, α', so ist (§. 7, Formeln 4):

$$cos \varphi \, sin \delta - cos \delta \, sin \varphi \, cos \, s = cos \, h \, cos \, \alpha,$$
$$cos \varphi \, sin \delta - cos \delta \, sin \varphi \, cos \, (s - \tau) = cos \, h' \, cos \, \alpha',$$

mithin

$$cos \, h \Delta h = cos \, h \, cos \, \alpha \Delta \varphi - cos \, \delta \, cos \, \varphi \, sin \, s \Delta s,$$
$$cos \, h' \Delta h' = cos \, h' \, cos \, \alpha' \, \Delta \varphi - cos \, \delta \, cos \, \varphi \, sin \, s' \Delta s$$
$$+ cos \, \delta \, cos \, \varphi \, sin \, s' \Delta \tau,$$

wenn $s' = s - \tau$. Daraus folgt:

$$\Delta \varphi = \frac{cos\,h\,sin\,s' \Delta h - cos\,h'\,sin\,s\Delta h' + cos\,\delta\,cos\,\varphi\,sin\,s\,sin\,s'\Delta \tau}{cos\,h\,cos\,\alpha\,sin\,s' - cos\,h'\,cos\,\alpha'\,sin\,s},$$

$$\Delta s = \frac{\begin{cases} cos\,h\,cos\,h'\,cos\,\alpha'\Delta h - cos\,h\,cos\,h'\,cos\,\alpha\Delta h' \\ + cos\,\delta\,cos\,\varphi\,sin\,s'\,cos\,h\,cos\,\alpha\Delta\tau \end{cases}}{cos\,\delta\,cos\,\varphi\,[sin\,s'\,cos\,h\,cos\,\alpha - sin\,s\,cos\,h'\,cos\,\alpha']}.$$

Betrachten wir blos $\Delta \varphi$, da uns die Bestimmung von φ am meisten interessirt, so ist (§. 6):

$$cos\,\delta : sin\,\alpha = cos\,h : sin\,s, \quad cos\,\delta : sin\,\alpha' = cos\,h' : sin\,s',$$

$$sin\,s = \frac{sin\,\alpha\,cos\,h}{cos\,\delta}, \quad sin\,s' = \frac{sin\,\alpha'\,cos\,h'}{cos\,\delta},$$

also

$$cos\,h\,cos\,\alpha\,sin\,s' - cos\,h'\,cos\,\alpha'\,sin\,s = \frac{cos\,h\,cos\,h'}{cos\,\delta}[sin\,\alpha'\,cos\,\alpha -$$
$$- cos\,\alpha'\,sin\,\alpha] = \frac{cos\,h\,cos\,h'}{cos\,\delta} \cdot sin\,(\alpha' - \alpha),$$

mithin

$$\Delta\varphi = \frac{\sin\alpha'}{\sin(\alpha'-\alpha)}\Delta h - \frac{\sin\alpha}{\sin(\alpha'-\alpha)}\Delta h' + \frac{\sin\alpha\sin\alpha'}{\sin(\alpha'-\alpha)}\cos\varphi\Delta\tau.$$

Daraus folgt offenbar, dass es gut seyn wird, von den zwei Azimuthen α, α', eines nahe an 0 oder 180°, das andere nahe an 90° zu wählen, da alsdann $\sin(\alpha'-\alpha)$ nahe an 1, und entweder $\sin\alpha$ oder $\sin\alpha'$ nahe an 0 gehen, also $\Delta\varphi$ ungefähr $= \Delta h$ oder $\Delta h'$ (im ungünstigsten Falle) seyn wird. Daher rührt die astronomische Vorschrift, die eine Beobachtung nahe am Meridian, die andere nahe am ersten Vertikalkreis zu machen. (Vergl. Sawitsch: Abriss der praktischen Astronomie u. s. w. II. S. 361.)

Für Δs würde man haben:

$$\Delta s = \frac{\cos\alpha'}{\sin(\alpha'-\alpha)\cos\varphi}\Delta h - \frac{\cos\alpha}{\sin(\alpha'-\alpha)\cos\varphi}\Delta h' + \frac{\sin\alpha'\cos\alpha}{\sin(\alpha'-\alpha)}\Delta\tau,$$

welche Gleichung auf ein ähnliches Resultat führen würde ($\alpha=90°$, $\alpha'=0$ oder $180°$).

II. Zu VIII in §. 29. δ als absolut genau angenommen, erhält man aus den aufgestellten Gleichungen unmittelbar:

$0 = \cos h \sin\varphi \Delta h + \sin h \cos\varphi \Delta\varphi - \sin h \cos\varphi \cos\alpha \Delta h$
$\quad - \cos h \sin\varphi \cos\alpha \Delta\varphi - \cos h \cos\varphi \sin\alpha \Delta\alpha,$

$0 = \cos h' \sin\varphi \Delta h' + \sin h' \cos\varphi \Delta\varphi - \sin h' \cos\varphi \cos(\alpha+a) \Delta h'$
$\quad - \cos h' \sin\varphi \cos(\alpha+a) \Delta h - \cos h' \cos\varphi \sin(\alpha+a)(\Delta\alpha + \Delta a),$

woraus $\Delta\varphi$, $\Delta\alpha$ zu ermitteln sind. Nach §. 7 ist aber

$\cos h \sin\varphi - \sin h \cos\varphi \cos\alpha = \cos\delta \cos S,$
$\sin h \cos\varphi - \cos h \sin\varphi \cos\alpha = \cos\delta \cos s,$
$\cos h' \sin\varphi - \sin h' \cos\varphi \cos(\alpha+a) = \cos\delta \cos S',$
$\sin h' \cos\varphi - \cos h' \sin\varphi \cos(\alpha+a) = \cos\delta \cos s',$

wo wieder S, S' die parallaktischen Winkel sind, die den beiden Beobachtungen entsprechen (PSZ, PS'Z).

Also ist

$0 = \cos\delta\cos S \Delta h + \cos\delta\cos s \Delta\varphi - \cos h \cos\varphi \sin\alpha \Delta\alpha,$
$0 = \cos\delta\cos S' \Delta h' + \cos\delta\cos s' \Delta\varphi - \cos h' \cos\varphi \sin(\alpha+a)(\Delta\alpha + \Delta a),$

oder da (§. 6):

$\cos\varphi \sin\alpha = \cos\delta \sin S, \quad \cos\varphi \sin(\alpha+a) = \cos\delta \sin S':$

$0 = \cos S \Delta h + \cos s \Delta\varphi - \cos h \sin S \Delta\alpha$ (§. 33, Form. 26),
$0 = \cos S' \Delta h' + \cos s' \Delta\varphi - \cos h' \sin S' \Delta\alpha - \cos h' \sin S' \Delta a.$

Hieraus folgt:

Anwendung auf II in §. 29.

$$\varDelta\varphi = -\frac{\begin{cases}\cos h'\sin S'\cos S\varDelta h + \cos h\sin S\cos S'\varDelta h' - \\ \cos h\cos h'\sin S\sin S'\varDelta a\end{cases}}{\cos h'\cos s\sin S' - \cos h\cos s'\sin S}.$$

Aber
$$\cos h\sin S = \cos\varphi\sin s, \quad \cos h'\sin S' = \cos\varphi\sin s',$$
also
$$\cos h'\cos s\sin S' - \cos h\cos s'\sin S = \cos\varphi\,(\sin s'\cos s - \cos s'\sin s)$$
$$= \cos\varphi\sin(s' - s).$$
also
$$\varDelta\varphi = -\frac{\sin s'\cos S}{\sin(s'-s)}\varDelta h + \frac{\sin s\cos S'}{\sin(s'-s)}\varDelta h' - \frac{\cos\varphi\sin s\sin s'}{\sin(s'-s)}\varDelta a.$$

Die Differenz $s' - s$ der zwei Stundenwinkel darf mithin nicht klein seyn, d. h. die Beobachtungen dürfen nicht rasch auf einander folgen; am besten wird man thun, die eine Beobachtung nahe am Meridian (s oder $s' = 0$ oder $180°$), die andere 6 Stunden früher oder später (s oder $s' = 90°$) zu machen.

III. Zu II in §. 29. δ, δ' als fehlerfrei angesehen, hat man:
$$0 = \cos h\sin\varphi\varDelta h + \sin h\cos\varphi\varDelta\varphi - \sin h\cos\varphi\cos a\varDelta h$$
$$- \cos h\sin\varphi\cos a\varDelta\varphi - \cos h\cos\varphi\sin a\varDelta a,$$
$$0 = \cos h\sin\varphi\varDelta h' + \sin h\cos\varphi\varDelta\varphi - \sin h\cos\varphi\cos a\varDelta h'$$
$$- \cos h\sin\varphi\cos(a+\mathfrak{a})\varDelta\varphi - \cos h\cos\varphi\sin(a+\mathfrak{a})\,(\varDelta a+\varDelta\mathfrak{a}),$$
wenn man annimmt, dass $\varDelta h'$ der Fehler bei der zweiten Höhenbeobachtung sey. Diese Gleichungen sind auch (nach II):
$$0 = \cos\delta\cos S\varDelta h + \cos\delta\cos s\varDelta\varphi - \cos h\cos\varphi\sin a\varDelta a,$$
$$0 = \cos\delta'\cos S'\varDelta h' + \cos\delta'\cos s'\varDelta\varphi$$
$$- \cos h\cos\varphi\sin(a+\mathfrak{a})\,(\varDelta a+\varDelta\mathfrak{a}),$$
oder da
$$\cos\varphi\sin a = \cos\delta\sin S, \quad \cos\varphi\sin(a+\mathfrak{a}) = \cos\delta'\sin S':$$
$$0 = \cos S\varDelta h + \cos s\varDelta\varphi - \cos h\sin S\varDelta a,$$
$$0 = \cos S'\varDelta h' + \cos s'\varDelta\varphi - \cos h\sin S'\varDelta a - \cos h\sin S'\varDelta\mathfrak{a},$$
woraus dasselbe Resultat wie in II folgt.

IV. Zu III. in §. 29. Man hat aus den dortigen Gleichungen:
$$\cos h\varDelta h = \cos\varphi\sin\delta\varDelta\varphi + \sin\varphi\cos\delta\varDelta\delta - \sin\varphi\cos\delta\cos s\varDelta\varphi$$
$$- \cos\varphi\sin\delta\cos s\varDelta\delta - \cos\varphi\cos\delta\sin s\varDelta s,$$
$$\cos h'\varDelta h' = \cos\varphi\sin\delta\varDelta\varphi + \sin\varphi\cos\delta\varDelta\delta - \sin\varphi\cos\delta\cos(s-\tau)\varDelta\varphi$$
$$- \cos\varphi\sin\delta\cos(s-\tau)\varDelta\delta$$
$$- \cos\varphi\cos\delta\sin(s-\tau)\,(\varDelta s-\varDelta\tau),$$

$$\cos h'' \Delta h'' = \cos\varphi \sin\delta \Delta\varphi + \sin\varphi \cos\delta \Delta\delta - \sin\varphi \cos\delta \cos(s - \tau') \Delta\tau$$
$$- \cos\varphi \sin\delta \cos(s - \tau') \Delta\delta$$
$$- \cos\varphi \cos\delta \sin(s - \tau') (\Delta s - \Delta\tau').$$

Da aber [§. 7, Formeln (4)]:
$$\cos\varphi \sin\delta - \sin\varphi \cos\delta \cos s = \cos h \cos\alpha,$$
$$\sin\varphi \cos\delta - \cos\varphi \sin\delta \cos s = \cos h \cos S,$$

wo α, S die frühere Bedeutung haben, so hat man:
$$\cos h \Delta h = \cos h \cos\alpha \Delta\varphi + \cos h \cos S \Delta\delta - \cos\varphi \cos\delta \sin s \Delta s,$$
$$\cos h' \Delta h' = \cos h' \cos\alpha' \Delta\varphi + \cos h' \cos S' \Delta\delta$$
$$- \cos\varphi \cos\delta \sin s' \Delta s + \cos\varphi \cos\delta \sin s' \Delta\tau,$$
$$\cos h'' \Delta h'' = \cos h'' \cos\alpha'' \Delta\varphi + \cos h'' \cos S'' \Delta\delta$$
$$- \cos\varphi \cos\delta \sin s'' \Delta s + \cos\varphi \cos\delta \sin s'' \Delta\tau',$$

oder endlich, da (§. 6)
$$\sin s \cos\delta = \sin\alpha \cos h:$$
$$\Delta h = \cos\alpha \Delta\varphi + \cos S \Delta\delta - \cos\varphi \sin\alpha \Delta s, {}^{*}$$
$$\Delta h' = \cos\alpha' \Delta\varphi + \cos S' \Delta\delta - \cos\varphi \sin\alpha' \Delta s + \cos\varphi \sin\alpha' \Delta\tau,$$
$$\Delta h'' = \cos\alpha'' \Delta\varphi + \cos S'' \Delta\delta - \cos\varphi \sin\alpha'' \Delta s + \cos\varphi \sin\alpha'' \Delta\tau',$$

woraus $\Delta\varphi$, $\Delta\delta$, Δs zu bestimmen sind, wobei wir uns jedoch auf das erste beschränken wollen. Man erhält:

$$\Delta\varphi = \frac{\begin{cases}\Delta h(\sin\alpha' \cos S'' - \sin\alpha'' \cos S') + \Delta h'(\sin\alpha'' \cos S - \sin\alpha \cos S'') \\ + \Delta h''(\sin\alpha \cos S' - \sin\alpha' \cos S) + \sin\alpha' \cos\varphi \Delta\tau(\sin\alpha \cos S'' \\ - \sin\alpha'' \cos S) + \cos\varphi \sin\alpha'' \Delta\tau'(\sin\alpha' \cos S - \sin\alpha \cos S')\end{cases}}{\begin{cases}\cos\alpha (\sin\alpha' \cos S'' - \sin\alpha'' \cos S') + \cos\alpha' (\sin\alpha'' \cos S - \\ \sin\alpha \cos S'') + \cos\alpha'' (\sin\alpha \cos S' - \sin\alpha' \cos S)\end{cases}}.$$

Was den Nenner anbelangt, so ist er auch $=$
$$\cos S(\sin\alpha'' \cos\alpha' - \cos\alpha'' \sin\alpha') + \cos S'(\sin\alpha \cos\alpha'' - \cos\alpha \sin\alpha'')$$
$$+ \cos S'' (\sin\alpha' \cos\alpha - \cos\alpha' \sin\alpha) = \cos S \sin(\alpha'' - \alpha')$$
$$+ \cos S' \sin(\alpha - \alpha'') + \cos S'' \sin(\alpha' - \alpha).$$

Daraus folgt, dass man die Beobachtungen nicht so anstellen darf, dass alle drei Azimuthdifferenzen $\alpha' - \alpha$, $\alpha'' - \alpha'$, $\alpha'' - \alpha$ klein ausfallen, überhaupt nicht so, dass der Nenner sehr klein wird. Die Winkel S', S', S'' bleiben immer unter 90°, wenn $\delta < \varphi$; man

---

* Wie aus den Formeln (26) in §. 33 unmittelbar folgt.

wird also nicht nahe am Pole liegende Sterne wählen, da für dieselben ohnehin die Azimuthdifferenzen gering sind, vielmehr solche, die nicht zwischen Zenith und Pol durch den Meridian gehen. Ist etwa α nahe an 0, $\alpha' = 90°$, $\alpha'' = 180°$, so ist (für solche Sterne) $S = 0$, $S'' = 0$ und $S' < 90°$, also dann der Nenner $= 2$, mithin bedeutend genug, so dass man die Beobachtungen derart anordnen kann, dass die erste nahe am Meridian, die zweite im ersten Vertikalkreis, und die dritte wieder nahe am Meridian geschieht. Alsdann ist übrigens ungefähr

$$\sin \alpha' \cos S'' - \sin \alpha'' \cos S' = 1,$$
$$\sin \alpha'' \cos S - \sin \alpha \cos S'' = 0,$$
$$\sin \alpha \cos S' - \sin \alpha' \cos S = -1,$$

also nahezu
$$\Delta\varphi = \tfrac{1}{2}\Delta h - \tfrac{1}{2}\Delta h'',$$

was unsere obige Angabe rechtfertigt.

Werden nicht alle drei Beobachtungen auf derselben Seite des Meridians gemacht, so werden einige der Azimuthe östlich, die andern westlich seyn; die Resultate aber bleiben.

V. Zu IV. in §. 29. Man hat, wenn

$$\alpha + a = \alpha', \quad \alpha + a' = \alpha'':$$

$\cos\delta\Delta\delta = \cos h \sin\varphi \Delta h + \sin h \cos\varphi \Delta\varphi - \sin h \cos\varphi \cos\alpha \Delta h$
$\qquad - \cos h \sin\varphi \cos\alpha \Delta\varphi - \cos h \cos\varphi \sin\alpha \Delta a,$

$\cos\delta\Delta\delta = \cos h' \sin\varphi \Delta h' + \sin h' \cos\varphi \Delta\varphi - \sin h' \cos\varphi \cos\alpha' \Delta h'$
$\qquad - \cos h' \sin\varphi \cos\alpha' \Delta\varphi - \cos h' \cos\varphi \sin\alpha' (\Delta\alpha + \Delta a),$

$\cos\delta\Delta\delta = \cos h'' \sin\varphi \Delta h'' + \sin h'' \cos\varphi \Delta\varphi - \sin h'' \cos\varphi \cos\alpha'' \Delta h''$
$\qquad - \cos h'' \sin\varphi \cos\alpha'' \Delta\varphi - \cos h'' \cos\varphi \sin\alpha'' (\Delta\alpha + \Delta a').$

Da aber

$$\sin\varphi \cos h - \cos\varphi \sin h \cos\alpha = \cos\delta \cos S,$$
$$\sin h \cos\varphi - \cos h \sin\varphi \cos\alpha = \cos\delta \cos s,$$
$$\cos h \sin\alpha = \cos\delta \sin s,$$

so hat man auch

$\Delta\delta = \cos S \Delta h + \cos s \Delta\varphi - \cos\varphi \sin s \Delta\alpha$ [§. 33 Form (26)],
$\Delta\delta = \cos S' \Delta h' + \cos s' \Delta\varphi - \cos\varphi \sin s' \Delta\alpha - \cos\varphi \sin s' \Delta a,$
$\Delta\delta = \cos S'' \Delta h'' + \cos s'' \Delta\varphi - \cos\varphi \sin s'' \Delta\alpha - \cos\varphi \sin s'' \Delta a',$

woraus $\Delta\varphi$, $\Delta\delta$, $\Delta\alpha$ zu bestimmen sind.

Durch Subtraktion erhält man hieraus:
$$(\cos s' - \cos s)\, \Delta\varphi - \cos\varphi\, (\sin s' - \sin s)\, \Delta\alpha = -\cos S'\Delta h'$$
$$+ \cos S\Delta h + \cos\varphi \sin s'\Delta a,$$
$$(\cos s'' - \cos s)\, \Delta\varphi - \cos\varphi\, (\sin s'' - \sin s)\, \Delta\alpha = -\cos S''\Delta h''$$
$$+ \cos S\Delta h + \cos\varphi \sin s''\Delta a',$$

d. h.

$$-2\sin\tfrac{1}{2}(s'+s)\sin\tfrac{1}{2}(s'-s)\Delta\varphi - 2\cos\varphi\cos\tfrac{1}{2}(s'+s)\sin\tfrac{1}{2}(s'-s)\Delta\alpha$$
$$= -\cos S'\Delta h' + \cos S\Delta h + \cos\varphi\sin s'\Delta a,$$
$$-2\sin\tfrac{1}{2}(s''+s)\sin\tfrac{1}{2}(s''-s)\Delta\varphi - 2\cos\varphi\cos\tfrac{1}{2}(s''+s)\sin\tfrac{1}{2}(s''-s)\Delta\alpha$$
$$= -\cos S''\Delta h'' + \cos S\Delta h + \cos\varphi\sin s''\Delta a'.$$

Hieraus folgt:

$$\Delta\varphi\left[\sin\tfrac{1}{2}(s'+s)\cos\tfrac{1}{2}(s''+s) - \sin\tfrac{1}{2}(s''+s)\cos\tfrac{1}{2}(s'+s)\right]$$
$$= \frac{\Delta h'}{2}\frac{\cos S'\cos\tfrac{1}{2}(s''+s)}{\sin\tfrac{1}{2}(s'-s)} - \frac{\Delta h''}{2}\frac{\cos S''\cos\tfrac{1}{2}(s'+s)}{\sin\tfrac{1}{2}(s''-s)} -$$
$$- \frac{\Delta h\cos S}{2}\left[\frac{\cos\tfrac{1}{2}(s''+s)}{\sin\tfrac{1}{2}(s'-s)} - \frac{\cos\tfrac{1}{2}(s'+s)}{\sin\tfrac{1}{2}(s''+s)}\right] -$$
$$- \frac{\cos\varphi\sin s'\cos\tfrac{1}{2}(s''+s)}{2\sin\tfrac{1}{2}(s'-s)}\Delta a + \frac{\cos\varphi\sin s''\cos\tfrac{1}{2}(s'+s)}{2\sin\tfrac{1}{2}(s''-s)}\Delta a'.$$

Da aber

$$\sin\tfrac{1}{2}(s'+s)\cos\tfrac{1}{2}(s''+s) - \sin\tfrac{1}{2}(s''+s)\cos\tfrac{1}{2}(s'+s) = \sin\tfrac{1}{2}(s'-s''),$$

$$\frac{\cos\tfrac{1}{2}(s''+s)}{\sin\tfrac{1}{2}(s'-s)} - \frac{\cos\tfrac{1}{2}(s'+s)}{\sin\tfrac{1}{2}(s''-s)} =$$

$$= \frac{\cos\tfrac{1}{2}(s''+s)\sin\tfrac{1}{2}(s''-s) - \cos\tfrac{1}{2}(s'+s)\sin\tfrac{1}{2}(s'-s)}{\sin\tfrac{1}{2}(s'-s)\sin\tfrac{1}{2}(s''-s)}$$

$$= \frac{\tfrac{1}{2}\sin s'' - \tfrac{1}{2}\sin s - \tfrac{1}{2}\sin s' + \tfrac{1}{2}\sin s}{\sin\tfrac{1}{2}(s'-s)\sin\tfrac{1}{2}(s''-s)} = \frac{\sin s'' - \sin s'}{2\sin\tfrac{1}{2}(s'-s)\sin\tfrac{1}{2}(s''-s)}$$

$$= \frac{2\cos\tfrac{1}{2}(s''+s')\sin\tfrac{1}{2}(s''-s')}{2\sin\tfrac{1}{2}(s'-s)\sin\tfrac{1}{2}(s''-s)},$$

so ist

$$\Delta\varphi = -\frac{\cos\tfrac{1}{2}(s''+s)\cos S'\Delta h'}{2\sin\tfrac{1}{2}(s'-s)\sin\tfrac{1}{2}(s''-s')} + \frac{\cos\tfrac{1}{2}(s'+s)\cos S''\Delta h''}{2\sin\tfrac{1}{2}(s''-s)\sin\tfrac{1}{2}(s''-s')}$$
$$+ \frac{\cos\tfrac{1}{2}(s''+s')\cos S\Delta h}{2\sin\tfrac{1}{2}(s'-s)\sin\tfrac{1}{2}(s''-s)} + \frac{\cos\varphi\sin s'\cos\tfrac{1}{2}(s''+s)\Delta a}{2\sin\tfrac{1}{2}(s'-s)\sin\tfrac{1}{2}(s''-s')}$$
$$- \frac{\cos\varphi\sin s''\cos\tfrac{1}{2}(s'+s)\Delta a'}{2\sin\tfrac{1}{2}(s''-s)\sin\tfrac{1}{2}(s''-s')}.$$

Hieraus folgt, dass man die Beobachtungen so anordnen muss, dass die Stundenwinkel nicht zu nahe an einander liegen, d. h. also, dass man die Beobachtungen nicht schnell nach einander machen darf. Da es jetzt gut ist, wenn S (S', S'') nahe an $90°$ geht, so wird man Sterne nahe am Pol, oder doch solche, die zwischen Zenith und Pol durch den Meridian gehen, vorziehen.

VI. Zu V. in §. 29. Man hat hier, wenn δ, δ', δ'' als fehlerfrei angesehen werden:

$\cos h \Delta h = \sin \delta \cos \varphi \Delta \varphi - \cos \delta \sin \varphi \cos s \Delta \varphi$
$\quad\quad - \cos \delta \cos \varphi \sin s \Delta s,$

$\cos h \Delta h = \sin \delta' \cos \varphi \Delta \varphi - \cos \delta' \sin \varphi \cos s' \Delta \varphi$
$\quad\quad - \cos \delta' \cos \varphi \sin s' \Delta s - \cos \delta' \cos \varphi \sin s' \Delta \tau,$

$\cos h \Delta h = \sin \delta'' \cos \varphi \Delta \varphi - \cos \delta'' \sin \varphi \cos s'' \Delta \varphi$
$\quad\quad - \cos \delta'' \cos \varphi \sin s'' \Delta s - \cos \delta'' \cos \varphi \sin s'' \Delta \tau',$

d. s. da

$\sin \delta \cos \varphi - \cos \delta \sin \varphi \cos s = \cos h \cos \alpha, \quad \cos \delta \sin s = \sin \alpha \cos h$:

$\Delta h = \cos \alpha \Delta \varphi - \cos \varphi \sin \alpha \Delta s \quad (\S.33),$
$\Delta h = \cos \alpha' \Delta \varphi - \cos \varphi \sin \alpha' \Delta s - \cos \varphi \sin \alpha' \Delta \tau,$
$\Delta h = \cos \alpha'' \Delta \varphi - \cos \varphi \sin \alpha'' \Delta s - \cos \varphi \sin \alpha'' \Delta \tau'.$

Durch Subtraktion folgt hieraus:

$(\cos \alpha' - \cos \alpha) \Delta \varphi - \cos \varphi (\sin \alpha' - \sin \alpha) \Delta s = \cos \varphi \sin \alpha' \Delta \tau,$

$(\cos \alpha'' - \cos \alpha) \Delta \varphi - \cos \varphi (\sin \alpha'' - \sin \alpha) \Delta s = \cos \varphi \sin \alpha'' \Delta \tau',$

d. h.

$-2 \sin \tfrac{1}{2}(\alpha'+\alpha) \sin \tfrac{1}{2}(\alpha'-\alpha) \Delta \varphi - 2 \cos \varphi \cos \tfrac{1}{2}(\alpha'+\alpha) \sin \tfrac{1}{2}(\alpha'-\alpha) \Delta s$
$\quad\quad = \cos \varphi \sin \alpha' \Delta \tau,$

$-2 \sin \tfrac{1}{2}(\alpha''+\alpha) \sin \tfrac{1}{2}(\alpha''-\alpha) \Delta \varphi - 2 \cos \varphi \cos \tfrac{1}{2}(\alpha''+\alpha) \sin \tfrac{1}{2}(\alpha''-\alpha) \Delta s$
$\quad\quad = \cos \varphi \sin \alpha'' \Delta \tau',$

woraus wie in V folgt:

$$\Delta \varphi = \frac{\cos \varphi \sin \alpha' \cos \tfrac{1}{2}(\alpha'' + \alpha)}{2 \sin \tfrac{1}{2}(\alpha' - \alpha) \sin \tfrac{1}{2}(\alpha'' - \alpha')} \Delta \tau$$
$$\quad - \frac{\cos \varphi \sin \alpha'' \cos \tfrac{1}{2}(\alpha' + \alpha)}{2 \sin \tfrac{1}{2}(\alpha'' - \alpha) \sin \tfrac{1}{2}(\alpha'' - \alpha')} \Delta \tau'.$$

Daraus ergibt sich ganz unmittelbar, dass man die Beobachtungen so anordnen muss, dass die Azimuthdifferenzen $\alpha' - \alpha$,

$\alpha'' - \alpha'$, $\alpha'' - \alpha$ nicht klein ausfallen, was man dadurch erreicht, dass man Sterne auswählt, welche dieselbe Höhe h in ziemlich von einander verschiedenen Azimuthen erreichen. Auf die Zwischenzeit der Beobachtungen kommt es nicht an, man wird sie also klein wählen dürfen. Lauter Sterne nahe am Pole sind nicht hiezu geeignet, da für sie die Azimuthdifferenzen zu klein sind. (Sawitsch, II, S. 379.)

VII. Zu VI. in §. 29. δ, δ', δ'' als fehlerfrei vorausgesetzt, hat man:

$0 = \cos h \sin\varphi \Delta h + \sin h \cos\varphi \Delta\varphi - \sin h \cos\varphi \cos\alpha \Delta h$
$\quad - \cos h \sin\varphi \cos\alpha \Delta\varphi - \cos h \cos\varphi \sin\alpha \Delta\alpha,$
$0 = \cos h \sin\varphi \Delta h + \sin h \cos\varphi \Delta\varphi - \sin h \cos\varphi \cos\alpha' \Delta h -$
$\quad \cos h \sin\varphi \cos\alpha' \Delta\varphi - \cos h \cos\varphi \sin\alpha' \Delta\alpha - \cos h \cos\varphi \sin\alpha' \Delta a,$
$0 = \cos h \sin\varphi \Delta h + \sin h \cos\varphi \Delta\varphi - \sin h \cos\varphi \cos\alpha'' \Delta h$
$\quad \cos h \sin\varphi \cos\alpha'' \Delta\varphi - \cos h \cos\varphi \sin\alpha'' \Delta\alpha - \cos h \cos\varphi \sin\alpha'' \Delta a',$

d. h. da
$\cos h \sin\varphi - \sin h \cos\varphi \cos\alpha = \cos\delta \cos S,$
$\sin h \cos\varphi - \cos h \sin\varphi \cos\alpha = \cos\delta \cos s,$
$\cos h \sin\alpha = \sin s \cos\delta :$

$0 = \cos S \Delta h + \cos s \Delta\varphi - \sin s \cos\varphi \Delta\alpha$ (§. 33, Form. 26),
$0 = \cos S' \Delta h + \cos s' \Delta\varphi - \sin s' \cos\varphi \Delta\alpha - \sin s' \cos\varphi \Delta a,$
$0 = \cos S'' \Delta h + \cos s'' \Delta\varphi - \sin s'' \cos\varphi \Delta\alpha - \sin s'' \cos\varphi \Delta a',$

aus welchen Gleichungen Δh, $\Delta\varphi$, $\Delta\alpha$ zu bestimmen sind. Man zieht daraus:

$$\Delta\varphi = \cos\varphi \frac{\{\sin s' (\cos S \sin s'' - \cos S'' \sin s) \Delta a + \sin s' (\cos S' \sin s - \cos S \sin s') \Delta a'\}}{\cos S \sin(s''-s) + \cos S' \sin(s-s'') + \cos S'' \sin(s'-s)}.$$

Wie in IV schliesst man hieraus, dass die Differenzen $s''-s'$, $s''-s$, $s'-s$ nicht alle drei klein werden dürfen. Für s (nahe) $= 180°$, $s' = 90°$, $s'' = 0$ wäre, wenn kein Stern zwischen Zenith und Pol durch den Meridian geht, $S = 0$, $S' < 90°$, $S'' = 0$, also der Nenner $= -2$:

$\sin s' (\cos S' \sin s'' - \cos S'' \sin s) = 0,$
$\sin s'' (\cos S' \sin s - \cos S \sin s') = 0,$

also $\Delta\varphi = 0$, so dass man also die Beobachtungen so anzuordnen hat, dass die erste nahe am Meridian beim Stundenwinkel $180°$, die andern für den Stundenwinkel 90°, die letzte wieder nahe am Meridian für den Stundenwinkel 0° gemacht wird. Dabei kann der erste Stern auch nahe am Pole liegen, da doch noch $S = 0$ ist, wenn $s = 180°$.

VIII. Zu VII. in §. 29. δ, δ' als genau vorausgesetzt, folgt aus den aufgestellten Gleichungen, ganz wie in I:

$$\Delta\varphi = \frac{\sin\alpha'}{\sin(\alpha'-\alpha)}\Delta h - \frac{\sin\alpha}{\sin(\alpha'-\alpha)}\Delta h' + \frac{\sin\alpha\sin\alpha'}{\sin(\alpha'-\alpha)}\cos\varphi\Delta\tau.$$

Die daraus zu ziehenden Folgerungen sind dieselben wie oben unter I.

IX. Zu IX. in §. 29. δ und δ' als genau vorausgesetzt, erhält man wie II:

$$\Delta\varphi = -\frac{\sin s' \cos S}{\sin(s'-s)}\Delta h + \frac{\sin s \cos S'}{\sin(s'-s)}\Delta h' - \frac{\cos\varphi \sin s \sin s'}{\sin(s'-s)}\Delta a,$$

woraus abermals dieselben Folgerungen sich ergeben.

X. Zu X in §. 29. Man hat, δ als genau vorausgesetzt:

$$\sin\varphi \cos\tfrac{1}{2}(s'+s) = \cos\varphi \cos\tfrac{1}{2}(s'-s) tg\delta,$$

also

$$\cos\varphi\cos\tfrac{1}{2}(s'+s)\Delta\varphi - \sin\varphi\sin\tfrac{1}{2}(s'+s)\cdot\tfrac{1}{2}(\Delta s'+\Delta s) =$$
$$-\sin\varphi\cos\tfrac{1}{2}(s'-s) tg\delta\Delta\varphi - \cos\varphi\sin\tfrac{1}{2}(s'-s) tg\delta\cdot\tfrac{1}{2}(\Delta s'-\Delta s),$$
$$\Delta\varphi[\cos\varphi\cos\tfrac{1}{2}(s'+s) + \sin\varphi\cos\tfrac{1}{2}(s'-s) tg\delta]$$
$$= \tfrac{1}{2}\Delta s'[\sin\varphi\sin\tfrac{1}{2}(s'+s) - \cos\varphi\sin\tfrac{1}{2}(s'-s) tg\delta]$$
$$+ \tfrac{1}{2}\Delta s[\sin\varphi\sin\tfrac{1}{2}(s'+s) + \cos\varphi\sin\tfrac{1}{2}(s'-s) tg\delta].$$

Aber (ursprüngliche Gleichung)

$$\cos\tfrac{1}{2}(s'-s) tg\delta = tg\varphi\cos\tfrac{1}{2}(s'+s), \quad \sin\varphi = \frac{\cos\varphi\, tg\delta\cos\tfrac{1}{2}(s'-s)}{\cos\tfrac{1}{2}(s'+s)},$$

also

$$\cos\varphi\cos\tfrac{1}{2}(s'+s) + \sin\varphi\cos\tfrac{1}{2}(s'-s) tg\delta = \cos\varphi\cos\tfrac{1}{2}(s'+s)$$
$$+ \frac{\sin^2\varphi}{\cos\varphi}\cos\tfrac{1}{2}(s'+s) = \frac{\cos\tfrac{1}{2}(s'+s)}{\cos\varphi},$$

$$\sin\varphi\sin\tfrac{1}{2}(s'+s) - \cos\varphi\sin\tfrac{1}{2}(s'-s) tg\delta$$
$$= \frac{\cos\varphi\, tg\delta\cos\tfrac{1}{2}(s'-s)\sin\tfrac{1}{2}(s'+s)}{\cos\tfrac{1}{2}(s'+s)} - \cos\varphi\sin\tfrac{1}{2}(s'-s) tg\delta$$
$$= \cos\varphi\, tg\delta\frac{\cos\tfrac{1}{2}(s'-s)\sin\tfrac{1}{2}(s'+s) - \cos\tfrac{1}{2}(s'+s)\sin\tfrac{1}{2}(s'-s)}{\cos\tfrac{1}{2}(s'+s)}$$
$$= \frac{\cos\varphi\, tg\delta\sin s}{\cos\tfrac{1}{2}(s'+s)}.$$

Eben so:

$$\sin\varphi\sin\tfrac{1}{2}(s'+s) + \cos\varphi\sin\tfrac{1}{2}(s'-s)\,tg\,\delta = \frac{\cos\varphi\,tg\,\delta\,\sin s'}{\cos\tfrac{1}{2}(s'+s)},$$

so dass

$$\frac{\cos\tfrac{1}{2}(s'+s)}{\cos\varphi}\varDelta\varphi = \tfrac{1}{2}\frac{\cos\varphi\,tg\,\delta\,\sin s}{\cos\tfrac{1}{2}(s'+s)}\varDelta s' + \tfrac{1}{2}\frac{\cos\varphi\,tg\,\delta\,\sin s'}{\cos\tfrac{1}{2}(s'+s)}\varDelta s,$$

d. h.

$$\varDelta\varphi = \tfrac{1}{2}\frac{\cos^2\varphi\,tg\,\delta}{\cos^2\tfrac{1}{2}(s'+s)}(\sin s\,\varDelta s' + \sin s'\,\varDelta s).$$

Die Fehler $\varDelta s'$, $\varDelta s$ rühren von der Zeitbeobachtung her, beide werden gleichen Einfluss haben, wenn $s = s'$: alsdann ist $\alpha' = \alpha$, also da $\alpha' + \alpha = 180°$, $\alpha' = \alpha = 90°$, d. h. die Beobachtungen geschehen im so genannten ersten Vertikalkreise. Jetzt ist

$$\cos s\,\varDelta\varphi = \tfrac{1}{2}\cos^2\varphi\,tg\,\delta\,tg\,s\,(\varDelta s' + \varDelta s)$$

und die Beobachtungen werden φ am schärfsten geben, wenn s nahe an 0° liegt, was der Fall ist, wenn der Stern nahe am Zenith durch den ersten Vertikalkreis geht.

Allerdings würde $\varDelta\varphi$ schon klein, wenn nur s und s' nahe an 0 sind; da aber dann nahe $s = s'$, so ist auch nahe $\alpha = \alpha'$, d. h. $\alpha = \alpha' = 90°$, so dass man wieder auf den ersten Vertikalkreis kommt. Man wird also diesen letztern wählen und dann Sterne beobachten, die ihn nahe am Zenith durchschreiten. — Dies ist denn auch die astronomische Vorschrift (vergl. Sawitsch a. a. O. I. S. 352).

<small>Wir haben im Vorstehenden jeweils nur auf den Fehler in der Breite Rücksicht genommen, da wir gerade die Bestimmung derselben als unsere Hauptaufgabe angesehen. In ganz ähnlicher Weise könnte man natürlich die Fehler in den übrigen gesuchten Grössen beachten und Schlüsse auf die nothwendige Anordnung der Beobachtungen daraus ziehen, was wir jedoch dem Leser überlassen wollen.</small>

www.ingramcontent.com/pod-product-compliance
Lightning Source LLC
Chambersburg PA
CBHW030345230426
43664CB00007BB/534